D1670535

Kohlhammer

Michael Lülf
Alexa Jentges

Beschaffungswesen und Vergabepraxis für Feuerwehr und Rettungsdienst

Verlag W. Kohlhammer

Dieses Werk einschließlich aller seiner Teile ist urheberrechtlich geschützt. Jede Verwendung außerhalb der engen Grenzen des Urheberrechts ist ohne Zustimmung des Verlags unzulässig und strafbar. Das gilt insbesondere für Vervielfältigungen, Übersetzungen, Mikroverfilmungen und für die Einspeicherung und Verarbeitung in elektronischen Systemen.

Die Wiedergabe von Warenbezeichnungen, Handelsnamen und sonstigen Kennzeichen in diesem Buch berechtigt nicht zu der Annahme, dass diese von jedermann frei benutzt werden dürfen. Vielmehr kann es sich auch dann um eingetragene Warenzeichen oder sonstige geschützte Kennzeichen handeln, wenn sie nicht eigens als solche gekennzeichnet sind.

Die Abbildungen stammen – soweit nicht anders angegeben – von den Autoren.

1. Auflage 2021

Alle Rechte vorbehalten
Umschlagbild: Feuerwehr Mülheim an der Ruhr und Marc Stier
© W. Kohlhammer GmbH, Stuttgart
Gesamtherstellung: W. Kohlhammer GmbH, Stuttgart

Print:
ISBN 978-3-17-034918-6

E-Book-Formate:
pdf: ISBN 978-3-17-034920-9
epub: ISBN 978-3-17-034921-6
mobi: ISBN 978-3-17-034922-3

Für den Inhalt abgedruckter oder verlinkter Websites ist ausschließlich der jeweilige Betreiber verantwortlich. Die W. Kohlhammer GmbH hat keinen Einfluss auf die verknüpften Seiten und übernimmt hierfür keinerlei Haftung.

Vorwort

Das Vergaberecht ist in den letzten Jahren und Jahrzehnten zunehmend komplexer geworden. Neben den vergaberechtlichen Vorschriften sind bei Beschaffungen das Haushaltsrecht und mitunter auch europarechtliche Regelungen zu berücksichtigen. Hinzu kommen unterschiedliche Vergabegesetze in den einzelnen Bundesländern. Dies stellt alle Beteiligten eines Beschaffungsverfahrens in Bereichen der Feuerwehr und des Rettungsdienstes sowie in den Verwaltungen vor enorme Problemstellungen. Die vergaberechtskonforme Formulierung von Leistungsverzeichnissen und Ausschreibungskriterien bedarf der Kenntnis des Vergaberechts, um rechtssichere Ausschreibungsunterlagen erstellen und das Vergabeverfahren sicher durchführen zu können.

Mit diesem Buch wird die Struktur des Vergaberechts erläutert und durch zahlreiche Fallbeispiele der Bezug zur Praxis hergestellt. Es werden Bewertungsmethoden zur Ermittlung des wirtschaftlichsten Angebotes vorgestellt und insbesondere in diesem Bereich auf Fallstricke hingewiesen, die dem Anwender schnell zum Verhängnis werden können. Muster für Vergabevermerke und Verfügungen dienen der Erleichterung in der vergaberechtlichen Anwendung, da die Dokumentation von Vergabeverfahren in der Praxis gerade technische Mitarbeiter einer Kommunalverwaltung oft vor erhebliche Herausforderungen stellt.

Das vorliegende Buch soll ein Grundlagen- und Nachschlagewerk darstellen, das als Hilfestellung im komplexen Beschaffungsvorgang jederzeit herangezogen werden kann.

Die Autoren

Alexa Jentges und Michael Lülf

Inhaltsverzeichnis

Inhaltsverzeichnis

Inhaltsverzeichnis

Inhaltsverzeichnis

I.   Grundlagen und Aufbau des Vergaberechts

1   Einführung

Aufträge über die Beschaffungen von Feuerwehren und Rettungsdiensten sind, wenn diese in öffentlicher Trägerschaft stehen, nach besonderen Vorschriften zu vergeben. Diese Vorschriften sind erforderlich, weil öffentliche Aufträge einen bedeutenden Wirtschaftsfaktor darstellen, um eine effiziente und wirtschaftliche Auftragsvergabe sicherzustellen. Die Vorschriften werden unter dem Begriff »Vergaberecht« zusammengefasst.

Als Vergaberecht wird die Gesamtheit der Normen bezeichnet, die ein Träger öffentlicher Verwaltung bei der Beschaffung von sachlichen Mitteln und Leistungen, die er zur Erfüllung von Verwaltungsaufgaben benötigt, zu beachten hat (BVerfG 1 BvR 1160/03). Dabei ist das Vergaberecht in Deutschland nicht einheitlich, sondern in verschiedenen Gesetzen, Vergabeverordnungen und Verfahrensordnungen geregelt. Es wird daher in der Praxis zu Recht als unübersichtlich und komplex bewertet.

1.1   Der Ursprung des Vergaberechts: Das Haushaltsrecht

Ursprünglich war das Vergaberecht ausschließlich im Haushaltsrecht beheimatet; die Vergabevorschriften waren Verwaltungsvorschriften, die sich an die Vergabestellen der öffentlichen Auftraggeber wandten, um die sparsame und wirtschaftliche Verwendung öffentlicher Mittel zu sichern. Das Vergaberecht diente damit allein dem wirtschaftlichen Einkauf der öffentlichen Hand und der sparsamen Verwendung von Steuergeldern.

Unter dem Einfluss des europäischen Gemeinschaftsrechts musste dieser haushaltsrechtliche Ansatz des Vergaberechtes teilweise aufgegeben werden: Die europäischen Vergaberichtlinien verfolgten das Ziel, das öffentliche Auftragswesen für einen gemeinschaftsweiten Wettbewerb zu öffnen. Die Interessen der Bieter sollten durch eine schnelle und wirksame Nachprüfung vor Verletzungen der Vergabevorschriften geschützt werden (Bundestag Drucksache 13/9340). Zur Umsetzung dieser europäischen Vergaberichtlinien hatte der deutsche Gesetzgeber in den Jahren 1993 und 1994 zunächst eine »haushaltsrechtliche Lösung« gewählt und für Vergabeverfahren, deren Beschaffungsgegenstände einen bestimmten Auftragswert überschritten, im Haushaltsrecht (§ § 57 b und 57 c HGrG in der damaligen Fassung für die

Jahre 1993 und 1994) ein zweistufiges Nachprüfungsverfahren vorgesehen, das aber keine einklagbaren subjektiven Rechte potentieller Auftragnehmer vorsah.

1.2   Die Zweiteilung des Vergaberechts

Die haushaltsrechtliche Umsetzung der europäischen Vergaberichtlinien wurde von der damaligen EG-Kommission beanstandet und führte schließlich im Jahr 1999 dazu, dass der Bundesgesetzgeber die haushaltsrechtliche Lösung aufgab und das Vergaberecht für Verfahren, deren Beschaffungsgegenstände einen bestimmten Auftragswert erreichten oder überschritten, im sogenannten Kartellvergaberecht umsetzte. Diese »kartellrechtliche Lösung«, die im Gesetz gegen Wettbewerbsbeschränkungen (GWB) umgesetzt wurde, führte zu einer Zweiteilung des Vergaberechts in Deutschland: Das Haushaltsvergaberecht (Unterschwellenrecht) und das Kartell- oder GWB-Vergaberecht (Oberschwellenrecht) (zu den Begrifflichkeiten vgl. Burgi, 2016).

Merke:

Das Vergaberecht in Deutschland ist zweigeteilt.

Eine letzte große Änderung des Vergaberechts fand 2016 durch das Vergaberechtsmodernisierungsgesetz statt. Begründet war die Änderung durch neue EU-Vergaberichtlinien:

- Richtlinie für die klassische Auftragsvergabe (Richtlinie 2014/24/EU)
- Richtlinie für die Auftragsvergabe in den Bereichen der Wasser-, Energie- und Verkehrsversorgung sowie der Postdienste (Richtlinie 2014/25/EU)
- Richtlinie über die Konzessionsvergabe (Richtlinie 2014/23/EU)
- Richtlinie zur Koordinierung der Verfahren zur Vergabe bestimmter Bau-, Liefer- und Dienstleistungsaufträge in den Bereichen Verteidigung und Sicherheit (Richtlinie 2009/81/EG)

Im Zuge der Umsetzung der neuen EU-Vergaberichtlinien wurde die Struktur des Gesetzes gegen Wettbewerbsbeschränkungen überarbeitet und eine grundlegend geänderte Vergabeverordnung erlassen. Die Änderungen betrafen damit nur den Oberschwellenbereich.

Einen unmittelbaren Einfluss auf die Vergabeverfahren im Unterschwellenbereich hatte die Vergabemodernisierung nicht. Sie wurde aber zum Anlass genommen, auch die Vergabe öffentlicher Aufträge auf nationaler Ebene unterhalb der EU-Schwellenwerte zu reformieren. Dies erfolgte durch die neue Unterschwellenvergabeordnung, die im Februar 2017 im Bundesanzeiger bekannt gemacht wurde. Das neue Regelwerk ersetzt die bisher geltende Vergabe- und Vertragsordnung für Leistungen (VOL/A Abschnitt 1).[1]

1.3   Trennlinie zwischen Oberschwellen- und Unterschwellenrecht: Der EU-Schwellenwert

Die Trennlinie zwischen dem Haushaltsvergaberecht und dem GWB-Vergaberecht ist der EU-Schwellenwert. Wird er unterschritten, ist das Haushaltsvergaberecht anwendbar, wird er erreicht oder überschritten, gilt das GWB-Vergaberecht.

Bild 1:   *Zweiteilung des Vergaberechts*

Der Ursprung des EU-Schwellenwertes liegt in einer internationalen Vereinbarung, dem Übereinkommen über das öffentliche Beschaffungswesen (»Government Procurement Agreement«, kurz GPA). Ziel des GPA ist es, einen multilateralen Rahmen

---

1   Nicht in allen Bundesländern wird die UVgO angewendet; in einigen Ländern erfolgen Vergaben noch nach der VOL/A.

ausgewogener Rechte und Pflichten in Bezug auf öffentliche Aufträge zu schaffen, um den Welthandel zu liberalisieren und auszuweiten. Das GPA findet Anwendung auf Aufträge oberhalb bestimmter Schwellenwerte, die im GPA festgelegt sind (EU Richtlinie 2014/24/EU, Erwägungsgrund 18). Entsprechend gilt auch das GWB-Vergaberecht erst, wenn der geschätzte Auftragswert der zu beschaffenden Lieferung oder Leistung den aus dem GPA resultierenden und in Euro umgerechneten EU-Schwellenwert erreicht oder übersteigt.

1.4 Unterschiede zwischen dem Haushaltsvergaberecht und dem GWB-Vergaberecht

Aus der Zweiteilung des Vergaberechts ergeben sich einige Unterschiede zwischen dem Haushaltsrecht als Unterschwellenvergabe- und dem GWB-Vergaberecht als Oberschwellenvergaberecht. Der bedeutendste Unterschied liegt in den Rechtsschutzmöglichkeiten der an Vergabeverfahren beteiligten Unternehmen:

Das GWB-Vergaberecht ist als Eintrag im Gesetz gegen Wettbewerbsbeschränkungen Wettbewerbsrecht. Aus dem Schutz des Wettbewerbs folgt ein Rechtsschutz der auf dem Wettbewerbsmarkt tätigen Unternehmen:

»*Unternehmen haben Anspruch darauf, dass die Bestimmungen über das Vergabeverfahren eingehalten werden.*«, § 97 Abs. 4 GWB.

Werden vergaberechtliche Vorschriften verletzt, haben die beteiligten Unternehmen einen umfassenden Primärrechtsschutz, der in den §§ 155 ff. GWB geregelt ist. Nachprüfende Instanz sind die Vergabekammern und als Zweitinstanz die Oberlandesgerichte.

Im Gegensatz dazu bietet das Unterschwellenvergaberecht, das im Haushaltsrecht beheimatet ist, nur eingeschränkte Rechtsschutzmöglichkeiten. Die Unternehmen haben lediglich die Möglichkeit, Zivilgerichte anzurufen, um im Eilverfahren Zuschlagserteilungen zu verhindern oder Schadensersatzansprüche geltend zu machen.

1.5 Das EU-Primärrecht

Auch das EU-Primärrecht, das keine spezifischen vergaberechtlichen Vorschriften enthält, hat Einfluss auf das Vergaberecht. Das Primärrecht ist das ranghöchste Recht der Europäischen Union (EU). Es stammt im Wesentlichen aus den Gründungsverträgen, insbesondere dem Vertrag von Rom und dem Vertrag über die Europäische Union. Aus dem Vertrag über die Arbeitsweise der Europäischen Union (AEUV), vor allem aus seinen Artikeln 49 und 56 folgen die Grundsätze der Gleichbehandlung, der Nichtdiskriminierung und der Transparenz.

Diese Grundsätze gelten nicht nur für Vergaben oberhalb des EU-Schwellenwertes, sondern auch für Vergaben, deren Auftragswerte die EU-Schwellenwerte nicht erreichen, sofern an diesen ein grenzüberschreitendes Interesse besteht. Ein grenzüberschreitendes Interesse kann angesichts eines gewissen Volumens des Auftrags in Verbindung mit dessen technischen Merkmalen oder dem Leistungsort vorliegen. Es kann auch das Interesse von in anderen Mitgliedstaaten ansässigen Wirtschaftsteilnehmern an der Teilnahme am Verfahren zur Vergabe dieses Auftrags berücksichtigt werden, sofern sich erweist, dass dieses Interesse real und nicht fiktiv ist (EuGH C-278/14).

Merke:

Aufträge, deren Werte den EU-Schwellenwert nicht erreichen, sind unter Beachtung der EU-primärrechtlichen Grundsätze der Gleichbehandlung, der Nichtdiskriminierung und der Transparenz zu vergeben, wenn an den Aufträgen ein grenzüberschreitendes Interesse besteht.

Die Pflicht zur Beachtung der genannten europarechtlichen Grundprinzipien für Vergaben unterhalb der EU-Schwellenwerte kann sich auch aus den Vergabevorschriften der Länder ergeben. So heißt es in den kommunalen Vergabegrundsätzen des Landes NRW (Ziffer 3.1): »Auch unterhalb der EU-Schwellenwerte sind die europarechtlichen Grundprinzipien der Gleichbehandlung, Nichtdiskriminierung und Transparenz zu beachten. Die Auftragsvergabe muss im Einklang mit den Vorschriften und Grundsätzen des Vertrages über die Arbeitsweise der Europäischen Union erfolgen.«

1.6   Übersicht über Grundlagen und Aufbau des Vergaberechts

Die nachfolgende Übersicht gibt schemenhaft den Aufbau des Vergaberechts oberhalb und unterhalb des EU-Schwellenwertes wieder:

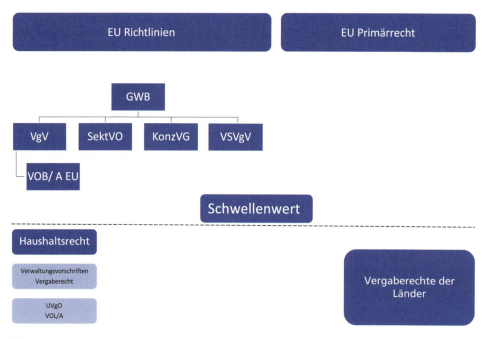

Bild 2: *Aufbau des Vergaberechts oberhalb und unterhalb des EU-Schwellenwertes*

1.7 Schnellcheck

Zusammenfassung Grundlagen des Vergaberechts:

- Das Vergaberecht in Deutschland ist zweigeteilt.
- Die Zweiteilung erfolgt durch den EU-Schwellenwert.
- Vergaben über dem EU-Schwellenwert werden nach dem GWB-Vergaberecht durchgeführt.
- Das GWB-Vergaberecht ist Wettbewerbsrecht.
- Vergaben unterhalb des Schwellenwertes werden nach haushaltsrechtlichen Regelungen in Verbindung mit der Unterschwellenvergabeordnung (oder VOL/A) durchgeführt.
- Bei Vergaben unterhalb des EU-Schwellenwertes sind die europarechtlichen Grundprinzipien der Gleichbehandlung, Nichtdiskriminierung und Transparenz zu beachten.

2 Vergaberecht oberhalb des EU-Schwellenwertes

Oberhalb der EU-Schwellenwerte gilt das europäische Vergaberecht (Richtlinie 2014/24/EU), das in Deutschland durch das Gesetz gegen Wettbewerbsbeschränkungen und die Vergabeverordnung umgesetzt wurde.

2.1 Gesetz gegen Wettbewerbsbeschränkungen

Vergaberechtliche Regelungen für die Beschaffung von Lieferungen und Leistungen, deren Auftragswerte den EU-Schwellenwert erreichen oder übersteigen, finden sich zunächst im 4. Teil des Gesetzes gegen Wettbewerbsbeschränkungen (GWB). Aufträge, die in den Anwendungsbereich des GWB fallen, sind europaweit auszuschreiben.

Der 4. Teil des GWB ist in zwei Kapitel aufgeteilt:

- Das 1. Kapitel, das in drei Abschnitte und in weitere Unterabschnitte aufgeteilt ist, befasst sich mit den Vergabeverfahren.
- Im 2. Kapitel finden sich Regelungen zum Nachprüfungsverfahren, einem vergaberechtlichen Rechtsschutzverfahren. Auch dieses Kapitel ist in drei Abschnitte unterteilt.

2.1.1 Anwendungsbereich

Der 4. Teil des GWB gilt gemäß § 106 GWB für die Vergabe von öffentlichen Aufträgen und Konzessionen – bei diesen besteht die Gegenleistung nicht in Geld, sondern in dem Recht zur Verwertung der erbrachten Leistungen- deren geschätzte Auftrags- oder Vertragswerte ohne Umsatzsteuer die jeweils festgelegten Schwellenwerte erreichen oder überschreiten.

Ein Auftrag ist unter Beachtung des GWB und damit europaweit ausschreibungspflichtig, wenn

- der Auftraggeber ein öffentlicher Auftraggeber ist (99 GWB),
- der Auftrag ein öffentlicher Auftrag ist (§ 103 GWB),
- der Auftrag entgeltlich ist,
- der Auftragswert den einschlägigen Schwellenwert erreicht oder übersteigt (§ 106 Abs. 1 GWB) und
- kein Ausnahmetatbestand einschlägig ist, der die Nichtanwendung der Vergabevorschriften erlaubt.

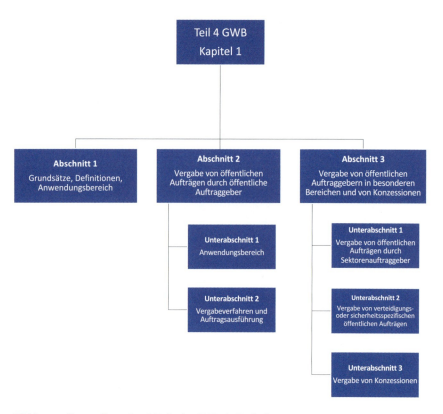

Bild 3: *Unterteilung des 4. Teils des GWB, 1. Kapitel*

Bild 4: *Unterteilung des 4. Teils des GWB, 2. Kapitel*

Öffentlicher Auftraggeber

Wann ein Auftraggeber ein öffentlicher Auftraggeber ist, ist in § 99 GWB geregelt. Zu den öffentlichen Auftraggebern gehören auch Sektorenauftraggeber, § 100 GWB und Konzessionsgeber, § 101 GWB.

Zu den öffentlichen Auftraggebern nach § 99 GWB gehören:

- **Gebietskörperschaften sowie deren Sondervermögen**, § 99 Nr. 1 GWB. Zu den Gebietskörperschaften gehören die Bundesrepublik Deutschland, die Bundesländer, Stadtstaaten, die Kreise, Städte und Gemeinden. Zu den Sondervermögen der Gebietskörperschaften gehören zum Beispiel die Vermögensmassen unselbständiger Stiftungen oder der Eigenbetriebe.
- **Juristische Person des öffentlichen und des privaten Rechts**, die gegründet worden sind, um im Allgemeininteresse liegende Aufgaben nichtgewerblicher Art zu erfüllen, und die eine besondere Staatsnähe aufweisen, § 99 Nr. 2 GWB. Für die Staatsnähe bedarf es einer überwiegenden Finanzierung seitens der öffentlichen Hand oder der Leitung oder Aufsicht des Staates bzw. seiner nachgeordneten Stellen (OLG Düsseldorf, VII-Verg 22/05.).
- **Verbände, deren Mitglieder unter Nummer 1 oder 2 fallen**, § 99 Nr. 3 GWB. Zu den Verbänden im Sinne der Vorschrift gehören alle Kooperationen von öffentlichen Auftraggebern mit der gemeinsamen Zwecksetzung der Deckung eines Beschaffungsbedarfs. Hierbei kann es sich auch um privatrechtliche Zusammenschlüsse handeln, etwa in Form von Einkaufskooperationen oder um einen Zusammenschluss mehrerer Gebietskörperschaften im Rahmen einer Beschaffung. Auch ein als Verein eingetragener Bezirksfeuerwehrverband ist öffentlicher Auftraggeber (OLG München, Verg 17/13).
- **Natürliche oder juristische Personen des privaten Rechts sowie juristische Personen des öffentlichen Rechts**, die von öffentlichen Auftraggebern nach den Nrn. 1-3 bei bestimmten Vorhaben subventioniert werden.

Feuerwehr und Rettungsdienst als öffentliche Auftraggeber

a)   Feuerwehren

Gesetzliche Regelungen zu Feuerwehren unterliegen der Gesetzgebungskompetenz der einzelnen Bundesländer. Insofern finden sich unterschiedliche Regelung in den Ländern und Stadtstaaten zu Organisation und Aufbau der Feuerwehren. Allen Regelungen ist aber gemein, dass zwischen Berufs-, Freiwilligen- und Pflichtfeuerwehren als öffentliche Feuerwehren und den Werk- und Betriebsfeuerwehren als betriebliche Feuerwehren unterschieden wird.

Eine Feuerwehr als solche kann nur dann selbst Auftraggeber sein, wenn sie über eine eigene Rechtspersönlichkeit verfügt. Das ist in der Regel nicht der Fall.[2] Die »Auftraggebereigenschaft« von Feuerwehren richtet sich deshalb nach deren jeweiligem Träger bzw. dem hinter der Feuerwehr stehenden Unternehmen.

aa)   Berufsfeuerwehren, Freiwillige Feuerwehren und Pflichtfeuerwehren

Berufsfeuerwehren, Freiwillige Feuerwehren und Pflichtfeuerwehren als öffentliche Feuerwehren sind nach den jeweiligen Ländergesetzen hauptsächlich gemeindliche Einrichtungen. Träger dieser Feuerwehren sind die jeweiligen Gebietskörperschaften. Die Eigenschaft als öffentlicher Auftraggeber folgt damit aus 99 Abs. 1 GWB.

Merke:

Berufsfeuerwehren, Freiwillige Feuerwehren und Pflichtfeuerwehren sind mit der sie tragenden Gebietskörperschaft öffentliche Auftraggeber.

bb)   Werkfeuerwehren

Betriebe oder Einrichtungen, bei denen die Gefahr eines Brandes oder einer Explosion besonders groß ist oder bei denen in einem Schadenfall eine große Anzahl von Personen gefährdet wird, müssen eine Werkfeuerwehr aufzustellen und unterhalten; die Werkfeuerwehr wird staatlich angeordnet. Werkfeuerwehren sind auch staatlich anerkannte Feuerwehren, die freiwillig gebildet wurden.

Fällt der Betrieb oder die Einrichtung, die die Feuerwehr aufgestellt hat und unterhält, unter den öffentlichen Auftraggeberbegriff, umfasst dieser ebenfalls die Werkfeuerwehr.

Beispiel Werkfeuerwehren können von öffentlichen Einrichtungen aufgestellt werden:

Die Planck GmbH betreibt ein Forschungszentrum mit Werkfeuerwehr. Einziger Gesellschafter der GmbH ist die Stadt Thalburg an der Ohm. Die GmbH ist nach § 99 Nr. 2 GWB öffentlicher Auftraggeber; Beschaffungen der Werkfeuerwehr sind vergabepflichtig.

---

2   Eine Ausnahme könnte nur eine Privatfeuerwehr bilden, die bspw. in Form einer GmbH gebildet wurde.

I.

> **Merke:**
>
> **Werkfeuerwehren können Teil eines öffentlichen Auftraggebers sein.**

Werkfeuerwehren können aber auch von privaten Unternehmen aufgestellt sein.

> **Beispiel:**
>
> Die Firma Rakete GmbH, die Feuerwerkskörper produziert, unterhält eine staatlich angeordnete Werkfeuerwehr. Alleiniger Gesellschafter der GmbH ist Herr Müller. Herr Müller fällt nicht unter die in § 99 GWB genannten öffentlichen Auftraggeber. Vergaberechtliche Bestimmungen muss die Rakete GmbH bei Beschaffungen ihrer Werkfeuerwehr nicht beachten.

cc)   Betriebsfeuerwehren

Betriebsfeuerwehren sind im Gegensatz zu Werkfeuerwehren weder staatlich angeordnet noch staatlich anerkannt. Auch hier richtet sich die Auftraggebereigenschaft nach dem die Feuerwehr aufstellenden Betrieb.

b)   Rettungsdienste

Ebenso wie die Feuerwehren wird die Organisation und Bereitstellung der Rettungsdienste durch Gesetze der Bundesländer und Stadtstaaten geregelt. Träger des Rettungsdienstes sind die Kommunen oder auch Landkreise. Als Gebietskörperschaften sind die Träger des Rettungsdienstes öffentliche Auftraggeber.

Sektorenauftraggeber

Sektorenauftraggeber sind öffentliche Auftraggeber, die eine Sektorentätigkeit ausüben, § 100 GWB. Was eine Sektorentätigkeit ist, ergibt sich aus § 102 GWB: So sind zum Beispiel das Bereitstellen von Trinkwasser-, Elektrizitäts-, Gas- und Wärmenetzen und die Einspeisung von Trinkwasser, Elektrizität-, Gas und Wärme Sektorentätigkeiten. Auch Tätigkeiten im Zusammenhang mit der Nutzung eines Flughafens sind Sektorentätigkeiten, § 102 Abs. 5 GWB.

Übt ein Unternehmen, das nach § 99 GWB als öffentlicher Auftraggeber zu qualifizieren ist, Tätigkeiten im Bereich eines Flughafens aus, ist es Sektorenauftraggeber.

> **Beispiel:**
>
> Die Stadt Thalburg an der Ohm betreibt ihren Flughafen über die »Airport Thalburg an der Ohm GmbH«; alleiniger Gesellschafter ist die Stadt. Die Airport Thalburg an

> der Ohm GmbH unterhält eine Flughafenfeuerwehr. Die GmbH und damit einge-
> schlossen die Werkfeuerwehr ist nach § 99 Nr. 2 GWB öffentlicher Auftraggeber. Bei
> Beschaffungen der Werkfeuerwehr ist das Sektorenvergaberecht zu beachten.

Für Sektorenauftraggeber gilt die Sektorenverordnung (SektVO). Sie enthält wie auch
das GWB einige Erleichterungen für die Beschaffungen von Sektorenauftraggebern.
So können diese zwischen den Verfahrensarten freier wählen, vgl. § 141 GWB.

Merke:

Bei einem eine Werkfeuerwehr haltenden Unternehmen kann es sich um einen
Sektorenauftraggeber handeln.

Konzessionsgeber

Konzessionsgeber sind öffentliche Auftraggeber, die eine Konzession vergeben,
§ 101 GWB. Eine Dienstleistungskonzession ist gegenüber einem Dienstleistungs-
auftrag dadurch gekennzeichnet, dass die Gegenleistung des Auftraggebers nicht in
einem geldwerten Vorteil, also weder in Geld noch in Sachleistungen, sondern nur in
dem Recht zur wirtschaftlichen Verwertung der erbrachten Leistung besteht, wobei
der Leistungserbringer ganz oder überwiegend das Nutzungsrisiko übernimmt (OLG
Düsseldorf, VII-Verg 34/15.).

> **Beispiel:**
> Die Feuerwehr der Stadt Thalburg an der Ohm will ihre Betriebskantine bewirt-
> schaften lassen. Sie vergibt eine Dienstleistungskonzession: Der Kantinenbetreiber
> erhält keine Vergütung von der Stadt, sondern erhält das Recht, im eigenen Namen
> und auf eigene Rechnung Essen und Getränke in der Kantine zu verkaufen. Das
> wirtschaftliche Risiko trägt der Kantinenbetreiber. Verkauft er zu wenig, muss er den
> Verlust selbst tragen.

Für Konzessionsgeber gilt die Konzessionsvergabeverordnung (KonzVgV).

Öffentlicher Auftrag

Öffentliche Aufträge sind entgeltliche Verträge zwischen öffentlichen Auftraggebern
oder Sektorenauftraggebern und Unternehmen über die Beschaffung von Leistungen, die die Lieferung von Waren, die Ausführung von Bauleistungen oder die Erbringung von Dienstleistungen zum Gegenstand haben, § 103 GWB.

Tabelle 1: *Übersicht über die öffentlichen Auftraggeber*

	Norm	Beispiele	Zu beachtende Vorschriften
Gebietskörperschaften	§ 99 Nr. 1 GWB	Bund, Länder, Kommunen	GWB, VgV
Juristische Personen mit besonderer Staatsnähe	§ 99 Nr. 2 GWB	Kommunal beherrschte Unternehmen	GWB, VgV
Verbände	§ 99 Nr. 3 GWB	Feuerwehrverband	GWB, VgV
Personen, die öffentlich subventionierte Vorhaben umsetzen	§ 99 Nr. 4 GWB	GmbH, die beim Schulbau zu mehr als 50 % von der Gemeinde subventioniert wird	GWB, VgV
Sektorenauftraggeber	§ 100 GWB	Flughafengesellschaft	GWB, SektVO
Konzessionsgeber	§ 101 GWB	Kommune vergibt die Bewirtschaftung einer Kantine	GWB KonzVgV

Wesensmerkmal eines öffentlichen Auftrags ist die Teilnahme des öffentlichen Auftraggebers am Markt; das ist dann der Fall, wenn er seine interne Aufgabenorganisation verlässt, um Verträge mit außenstehenden Dritten abzuschließen (1 Verg. 4/01).

Öffentliche Aufträge lassen sich in folgende Kategorien unterteilen:

- **Lieferaufträge:** Verträge zur Beschaffung von Waren durch Kauf, Leasing, Miete oder Pacht.
  Beispiele: Kauf eines Krankentransportwagens, Leasing eines Drehleiterfahrzeugs
- **Bauaufträge:** Verträge über die Ausführung oder die gleichzeitige Planung und Ausführung von Bauleistungen.
- **Dienstleistungsaufträge:** Verträge über die Erbringung von Leistungen, die nicht Lieferleistung und nicht Bauleistung sind.
  Beispiele: Beschaffung von Beratungsleistungen, Reinigungsleistungen
- **Rahmenvereinbarungen:** Vereinbarungen zwischen einem oder mehreren öffentlichen Auftraggebern oder Sektorenauftraggebern und einem oder mehreren Unternehmen, die dazu dienen, die Bedingungen für die öffentlichen Aufträge, die während eines bestimmten Zeitraums vergeben werden sollen, festzulegen, insbesondere in Bezug auf den Preis.

Beispiel: Rahmenvereinbarungen über die Lieferung von Büromöbeln
- Wettbewerbe: Auslobungsverfahren, die dem Auftraggeber aufgrund vergleichender Beurteilung durch ein Preisgericht mit oder ohne Verteilung von Preisen zu einem Plan oder einer Planung verhelfen sollen. *Beispiel: Architektenwettbewerbe*

Kein öffentlicher Auftrag liegt vor, wenn der öffentliche Auftraggeber nicht als Nachfrager, sondern als Anbieter von Leistungen auftritt, also nichts beschafft, sondern Leistungen für Dritte erbringt.

> **Beispiel:**
> Die Feuerwehr der Stadt Thalburg an der Ohm hat ein EDV-Programm für die Archivierung von Einsatzdaten entwickelt. Dieses Programm bietet sie auf dem Markt zum Kauf an. Da keine Leistung beschafft wird, ist kein Vergaberecht zu beachten.[3]

Entgelt

Der Auftrag muss entgeltlich sein. Das Wort »entgeltlich« bezeichnet nach der gewöhnlichen rechtlichen Bedeutung einen Vertrag, mit dem sich jede Partei verpflichtet, eine Leistung im Gegenzug für eine andere zu erbringen (EuGH, C-606/17).

Der Entgeltbegriff im Vergaberecht ist möglichst weit zu fassen. Er bezieht sich nicht nur auf die Zahlung von Geld als Gegenleistung, sondern umfasst jede Art von Vergütung, die einen geldwerten Vorteil bedeutet (OLG Düsseldorf, VII-Verg 71/03; OLG Frankfurt am Main, 11 Verg 11/04). Das weite Verständnis von der Entgeltlichkeit soll die vergaberechtspflichtigen öffentlichen Aufträge von den vergabefreien Gefälligkeitsverhältnissen oder außerrechtlichen Beziehungen abgrenzen (OLG Naumburg, 1 Verg 9/05).

Daher fällt ein Vertrag, der einen Leistungsaustausch vorsieht, auch dann unter den Begriff »öffentlicher Auftrag«, wenn sich die vorgesehene Vergütung auf den teilweisen Ersatz der Kosten beschränkt, die durch die Erbringung der vereinbarten Dienstleistung entstehen (EuGH, C-606/17).

---

3   Gleichwohl sind die Regelungen zu einer wirtschaftlichen Betätigung einer Gemeinde einzuhalten.

> **Beispiel:**
> Das Unternehmen U bietet der Feuerwehr der Stadt Thalburg an der Ohm an, einen gebrauchten Krankentransportwagen, den die Feuerwehr nicht mehr benötigt, gegen ein neues Einsatzleiterfahrzeug zu tauschen. Die Werte der Fahrzeuge sind ungefähr gleich. Es handelt sich um einen öffentlichen Auftrag, weil ein Entgelt in Form eines gebrauchten Fahrzeugs geleistet wird. Das Angebot von U kann daher nicht angenommen werden, weil es sich sonst um einen, in diesem Fall unzulässigen, Direktauftrag handeln würde.

Auftragswert erreicht oder übersteigt den Schwellenwert

Die Anwendbarkeit des GWB-Vergaberechts setzt außerdem voraus, dass der geschätzte Auftragswert den jeweiligen EU-Schwellenwert erreicht oder übersteigt.

Die Schwellenwerte sind nicht im GWB festgeschrieben, sondern ändern sich alle zwei Jahre. § 106 GWB nennt daher keinen festen Betrag als Schwellenwert, sondern verweist auf Artikel 4 der Richtlinie 2014/24/EU bzw. Artikel 15 der Richtlinie 2014/25/EU (für Sektorentätigkeiten) und Artikel 8 der Richtlinie 2014/23/EU (für Konzessionsvergaben) in der jeweils geltenden Fassung.

Grund für die alle zwei Jahre erfolgende Änderung des Schwellenwertes sind Wechselkursentwicklungen: Die Schwellenwerte sind im Übereinkommen über das öffentliche Beschaffungswesen (Government Procurement Agreement, kurz »GPA«)[4] vorgesehen und werden in Sonderziehungsrechten (SZR) ausgedrückt. Sonderziehungsrechte sind eine weltweite künstliche Währung, die vom Internationalen Währungsfonds eingeführt wurde und denen ein Währungskorb aus den Währungen US-Dollar, japanischer Yen, Euro, britisches Pfund, chinesischer Renminbi mit unterschiedlichen Anteilen zugrunde liegt.

Der Gegenwert der Schwellenwerte in den europäischen Währungen Euro, Pfund, Kronen usw. wird alle zwei Jahre von der EU-Kommission entsprechend den Wechselkursschwankungen zu den Sonderziehungsrechten neu berechnet und veröffentlicht. Die Schwellenwerte sind Netto-Werte ohne Umsatzsteuer.

---

4   Bei dem Übereinkommen handelt es sich um ein plurilaterales Rechtsinstrument, mit dem die gegenseitige Öffnung der öffentlichen Beschaffungsmärkte der Vertragsparteien bezweckt wird. Es wird auf alle Aufträge angewandt, deren Wert die darin festgelegten, in Sonderziehungsrechten ausgedrückten Beträge (»Schwellenwerte«) erreicht oder übersteigt.

Merke:

Die Schwellenwerte ergeben sich aus der Anpassung von europäischen Währungen an die im GPA festgelegten Sonderziehungsrechte.

Beispiel:

Der Schwellenwert für die Vergabe von Liefer- und Dienstleistungen »subzentraler Regierungsstellen« beträgt 200.000 SZR. Diese 200.000 SZR werden alle 2 Jahre unter Berücksichtigung von Wechselkursschwankungen neu in Euro umgerechnet.

Die Schwellenwerte wurden in den letzten Jahren wie folgt angeglichen:

Schwellenwerte für die Jahre 2012 und 2013 (EU-Verordnung Nr. 1251/2011)

- für Bauaufträge: 5.000.000 EUR
- für Verträge über Lieferungen und Leistungen: 200.000 EUR
- für Sektorenauftraggeber bei Verträgen über Lieferungen und Leistungen: 400.000 EUR

Schwellenwerte für die Jahre 2014 und 2015 (EU-Verordnung Nr. 1336/2013)

- für Bauaufträge: 5.186.000 Euro
- für Verträge über Lieferungen und Leistungen: 207.000 Euro
- für Sektorenauftraggeber bei Verträgen über Lieferungen und Leistungen: 414.000 Euro

Schwellenwerte für die Jahre 2016 und 2017 (Delegierte Verordnung (EU) 2015/2170)

- für Bauaufträge: 5.225.000 Euro
- für Verträge über Lieferungen und Leistungen: 209.000 Euro
- für Sektorenauftraggeber bei Verträgen über Lieferungen und Leistungen: 418.000 Euro

Schwellenwerte für die Jahre 2018 und 2019 (Delegierte Verordnung (EU) 2017/2365)

- für Bauaufträge: 5.548.000 Euro
- für Verträge über Lieferungen und Leistungen: 221.000 Euro
- für Sektorenauftraggeber bei Verträgen über Lieferungen und Leistungen: 443.000 Euro

Aus der Übersicht ergibt sich, dass die Schwellenwerte regelmäßig gestiegen sind. Bei Erreichen oder Überschreiten dieser Schwellenwerte durch den geschätzten Auftragswert (siehe Kapitel II.5) ist das GWB-Vergaberecht zu beachten.

Sonderfall: Schwellenwert für Soziale und andere besondere Dienstleistungen

Für »soziale und andere besondere Dienstleistungen« gilt seit der Vergaberechtsmodernisierung im Jahr 2016 ein eigener Schwellenwert. Während früher die sozialen und besonderen Dienstleistungen bei Erreichen oder Überschreiten des allgemeinen Schwellenwertes für Liefer- und Dienstleistungen als nachrangige Dienstleistungen nur sehr begrenzt den Vergabebestimmungen des Oberschwellenrechtes unterworfen waren, ist nunmehr das GWB-Vergaberecht für diese Leistungen erst ab einem Schwellenwert von 750.000 Euro zu beachten (Artikel 4 Buchstabe d) der Richtlinie 2014/24/EU). Vergeben Sektorenauftraggeber soziale oder andere soziale Dienstleistungen, gilt ein Schwellenwert von 1.000.000 Euro (Artikel 15 Buchstabe c) der Richtlinie 2014/25/EU).

Was soziale und andere besondere Dienstleistungen sind, ergibt sich aus dem Anhang XIV der Richtlinie 2014/24/EU, dort werden folgende Leistungen aufgeführt:

- Dienstleistungen des Gesundheits- und Sozialwesens und zugehörige Dienstleistungen
- Administrative Dienstleistungen im Sozial-, Bildungs-, Gesundheits- und kulturellen Bereich
- Dienstleistungen im Rahmen der gesetzlichen Sozialversicherung
- Beihilfen, Unterstützungsleistungen und Zuwendungen
- Sonstige gemeinschaftliche, soziale und persönliche Dienstleistungen, einschließlich Dienstleistungen von Gewerkschaften, von politischen Organisationen, von Jugendverbänden und von sonstigen Organisationen und Vereinen
- Dienstleistungen von religiösen Vereinigungen
- Gaststätten und Beherbergungsgewerbe
- Dienstleistungen im juristischen Bereich, sofern sie nicht nach Artikel 10 Buchstabe d ausgeschlossen sind; dazu gehören Schieds- und Gerichtsverfahren und diese vorbereitende Beratungsleistungen sowie notarielle Beurkundungsleistungen
- Sonstige Dienstleistungen der Verwaltung und für die öffentliche Verwaltung
- Kommunale Dienstleistungen
- Dienstleistungen für Haftanstalten, Dienstleistungen im Bereich öffentliche Sicherheit und Rettungsdienste, sofern sie nicht nach Artikel 10 Buchstabe h ausgeschlossen sind, also Dienstleistungen des Katastrophenschutzes, des Zivilschutzes und der Gefahrenabwehr, die von gemeinnützi-

gen Organisationen oder Vereinigungen erbracht werden (siehe Kapitel I, 2.1.3)
- Dienstleistungen von Detekteien und Sicherheitsdiensten
- Internationale Dienstleistungen
- Postdienste
- Verschiedene Dienstleistungen (Reifenrunderneuerung, Schmiedearbeiten)

Im GWB finden sich einige Erleichterungen für die Vergabe von sozialen und anderen besonderen Dienstleistungen. So kann zwischen den Verfahrensarten freier gewählt werden, Rahmenverträge können eine längere Laufzeit haben und der Auftraggeber kann kürzere Teilnahme- und Angebotsfristen festsetzen.

Sonderfall: Schwellenwert für Konzessionen

Die Vergabe von Konzessionen ist erst seit der Vergaberechtsmodernisierung im Jahr 2016 vergaberechtlich geregelt. Regelungen finden sich im GWB und in der Konzessionsvergabeverordnung (KonzVgV).

Dieses Konzessionsvergaberecht ist aber nur dann anzuwenden, wenn der geschätzte Auftragswert den Schwellenwert von 5.350.000 Euro erreicht oder überschreitet, § 106 GWB. Dieser Schwellenwert gilt sowohl für Dienstleistungskonzessionen als auch für Baukonzessionen.

Für Konzessionsgeber gilt nach § 151 GWB, dass sie Vergabeverfahren im Rahmen der KonzVgV frei gestalten dürfen. Auch andere Erleichterungen sind für Konzessionsvergaben vorgesehen; sie finden sich in der KonzVgV.

2.1.2   Ausnahmetatbestände

Das GWB-Vergaberecht gilt nicht für alle Vergaben öffentlicher Aufträge durch öffentliche Auftraggeber, deren geschätzte Auftragswerte den EU-Schwellenwert erreichen oder übersteigen. Neben allgemeinen Ausnahmen, die für alle öffentlichen Aufträge gelten, finden sich besondere Ausnahmen und zwar jeweils für die »klassischen« öffentlichen Aufträge, die Sektorenaufträge und die Konzessionsaufträge.

Tabelle 2: *Schwellenwerte für 2020 und 2021*

Art des Auftraggbers \ Art der Beschaffung	Lieferleistungen	Dienstleistungen	Soziale und andere besondere Dienstleistungen[5]	Bauleistungen	Konzessionen
Öffentlicher Auftraggeber	214.000 Euro	214.000 Euro	750.000 Euro	5.350.000 Euro	-
Sektorenauftraggeber	428.000 Euro	428.000 Euro	1.000.000 Euro		-
Konzessionsgeber	-	-	-	-	5.350.000 Euro
Obere und oberste Bundesbehörden	139.000 Euro	139.000 Euro	750.000 Euro	5.350.000 Euro	-

Tabelle 3:

Allgemeine Ausnahmen	Besondere Ausnahmen
Für alle öffentlichen Aufträge	**Für klassische öffentliche Aufträge (ohne Sektoren und Konzessionen)**
§ 107 GWB: ■ Schiedsgerichts- und Schlichtungsdienstleistungen ■ Erwerb, Miete oder Pacht von Grundstücken ■ Arbeitsverträge ■ Dienstleistungen des Katastrophenschutzes, Zivilschutzes, Gefahrenabwehr, die von gemeinnützigen Organisationen erbracht werden	**§ 116 GWB:** ■ Bestimmte Rechtsdienstleistungen ■ Forschungs- und Entwicklungsdienstleistungen ■ Produktion für Mediendienste ■ Finanzielle Dienstleistungen ■ Kredite und Darlehen ■ Dienstleistungen an einen öffentlichen Auftraggeber mit Ausschließlichkeitsrecht

---

5   Die sozialen und anderen besonderen Dienstleistungen sind nicht im GPA enthalten; es besteht deshalb kein regelmäßiger Anpassungsbedarf

Tabelle 3: *– Fortsetzung*

Allgemeine Ausnahmen	Besondere Ausnahmen
§ 108 GWB: ▪ Inhouse-Vergaben **§ 109 GWB:** ▪ Vergaben auf der Grundlage internationaler Verfahrensregeln	**§ 117 GWB:** ▪ Vergaben, die Verteidigungs- oder Sicherheitsaspekte umfassen **Für Aufträge im Sektorenbereich** **§ 137 GWB:** ▪ Bestimmte Rechtsdienstleistungen ▪ Forschungs- und Entwicklungsleistungen ▪ Ausstrahlungszeit oder Sendungen an Mediendienste ▪ Finanzielle Dienstleistungen ▪ Kredite und Darlehen ▪ Aufträge wegen Ausschließlichkeitsrechten ▪ Beschaffung von Wasser nach der Trinkwasserverordnung ▪ Beschaffung von Energie zur Energieversorgung ▪ Weiterveräußerung oder Vermietung an Dritte **§ 138 GWB:** ▪ Vergaben an verbundene Unternehmen **§ 139 GWB:** ▪ Vergabe durch oder an ein Gemeinschaftsunternehmen **§ 140 GWB:** ▪ Unmittelbar dem Wettbewerb ausgesetzte Tätigkeiten **Für Aufträge im Verteidigungs- und Sicherheitsbereich** **§ 145 GWB:** ▪ nachrichtendienstliche Tätigkeiten ▪ Forschung und Entwicklung

Tabelle 3:   *– Fortsetzung*

Allgemeine Ausnahmen	Besondere Ausnahmen
	▪ Auftragsvergabe außerhalb der EU ▪ Militärische Zwecke ▪ Finanzdienstleistungen
	Für Konzessionsvergaben
	§ 149 GWB: ▪ Besondere Rechtsdienstleistungen ▪ Forschungs- und Entwicklungsdienst- leistungen ▪ audiovisuelle Mediendiensten ▪ finanzielle Dienstleistungen ▪ Krediten und Darlehen ▪ Bestimmte Dienstleistungskonzessio- nen ▪ Versorgung mit Trinkwasser ▪ Lotteriedienstleistungen

2.1.3   Bereichsausnahme Rettungsdienst

Die Organisation des Rettungsdienstes ist Sache der Bundesländer und wird in den Rettungsdienstgesetzen der Länder unterschiedlich ausgestaltet. Entsprechend gibt es für die Organisation des Rettungsdienstes unterschiedliche Modelle:

- **Eigenerbringung:** Der Träger des Rettungsdienstes erbringt die Rettungsdienstleistungen selbst.
- **Submissionsmodell:** Der Träger des Rettungsdienstes beauftragt Dritte, wie Hilfsorganisationen oder private Unternehmen mit der Erbringung der Rettungsdienstleistungen. Der Träger vergütet die Leistungen unmittelbar an den Dritten und refinanziert die Kosten bei den zuständigen Versicherungsträgern.
- **Konzessionsmodell:** Der Träger des Rettungsdienstes beauftragt Dritte mit der Erbringung der Rettungsdienstleistungen. Der Dritte erhält als Gegenleistung keine Vergütung vom Träger des Rettungsdienstes, sondern rechnet die erbrachten Leistungen direkt mit den zuständigen Sozialversicherungsträgern ab.

Das Submissionsmodell stellt einen öffentlichen Auftrag dar: Ein öffentlicher Auftraggeber schließt einen entgeltlichen Vertrag mit einem Dritten über die Erbringung von Leistungen.

Auch das Konzessionsmodell unterliegt im Grundsatz dem GWB-Vergaberecht in Verbindung mit der Konzessionsvergabeverordnung, sofern der entsprechende Schwellenwert erreicht ist (siehe Kapitel II, 2.1.1).

Ausnahmetatbestand § 107 Abs. 1 Nr. 4 GWB

Nun sieht aber § 107 Abs. 1 Nr. 4 GWB, mit dem Art. 10 Buchstabe h der Richtlinie 2014/14/EU in deutsches Recht umgesetzt wurde, vor, dass Dienstleistungen des Katastrophenschutzes, des Zivilschutzes und der Gefahrenabwehr, die von gemeinnützigen Organisationen oder Vereinigungen erbracht werden, mit Ausnahme des Einsatzes von Krankenwagen zur Patientenbeförderung, vom Vergaberecht ausgenommen sind.

Im Hinblick darauf, dass es im Rettungsdienst unterschiedliche Formen von Krankentransporten gibt, herrschte Unsicherheit darüber, welche konkreten Leistungen unter die Bereichsausnahme in § 107 Abs. 1 Nr. 4 GWB fallen.

Der Rettungsdienst umfasst:

- **Die Notfallrettung:** Die Notfallrettung hat die Aufgabe, bei Notfallpatientinnen und Notfallpatienten lebensrettende Maßnahmen am Notfallort durchzuführen, deren Transportfähigkeit herzustellen und sie unter Aufrechterhaltung der Transportfähigkeit und Vermeidung weiterer Schäden mit Notarzt- oder Rettungswagen oder Luftfahrzeugen in ein für die weitere Versorgung geeignetes Krankenhaus zu befördern (vgl. bspw. § 2 RettG NRW).

- **Den qualifizierten Krankentransport:** Der Krankentransport hat die Aufgabe, Kranken oder Verletzten oder sonstigen hilfsbedürftigen Personen, die keine Notfallpatienten sind, fachgerechte Hilfe zu leisten und sie unter Betreuung durch qualifiziertes Personal mit Krankenkraftwagen oder mit Luftfahrzeugen zu befördern.

Daneben gibt es außerdem den »nichtqualifizierten Krankentransport« oder die »Krankenfahrten«. Dabei handelt es sich um die Beförderung von kranken, verletzen oder sonstigen hilfsbedürftigen Personen, die während der Fahrt nicht der medizinisch fachlichen Betreuung durch medizinisches Fachpersonal oder besonderer Einrichtungen des Krankenkraftwagens bedürfen und bei denen solches aufgrund ihres Zustandes nicht zu erwarten ist (vgl. Art. 3 Nr. 6 BayRDG.).

I.

Zu der Frage, welche der genannten Rettungsdienstleistungen unter die Bereichsausnahme fallen, hat der Europäische Gerichtshof im März 2019 einige klarstellende Aussagen getroffen; der Entscheidung lag der folgende Fall zugrunde:

Fall: Welche Rettungsdienstleistungen fallen unter die Bereichsausnahme?

Die Stadt S vergab einen Auftrag über die Durchführung der Notfallrettung und den qualifizierten Krankentransport in zwei Losen. Eine Auftragsbekanntmachung im Amtsblatt der Europäischen Union erfolgte nicht. Stattdessen forderte S vier Hilfsorganisationen unmittelbar zur Angebotsabgabe auf und vergab an zwei von ihnen den jeweiligen Auftrag.

Ein privates Rettungs- und Krankendienstunternehmen warf der Stadt S daraufhin vor, den Auftrag ohne vorherige Auftragsbekanntmachung im Amtsblatt der Europäischen Union vergeben zu haben. Daher beantragte das Unternehmen eine Nachprüfung mit dem Ziel, festzustellen, dass es durch die De-facto-Vergabe in seinen Rechten verletzt sei. Nachdem die Vergabekammer den Antrag als unzulässig verworfen hatte, rief das Unternehmen das OLG Düsseldorf an. Es trug vor, die vergebenen Rettungsdienstleistungen seien keine Dienstleistungen der Gefahrenabwehr. Der Begriff der »Gefahrenabwehr« erfasse nur die Abwehr von Gefahren für große Menschenmengen in Extremsituationen und nicht die Abwehr von Gefahren für Leib, Leben und Gesundheit einzelner Personen. Daraus folge, dass der qualifizierte Krankentransport, der neben der Transportleistung die Betreuung und Versorgung durch einen Rettungssanitäter, unterstützt durch einen Rettungshelfer, enthalte (qualifizierter Krankentransport), nicht unter die Ausnahme nach Art. 10 Buchstabe h der Richtlinie 2014/24 falle, da es sich nur um einen Einsatz von Krankenwagen zur Patientenbeförderung handele. Außerdem seien die beteiligten Organisationen nicht als gemeinnützige Organisation oder Vereinigung im Sinne von Art. 10 lit. h) der Richtlinie 2014/14/EU anzusehen.

Das OLG legte dem Europäischen Gerichtshof daraufhin vier Fragen zur Auslegung der des Artikel 10 Buchstabe h der Richtlinie 2014/24/EU vor (EuGH, C-465/17).

Der Europäische Gerichtshof stellte zu den Fragen des OLG folgendes fest:

- Die Notfallrettung unterfällt als Dienstleistung der Gefahrenabwehr der Bereichsausnahme des Artikel 10 Buchstabe h der Richtlinie 2014/24/EU und damit des § 107 Abs. 1 Nr. 4 GWB.
- Der qualifizierte Krankentransport unterfällt der Bereichsausnahme, wenn ein Patient befördert werden muss, bei dem das Risiko besteht, dass sich sein Gesundheitszustand während des Transports verschlechtert.
- Die nach § 107 Abs. 1 Nr. 4 GWB erforderliche Gemeinnützigkeit ist im Einzelfall zu prüfen und wird nicht durch die nationale Anerkennung als Hilfsorganisation ersetzt.

Merke:

Rettungsdienstleistungen der Notfallrettung und des qualifizierten Krankentransportes mit Verschlechterungsrisiko unterliegen nicht dem GWB-Vergaberecht.

Diese Rettungsdienstleistungen können also ohne förmliches Ausschreibungsverfahren an gemeinnützige Hilfsorganisationen vergeben werden.

Wie eine solche Vergabe ausgestaltet sein muss, ob also ein wettbewerbliches Verfahren durchzuführen ist oder Aufträge direkt vergeben werden können, hat der Europäische Gerichtshof allerdings offengelassen. In der Literatur werden unterschiedliche Modelle diskutiert (vgl. Kieselmann und Friton, 2019); eine abschließende Klärung muss aber noch erfolgen.

Tipp:

Bis zu einer abschließenden Klärung sollten Auftraggeber bei der Vergabe von Rettungsdienstleistungen, die der Bereichsausnahme unterfallen, transparente und wettbewerbliche Verfahren durchführen.

Die dargestellten Bereichsausnahmen gelten gemäß § 1 Abs. 2 UVgO auch für die Vergabe von Rettungsdienstleistungen, die den EU-Schwellenwert nicht erreichen.

Merke:

Beabsichtigt der Auftraggeber einen Wettbewerb durchzuführen, um Leistungen des Rettungsdienstes auch für gewerblich tätige Unternehmen zu öffnen – also nicht nur gemeinnützige Organisationen oder Vereinigungen zu beteiligen –, gilt die Bereichsausnahme nicht (OLG Celle, 13 Verg 4/19).

Rettungsdienstleistungen, die nicht unter die Bereichsausnahme fallen

Leistungen des Rettungsdienstes, die sich nicht auf die Notfallrettung oder den qualifizierten Krankentransport mit Notfallrisiko beziehen, unterfallen nicht der Bereichsausnahme. Diese Leistungen sind unter Beachtung des GWB-Vergaberechts zu vergeben, sofern der entsprechende Schwellenwert überschritten ist. Diese Dienstleistungen unterfallen als soziale und andere besondere Dienstleistungen einem erleichterten Vergaberechtsregime (siehe Kapitel II, 2.1.1).

> **Merke:**
>
> Rettungsdienstleistungen außerhalb der Notfallrettung und des qualifizierten Krankentransportes mit Verschlechterungsrisiko unterfallen dem Vergaberechtsregime der sozialen und besonderen Dienstleistungen.

2.1.4 Übersicht Anwendungsbereich GWB

Tabelle 4:

Voraussetzungen GWB	erfüllt (✓)/nicht erfüllt (✗)				
Öffentlicher Auftraggeber	✓	✗	✓	✓	✓
Öffentlicher Auftrag	✓	✓	✗	✓	✓
Erreichen oder Überschreiten der EU-Schwellenwerte	✓	✓	✓	✗	✓
Kein Ausnahmetatbestand	✓	✓	✓	✓	✗
Anwendung des GWB	✓	✗	✗	✗	✗

2.1.5 Die Vergabeverordnungen

Neben dem Gesetz gegen Wettbewerbsbeschränkungen sind im Bereich oberhalb des EU-Schwellenwertes weitere Vergabeverordnungen zu beachten, vgl. § 113 GWB:

- Die Vergabeverordnung – VgV
- Die Sektorenverordnung – SektVO
- Die Konzessionsvergabeverordnung – KonzVgV
- Die Vergabestatistikverordnung – VergStatVO
- Die Vergabeverordnung Verteidigung und Sicherheit, VSVgV

Die genannten Verordnungen konkretisieren die im GWB nur angelegten Verfahrensschritte und präzisieren die Möglichkeiten, die das neue europäische Vergaberecht für die Durchführung von Vergabeverfahren bieten. Die Verordnungen ergänzen zudem die bereits im GWB getroffenen Erleichterungen für die Vergabe sozialer und anderer besonderer Dienstleistungen und regeln schließlich die Rahmenbedingungen für die Nutzung elektronischer Kommunikationsmittel (Bundesrat Drucksache 87/16, S. 2).

Die Vergabeverordnung, VgV

Die Vergabeverordnung folgt mit ihrer Struktur dem Ablauf eines Vergabeverfahrens und integriert dabei die bisherigen Regelungen des 2. Abschnitts der VOL/A und der VOF.

Die Vergabeverordnung ist in sieben Abschnitte unterteilt:

1. Der 1. Abschnitt betrifft allgemeine Bestimmungen und Querschnittsregelungen zur Kommunikation, insbesondere zur elektronischen Kommunikation.

2. Der 2. Abschnitt regelt das Vergabeverfahren. Er umfasst die Zulassungsvoraussetzungen für die Wahl einer Verfahrensart und darüber hinaus Regeln zum genauen Ablauf der einzelnen Verfahrensarten. Er umfasst auch die Vorbereitung des Vergabeverfahrens einschließlich einer Regelung zur Unterauftragsvergabe sowie Regelungen zur Veröffentlichung und Transparenz. Ein besonderer Schwerpunkt des Abschnitts liegt auf der Eignung und auf sonstigen Anforderungen an Unternehmen. Schließlich finden sich in dem Abschnitt Regelungen zur Einreichung und zur Form von sowie zum Umgang mit Angeboten, Teilnahmeanträgen, Interessenbekundungen und Interessenbestätigungen sowie zur Prüfung und Wertung der Angebote.

3. Der 3. Abschnitt enthält besondere Vorschriften für die Vergabe sozialer und anderer besonderer Dienstleistungen. Neben den Erleichterungen, die bereits im GWB geregelt sind (insbesondere die freie Wahl der Verfahrensart), treten weitere Erleichterungen etwa im Hinblick auf die Dauer von Rahmenvereinbarungen, die Zuschlagskriterien und die Mindestfristen hinzu.

4. Der 4. Abschnitt geht auf die besonderen Vorschriften zur Beschaffung von energieverbrauchsrelevanten Leistungen und Straßenfahrzeugen ein.

5. Abschnitt 5 enthält grundlegende Vorschriften zur Durchführung von Planungswettbewerben.

6. Abschnitt 6 trägt den Besonderheiten der Vergabe von Architekten- und Ingenieurleistungen Rechnung. Der Abschnitt nennt insbesondere das Verhandlungsverfahren mit Teilnahmewettbewerb und den wettbewerblichen Dialog als Regelverfahren. Der Abschnitt geht zudem auf Besonderheiten bei Bauplanungswettbewerben ein.

7. Abschnitt 7 trifft Übergangs- und Schlussbestimmungen.

Die Sektorenverordnung, SektVO

Die Anwendung der Sektorenverordnung knüpft in Abgrenzung zur Vergabeverordnung an die Ausübung von Tätigkeiten in den Versorgungsbereichen Verkehr, Trinkwasser oder Energie an.

Die Sektorenverordnung gliedert sich in fünf Abschnitte:

1. Allgemeine Bestimmungen und Kommunikation
2. Vergabeverfahren
3. Besondere Vorschriften für die Beschaffung energieverbrauchsrelevanter Leistungen und von Straßenfahrzeugen
4. Planungswettbewerbe
5. Übergangs- und Schlussbestimmungen

Die Sektorenverordnung enthält zum Teil Regelungen, die identisch mit denen der Vergabeverordnung sind; das gilt insbesondere für die Regelungen zur elektronischen Kommunikation sowie zur Zuschlagserteilung. Andere Regelungsbereiche unterscheiden sich aber deutlich. So regelt die Sektorenverordnung z. B. auch die Antragsverfahren für Tätigkeiten, die unmittelbar dem Wettbewerb ausgesetzt sind. Die Regelungen zur Wahl der Verfahrensarten unterscheiden sich ebenfalls. Weitere Unterschiede bestehen bei den Anforderungen an die Unternehmen; das gilt insbesondere für die Qualifizierungssysteme (Bundesrat Drucksache 87/16, S. 150).

Die Konzessionsvergabeverordnung, KonzVgV

Die Konzessionsverordnung gilt für die Vergabe von Konzessionen durch einen Konzessionsgeber. Die Vorschriften der Konzessionsvergabeverordnung konkretisieren die in den §§ 97 bis 114 und 148 bis 154 GWB festgelegten wesentlichen Vorgaben für das Vergabeverfahren.

Die Konzessionsverordnung gliedert sich in vier Abschnitte:

1. Allgemeine Bestimmungen und Kommunikation
2. Vergabeverfahren
3. Ausführung der Konzession
4. Übergangs- und Schlussbestimmungen

Im Vergleich zur Vergabeverordnung sieht die Konzessionsvergabeverordnung vor, dass Konzessionsgeber nicht auf bestimmte Verfahrensarten festgelegt sind, sondern das Vergabeverfahren im Rahmen der Vorgaben der Richtlinie 2014/23/EU frei ausgestalten dürfen. Anders als bei der Vergabe öffentlicher Aufträge sind Verhandlungen mit Bietern sowohl im einstufigen als auch zweistufigen Verfahren zulässig, soweit der Konzessionsgegenstand und die Mindestanforderungen an das Angebot und die Zuschlagskriterien nicht geändert werden (Bundesrat Drucksache 87/16, S. 151).

Die Vergabestatistikverordnung, VergStatVO

Durch die Vergabestatistikverordnung werden alle Auftraggeber für den Ober- und sehr eingeschränkt für den Unterschwellenbereich verpflichtet, bestimmte Daten zu Beschaffungsvorgängen dem Bundesministerium für Wirtschaft und Energie zur Verfügung zu stellen

Die in der Vergabestatistikverordnung enumerativ aufgezählten Daten zu oberschwelligen Vergaben werden den Formularen zur Bekanntmachung vergebener Aufträge, die von jedem Auftraggeber auszufüllen und an das Amt für Veröffentlichungen der Europäischen Union elektronisch zu übermitteln sind, entnommen und automatisch in die Vergabestatistik eingespeist. Die übermittelten Daten werden bei der statistikführenden Stelle gesammelt und gespeichert.

Die Vergabestatistikverordnung besteht aus acht Paragrafen und ist nicht in Abschnitte untergliedert.

Die Vergabeverordnung Verteidigung und Sicherheit, VSVgV

Die Verordnung gilt für die Vergabe von verteidigungs- oder sicherheitsspezifischen öffentlichen Aufträgen im Sinne des § 104 Absatz 1 GWB.

Sie besteht aus fünf Teilen:

1. Teil 1 enthält allgemeine Bestimmungen
2. Teil 2 regelt die Vergabeverfahren
3. Teil 3 befasst sich mit Unterauftragsvergaben
4. Teil 4 enthält besondere und
5. Teil 5 Übergangs- und Schlussbestimmungen.

2.2   Schnellcheck

Zusammenfassung Vergaberecht oberhalb des EU-Schwellenwertes:

- Eine Pflicht zur Anwendung des GWB-Vergaberechts entsteht, wenn ein
  - Öffentlicher Auftraggeber einen öffentlichen entgeltlichen Auftrag vergibt, dessen geschätzter Auftragswert den EU-Schwellenwert erreicht oder übersteigt und kein Ausnahmetatbestand vorliegt.

- Rettungsdienstleistungen unterfallen nicht dem Anwendungsbereich des GWB-Vergaberechts, wenn es sich um Notfallrettung oder qualifizierten Krankentransport mit Verschlechterungsrisiko handelt.
- Rettungsdienstleistungen außerhalb der Notfallrettung und des qualifizierten Krankentransportes sind soziale und andere besondere Dienstleistungen, für die ein höherer Schwellenwert gilt.

3 Vergaberecht unterhalb des EU-Schwellenwertes

Wenn der geschätzte Auftragswert niedriger ist als der EU-Schwellenwert, ist das GWB-Vergaberecht nicht anzuwenden. Es gilt stattdessen das sog. Haushaltsvergaberecht:

Ausgangsnorm ist § 30 Haushaltsgrundsätzegesetz (HGrG), wonach dem Abschluss von Verträgen über Lieferungen und Leistungen eine öffentliche Ausschreibung oder eine beschränkte Ausschreibung mit Teilnahmewettbewerb vorausgehen muss, sofern nicht die Natur des Geschäfts oder besondere Umstände eine Ausnahme rechtfertigen. Bund und Länder werden durch § 1 HGrG verpflichtet, ihr Haushaltsrecht nach diesen Grundsätzen zu regeln.

Entsprechend greifen die Haushaltsordnungen des Bundes und der Länder diesen Grundsatz auf und schreiben vor, dass beim Abschluss von Verträgen nach einheitlichen Richtlinien zu verfahren sei. In den Haushaltsordnungen der Kommunen[6] wird zum Teil auf die Grundsätze und Richtlinien verwiesen, die das fachlich zuständige Ministerium durch Verwaltungsvorschrift bestimmt, zum Teil auf verbindlich bekannt gegebene Vergabegrundsätze. In anderen Bundesländern ergeben sich weitere Bestimmungen aus Vergabegesetzen. In den jeweiligen Richtlinien, Erlassen oder Vergabegesetzen finden sich weitere Vorgaben, welche vergaberechtlichen Regelungen zu beachten sind; dies sind entweder die Unterschwellenvergabeordnung (UVgO) oder in den Ländern, in denen die Unterschwellenvergabeordnung noch nicht für anwendbar erklärt wurde, die Vergabe- und Vertragsordnung für Leistungen Teil A (VOL/A)[7].

---

6 Der Grundsatz, dass öffentliche und beschränkte Ausschreibung mit Teilnahmewettbewerb gleichrangig sind, ist noch nicht in allen Ländern und Kommunen umgesetzt. In einigen Ländern ist noch der Vorrang der öffentlichen vor der beschränkten Ausschreibung vorgesehen.

7 Betrachtet werden nur die Bestimmungen für die Vergabe von Aufträgen über Lieferungen und Leistungen. Bauleistungen werden ausgenommen.

Tabelle 5:

Bundesland	Vergabegrundsätze
Baden-Württemberg	**Verwaltungsvorschrift des Innenministeriums über die Vergabe von Aufträgen im kommunalen Bereich (VergabeVwV) Vom 27. Februar 2019 – Az.: 2-2242.0/21:** Ziffer 2.3: Die Anwendung folgender Bestimmungen wird den kommunalen Auftraggebern in der jeweils geltenden Fassung **empfohlen:** 2.3.1 **Unterschwellenvergabeordnung** (UVgO) vom 2. Februar 2017 (BAnz AT 07.02.2017 B1 und B2; ber. BAnz AT 08.02. 2017 B1) sowie die Vergabe- und Vertragsordnung für Leistungen Teil B – Allgemeine Vertragsbedingungen für die Ausführung von Leistungen vom 5. August 2003 (BAnz Nummer 178a vom 23.09. 2003); für Aufträge ab den EU-Schwellenwerten finden die in den Nummern 2.2.7 und 2.2.8 genannten Rechtsvorschriften Anwendung
Bayern	**Verwaltungsvorschrift zum öffentlichen Auftragswesen (VVöA) vom 24. März 2020:** Die Unterschwellenvergabeordnung (…) **ist** von allen staatlichen Auftraggebern (…) **anzuwenden.**
Berlin	**Gemeinsames Rundschreiben der Senatsverwaltung für Wirtschaft, Energie und Betriebe und der Senatsverwaltung für Stadtentwicklung und Wohnen Nr. 1/2020 vom 24.02.20202:** Die **UVgO** ist spätestens ab dem 01.04.2020 verpflichtend **anzuwenden.**
Brandenburg	**Verwaltungsvorschriften zur Landeshaushaltsordnung (VV-LHO):** VV zu § 55 LHO – 2.2 Vergaben unterhalb der EU-Schwellenwerte Bei der Vergabe von Bau-, Liefer- und Dienstleistungen, die nicht dem Teil 4 GWB unterliegen, sind anzuwenden: (…) 2.2.2 Verfahrensordnung für die Vergabe öffentlicher Liefer- und Dienstleistungsaufträge unterhalb der EU-Schwellenwerte (**Unterschwellenvergabeordnung** - UVgO).
Bremen	**Bremisches Gesetz zur Sicherung von Tariftreue, Sozialstandards und Wettbewerb bei öffentlicher Auftragsvergabe (Tariftreue- und Vergabegesetz):** § 7 Vergabe von Liefer- und Dienstleistungsaufträgen

Tabelle 5:   *– Fortsetzung*

Bundesland	Vergabegrundsätze
	(1) Bei der Vergabe von Liefer- und Dienstleistungsaufträgen sind ab einem geschätzten Auftragswert von 50 000 Euro die Bestimmungen der **Unterschwellenvergabeordnung** anzuwenden. Hiervon ausgenommen ist die Vergabe von freiberuflichen Leistungen.
Hamburg	**§ 2a Abs. 1 Nr. 1 Hamburgisches Vergabegesetz:** (1) Bei der Vergabe öffentlicher Aufträge unterhalb der Schwellenwerte gemäß § 106 GWB ist 1. für Liefer- und Dienstleistungen die Verfahrensordnung für die Vergabe öffentlicher Liefer- und Dienstleistungsaufträge unterhalb der EU-Schwellenwerte (**Unterschwellenvergabeordnung** - UVgO) in der Fassung vom 2. Februar 2017 (BAnz. AT 07.02.2017 B1, 08.02.2017 B1) in der jeweils geltenden Fassung anzuwenden.
Hessen	Gemeinsamer Runderlass zum öffentlichen Auftragswesen (Vergabeerlass) 1.1 Anwendung VOL/A Abschnitt 1 und VOB/A Abschnitt 1 Soweit das Hessische Vergabe- und Tariftreuegesetz (HVTG) vom 19.12.2014 (GVBl. I S. 354) und dieser Gemeinsame Runderlass nichts anderes bestimmen, gelten als einheitliche Richtlinien nach § 55 Abs. 2 LHO und als Vergabegrundsätze nach § 29 Abs. 2 GemHVO für alle Beschaffungsverfahren außerhalb des EU-Vergaberegimes der §§ 97 ff. GWB folgende Bestimmungen: a. Vergabe- und Vertragsordnung für Leistungen (**VOL**) – Ausgabe 2009 –, Teil A: Allgemeine Bestimmungen für die Vergabe von Leistungen (VOL/A), Abschnitt 1: Bestimmungen für die Vergabe von Leistungen vom 20.11.2009 (BAnz. Nr. 196a vom 29.12.2009, berichtigt am 26.02.2010 (BAnz. S. 755),
Mecklenburg-Vorpommern	**Gesetz zur Änderung vergaberechtlicher Vorschriften vom 12. Juli 2018 - GS Meckl.-Vorp. Gl. Nr. 703 – 3:** Artikel 1 Änderung des Vergabegesetzes Mecklenburg-Vorpommern § 2 wird wie folgt geändert: (...) b) Absatz 1 Satz 1 Nummer 3 wird wie folgt gefasst: »3. Abschnitt 1 der Vergabe- und Vertragsordnung für Leistungen Teil A (VOL/A), **ab dem 1. Januar 2019 die Unterschwellenvergabeordnung (UVgO).**«

Tabelle 5: *– Fortsetzung*

Bundesland	Vergabegrundsätze
Niedersachsen	**Niedersächsisches Gesetz zur Sicherung von Tariftreue und Wettbewerb bei der Vergabe öffentlicher Aufträge (Niedersächsisches Tariftreue- und Vergabegesetz - NTVergG):** § 3 Anzuwendende Vorschriften; Verordnungsermächtigung (1) Bei der Vergabe von öffentlichen Liefer- und Dienstleistungsaufträgen, deren geschätzter Auftragswert die in § 106 Abs. 2 Nrn. 1 bis 3 GWB genannten Schwellenwerte nicht erreicht, sind die Regelungen der **Unterschwellenvergabeordnung (UVgO)** vom 2. Februar 2017 (BAnz AT 07.02.2017 B1, 08.02.2017 B1) anzuwenden.
Nordrhein-Westfalen	**Vergabegrundsätze für Gemeinden nach § 26 der Kommunalhaushaltsverordnung Nordrhein-Westfalen (Kommunale Vergabegrundsätze)** Ziffer 5.1 Zur Vermeidung rechtlicher Risiken bei Aufträgen über Liefer- und Dienstleistungen unterhalb der EU-Schwellenwerte **soll** die **Unterschwellenvergabeordnung** in der jeweils geltenden Fassung angewendet werden.
Rheinland-Pfalz	**Verwaltungsvorschrift des Ministeriums für Wirtschaft, Klimaschutz, Energie und Landesplanung, des Ministeriums des Innern, für Sport und Infrastruktur, des Ministeriums der Finanzen und des Ministeriums der Justiz und für Verbraucherschutz vom 24. April 2014** Ziffer 2.2: Öffentliche Aufträge unterhalb der EU-Schwellenwerte Bei öffentlichen Aufträgen, deren geschätzte Gesamtauftragswerte ohne Umsatzsteuer die EU-Schwellenwerte nicht erreichen, sind - der erste Abschnitt der **VOL/A** und der Teil B der VOL (VOL/B) (…) in den jeweils geltenden Fassungen zu beachten.
Saarland	**Bekanntgabe der von den Gemeinden, Gemeindeverbänden, kommunalen Eigenbetrieben und kommunalen Zweckverbänden bei der Vergabe von Aufträgen anzuwendenden Vergabegrundsätze (Vergabeerlass) vom 13.06.2018:** Ziffer 2.5 **Die Unterschwellenvergabeverordnung** wird zur Anwendung **empfohlen.**

Tabelle 5:   *– Fortsetzung*

Bundesland	Vergabegrundsätze
Sachsen	**Gesetz über die Vergabe öffentlicher Aufträge im Freistaat Sachsen (Sächsisches Vergabegesetz – SächsVergabeG)** § 1 Abs. 2: Die Vergabe- und Vertragsordnung für Leistungen Teil A Abschnitt 1 (**VOL/A**) in der Fassung vom 20. November 2009 (BAnz. Nr. 196a vom 29. Dezember 2009, Nr. 32 vom 26. Februar 2010) und Teil B (VOL/B) in der Fassung vom 5. August 2003 (BAnz. Nr. 178a vom 29. September 2003) (…) sind in der jeweils geltenden Fassung anzuwenden, soweit dieses Gesetz nichts anderes bestimmt.
Sachsen-Anhalt	**Gesetz über die Vergabe öffentlicher Aufträge in Sachsen-Anhalt (Landesvergabegesetz - LVG LSA)** § 1 Abs. 2: Bei der Vergabe öffentlicher Aufträge sind unterhalb der Schwellenwerte nach § 100 Abs. 1 des Gesetzes gegen Wettbewerbsbeschränkungen diejenigen Regelungen der **Vergabe- und Vertragsordnung für Leistungen**[8] und der Vergabe- und Vertragsordnung für Bauleistungen anzuwenden, die für die Vergabe von Bau-, Liefer- und Dienstleistungsaufträgen gelten, die nicht im Anwendungsbereich des Vierten Teils des Gesetzes gegen Wettbewerbsbeschränkungen liegen.
Schleswig-Holstein	**Vergabegesetz Schleswig-Holstein (VGSH)** § 3 Abs. 1: Bei öffentlichen Aufträgen sind anzuwenden: 1. die Verfahrensordnung für die Vergabe öffentlicher Liefer- und Dienstleistungsaufträge unterhalb der EU-Schwellenwerte (**Unterschwellenvergabeordnung** – UVgO) in der Fassung vom 2. Februar 2017 (BAnz. AT 7. Februar 2017, B1, 8. Februar 2017 B1)
Thüringen	**Thüringer Gesetz über die Vergabe öffentlicher Aufträge (Thüringer Vergabegesetz - ThürVgG-)** § 1 Abs. 2 Bei der Vergabe öffentlicher Aufträge sind ungeachtet der Auftragswertgrenzen des Absatzes 1 unterhalb der Schwellenwerte nach § 106 GWB die Regelungen 1. der Verfahrensordnung für die Vergabe öffentlicher Liefer- und Dienstleistungsaufträge unterhalb der EU-Schwellenwerte (**Unterschwellenvergabeordnung - UVgO**) vom 2. Februar 2017 (BAnz. AT 07.02.2017 B1, AT 08.02.2017 B1) und 2. (…) in der jeweils geltenden Fassung anzuwenden.

I.

---

8   VOL/A und VOL/B

Die Unterschwellenvergabeordnung und auch die VOL treten also nicht schon mit ihrer Bekanntgabe in Kraft, sondern bedürfen eines Anwendungsbefehls.

Bild 5: *Haushaltsvergaberecht*

Die Einführung der Unterschwellenvergabeordnung ist in einigen Bundesländern durch Anwendungsbefehl bereits erfolgt, in anderen Bundesländern ist sie geplant oder steht kurz bevor. Die Regelungen der VOL/A werden deshalb nicht weiter thematisiert.

3.1 Unterschwellenvergabeordnung (UVgO)

Die UVgO ist keine Rechtsverordnung und entfaltet aus sich heraus keine Rechtsverbindlichkeit. Sie stellt eine Verfahrensordnung dar, die durch Anwendungsbefehle in den haushaltsrechtlichen Vorschriften des Bundes und der Länder in Kraft gesetzt wird (Bundesministerium für Wirtschaft und Energie, 2017, zu § 1 UVgO).

3.1.1 Aufbau

Die UVgO orientiert sich in ihrer Struktur an der für die Vergabe von öffentlichen Aufträgen oberhalb der EU-Schwellenwerte geltenden Vergabeverordnung (VgV). Die UVgO ist in vier Abschnitte aufteilt, die jeweils Unterabschnitte bilden.

3.1.2 Anwendungsbereich

§ 1 Absatz 1 UVgO definiert den Anwendungsbereich der UVgO als Regelwerk für die Vergabe öffentlicher Liefer- und Dienstleistungsaufträge unterhalb der EU-Schwellenwerte nach § 106 GWB.

Persönlicher Anwendungsbereich
Anders als das GWB, das den »öffentlichen Auftraggeber« anspricht, adressiert die UVgO durchgängig den »Auftraggeber«. Wer mit »Auftraggeber« im Sinne der UVgO gemeint ist, wird über den Anwendungsbefehl von Bund und Ländern gesondert festgelegt. Grund hierfür sind divergierende Traditionen in den Ländern, welche staatlichen und halbstaatlichen Institutionen das Unterschwellenvergaberecht anzuwenden haben (Bundesministerium für Wirtschaft und Energie, 2017, zu § 1 UVgO).

Auftraggeber im Sinne der UVgO sind aber hauptsächlich die klassischen öffentlichen Auftraggeber, also die Gebietskörperschaften Bund, Länder und Gemeinden. Man fasst diese auch unter dem »institutionellen Auftraggeberbegriff« zusammen. Werden, wie im GWB, auch juristische Personen des öffentlichen oder privaten Rechts als öffentliche Auftraggeber definiert, wird von einem »funktionalen Auftraggeberbegriff« gesprochen.

Merke:

Der Auftraggeberbegriff der UVgO ist nicht identisch mit dem Begriff des »öffentlichen Auftraggebers« des GWB.

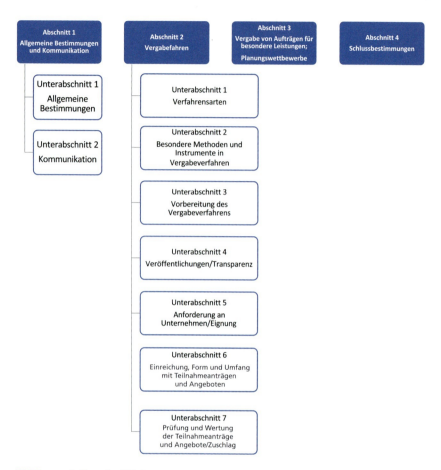

Bild 6: *Aufbau der UVgO*

Sofern in den einzelnen Anwendungsbefehlen nichts anderes geregelt ist, fallen privatisierte kommunale Unternehmen oder andere Personen des öffentlichen oder privaten Rechts nicht in den persönlichen Anwendungsbereich der UVgO.[9]

---

9   S. bspw. Ziffer 1.2 der Vergabegrundsätze für Gemeinden nach § 26 Kommunalhaushaltsverordnung NRW (Kommunale Vergabegrundsätze).

Sachlicher Anwendungsbereich

Die UVgO gilt für die Vergabe von öffentlichen Liefer- und Dienstleistungsaufträgen und Rahmenvereinbarungen, deren geschätzter Auftragswert unter den EU- Schwellenwerten liegt.

Nicht vom Anwendungsbereich erfasst sind Vergabesachverhalte, die unter die Ausnahmetatbestände der §§ 107 bis 109, 116, 117 und 145 GWB fallen (siehe Kapitel II, 2.1.4). Dies sind die allgemeinen Ausnahmen für alle öffentlichen Aufträge und die besonderen Ausnahmen für die klassischen öffentlichen Aufträge sowie für Aufträge im Verteidigungs- und Sicherheitsbereich. Hierunter fällt auch die Bereichsausnahme für Rettungsdienstleistungen, § 107 Abs. 1 Nr. 4 GWB (siehe Kapitel II, 2.1.3).

> **Merke:**
>
> Rettungsdienstleistungen der Notfallrettung und des qualifizierten Krankentransportes mit Verschlechterungsrisiko unterfallen nicht dem Haushaltsvergaberecht und der UVgO.

Anders als im GWB-Vergaberecht finden sich in der UVgO keine Regelungen zur Vergabe von Konzessionen und Aufträgen von Sektorenauftraggebern. Die Vergaberegelungen der Konzessionsvergabeverordnung und der Sektorenverordnung sind erst ab Erreichen des jeweiligen Schwellenwertes anzuwenden.

Aus dem Fehlen von Regelungen zur Vergabe von Konzessionen in der UVgO kann allerdings nicht der Schluss gezogen werden, dass keinerlei Verfahrensvorschriften zu beachten sind. Vielmehr erfordert der Gleichbehandlungsgrundsatz aus Artikel 3 Grundgesetz, dass auch unterhalb der Schwellenwerte und unterhalb einer Binnenmarkrelevanz, Konzessionen in einem transparenten und diskriminierungsfreien Verfahren zu vergeben sind (OLG Düsseldorf, I-27 U 25/17).

> **Merke:**
>
> Bei der Vergabe von Konzessionen im Unterschwellenbereich sind die Grundsätze der Transparenz und Diskriminierungsfreiheit zu beachten.

Das OLG Düsseldorf ging in seiner Entscheidung vom 13. Dezember 2017 sogar noch einen Schritt weiter und stellte in einem obiter dictum[10] fest: »Es sprechen gewichtige Gründe dafür, auch im Unterschwellenbereich die Einhaltung einer Informations- und Wartepflicht durch den öffentlichen Auftraggeber zu verlangen. Nach der Rechtsprechung des Gerichts der Europäischen Union fordern die gemeinsamen Verfassungen der Mitgliedsstaaten und die Konvention zum Schutz der Menschenrechte und Grundfreiheiten einen effektiven und vollständigen Schutz gegen Willkür des öffentlichen Auftraggebers. Dieser vollständige Rechtsschutz verlangt, sämtliche Bieter vor Abschluss eines Vertrages von der Zuschlagsentscheidung zu unterrichten.« (OLG Düsseldorf, I-27 U 25/179)

Das OLG Düsseldorf äußert damit die Ansicht, dass auch unterhalb der EU-Schwellenwerte ein Vertrag erst geschlossen werden darf, nachdem die unterlegenen Bieter vorab informiert wurden. Eine Informations- und Wartepflicht sieht die UVgO allerdings nicht vor, so dass hier nur eine analoge Anwendung des § 134 GWB in Betracht kommt.

Tabelle 6: *Ausnahmetatbestände nach § 1 UVgO i. V. m. GWB*

Allgemeine Ausnahmen	Besondere Ausnahmen
Für alle öffentlichen Aufträge	Für klassische öffentliche Aufträge (ohne Sektoren und Konzessionen)
§ 107 GWB: ▪ Schiedsgerichts- und Schlichtungsdienstleistungen ▪ Erwerb, Miete oder Pacht von Grundstücken ▪ Arbeitsverträge ▪ Dienstleistungen des Katastrophenschutzes, Zivilschutzes, Gefahrenabwehr, die von gemeinnützigen Organisationen erbracht werden	**§ 116 GWB:** ▪ Bestimmte Rechtsdienstleistungen ▪ Forschungs- und Entwicklungsdienstleistungen ▪ Produktion für Mediendienste ▪ Finanzielle Dienstleistungen ▪ Kredite und Darlehen ▪ Dienstleistungen an einen öffentlichen Auftraggeber mit Ausschließlichkeitsrecht

---

10   Ein obiter dictum ist eine Äußerung des Gerichts, die nicht in unmittelbarem Zusammenhang mit der Entscheidung steht, sondern nebenher geäußert wird.

Tabelle 6: *Ausnahmetatbestände nach § 1 UVgO i. V. m. GWB – Fortsetzung*

Allgemeine Ausnahmen	Besondere Ausnahmen
§ 108 GWB: - Inhouse-Vergaben	**§ 117 GWB:** - Vergaben, die Verteidigungs- oder Sicherheitsaspekte umfassen
§ 109 GWB: - Vergaben auf der Grundlage internationaler Verfahrensregeln	**Für Aufträge im Verteidigungs- und Sicherheitsbereich**
	§ 145 GWB: - nachrichtendienstliche Tätigkeiten - Forschung und Entwicklung - Auftragsvergabe außerhalb der EU - Militärische Zwecke - Finanzdienstleistungen

3.2 Vergabegesetze der Länder

Neben den haushaltsrechtlichen Regelungen und der UVgO gibt es in den einzelnen Bundesländern – mit Ausnahme von Bayern – Landesvergabegesetze. Die darin enthaltenen Vorschriften sind von den öffentlichen Auftraggebern mit Sitz in den jeweiligen Bundesländern zu beachten.

Die Vorschrifteninhalte der Landesvergabegesetze sind sehr unterschiedlich und reichen von Regelungen zu Tariftreue und Mindestlohn über die Anwendung sogenannter vergabefremder Kriterien wie ökologische und soziale Aspekte zu Rechtsschutz vor den Vergabekammern.

Tabelle 7:

Bundesland	Vergabegesetz
Baden-Württemberg	**Landestariftreue- und Mindestlohngesetz – LTMG:** Gilt ab einem geschätzten Auftragswert von 20.000 Euro Enthält Regelungen zur Tariftreue und zu Mindestlohn
Bayern	————————
Berlin	**Berliner Ausschreibungs- und Vergabegesetz (BerlAVG):** Gilt ab einem geschätzten Auftragswert von 10.000 Euro, hinsichtlich Mindestlohn ab 500 Euro

Tabelle 7:   *– Fortsetzung*

Bundesland	Vergabegesetz
	Enthält Regelungen zur Tariftreue und zu Mindestlohn Enthält Regelungen zur umweltfreundlichen Beschaffung und zu den ILO-Kernarbeitsnormen
Brandenburg	**Brandenburgisches Gesetz über Mindestanforderungen für die Vergabe von öffentlichen Aufträgen (Brandenburgisches Vergabegesetz – BbgVergG):** Gilt ab einem geschätzten Auftragswert von 3.000 Euro Enthält Regelungen zu Mindestentgelten und Auftragssperren Verpflichtet zu Abfragen bei einer zentralen Informationsstelle
Bremen	**Bremisches Gesetz zur Sicherung von Tariftreue, Sozialstandards und Wettbewerb bei öffentlicher Auftragsvergabe (Tariftreue- und Vergabegesetz):** Gilt nicht für Aufträge oberhalb des Schwellenwertes Gilt nicht für Sektorentätigkeiten Beachtung der UVgO erst ab einem geschätzten Auftragswert von 50.000 Euro Enthält Regelungen zu Tariftreue und Mindestlohn, die nicht für Lieferleistungen gelten
Hamburg	**Hamburgisches Vergabegesetz (HmbVgG):** Enthält Verpflichtungen zu Tariftreueerklärung und Mindestlohn Enthält Regelungen zu Sozialverträglicher und umweltverträglicher Beschaffung
Hessen	**Hessisches Vergabe- und Tariftreuegesetz (HVTG):** Gilt ab einem geschätzten Auftragswert von 10.000 Euro Mindestlohn und Tariftreue gilt auch bei geschätzten Auftragswerten unter 10.000 Euro Möglichkeit für Auftraggeber zur Berücksichtigung sozialer, ökologischer und innovativer Anforderungen, Nachhaltigkeit Regelungen zu Tariftreue und Mindestlohn Einrichtung von Nachprüfungsstellen
Mecklenburg-Vorpommern	**Gesetz über die Vergabe öffentlicher Aufträge in Mecklenburg-Vorpommern (Vergabegesetz Mecklenburg-Vorpommern – VgG M-V):** Gilt ab einem geschätzten Auftragswert von 10.000 Euro für Liefer- und Dienstleistungen Enthält Regelungen zu Mindestlohn und ILO-Kernarbeitsnormen

Tabelle 7: *– Fortsetzung*

Bundesland	Vergabegesetz
	Informationspflicht für Auftraggeber mindestens 7 Tage vor Vertragsschluss
Niedersachsen	**Niedersächsisches Gesetz zur Sicherung von Tariftreue und Wettbewerb bei der Vergabe öffentlicher Aufträge (Niedersächsisches Tariftreue- und Vergabegesetz - NTVergG):** Gilt ab einem geschätzten Auftragswert von 20.000 Euro Gilt nicht für freiberufliche Leistungen Enthält Regelungen zu Mindestentgelten und zu sozialen Beschaffungskriterien
Nordrhein-Westfalen	**Gesetz über die Sicherung von Tariftreue und Mindestlohn bei der Vergabe öffentlicher Aufträge (Tariftreue- und Vergabegesetz Nordrhein-Westfalen – TVgG NRW):** Gilt ab einem geschätzten Auftragswert von 25.000 Euro Enthält Regelungen zu Tariftreue und Mindestlohn
Rheinland-Pfalz	**Landesgesetz zur Gewährleistung von Tariftreue und Mindestentgelt bei öffentlichen Auftragsvergaben (Landestariftreuegesetz- LTTG-):** Gilt ab einem geschätzten Auftragswert von 20 000 Euro Enthält Regelungen zu ILO-Kernarbeitsnormen, Tariftreue und Mindestlohn
Saarland	**Gesetz Nr. 1798über die Sicherung von Sozialstandards, Tariftreue und Mindestlöhnen bei der Vergabe öffentlicher Aufträge im Saarland (Saarländisches Tariftreuegesetz – STTG):** Gilt ab einem geschätzten Auftragswert von 25.000 Euro Enthält Regelungen zu Tariftreuepflicht und Mindestlohn, umweltverträglicher Beschaffung und ILO-Kernarbeitsnormen
Sachsen	**Gesetz über die Vergabe öffentlicher Aufträge im Freistaat Sachsen (Sächsisches Vergabegesetz – SächsVergabeG):** Gilt nicht für die Vergabe freiberuflicher Leistungen Gilt nicht für Vergaben oberhalb der Schwellenwerte Enthält Regelungen zu Informationspflichten des Auftraggebers und Nachprüfungsverfahren
Sachsen-Anhalt	**Gesetz über die Vergabe öffentlicher Aufträge in Sachsen-Anhalt (Landesvergabegesetz - LVG LSA):** Gilt bei Liefer- und Dienstleistungsaufträgen ab einem geschätzten Auftragswert von 25.000 Euro

Tabelle 7: *– Fortsetzung*

Bundesland	Vergabegesetz
	Gilt nicht für Verträge im Zusammenhang mit Erstaufnahme oder Unterbringung von Flüchtlingen Enthält Regelungen zur Berücksichtigung sozialer, umweltbezogener und innovativer Kriterien im Vergabeverfahren, zu Tariftreue und Entgeltgleichheit Enthält Regelungen zu Informationspflichten des Auftraggebers und Nachprüfungsverfahren
Schleswig-Holstein	**Vergabegesetz Schleswig-Holstein (VGSH):** Gilt für Vergaben unterhalb des EU-Schwellenwertes Enthält Regelungen zu Vergabemindestlohn und repräsentativen Tarifverträgen
Thüringen	**Thüringer Gesetz über die Vergabe öffentlicher Aufträge (Thüringer Vergabegesetz - ThürVgG -):** Gilt bei Liefer- und Dienstleistungsaufträgen ab einem geschätzten Auftragswert von 20.000 Euro Enthält Regelungen zur Berücksichtigung ökologischer und sozialer Kriterien im Vergabeverfahren, zu Tariftreue und Entgeltgleichheit und zur Berücksichtigung von Maßnahmen zur Förderung der Chancengleichheit von Frauen und Männern Enthält Regelungen zu Informationspflichten des Auftraggebers und Nachprüfungsverfahren

Die Ermächtigung der Bundesländer zum Erlass von Vergabegesetzen ergibt sich aus § 129 GWB.

3.3 Schnellcheck

Zusammenfassung Vergaberecht unterhalb der EU-Schwellenwerte:

- Unterhalb der Schwellenwerte ergeben sich vergaberechtliche Regelungen aus dem Haushaltsrecht.
- Die Unterschwellenvergabeordnung ist eine Verfahrensordnung, die durch Anwendungsbefehl in den einzelnen Bundesländern in Kraft gesetzt werden muss.

- Der Auftraggeberbegriff der UVgO ist nicht dem Auftraggeberbegriff des GWB-Vergaberechts identisch und umfasst grundsätzlich nur die klassischen öffentlichen Auftraggeber (Gebietskörperschaften).
- Die Vergabegesetze der einzelnen Bundesländer enthalten weitere Regelungen zu Tariftreue, Mindestlohn und Berücksichtigung sozialer Kriterien in einem Vergabeverfahren.

I.

II. Vorbereitung des Vergabeverfahrens

1 Allgemeine Vorbereitungen

Die Einleitung eines Vergabeverfahrens geschieht bei öffentlichen Auftraggebern nicht willkürlich. Im Vorfeld ist erstens eine Ermittlung des Bedarfes sowie zweitens eine Markterkundung durchzuführen. Auf dessen Grundlage wird drittens eine Projekt- und Zeitplanung erstellt, die sicherstellen soll, dass der Bedarf auch dann gedeckt wird, wenn es erforderlich ist. Diese drei Faktoren (Bedarfsermittlung, Markterkundung, und Projektplanung) bilden die Vorbereitung und Grundlage des Vergabeverfahrens.

1.1 Bedarfsermittlung

Die Vorbereitungsmaßnahmen zu einem Vergabeverfahren beginnen mit der Ermittlung des Bedarfes. Das bedeutet, der öffentliche Auftraggeber prüft, ob zur Erfüllung seiner ihm auferlegten Aufgaben und Pflichten ein Bedarf für die Vergabe von Liefer-, Bau und/oder Dienstleistungen besteht. Ist dies der Fall, wird geprüft, über welchen Zeitraum welcher Bedarf existiert und welche Auswirkungen eine nicht Erfüllung des Bedarfes für den Aufgabenträger und die auferlegten Pflichten haben kann. Der allgemeine Bedarf für Feuerwehren und Rettungsdienste kann sich z. B. aus Gesetzestexten ergeben, wie z. B. das BHKG NRW.

»Für den Brandschutz und die Hilfeleistung unterhalten die Gemeinden den örtlichen Verhältnissen entsprechende leistungsfähige Feuerwehren als gemeindliche Einrichtungen. (…) Die Gemeinden haben unter Beteiligung ihrer Feuerwehr Brandschutzbedarfspläne und Pläne für den Einsatz der öffentlichen Feuerwehr aufzustellen, umzusetzen und spätestens alle fünf Jahre fortzuschreiben.« (BHKG (SGV NRW), § 3)

Aus diesen auferlegten gesetzlichen Verpflichtungen lassen sich wiederum diverse Bedarfe ableiten, die eine wesentliche Begründung für die Durchführung von Vergabeverfahren darstellen. So können z. B. eine bestimmte Art und Anzahl von Fahrzeugtypen oder ein ausgewählter Fortbildungsbedarf definiert sein.

Allerdings ist auch eine Bedarfsermittlung ohne diese Grundlage möglich, etwa zur Wahrnehmung anlassbezogener oder neuer Aufgaben zur Gefahrenabwehr und Wahrnehmung des öffentlichen Auftrages. So können Veränderungen in der Gefahrenlage, wie z. B. abstrakte, terroristische Gefahren die öffentlichen Auftraggeber dazu veranlassen, einen neuen Bedarf zu definieren. Dies können in diesem Fall z. B. spezielle rettungsdienstliche Ausrüstungen für Schussverletzungen sein oder besondere Sicherheitsmaßnahmen für das Einsatzpersonal (Sicherheitswesten, Personenalarmsender etc.). Die Feststellung des Bedarfes kann sich somit aus mannigfaltigen Quellen ergeben.

1.2   Markterkundung

Vor Beginn einer Vergabe sollte eine Markterkundung durchgeführt werden. Eine Markterkundung ist eine gelegentliche, nicht systematische Untersuchung des Marktes (vgl. »Markterkundung« in: Gabler Wirtschaftslexikon). Diese ist im Regelfall bereits zu Beginn der Planung der Haushaltmittel erforderlich um eine valide Kostenkalkulation und somit Mittelanmeldung durchführen zu können. Dies hat auch der Gesetzgeber in seiner Begründung zur VgV § 28 erkannt:

»(…) In vielen Fällen erscheint eine vorherige Markterkundung auch sinnvoll, um eine fundierte Leistungsbeschreibung auf einer realistischen Kalkulationsgrundlage erstellen zu können. Zur Markterkundung kann der öffentliche Auftraggeber nach Artikel 40 Unterabsatz 2 der Richtlinie 2014/24/EU beispielsweise den Rat von unabhängigen Sachverständigen oder Behörden oder von Marktteilnehmern einholen oder annehmen. Der Rat darf dabei nicht wettbewerbsverzerrend sein und nicht zu einem Verstoß gegen die Grundsätze der Nichtdiskriminierung und der Transparenz führen.«

Zu Beginn der Beschaffung sollte eben diese Markterkundung aktualisiert werden, da zwischen Mittelanmeldung und endgültiger Beschaffung einige Zeit liegen kann. In dieser Zeit verändert sich der Markt und ggf. die zu beschaffende Leistung oder Technologie. Teilweise ändern sich auch gesetzliche Rahmenbedingungen, wie z. B. Euro-Abgaswerte. Diese gesetzlichen Änderungen können finanzielle Auswirkungen auf den Beschaffungsvorgang haben. Allein aus diesem Grund ist eine Markterkundung sinnvoll und notwendig. Nicht zuletzt kann diese auch für die Schätzung des Auftragswerts und somit zur Bestimmung der Vergabeart hilfreich sein.

II.

Die Markterkundung oder auch Marktrecherche genannt dient aber auch dazu, die gewünschte Leistung genauer zu verifizieren und insbesondere zu prüfen, ob der Markt die zu beschaffende Leistung überhaupt erbringen kann. Im Wesentlichen kann der Auftraggeber dazu zwar sein Leistungsbestimmungsrecht nutzen, in dem er die Art der zu vergebenden Leistung und des Auftragsgegenstandes selbstständig bestimmt, jedoch sollte er nur Leistungen ausschreiben, die der Markt auch leisten kann.

Die Markterkundung als Werkzeug im Beschaffungsvorgang darf ausgiebig genutzt werden. Nicht zulässig ist jedoch die Durchführung von Vergabeverfahren zum Zweck der Markterkundung und somit zur Preisermittlung. (vgl. § 28 Abs. 2 VgV, § 20 UVgO). Ebenfalls ist die Nutzung von Eventualpositionen im Leistungsverzeichnis eines Vergabeverfahrens zur Preisermittlung und Markterkundung zu vermeiden. Die Markterkundung ist als Vorbereitung der Auftragsvergabe zu verstehen.

»Vor der Einleitung eines Vergabeverfahrens darf der öffentliche Auftraggeber Markterkundungen ausschließlich zur Vorbereitung der Auftragsvergabe und zur Unterrichtung der Unternehmen über ihre Auftragsvergabepläne und -anforderungen durchführen.« (§ 28 Abs. 1 VgV, § 20 UVgO)

Die Markterkundung kann dabei Informationen auf unterschiedlichen Wegen erbringen. So können folgende Informationsmöglichkeiten zum Tragen kommen (BMI: UfAB, 2018, S. 52):

- Informationsanfragen bei Unternehmen
- Auswertungen aus eigenem Lieferantenmanagementsystem
- Gremienarbeiten, Fachzeitschriften, Veröffentlichungen
- Besuch von Messen oder Ausstellungen
- Besuch Fachforen und Präsentationen auf Tagungen
- Besuch von Fach- und Fortbildungsseminaren zur Vergabepraxis und Auftragsgegenständen
- Eigene Teststellungen oder Testergebnisse Dritter
- Auskunft von Verbänden oder Auftragsberatungsstellen
- Internetrecherchen
- Auskünfte beziehungsweise Gutachten von Sachverständigen
- Markterkundung von Dritten (unter anderem Markterkundungsdienstleistungen, Datenbanken etc.)
- Eigene Erfahrungswerte aus bisherigen Projekten oder Ausschreibungen
- Erfahrungen des Referates auf diesem Fachgebiet

- Auskünfte anderer öffentlicher Auftraggeber
- Lieferantenworkshops mit einzelnen Lieferanten zu ausgewählten Themen
- Lieferantentage mit mehreren Lieferanten zu speziellen Themen
- Individuelle Gespräche oder auch Round-Table-Gespräche
- Besuch von Fachseminaren

Eine Richtlinie oder ein Regelwerk zur Durchführung einer Markterkundung ist explizit nicht gegeben. Es gelten die allgemeinen vergaberechtlichen Grundsätze, dass eine Markterkundung somit nicht wettbewerbsverzerrend sein darf, sondern die Grundsätze der Gleichbehandlung und Transparenz zu beachten sind.

Somit sind im Rahmen der Markterkundung immer mehrere Unternehmen anzusprechen oder anzuschreiben. Dabei sind bei allen Unternehmen die gleichen Informationen abzufragen. Nur so sind die Ergebnisse vergleichbar. Die Ergebnisse und Antworten auf die Markterkundungsfragen sind im Rahmen der Dokumentationspflicht Teil des Vergabevorgangs. Das bedeutet aber nicht, dass für die Durchführung einer Markterkundung bereits die Informationspflicht gilt.[11] Bei der Durchführung der Markterkundung ist der Auftragnehmer zur Objektivität verpflichtet. Aktivitäten die darüber hinausgehen können bereits als Maßnahmen zur Vertragsschließung gewertet werden und solche sind im Rahmen der Markterkundung wiederum unzulässig (OLG München, Verg 8/12).

1.3   Projekt- und Zeitplanung

Ist der Bedarf festgestellt worden und liegen die ersten Informationen aus der Markterkundung vor, die in der Frühphase lediglich als Planungsgrundlage für die Anmeldung und Einstellung von Haushaltsmittel dienen sollen, ist es erforderlich eine valide Projekt- und Zeitplanung zu erstellen. Diese ist die Grundvoraussetzung dafür, dass die zu beschaffende Liefer- oder Dienstleistung auch zum entsprechenden Zeitpunkt vorliegt, zu dem der Bedarf besteht.

Die Projektplanung kann ggf. sogar rückwirkende Ergebnisse erzielen, die den Planer veranlassen können, z. B. bei der Feststellung von einem entsprechend langen Projektplanungszeitraum, die Haushaltsmittel für ein Vergabeverfahren deutlich frü-

---

11 OLG Düsseldorf, VII-Verg 41/04, zum Überschreiten der Schwelle von der bloßen Markterkundung zum Beginn eines Vergabeverfahrens; vgl. auch OLG München, Verg 8/12.

her in den Haushalt einzustellen als zunächst vermutet. Projekt- und Zeitplanung sowie Bedarfsermittlung und Markterkundung sind somit eng miteinander verknüpft und können sich in Teilbereichen gegenseitig beeinflussen.

Die Faktoren, die Gegenstand einer Projekt- und Zeitplanung sein können, hängen stark von dem zu beschaffenden Auftragsgegenstand ab. Beispielhaft sind zu nennen:

- Freigabezeiträume von Haushaltsmitteln
- Interne Zeiträume zur Mitzeichnung von Verfügungen
- Ausschreibungszeiträume (Fristen für Bekanntgaben, Einspruchszeiträume etc.)
- Lieferzeit
- Schulungszeit und Einweisungszeiten von Multiplikatoren
- Schulungszeit und Einweisungszeiten von Anwendern
- Schulungszeit und Einweisungszeiten von Administratoren
- Schulungszeit und Einweisungszeiten von Werkstattpersonal
- Erstellungszeiträume von Handlungsanweisungen für den Einsatzdienst
- Erstellungszeiträume von anwenderspezifischen Bedienungsanleitungen (z. B. bebilderten Kurzbedienungsanleitungen)
- Inventarisierungszeiträume
- Zeiträume zur erweiterten betriebsinternen Dokumentation (ergänzende Beschriftungen von Einsatzgeräten etc.)
- Anpassung von Subsystemen z. B. ggf. baulichen Maßnahmen bei Einsatzfahrzeugen (ändern der Energieeinspeiseversorgung von Einsatzfahrzeugen etc.) oder Software und Wachalarmsystemen bei Leitstellen
- Zeiträume zur Datenpflege und Datenübernahme bei der Beschaffung von Software
- Zeiträume für akute Mangelbehebungen vor Indienstnahme des Auftragsgegenstandes

Einfache Projektplanungen können anhand eines Zeitstrahls dargestellt werden. Anbei das Beispiel eines Zeitstrahls für die Beschaffung eines Einsatzfahrzeuges. Der Zeitstrahl verdeutlicht, wie lange eine Beschaffungsmaßnahme von der ersten Planungsidee bis zu Indienstnahme dauern kann:

- Der Zeitraum vor Beginn der Maßnahme dauert in diesem Beispiel 11 Monate
- Der Zeitraum für die Beschaffung selbst ca. 22 Monate
- Der Zeitraum für die Schulung und Indienstnahme ca. 7 Monate

6	• Freigabe von Haushaltsmitteln und erneute Markterkundung zur Aktualisierung
4	• Erstellung des Leistungsverzeichnisses (ggf. Beauftragung Dritter für diese Leistung)
1	• Erstellung von Beschaffungsvermerken
3	• Ausschreibungen, Angebotseröffnung und Bekanntgabe (Wartefristen, Einspruchzeiträume etc.)
18	• Auftragserteilung und Lieferzeit
1	• Abnahme und Mangelbehebung
1	• Inventarisierung des Auftragsgegenstandes (z.B. Fahrzeug, Belastung)
0,5	• erweiterte betriebsinterne Dokumentation (ergänzende Beschriftungen)
0,5	• Anpassung von Subsystemen (Energieversorgung, Einspeisung, Leitrechner)
1	• Erstellung von Handlungsanweisungen für das Personal, Kurzbedienungsanleitung
0,5	• Schulung und Einweisung von Multiplikatoren und Ausbildern
3	• Schulung und Einweisung von Anwendern
0,5	• Schulung und Einweisung von Werkstattpersonal, letzte Mangelbehebung und Indienstnahme
40	• **Gesamtzeitraum**

Bild 7:   *Beispiel Zeitstrahl für die Beschaffung eines Einsatzfahrzeuges (Angabe in Wochen)*

Der Gesamtzeitraum beträgt somit 40 Monate oder 3 Jahre und 4 Monate. Diese Größenordnungen hängen natürlich von der Art des Auftragsgegenstandes und der Situation am Markt ab.

Neben rudimentären Grobplanungen mittels eines einfachen Zeitstrahls können auch entsprechende Softwarelösungen zur Planung herangezogen werden. Hier gibt es diverse Fabrikate am Markt, wie z. B. Microsoft Project Professional, Open Workbench, Smart Tools projektplan, Rillsoft Projekt u. a. (Aufzählung ohne Wertung). Projektpläne lassen sich auch in Excel erstellen. Teilweise sind hierfür kostenlose Vorlagen im Internet zu finden.

Eine Darstellung für einen Projektplan kann wie folgt aussehen. Hier dargestellt an der Ausschreibung von Leitstellensoftware:

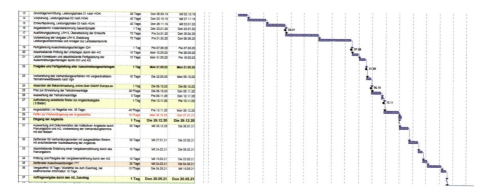

Bild 8: *Auszug Projektplan*

1.4 Schnellcheck

Zusammenfassung

Die Vorbereitenden Maßnahmen bestehen aus

- **Bedarfsermittlung:**
  Sie dient der Ermittlung des Bedarfs und bildet die Argumentationsgrundlage. Hier können insbesondere Bedarfspläne (z. B. Brandschutz oder Rettungsdienstbedarfspläne), die durch politische Gremien beschlossen und mitgetragen werden, eine wichtige Grundlage bilden.

- **Markterkundung:**
  Die Markterkundung verschafft einen Überblick und eine Machbarkeitsstudie zur Konkretisierung des Bedarfs. Sie ist Grundlage für die Erstellung der Leistungsbeschreibung und dient der Einhaltung der Grundthese, dass nur Leistungen ausgeschrieben werden, die der Markt auch erbringen kann.

- **Projekt- und Zeitplanung:**
  Die Projekt- und Zeitplanung stellt den wesentlichen Kern der Vorbereitung dar. Bei korrekter Ausführung stellt sie sicher, dass der Bedarf zum richtigen Zeitpunkt gedeckt wird und kein Überbedarf entsteht.

2   Leistungsarten: Einordnung des Beschaffungsgegenstandes

Ist der Bedarf ermittelt und steht fest, welche Leistung beschafft werden soll, ist für das weitere Verfahren zu klären, um welche Leistungsart es sich handelt. Dies ist wesentlich, um später den einschlägigen EU-Schwellenwert bestimmen zu können und für die Frage, welche Vergabeordnung einschlägig ist.

Es kommen unterschiedliche Leistungskategorien in Betracht: Lieferleistungen, Dienstleistungen, Soziale und andere besondere Dienstleistungen, freiberufliche Leistungen, Bauleistungen und Konzessionen sowie Beschaffungsgegenstände, die mehrere Leistungsarten beinhalten.

II.

Beschaffungs-/Vergabegegenstand				
Liefer-leistungen	Dienstleistungen	**Bau-leistungen**	Baukonzessionen
	Soziale und andere besondere Dienstleistungen		Dienstleistungs-konzessionen
	Freiberufliche Leistungen		

Bild 9:   *Übersicht der Leistungskategorien*

Lieferleistungen
§ 103 Abs. 2 GWB definiert Lieferaufträge als Verträge zur Beschaffung von Waren, die insbesondere Kauf oder Ratenkauf oder Leasing, Mietverhältnisse oder Pachtverhältnisse mit oder ohne Kaufoption betreffen. Die Verträge können auch Nebenleistungen umfassen. Klassische Lieferaufträge sind zum Beispiel der Kauf von Fahrzeugen.

Dienstleistungen
Nach § 103 Abs. 4 GWB sind Dienstleistungsaufträge Verträge über die Erbringung von Leistungen, die weder Lieferleistungen noch Bauleistungen zum Gegenstand haben.

Mögliche Dienstleistungsaufträge im Bereich von Feuerwehr und Rettungsdienst sind Lehrgänge und Ausbildungsleistungen, Wartung und Instandhaltung von Leitstellentechnik.

Soziale und andere besondere Dienstleistungen

Soziale und andere besondere Dienstleistungen werden in § 130 GWB genannt und zu ihren Inhalten auf den Anhang XIV der Richtlinie 2014/24/EU verwiesen. Für diese Dienstleistungen, zu denen auch Rettungsdienste und Feuerwehrdienste gehören, gelten einige Erleichterungen bei der Durchführung eines Vergabeverfahrens und auch ein höherer Schwellenwert, weil sie in der Regel nur dann ein grenzüberschreitendes Interesse bieten, wenn sie aufgrund eines relativ hohen Auftragswerts eine ausreichend große kritische Masse erreichen.

Welche Dienstleistungen zu den sozialen und anderen besonderen Dienstleistungen gehören, ergibt sich aus dem »Gemeinsamen Vokabular für öffentliche Aufträge« (CPV). Hierbei handelt es sich um eine hierarchisch strukturierte Nomenklatur, die in Abteilungen, Gruppen, Klassen, Kategorien und Unterkategorien eingeteilt ist. Die einschlägigen CPV-Codes und die dazu gehörenden Dienstleistungen sind in Anhang XIV der Richtlinie 2014/24/EU aufgeführt (siehe Anhang).

Freiberufliche Leistungen

Freiberufliche Leistungen werden in § 29 VgV und § 50 UVgO erwähnt. Es handelt sich bei diesen Leistungen um solche, die im Rahmen einer freiberuflichen Tätigkeit erbracht oder im Wettbewerb mit freiberuflich Tätigen angeboten werden. In einer amtlichen Anmerkung zu § 50 UVgO wird auf § 18 Absatz 1 Nummer 1 EStG verwiesen; in dieser Vorschrift sind freie Berufe aufgeführt:

»Zu der freiberuflichen Tätigkeit gehören die selbständig ausgeübte wissenschaftliche, künstlerische, schriftstellerische, unterrichtende oder erzieherische Tätigkeit, die selbständige Berufstätigkeit der Ärzte, Zahnärzte, Tierärzte, Rechtsanwälte, Notare, Patentanwälte, Vermessungsingenieure, Ingenieure, Architekten, Handelschemiker, Wirtschaftsprüfer, Steuerberater, beratenden Volks- und Betriebswirte, vereidigten Buchprüfer, Steuerbevollmächtigten, Heilpraktiker, Dentisten, Krankengymnasten, Journalisten, Bildberichterstatter, Dolmetscher, Übersetzer, Lotsen und ähnlicher Berufe. Ein Angehöriger eines freien Berufs im Sinne der Sätze 1 und 2 ist auch dann freiberuflich tätig, wenn er sich der Mithilfe fachlich vorgebildeter Arbeitskräfte bedient; Voraussetzung ist, dass er auf Grund eigener Fachkenntnisse leitend und eigenverantwortlich tätig wird. Eine Vertretung im Fall vorübergehender Verhinderung steht der Annahme einer leitenden und eigenverantwortlichen Tätigkeit nicht entgegen.«

Eine weitere Hilfe zur Begriffsbestimmung liefert § 1 Abs. 2 des Gesetzes über Partnerschaftsgesellschaften Angehöriger freier Berufe (Partnerschaftsgesellschaftsgesetz - PartGG). Danach haben »die Freien Berufe im Allgemeinen auf der Grundlage besonderer beruflicher Qualifikation oder schöpferischer Begabung die persönliche, eigenverantwortliche und fachlich unabhängige Erbringung von Dienstleistungen höherer Art im Interesse der Auftraggeber und der Allgemeinheit zum Inhalt.«

Freie Berufe zeichnen sich damit durch einen ausgesprochen intellektuellen Charakter aus, verlangen eine hohe Qualifikation und unterliegen gewöhnlich einer genauen und strengen berufsständischen Regelung. Hinzu kommt, dass bei der Ausübung einer solchen Tätigkeit das persönliche Element besondere Bedeutung hat und diese Ausübung auf jeden Fall eine große Selbständigkeit bei der Vornahme der beruflichen Handlungen voraussetzt (EuGH, C-267/99).

Im Geltungsbereich des GWB-Vergaberechts ist weitere Voraussetzung, dass Gegenstand der freiberuflichen Tätigkeit eine Aufgabe ist, deren Lösung nicht vorab eindeutig und erschöpfend beschrieben werden kann, vgl. § 29 Abs. 2 VgV. Diese Anforderung nennt die UVgO nicht. Klassische freiberufliche Leistungen sind Planungsleistungen von Architekten und Ingenieuren.

Bauleistungen

Bauaufträge werden in § 103 Abs. 3 GWB beschrieben als Verträge über die Ausführung oder die gleichzeitige Planung und Ausführung

1. von Bauleistungen im Zusammenhang mit einer der Tätigkeiten, die in Anhang II der Richtlinie 2014/24/EU des Europäischen Parlaments und des Rates vom 26. Februar 2014 über die öffentliche Auftragsvergabe und zur Aufhebung der Richtlinie 2004/18/EG (ABl. L 94 vom 28.3.2014, S. 65) und Anhang I der Richtlinie 2014/25/EU des Europäischen Parlaments und des Rates vom 26. Februar 2014 über die Vergabe von Aufträgen durch Auftraggeber im Bereich der Wasser-, Energie- und Verkehrsversorgung sowie der Postdienste und zur Aufhebung der Richtlinie 2004/17/EG (ABl. L 94 vom 28.3.2014, S. 243) genannt sind[12], oder

---

12 Dazu gehören vorbereitende Baustellenarbeiten, Abbruch, Hoch- und Tiefbau, Dachdeckerarbeiten usw.

2. eines Bauwerkes für den öffentlichen Auftraggeber oder Sektorenauftraggeber, das Ergebnis von Tief- oder Hochbauarbeiten ist und eine
   wirtschaftliche oder technische Funktion erfüllen soll.

Ein Bauauftrag liegt auch vor, wenn ein Dritter eine Bauleistung gemäß den vom
öffentlichen Auftraggeber oder Sektorenauftraggeber genannten Erfordernissen erbringt, die Bauleistung dem Auftraggeber unmittelbar wirtschaftlich zugutekommt
und dieser einen entscheidenden Einfluss auf Art und Planung der Bauleistung hat.

Konzessionen

Konzessionen gibt es in Form von Bau- und Dienstleistungskonzessionen. Sie sind
definiert in § 105 GWB als entgeltliche Verträge, mit denen ein oder mehrere Konzessionsgeber ein oder mehrere Unternehmen

1. mit der Erbringung von Bauleistungen betrauen (Baukonzessionen); dabei
   besteht die Gegenleistung entweder allein in dem Recht zur Nutzung des
   Bauwerks oder in diesem Recht zuzüglich einer Zahlung; oder
2. mit der Erbringung und der Verwaltung von Dienstleistungen betrauen, die
   nicht in der Erbringung von Bauleistungen nach Nummer 1 bestehen
   (Dienstleistungskonzessionen); dabei besteht die Gegenleistung entweder
   allein in dem Recht zur Verwertung der Dienstleistungen oder in diesem
   Recht zuzüglich einer Zahlung.

Beispiel für eine Baukonzession:
Die Stadt Thalburg an der Ohm beauftragt ein Unternehmen mit dem Bau eines
Parkhauses auf einem städtischen Grundstück. Eine Vergütung erhält das Unternehmen nicht, dafür aber das Recht, das Parkhaus zu betreiben und Einnahmen zu
erwirtschaften.

Beispiel für eine Dienstleistungskonzession:
Erteilung einer BMA-Konzession, bei der der Konzessionsnehmer das ausschließliche
Recht erhält, eine öffentliche Alarmübertragungsanlage für Brandmeldungen zu
errichten, zu unterhalten und zu betreiben sowie Teilnehmer an diese Alarmübertragungsanlage anzuschließen.

2.1   Abgrenzung der Leistungsarten

Häufig kommt es vor, dass die zu beschaffenden Leistungen Merkmale verschiedener Leistungsarten beinhalten. In diesen Fällen ist eine Bewertung erforderlich, in welche Leistungskategorie der Beschaffungsgegenstand fällt.

Dienstleistungsauftrag – Dienstleistungskonzession

Die Abgrenzung zwischen Dienstleitungsauftrag und Dienstleistungskonzession hat erhebliche praktische Relevanz. Dies liegt zum einen an den deutlich verschiedenen EU-Schwellenwerten, die mehr als 5 Mio. Euro auseinanderliegen und zum anderen an den vergaberechtlichen Vorgaben: Für Dienstleistungen gilt die UVgO, während es für die Vergabe von Konzessionen unter dem EU-Schwellenwert keine festgeschriebenen Vorgaben gibt.

    Dienstleistungskonzessionen werden als Verträge definiert, die von öffentlichen Dienstleistungsaufträgen nur insoweit abweichen, als die Gegenleistung für die Erbringung der Dienstleistungen ausschließlich in dem Recht zu ihrer Nutzung oder in diesem Recht zuzüglich der Zahlung eines Preises besteht (BGH, X ZB 4/10.).

    Eine Dienstleistungskonzession ist dadurch geprägt, dass

- der Staat eine im öffentlichen Interesse liegende Dienstleistung per Gestattung von Dritten ausführen lässt,
- die Gegenleistung nicht in einem vorher festgesetzten Preis, sondern in dem Recht besteht, die zu erbringende eigene Leistung zu nutzen oder entsprechend zu verwerten und
- der Konzessionär ganz oder zum überwiegenden Teil das wirtschaftliche Nutzungsrisiko trägt.

Entscheidend für die Abgrenzung von Dienstleistungsaufträgen ist dabei, ob es der »Auftraggeber« ist, der die Vergütung schuldet und sie deshalb selbst oder durch einen Dritten zahlt, oder ob er den Vertragspartner eine Aufgabe ausführen und ihn im Zusammenhang damit wirtschaftlich Nutzen daraus ziehen lässt (OLG Jena, 2 Verg 2/15).

> **Beispiel:**
> Die Stadt Thalburg an der Ohm sucht einen Betreiber für die Feuerwehrkantine. In den Vergabeunterlagen heißt es, dass der Betreiber das Recht erhält, Räumlichkeiten innerhalb der Wache für den Betrieb der Kantine zu nutzen. Ein Entgelt für den Betrieb erhält er nicht von der Stadt, sondern darf die Einnahmen aus dem Verkauf der Speisen und Getränke behalten.

II.

> Hier liegt eine Dienstleistungskonzession vor.
> **Abwandlung:** Nach den Vergabeunterlagen soll der Betreiber Speisen und Getränke liefern und vor Ort servieren. Er erhält dafür ein festes Entgelt von der Stadt.
> Hier liegt ein Dienstleistungsauftrag vor.

Praktisch schwierig ist die Unterscheidung, wenn der Vertragspartner neben dem Recht der Nutzung oder Verwertung der Leistung vom öffentlichen Auftraggeber zusätzlich ein Entgelt erhält.

> **Beispiel:**
> Der Betreiber der Kantine erhält neben dem Recht, die Erlöse aus dem Verkauf der Speisen und Getränke zu vereinnahmen zusätzlich ein festes Entgelt von der Stadt. Hier kommt es darauf an, ob das feste Entgelt so hoch ist, dass der Betreiber nicht mehr das wirtschaftliche Nutzungsrisiko trägt. Dann liegt keine Konzession, sondern ein Dienstleistungsauftrag vor.[13]

Abgrenzung Dienstleistung – freiberufliche Leistung

Die Abgrenzung einer Dienstleistung von einer freiberuflichen Leistung ist für Vergaben unterhalb des EU-Schwellenwertes wesentlich, weil freiberufliche Leistungen vom Anwendungsbereich der UVgO ausgenommen sind, vgl. § 50 UVgO.[14]

Für Vergabeverfahren oberhalb des EU-Schwellenwertes hat die Unterscheidung keine große Bedeutung; die VgV sieht allein für die Vergabe von Architekten- und Ingenieurleistungen Sonderregelungen vor. Übrige freiberufliche Leistungen sind nach den allgemeinen Vorschriften zu vergeben. Die Abgrenzung erfolgt danach, ob die Leistung im Rahmen einer freiberuflichen Tätigkeit erbracht wird oder nicht. Bei EU-Verfahren ist weitere Voraussetzung, dass die Leistung nicht eindeutig und erschöpfend beschrieben werden kann.

Die freien Berufe sind in § 18 Abs. 1 EStG und § 1 Abs. 2 PartGG genannt. Zur Abgrenzung können außerdem folgende Kriterien herangezogen werden:

---

13 Siehe Beschluss des BGH vom 08.02.2011, Az. X ZB 4/10; eine feste Größe des Entgelts kann nicht genannt werden, sondern muss für jeden Einzelfall entschieden werden.

14 In den Erläuterungen des Bundesministeriums für Wirtschaft und Energie zu § 50 UVgO heißt es: »Dabei ist ohne Bindung an die übrigen Vorschriften der UVgO so viel Wettbewerb zu schaffen, wie dies nach der Natur des Geschäfts oder nach den besonderen Umständen möglich ist.«

- Gewerbe bzw. Gewerbeanmeldung spricht gegen freiberufliche Tätigkeit.
- Mitgliedschaft bei der Industrie- und Handelskammer (IHK) spricht gegen eine freiberufliche Tätigkeit.
- Eintrag im Handelsregister spricht gegen eine freiberufliche Tätigkeit.

Abgrenzung Bauleistung – Dienstleistung

Die Unterscheidung einer Bauleistung von einer Dienstleistung ist von erheblicher praktischer Bedeutung, weil die entsprechenden EU-Schwellenwerte deutlich auseinanderliegen.

> **Beispiel:**
> Die Feuerwehr der Stadt Thalburg an der Ohm benötigt neue Möbel für ihre Rettungsdienstküche. Die Küchenmöbel sollen an der Wand befestigt werden. Stellt die Montage der Küche eine Bauleistung oder einen Dienstleistungsauftrag dar?

Bauleistungen sind nach § 1 VOB/A Arbeiten jeder Art, durch die eine bauliche Anlage hergestellt, instandgehalten, geändert oder beseitigt wird. Bauleistungen müssen für den Bestand der baulichen Anlage von wesentlicher Bedeutung sein; es muss sich um Arbeiten von einem gewissen Umfang handeln, die zu einem Eingriff in die Substanz der baulichen Anlage führen (VK Bund, VK 3–15/06). Die Montage von Küchenmöbeln, die durch Bohren und Dübeln mit einem Eingriff in die Bausubstanz verbunden ist, stellt deshalb eine Bauleistung dar. Werden Möbel, bspw. Unterschränke nach Zusammenbau lediglich an die Wand gestellt, liegt eine Dienstleistung vor.

Abgrenzung Lieferleistung – Dienstleistung

Die Abgrenzung einer Liefer- von einer Dienstleistung spielt in der Praxis keine große Rolle, weil die Schwellenwerte und die zu beachtenden vergaberechtlichen Regelungen grundsätzlich identisch sind. Relevant ist die Abgrenzung, wenn Verpflichtungen zur Beachtung von Tariftreue und Mindestlohn bestehen, da diese für Lieferleistungen nicht gelten, vgl. nur § 1 Abs. 2 TVgG NRW. Dienstleistungen unterscheiden sich von Lieferleistungen dadurch, dass der Auftragnehmer eine Arbeitsleistung erbringen muss. Bei reinen Lieferaufträgen wird eine bereits fertige Ware gekauft, gemietet oder geleast.

2.2   Gemischte Beschaffungsgegenstände

Enthält ein öffentlicher Auftrag Leistungen aus mehreren Leistungskategorien, handelt es sich um einen typengemischten Vertrag. Welche Leistungsart für das Vergabeverfahren maßgeblich ist, gibt § 110 GWB vor. Danach bestimmt der Hauptgegenstand eines typengemischten Auftrags, nach welchen Vorschriften vergeben wird.

Lieferleistungen und Bauleistungen

Enthält ein Auftrag sowohl Liefer- als auch Bauleistungsmerkmale, bestimmt sich die Rechtsnatur des Vertrages nach seinem Hauptgegenstand. Maßgebend für einen Bauauftrag ist, ob Bauleistungen den Hauptgegenstand des Vertrages bilden oder ob sie im Verhältnis zum Hauptgegenstand lediglich Nebenarbeiten sind. Dabei ist nicht maßgeblich auf die anteiligen Wertverhältnisse abzustellen. Sie geben lediglich indizielle Anhaltspunkte und eine erste Orientierung. Entscheidend ist die funktionale Zuordnung der Leistungen zum jeweiligen Vertragstyp und deren gegenständliche, vertragliche Bedeutung. So kann auch ein Vertrag, der lediglich zu 30 % Bauleistungen enthält, ein Bauvertrag sein (OLG Düsseldorf, VII-Verg 35/13). Dies gilt insbesondere dann, wenn durch die Bauarbeiten die Funktion und die Qualität der geschuldeten Leistung sichergestellt wird und die Bauleistungen einen für die ordnungsgemäße Vertragserfüllung prägenden Charakter haben.

Lieferleistungen und Dienstleistungen

Der Hauptgegenstand öffentlicher Aufträge und Konzessionen, die teilweise aus Lieferleistungen und teilweise aus Dienstleistungen bestehen, wird gemäß § 110 Abs. 2 Nr. 2 GWB danach bestimmt, welcher geschätzte Wert der jeweiligen Liefer- oder Dienstleistungen am höchsten ist. Ist der Wert der Lieferleistung höher als der Wert der Dienstleistung, richtet sich das Verfahren also nach den für Dienstleistungen geltenden Vorschriften.

> **Beispiel:**
> Für Löschfahrzeuge sollen neue Aufkleber beschafft und angebracht werden. Der geschätzte Wert der Aufkleber beträgt 12.000 Euro, das Bekleben der Fahrzeuge wird sich auf ca. 9.000 Euro belaufen. Hauptgegenstand und damit maßgeblich für die anzuwendenden Vorschriften ist die Lieferleistung.

Dienstleistungen und soziale und andere besondere Dienstleistungen

Ein öffentlicher Auftrag, der sowohl aus sozialen und anderen besonderen Dienstleistungen als auch aus anderen »klassischen« Dienstleistungen besteht, ist ebenfalls nach den Vorschriften des Hauptgegenstandes zu vergeben. Hauptgegenstand ist in diesen Fällen nach § 110 Abs. 2 Nr. 1 GWB die Leistung, die den höheren Wert hat. Wegen der unterschiedlichen EU-Schwellenwerte von sozialen und »klassischen« Dienstleistungen hat die Entscheidung, welche Leistung Hauptgegenstand ist, praktische Relevanz.

Freiberufliche Leistungen und soziale und andere besondere Dienstleistungen

Bei Aufträgen über soziale und andere besondere Dienstleistungen, die im Rahmen einer freiberuflichen Tätigkeit angeboten werden, ist zwischen dem Unterschwellen- und Oberschwellenvergaberecht zu unterscheiden.

Im Geltungsbereich der UVgO gilt § 49 Absatz 1 Satz 3: Danach gilt für soziale und andere besondere Dienstleistungen, die im Rahmen einer freiberuflichen Tätigkeit erbracht oder im Wettbewerb mit freiberuflich Tätigen angeboten werden, § 50 UVgO. Dieser gibt bei der Vergabe von Aufträgen lediglich vor, dass der Wettbewerbsgrundsatz zu beachten ist; die übrigen Regelungen der UVgO gelten nicht.

Im Oberschwellenvergaberecht gilt dies nicht. Eine § 49 Abs. 1 Satz 3 UVgO entsprechende Regelung enthält weder das GWB noch die VgV. Wird im Oberschwellenbereich eine soziale Dienstleistung im Rahmen einer freiberuflichen Tätigkeit erbracht, gelten keine Besonderheiten. Anwendbar sind dann die Vorschriften des GWB und der VgV, die die sozialen und anderen besonderen Dienstleistungen betreffen.

2.3   Schnellcheck

Zusammenfassung Leistungsarten

Es gibt unterschiedliche Leistungsarten.
- Lieferleistungen
- Dienstleistungen
- Soziale und andere besondere Dienstleistungen
- Bauleistungen
- Freiberufliche Leistungen

Die einschlägige Leistungsart bestimmt die zu wählende Vergabeordnung und das Verfahren.
Die Abgrenzung der Leistungsarten ist wegen der unterschiedlichen EU-Schwellenwerte von praktischer Bedeutung.
Bei typengemischten Verträgen richtet sich das Verfahren nach dem Hauptgegenstand.

3   Losbildung

§ 97 Abs. 4 GWB schreibt vor, dass bei der Vergabe öffentlicher Aufträge mittelständische Interessen vornehmlich zu berücksichtigen sind. Leistungen sind in der Menge aufgeteilt (Teillose) und getrennt nach Art oder Fachgebiet (Fachlose) zu vergeben, vgl. auch § 30 VgV, § 22 UVgO. Ziel der Regelung ist die Stärkung des Mittelstandsschutzes; Nachteile der mittelständischen Wirtschaft gerade bei der Vergabe großer Aufträge mit einem Volumen, das die Kapazitäten mittelständischer Unternehmen überfordern könnte, sollen ausgeglichen werden (OLG Jena, 6 Verg 7/03). Unter einem Los versteht man dementsprechend einen Teil eines öffentlichen Auftrags. Von dem Gebot der Losvergabe soll nur in begründeten Ausnahmefällen abgewichen werden dürfen und zwar, wenn wirtschaftliche oder technische Gründe dies erfordern.

Zur Wahrung des Wettbewerbs kann die Zahl der Lose, für die ein Bieter ein Angebot unterbreiten kann, begrenzt werden; ebenso kann die Zahl der Lose begrenzt werden, die an einen einzigen Bieter vergeben werden können, sog. Loslimitierung.

3.1   Teillose

Eine Aufteilung der zu beschaffenden Leistung in Teillose erfolgt quantitativ durch eine Aufteilung eines Auftrags der Menge nach. Ein Teillos beschreibt insoweit den Inhalt einer kohärenten, nicht weiter zerlegbaren Leistung (OLG Jena, 6 Verg 7/03).

> **Beispiel:**
> Die Feuerwehr Thalburg an der Ohm benötigt eine größere Anzahl an Druckluftflaschen. Die Vergabe kann in mehreren Teillosen erfolgen, wobei in jedem Los eine bestimmte Zahl an Druckluftflaschen vergeben wird.

Ausgehend von dem Ziel der Losbildung, mittelständische Interessen zu fördern, stellt sich in der Praxis häufig die Frage, wie groß ein einzelnes Teillos sein darf und muss, um dieses Ziel zu erreichen. Das Vergaberecht macht dazu keine Angaben. Das GWB formuliert zwar Voraussetzungen für die Zusammenfassung von Teillosen (§ 97 Abs. 4 Satz 3 GWB). Es gibt jedoch nicht vor, in welchen Grenzen oder nach welchen Kriterien die Teillose zu bilden sind. Um die Rechtmäßigkeit bzw. die Rechtswidrigkeit einer Teillosbildung zu beurteilen, sind daher mangels spezieller Regelungen das Wettbewerbs- und Wirtschaftlichkeitsgebot gemäß § 97 Abs. 1 GWB einerseits (OLG

Düsseldorf, VII-Verg 10/07) sowie die Verpflichtung des § 97 Abs. 4 Satz 1 GWB, mittelständische Interessen vornehmlich zu berücksichtigen, andererseits zu beachten.

Ausgangspunkt ist dabei, dass es jedem Auftraggeber freisteht, die auszuschreibenden Leistungen nach seinen individuellen Vorstellungen zu definieren. Er befindet grundsätzlich allein darüber, welchen Umfang die zu vergebende Leistung im Einzelnen haben soll und ob gegebenenfalls mehrere Leistungseinheiten gebildet werden, die gesondert vergeben werden und vertraglich abzuwickeln sind (OLG Thüringen, Verg 3/07). Der Auftraggeber kann daher grundsätzlich auch über den konkreten Zuschnitt von Losen entscheiden. Eingeschränkt wird diese Freiheit durch die Verpflichtung zur Bildung von Teillosen, um mittelständische Interessen zu berücksichtigen. Das bedeutet aber nicht, dass Lose so zuzuschneiden sind, dass sich jedes am Markt tätige mittelständische Unternehmen darum auch tatsächlich bewerben kann. Gleichwohl müssen mittelständische Unternehmen in geeigneten Fällen in die Lage versetzt werden, sich eigenständig zu bewerben und nicht nur in Bietergemeinschaften (OLG Karlsruhe, 15 Verg 3/11).

Um für den Mittelstand angemessene Teillose bilden zu können, ist zunächst zu klären, was unter »Mittelstand« überhaupt zu verstehen ist. Die EU-Kommission definiert – zum Zweck der Zuteilung von Fördermitteln – die kleinen und mittleren Unternehmen nach Umsatz und Anzahl der Mitarbeiter: weniger als 250 Mitarbeiter und Jahresumsatz bis 50 Mio. EUR bzw. Bilanzsumme bis 43 Mio. EUR[15] und bietet daher mit ihrer Empfehlung einen Anhaltspunkt für die Einordnung als kleines oder mittleres Unternehmen (OLG Düsseldorf, VII-Verg 38/04).

Daneben muss, um die mittelständischen Interessen bei einer Losaufteilung berücksichtigen zu können, auch auf die Größe und die Leistungsfähigkeit der Unternehmen des Wirtschaftszweigs abgestellt werden (OLG Karlsruhe, 15 Verg 3/11).

Die Größe der Teillose ist also einzelfallbezogen zu betrachten und festzulegen.

Tipp:

Das Bundesministerium für Wirtschaft und Energie hat zu dem Thema der mittelstandfreundlichen Teillose ein Online-Berechnungswerkzeug zur Verfügung gestellt, das öffentlichen Auftraggebern helfen soll, die ideale Losgröße zu ermitteln (BMWi, 2014).

---

15 Empfehlung der EU-Kommission vom 6. Mai 2003 betreffend die Definition der Kleinstunternehmen sowie der kleinen und mittleren Unternehmen.

3.2   Fachlose

Fachlose sind nach Art und Fachgebiet getrennte Teile einer Leistung. Welche Leistungen zu einem Fachlos gehören, bestimmt sich nach den gewerberechtlichen Vorschriften und der allgemein oder regional üblichen Abgrenzung (OLG Düsseldorf, VII-Verg 10/07). Dabei ist auch von Belang, ob sich für spezielle Arbeiten mittlerweile ein eigener Markt herausgebildet hat (OLG Düsseldorf, VII-Verg 48/11).

Durch die Aufteilung eines Auftrags in Fachlose sollen öffentliche Aufträge so zugeschnitten werden, dass sie spezialisierten Unternehmen erlauben, ein eigenes Angebot abzugeben, um nicht auf Bietergemeinschaft oder ein Nachunternehmerverhältnis angewiesen zu sein. Fachlose ermöglichen also den auf eine bestimmte Leistung spezialisierten Unternehmen die Chance auf einen Zuschlag, den sie bei einer Gesamtvergabe mit unterschiedlichen Fachgebieten nicht erhalten würden. Diesen Unternehmen soll somit die Möglichkeit gegeben werden, überhaupt ein Angebot abgeben zu können und sich damit am Wettbewerb zumindest um Teile des Gesamtauftrags beteiligten zu können. Die so im Falle einer Fachlosaufteilung bestehenden Zuschlagschancen von spezialisierten Unternehmen würden bei einer Gesamtvergabe hingegen beseitigt werden (VK Südbayern, Z3-3-3194-1-04-02/17).

Typische Beispiele für Fachlose sind die unterschiedlichen Gewerke bei Baumaßnahmen.[16] Fachlose bei der Beschaffung von Feuerwehrfahrzeugen können sein: Fahrgestell, Aufbau und Beladung als jeweiliges Los.[17]

3.3   Loslimitierung

§ 30 VgV und § 22 UVgO erlauben dem Auftraggeber die Festlegung, wieviel Lose ein Bieter maximal anbieten bzw. für wie viele Lose er den Zuschlag erhalten kann. Der Auftraggeber hat dabei die Wahl zwischen einer Angebotslimitierung und einer Zuschlagslimitierung (dazu OLG Düsseldorf, VII-Verg 24/12).

Bei der Angebotslimitierung legt der Auftraggeber fest, dass der Bieter Angebote nur für ein einziges Los oder für eine begrenzte Zahl von Losen abgeben darf, § 30 Abs. 1 Satz 1 VgV, § 22 Abs. 1 Satz 3 UVgO. Der Bieter hat dann die Wahl, für welche Lose er bieten möchte.

---

16 Zu den Fachlosen bei der Beschaffung von Feuerwehrfahrzeugen siehe Kapitel 3.6.
17 Näher dazu unter Kapitel 4.6.

Wählt der Auftraggeber die Zuschlagslimitierung, kann der Bieter für alle oder mehrere Lose Angebote einreichen, er kann aber nur für eine begrenzte, vom Auftraggeber vorher festgelegte Zahl von Losen den Zuschlag erhalten, § 30 Abs. 1 Satz 2 VgV, § 30 Abs. 1 Satz 4 UVgO.

> **Merke:**
> Der Auftraggeber hat die Wahl zwischen einer Angebotslimitierung und einer Zuschlagslimitierung.

Die in der Praxis am häufigsten gewählte Form der Loslimitierung ist die Angebotslimitierung (dazu OLG Düsseldorf, VII-Verg 24/12).

Wählt der Auftraggeber die Zuschlagslimitierung bei der Vergabe von Teillosen, also gleiche Leistungen in jedem Los, ist es wahrscheinlich, dass bei allen Losen derselbe Bieter das wirtschaftlichste Angebot abgibt. Dieser Bieter kann aber nur für eine begrenzte Zahl von Losen den Zuschlag erhalten. Der Auftraggeber muss dann entscheiden, welche Lose er an diesen Bieter vergibt. Die Entscheidung muss nach § 30 Abs. 2 Satz 2 VgV und § 22 Abs. 2 Satz 2 UVgO nach objektiven und nichtdiskriminierenden Kriterien erfolgen, die der Auftraggeber vorab bekannt geben muss.

> **Beispiel:**
> Ein Auftraggeber hat zehn Lose gebildet und sich für die Zuschlagslimitierung entschieden. In der Bekanntmachung heißt es, dass ein Bieter höchstens fünf Lose erhalten kann. Die Auswahl der Lose erfolgt nach der Umsatzstärke. Bieter B gibt für alle zehn Lose das jeweils wirtschaftlichste Angebot ab. Er erhält den Zuschlag für die fünf umsatzstärksten Lose, d. h. die Lose mit den höchsten Auftragswerten (vgl. VK Bund, VK 1-114/14).

Möglich ist auch, dass die Bieter selbst angeben, welche Lose von ihnen in welcher Rangfolge präferiert werden (vgl. Müller-Wrede, 2017).

3.4   Verzicht auf die Losvergabe

Der Grundsatz der Losbildung gilt nicht ausnahmslos. Unter bestimmten Voraussetzungen kann der Auftraggeber auf eine Losvergabe verzichten. Um feststellen zu können, ob der Verzicht auf die Losvergabe die Ausnahmetatbestände erfüllt, ist eine zweistufige Prüfung durchzuführen (OLG Celle, 13 Verg 4/10):

1. Auf der 1. Stufe ist zu klären, ob die zu beschaffende Leistung, die der Auftraggeber im Rahmen seiner Beschaffungsautonomie festgelegt hat, überhaupt sinnvoll in Lose geteilt werden kann.
2. Ergibt die Prüfung auf der 1. Stufe, dass eine Zerlegung der Leistung in Lose möglich ist, stellt sich die Frage, ob besondere wirtschaftliche oder technische Gründe vorliegen, die den Verzicht auf die losweise Vergabe rechtfertigen.

3.4.1 Beschaffungsautonomie versus Losbildung

Dem Auftraggeber steht bei der Beschaffungsentscheidung grundsätzlich die Freiheit zu, sich für ein bestimmtes Produkt, eine Herkunft, ein Verfahren oder dergleichen zu entscheiden. Die Entscheidung wird erfahrungsgemäß von zahlreichen Faktoren beeinflusst, unter anderem von technischen, wirtschaftlichen, gestalterischen oder solchen der (sozialen, ökologischen oder ökonomischen) Nachhaltigkeit. Die Wahl unterliegt der Bestimmungsfreiheit des Auftraggebers, deren Ausübung dem Vergabeverfahren vorgelagert ist. Sie muss zunächst einmal getroffen werden, um eine Nachfrage zu bewirken (OLG Düsseldorf, VII-Verg 10/12).

Merke:

Das Vergaberecht regelt nicht, was der öffentliche Auftraggeber beschafft, sondern nur die Art und Weise der Beschaffung.

Die Bestimmungsfreiheit des Auftraggebers beim Beschaffungsgegenstand unterliegt aber bestimmten durch das Vergaberecht gezogenen Grenzen.[18] Die Beschaffungsautonomie ist daher kein Freibrief für eine Gesamtvergabe (OLG München, Verg 10/18). Sie kann aber bei der Abwägung bzw. der Tatbestandsvoraussetzungen einer Losvergabe oder ausnahmsweise erfolgenden Gesamtvergabe berücksichtigt werden. Eine Gesamtvergabe kommt danach in Betracht, wenn eine Losvergabe für die zu beschaffende Leistung keinen Sinn ergibt. Das ist zum Beispiel dann der Fall, wenn sich die Leistung, die beschafft werden soll durch eine Losteilung inhaltlich verändern würde. Maßgeblich sind die mit dem Beschaffungsprojekt verfolgten Ziele und Zwecke im Rahmen einer funktionalen Betrachtung (OLG Celle, 13 Verg 4/10).

---

18 Näheres dazu in Teil II Ziffer 4.33.

3.4.2   Wirtschaftliche oder technische Gründe

Ergibt die Prüfung auf der 1. Stufe, dass eine Losbildung in Betracht kommt, ist im Rahmen einer Einzelfallbetrachtung zu klären, ob wirtschaftliche oder technische Gründe vorliegen, die es erlauben, auf die Bildung von Losen zu verzichten.

Nicht ausreichend ist es, wenn der Auftraggeber die Gesamtvergabe damit rechtfertigt, dass er sich von dem typischerweise mit einer losweisen Vergabe verbundenen Koordinierungsaufgaben oder sonstigem organisatorischem Mehraufwand entlasten will.

Erforderlich ist vielmehr, dass sich der Auftraggeber im Einzelnen mit dem grundsätzlichen Gebot der Fachlosvergabe einerseits und den im konkreten Fall dagegen sprechenden Gründen auseinandersetzt und sodann eine umfassende Abwägung der widerstreitenden Belange trifft, als deren Ergebnis die für eine zusammenfassende Vergabe sprechenden technischen oder wirtschaftlichen Gründe überwiegen (OLG Frankfurt, 11 Verg 4/18).

Nicht ausreichend ist es deshalb, den Losverzicht ohne Bezug auf den Einzelfall mit dem Mehraufwand zu begründen, der einer Losvergabe immanent ist. Die Gründe müssen mit dem konkreten Beschaffungsgegenstand zusammenhängen.

> **Merke:**
>
> **Die angeführten wirtschaftlichen oder technischen Gründe müssen einzelfallspezifisch und objektiv nachprüfbar sein.**

Allgemeine wirtschaftliche Vorteile einer (jeden) einheitlichen Vergabe an nur ein Unternehmen – wie z. B. eine zweifelsfreie und umfassende Mängelgewährleistung, einheitliche Verjährungsfristen, ein geringerer Koordinierungsaufwand und die daraus resultierende Möglichkeit einer schnelleren Realisierung des Vorhabens oder auch die geringeren Kosten der Ausschreibung – sind von vornherein ungeeignet, eine einzelfallbezogene Ausnahme i. S. v. § 97 Abs. 3 Satz 3 GWB zu begründen, denn ansonsten dürfte vom Grundsatz der Losvergabe bei jedem größeren Vorhaben beliebig abgewichen werden (VG Augsburg, Au 3 K 15.1070).

Wirtschaftliche Gründe

Wirtschaftliche Gründe, die gegen eine Losbildung sprechen, liegen vor, wenn die Aufteilung unverhältnismäßige Kostennachteile bringen oder zu einer starken Verzögerung des Vorhabens führen würde. Auch eine unwirtschaftliche Zersplitterung des Auftrages stellt einen Grund für das Absehen von einer Losaufteilung dar (VK

Münster, VK 18/09). Der Auftraggeber ist nicht verpflichtet, durch eine Zersplitterung der Auftragsvergabe in sog. Splitterlose eine unwirtschaftliche Vergabe hinzunehmen (OLG Karlsruhe, VII Verg 25/09). Je mehr Lose bei der Ausschreibung einer Gesamtmaßnahme gebildet werden, desto größer wird erfahrungsgemäß der Aufwand für die gesonderte Wertung der Angebote, den Vertragsabschluss sowie die Vertragsdurchführung und desto vielfältiger werden die Schwierigkeiten bei der Koordinierung und Abgrenzung der Lose, insbesondere bei der Zuordnung der Gewährleistung (OLG Düsseldorf, VII-Verg 92/11).

Die zu erwartenden Kostennachteile müssen unverhältnismäßig hoch sein. Eine Unverhältnismäßigkeit wurde bei einer Kostenersparnis von 50 % bei Vergabe eines Gesamtauftrags im Vergleich zu einer Aufteilung in Lose angenommen (OLG Düsseldorf, VII-Verg 48/11).

Technische Gründe
Technische Gründe, die gegen eine losweise Vergabe sprechen liegen vor, wenn bei einer Vergabe in Losen das Risiko besteht, dass die angebotenen Einzelleistungen zwar ausschreibungskonform, aber trotzdem nicht kompatibel sind.

Technische Gründe, die eine Gesamtvergabe rechtfertigen, können konkrete projektbezogene Besonderheiten wie z. B. ein hohes Risikopotential sein (bspw. Sicherheitstechnik einer JVA) (OLG München, Verg 10 / 18). Ein technischer Grund liegt auch vor, wenn der Auftraggeber andernfalls unterschiedliche IT-Systeme bezuschlagen müsste (OLG Düsseldorf, VII-Verg 43/09). Gleiches gilt für Hard- und Software, wenn bei der Integration unterschiedlicher Hardwarekomponenten und Software im System Kompatibilitätsprobleme, technische Schwierigkeiten und Verzögerungen auftreten können, die zu Mehrkosten beim Gebrauch führen (OLG Düsseldorf, VII-Verg 100/11).

3.5   Dokumentation

Die Gesamtvergabe stellt eine vergaberechtliche Ausnahme vom Grundsatz der Losbildung dar. Sofern von einem Grundsatz zugunsten eines Ausnahmetatbestandes abgewichen wird, bestehen erhöhte Dokumentationspflichten des öffentlichen Auftraggebers.

Die Dokumentation sollte erkennen lassen, dass eine umfangreiche Abwägung durch den Auftraggeber unter Berücksichtigung aller wesentlichen Gesichtspunkte erfolgt ist und die technische oder wirtschaftliche Nachteilhaftigkeit der Losvergabe im konkreten Fall gegenüber den Vorteilen einer Gesamtvergabe abgewogen wurde.

3.6   Losbildung oder Gesamtvergabe bei der Beschaffung von Feuerwehrfahrzeugen

Die Beschaffung von komplexen Feuerwehrfahrzeugen und damit verbunden die Fragestellung, inwieweit dabei eine Verpflichtung zur Bildung von Fachlosen besteht, ist in den letzten Jahren verstärkt in den vergaberechtlichen Blickpunkt geraten. Anlass war eine Entscheidung des Verwaltungsgerichts Augsburg (VG Augsburg, Au 3 K 15.1070), die durch den Bayerischen Verwaltungsgerichtshof bestätigt wurde (VGH München, 4 ZB 16.577).

Die Entscheidung betraf sinngemäß folgenden Sachverhalt:

Beispiel:
Eine kleine Gemeinde hatte die Beschaffung eines Feuerwehrfahrzeugs LF 10/6 europaweit ausgeschrieben. Die Finanzierung erfolgt unter Einbeziehung von Fördermitteln; der entsprechende Bewilligungsbescheid enthielt die Auflage, dass der Begünstigte das Vergaberecht einzuhalten habe. Die Gemeinde verzichtete bei der Vergabe des Fahrzeugs auf eine Bildung von Fachlosen und schrieb Fahrgestell, Aufbau und Verladung als Gesamtauftrag aus. Der Zuwendungsgeber sah in der unterlassenen Losbildung einen schweren Vergabeverstoß und forderte einen Teil der bewilligten Zuwendung zurück.

Das Verwaltungsgericht Augsburg gab dem Zuwendungsgeber recht, denn die Gemeinde hatte die gegen eine Losbildung sprechende wirtschaftliche oder technische Gründe nicht hinreichend substantiiert dargelegt:

»Soweit die Klägerin mit Blick auf etwaige wirtschaftliche Gründe argumentiert, dass auch der Deutsche Feuerwehrverband e.V. in seinen unverbindlichen Empfehlungen darauf hinweise, dass neben den wirtschaftlichen Vorteilen bei der losweisen Vergabe auch darauf geachtet werden müsse, dass der Auftraggeber in der Lage sein müsse, koordinierende (technische und organisatorische) Zusatzaufwendungen erbringen zu können, damit bei der praktischen Umsetzung die Lostaufteilung - gerade bei kleinen Feuerwehren - nicht zu unlösbaren technischen Problemen führe (siehe hierzu DFV, Ausschreibung und Beschaffung von Feuerwehrfahrzeugen, Fachempfehlung Nr. 5 v. 6.6.2012, S. 29), vermag dieser pauschale Vortrag nicht zu überzeugen. Ein erhöhter Koordinierungsaufwand ist jeder Losbildung immanent und daher - wie dargelegt - für sich genommen grundsätzlich nicht geeignet, zur wirtschaftlichen Begründung der Zulässigkeit einer einheitlichen Vergabe ohne Losbildung zu dienen.«

Der Bayerische Verwaltungsgerichtshof hat dazu ergänzt, dass sich zwar auch bei der Beschaffung von Feuerwehrfahrzeugen (Ausnahme-)Situationen ergeben, in denen aufgrund einer vorherigen Wirtschaftlichkeitsbetrachtung oder wegen bereits absehbarer technischer Probleme infolge spezieller Anforderungen eine Losbildung von vornherein unwirtschaftlich erscheint. Die diesbezüglichen Erkenntnisse und Erwägungen im Vorfeld der Ausschreibung müssen aber im Einzelnen nachprüfbar dokumentiert werden und können nicht lediglich wie hier anlässlich einer nachträglichen Überprüfung des Vergabeverfahrens pauschal behauptet werden.

Aus der dargestellten Rechtsprechung lässt sich indes kein generelles Verbot einer Gesamtvergabe konstruieren. Vielmehr ist einzelfallbezogen zu prüfen, ob spezifische Beschaffenheiten der konkreten Leistung insbesondere in technischer Hinsicht es erlauben, von einer losweisen Vergabe abzusehen.

Merke:

Ob bei der Beschaffung von Feuerwehrfahrzeugen Fachlose zu bilden sind, ist für jeden Fahrzeugtyp gesondert zu beantworten (VK München, Z3-3-3194-1-03-02/17).

Hat eine langjährige Übung mit entsprechenden branchenspezifischen Fachempfehlungen bestanden, Feuerwehrfahrzeuge in Fachlose aufgeteilt auszuschreiben, bedarf eine Abweichung von dieser Übung wegen angeblich unbeherrschbarer Schnittstellenprobleme dann einer besonders gründlichen Begründung (VK München, Z3-3-3194-1-03-02/17). Die Begründung muss konkret und einzelfallbezogen erfolgen. Zu beachten ist dabei, dass die vergaberechtliche Beurteilung einer möglichen Losbildung hauptsächlich von der Schnittstellenproblematik in technischer Hinsicht abhängt.

Das Bayerische Staatsministerium des Innern und für Integration hat dazu eine Handreichung zu aktuellen Fragestellungen des Vergaberechts herausgegeben, die in ihrer Anlage 1 mögliche technische Schnittstellenprobleme für die einzelnen Fahrzeugtypen aufzeigt (StMI BY, 2018). Es sei aber angemerkt, dass jegliches Schnittstellenproblem grundsätzlich beschreibbar ist, es sei denn es handelt sich um Prototypenprojekte. Die Beschreibung dieser Schnittstellen setzt allerdings eine hohe Anforderung an technisches Detailwissen voraus und kann Auftraggeber an ihre Leistungsgrenzen führen.

3.7   Schnellcheck

Zusammenfassung Losbildung:

- Der Grundsatz der Losbildung dient der Förderung des Mittelstandes.
- Es sind Teil- und Fachlose zu bilden.
- Bei Teillosen erfolgt eine Teilung der Menge nach.
- Bei Fachlosen wird die Leistung inhaltlich nach Art und Fachgebiet getrennt.
- Der Auftraggeber kann festlegen, dass die Lose, die ein Bieter erhalten kann, limitiert werden.
- In Betracht kommt nach Wahl des Auftraggebers eine Angebotslimitierung oder eine Zuschlagslimitierung.
- Auf eine losweise Vergabe kann verzichtet werden, wenn die zu beschaffende Leistung nicht sinnvoll geteilt werden kann.
- Eine Gesamtvergabe ist aus wirtschaftlichen oder technischen Gründen möglich.
- Die Gründe sind hinreichend zu dokumentieren.
- Bei der Beschaffung von Feuerwehrfahrzeugen ist die technische Möglichkeit der Losbildung für jeden Fahrzeugtyp gesondert zu betrachten.

4   Erstellen der Leistungsbeschreibung

Die Leistungsbeschreibung ist das »Herzstück« der Vergabeunterlagen. Der Verlauf und Erfolg eines Vergabeverfahrens hängt maßgeblich von ihrer Qualität ab. Die Leistungsbeschreibung ist die Kalkulationsgrundlage für die Bieter und bildet den späteren Vertragsinhalt ab. Fehler, Lücken und Unklarheiten in der Leistungsbeschreibung bergen ein erhebliches Konfliktpotential bei der Auftragsausführung; nicht selten kommt es dadurch zu kostspieligen Nachträgen. Auch können nur auf der Grundlage eines hinreichend bestimmten Beschaffungsgegenstandes bei Defiziten der Leistungserbringung vertragsrechtliche Gewährleistungsansprüche geltend gemacht werden (VK Bund, VK 2-76/18).

4.1   Anforderungen an die Leistungsbeschreibung

Vergabeunterlagen müssen klar und verständlich sein. Aus den Vergabeunterlagen muss für Bieter oder für Bewerber eindeutig und unmissverständlich hervorgehen, was von ihnen verlangt wird (BGH, X ZR 155/10). Die Vergabestellen trifft die Pflicht, die Vergabeunterlagen klar und eindeutig zu formulieren und Widersprüchlichkeiten zu vermeiden. Dies ergibt sich ausdrücklich aus § 121 Abs. 1 Satz 1 GWB, § 31 Abs. 1 VgV und § 23 UVgO wonach der Leistungsgegenstand so eindeutig und erschöpfend wie möglich zu beschreiben ist, so dass die Beschreibung für alle Unternehmen im gleichen Sinne verständlich ist und die Angebote miteinander verglichen werden können (OLG Düsseldorf, VII-Verg 19/17). Vergabeunterlagen, bei denen auch nach Auslegungsbemühungen fachkundige Unternehmen mehrere Auslegungsmöglichkeiten verbleiben, entsprechen nicht den Anforderungen nach § 121 GWB und § 23 UVgO (VK Bund, VK 2-98/18).

4.2   Das Leistungsbestimmungsrecht des Auftraggebers

Den Inhalt der Leistungsbeschreibung bestimmt der Auftraggeber. Er legt fest, welche Anforderungen an die zu beschaffenden Leistungen gestellt werden. Bei der Beschaffungsentscheidung für ein bestimmtes Produkt, eine Herkunft, ein Verfahren oder dergleichen ist der öffentliche Auftraggeber im rechtlichen Ansatz ungebunden. Die Entscheidung wird erfahrungsgemäß von zahlreichen Faktoren beeinflusst, unter anderem von technischen, wirtschaftlichen, gestalterischen oder solchen der (sozialen, ökologischen oder ökonomischen) Nachhaltigkeit. Die Wahl unterliegt der Bestimmungsfreiheit des Auftraggebers.

Die Bestimmungsfreiheit des Auftraggebers über den Beschaffungsgegenstand unterliegt aber bestimmten durch das Vergaberecht gezogenen Grenzen. Diese vergaberechtlichen Grenzen sind eingehalten, sofern:

- die Bestimmung durch den Auftragsgegenstand sachlich gerechtfertigt ist,
- vom Auftraggeber dafür nachvollziehbare objektive und auftragsbezogene Gründe angegeben worden sind und die Bestimmung folglich willkürfrei getroffen worden ist,
- solche Gründe tatsächlich vorhanden (festzustellen und notfalls erwiesen) sind und
- die Bestimmung andere Wirtschaftsteilnehmer nicht diskriminiert.

Der Auftraggeber ist auch nicht verpflichtet, die Beschaffungsentscheidung daran auszurichten, ob sie zum Unternehmenskonzept und zur Leistungsfähigkeit jedes potentiell am Auftrag interessierten Unternehmens passt (OLG Düsseldorf, VII-Verg 7/12).

4.3 Grundsatz der produktneutralen Ausschreibung

Besonders deutlich werden die Grenzen der Bestimmungsfreiheit des Auftraggebers im Hinblick auf den durch § 31 Abs. 6 VgV und § 23 Abs. 5 UVgO vorgegebenen Grundsatz der Produktneutralität. Danach darf nicht auf eine bestimmte Produktion oder Herkunft oder ein besonderes Verfahren oder auf Marken, Patente, Typen eines bestimmten Ursprungs verwiesen werden, wenn dadurch bestimmte Unternehmen oder bestimmte Produkte begünstigt oder ausgeschlossen werden.

Merke:

Bei Erstellung der Leistungsbeschreibung ist der Grundsatz der Produktneutralität zu beachten.

Die vergaberechtlichen Bestimmungen der § 31 VgV und § 23 UVgO erlauben aber zwei Ausnahmen von dem Grundsatz der Produktneutralität.

4.4 Rechtfertigung der Produktvorgabe durch Auftragsgegenstand

Eine Rechtfertigung durch den Auftragsgegenstand liegt vor, wenn es nachvollziehbare, objektive technische und wirtschaftliche Gründe für die getroffene Wahl gibt (OLG Düsseldorf, VII-Verg 10/12). § 23 UVgO nennt in Abs. 5 Beispiele für das Vorliegen eines sachlichen Grundes. Dieser liegt danach insbesondere vor, wenn die Auftraggeber Erzeugnisse oder Verfahren mit unterschiedlichen Merkmalen zu bereits bei ihnen vorhandenen Erzeugnissen oder Verfahren beschaffen müssten und dies mit unverhältnismäßig hohem finanziellen Aufwand oder unverhältnismäßigen Schwierigkeiten bei Integration, Gebrauch, Betrieb oder Wartung verbunden wäre.

Beispiel: Fall nach VK Baden-Württemberg, Beschluss vom 04.05.2016 - 1 VK 18/16
Die Stadt Thalburg an der Ohm hat unter dem Titel »Neubau Feuerwehr mit Kreisgerätewerkstatt« das Gewerk Gebäudeautomation ausgeschrieben. Das Leistungsverzeichnis für das Gewerk enthält eine Vielzahl von Leistungspositionen mit produktspezifische Vorgaben. Für sämtliche maßgebliche Bereiche der Gebäudeautomation (Schaltschränke, Feldgeräte, Stromversorgung, Überwachung, Software) werden Fabrikate der Fa. Pfiffix zwingend vorgeschrieben. Die teilweise Abweichung der pro-

duktneutralen Ausschreibung wird damit begründet, dass insbesondere die Wartung und die Vorhaltung von Ersatzteilen es notwendig macht, auf ein bestimmtes Fabrikat zurückzugreifen. Dies diene u. a. auch dem Zweck, die technischen und wirtschaftlichen Anforderungen an die Gebäudeautomation festzulegen, um einen einheitlichen Standard bei der Realisierung von Bauvorhaben zu erreichen. Weitere Begründungen liefert die Stadt Thalburg an der Ohm nicht. Der Lieferant einer anderen Firma aus dem Bereich der Gebäudeautomation hält die Produktvorgaben für unzulässig. Zu Recht?

Eine angestrebte Vereinheitlichung der Technik reicht für die sachliche Rechtfertigung nicht aus. Entscheidend ist, ob die Produkte von verschiedenen Firmen zuverlässig miteinander kommunizieren können. Wenn dies tatsächlich nicht der Fall ist, sondern eine ausschließliche Verwendung von Produkten eines Herstellers die Kommunikation sicherstellen kann, ist dies detailliert in der Vergabeakte zu dokumentieren. Auch der gerne angeführte Grund, es ginge bei Leistungen für und von der Feuerwehr um den Schutz von Leib und Leben, half im beschriebenen Fall nicht:

»Soweit sich die Antragsgegnerin in der mündlichen Verhandlung zudem darauf berufen hat, dass es vorliegend auch um den Schutz von Leib und Leben gehe, kann sie damit nicht durchdringen. Unstreitig ist der Einbau von Gebäudeautomation im Neubau der Feuerwehr ausgeschrieben, doch betrifft dies mit der Heizungs- und Lüftungsanlage keinen Bereich, der spezifisch dem Schutz von Leib und Leben dient, sodass aus diesem Gesichtspunkt ebenso wenig eine produktspezifische Ausschreibung gerechtfertigt ist.« (VK Baden-Württemberg, 1 VK 18/16)

Merke:

Die Darlegungs- und Beweislast dafür, dass die fehlende Produktneutralität auf sachlichen Gründen beruht, liegt beim Auftraggeber. Hierzu bedarf es einer detaillierten und dokumentierten Begründung.

Bei der Beschaffung eines modularen Warnsystems wurde es hingegen im Interesse der Systemsicherheit und Funktion für ausreichend gehalten, dass die Entscheidung für einen bestimmten Hersteller mit abzuwendenden Risiken von Fehlfunktionen, Kompatibilitätsproblemen sowie mit höherem Zeitbedarf gerechtfertigt wurde (OLG Düsseldorf, VII-Verg 10/12).[19]

---

19   Weitere Beispiele unter Teil VI, Kapitel 6

Merke:

Produktvorgaben sind ausnahmsweise zulässig, wenn dies durch den Auftragsgegenstand sachlich gerechtfertigt ist.

4.5   Auftragsgegenstand nicht hinreichend beschreibbar

Eine Produktvorgabe ist außerdem zulässig, wenn sich der Auftragsgegenstand durch verkehrsübliche Beschreibungen nicht hinreichend genau und allgemein verständlich beschrieben werden kann. Die praktische Relevanz dieses Ausnahmetatbestandes ist geringer als der der sachlichen Rechtfertigung. Im Hinblick auf die Vielzahl der Normen wie z. B.:

- DIN 14011 – Feuerwehrwesen und Begriffe
- DIN 14035 – Dachkennzeichen für Feuerwehrfahrzeuge
- DIN 14092 – Feuerwehrhäuser
- DIN 14093 – Atemschutzübungsanlagen
- DIN 14151 – Sprungrettungsgeräte
- DIN 14346 – Feuerwehrwesen – Mobile Systemtrenner
- DIN 14461 - Feuerlösch-Schlauchanschlusseinrichtungen
- DIN 14502 – Feuerwehrfahrzeuge
- DIN 14530 – Löschfahrzeuge

usw. allein im Feuerwehrbereich und diversen ISO-Standards aus dem Brandschutz wird eine hinreichend genaue Beschreibung nur selten nicht möglich sein.

Erst bei komplexen Beschaffungen kann sich die Notwendigkeit ergeben, auf ein Leitfabrikat Bezug nehmen zu müssen. Werden Leitfabrikate angegeben, sind diese zwingend mit dem Zusatz »oder gleichwertig« zu versehen.

Merke:

Produktvorgaben sind ausnahmsweise und nur mit dem Zusatz »oder gleichwertig« zulässig, wenn eine genaue Beschreibung nicht möglich ist.

4.6   Verdeckte Produktvorgaben

Der Grundsatz der Produktneutralität wird nicht nur verletzt, wenn ohne Sachgrund ein Leitfabrikat offen und explizit benannt wird.

> **Beispiel:**
> Der Mitarbeiter M der Feuerwehr soll eine Leistungsbeschreibung für ein Löschgruppenfahrzeug erstellen. Weil er kurz vor seinem Jahresurlaub steht und schnell fertig werden möchte, bittet er die Firma W, einen Hersteller dieser Fahrzeuge, um Übersendung eines Produktdatenblattes, aus dem sich die technischen Anforderungen ergeben. Diese übernimmt er in seine Leistungsbeschreibung, wobei er den Namen des Herstellers löscht. Es finden sich nun exakte Vorgaben zu Abmessungen einiger Leistungen (Länge/Breite/Höhe), die dann nur die Firma W erfüllen kann. Ist das korrekt?

Sinn und Zweck der hersteller- und produktoffenen Ausschreibung ist es, ein möglichst breites Anbieterfeld zu gewährleisten. Dies wird nicht erreicht, wenn durch spezifische Vorgaben in der Leistungsbeschreibung verdeckt ein Leitfabrikat ausgeschrieben wird. Auch in einer verdeckten Ausschreibung eines Leitfabrikates liegt ein Verstoß gegen den Grundsatz der Produktneutralität, weil nur ein einziges Produkt allen Vorgaben gerecht werden kann (VK Baden-Württemberg, 1 VK 36/16).

4.7   Verhältnismäßigkeit

Aus dem Grundsatz der Produktneutralität folgt, dass der Auftraggeber im Regelfall die Leistung in den einzelnen Leistungspositionen allumfassend beschreiben muss. Das kann häufig dazu führen, dass detaillierte Leistungsbeschreibungen zu einem Monumentalwerk werden. So können Leistungsverzeichnisse für Feuerwehr- und Rettungsdienstfahrzeuge schnell einen Umfang von 80 bis 150 Seiten erreichen. Insofern stellt sich die Frage, ob eine umfangreiche produktneutrale Beschreibung einer Leistungsposition, die mitunter nur eine geringe (preisliche) Bedeutung hat, verhältnismäßig ist. So darf diskutiert werden, ob bei einem Auftragsvolumen von z. B. 600.000 € für ein Löschfahrzeug mit Beladung die Leistungsposition eines Warndreiecks oder eines Verkehrsleitkegels und dessen zweiseitige funktionale Beschreibung bei einem Auftragswert von ca. 50 € noch verhältnismäßig ist. Insbesondere vor dem Kontext, dass die Bieter die Unterlagen sichten und bearbeiten müssen, können sehr umfangreiche Leistungsbeschreibungen den Bieter nach einer einfachen Kostennutzenrechnung durchaus veranlassen, mehrere kurze Leistungsbeschreibungen von potentiellen Auftraggebern eher zu bearbeiten als eine sehr umfangreiche Leistungsbeschreibung mit der gleichen Gewinnmarge.

> **Merke:**
>
> Leistungsbeschreibungen sollen so detailliert wie möglich und so umfangreich wie nötig gestaltet werden, um eine Chance auf ein wirtschaftliches Angebot zu erhalten.

Nach Auffassung der Vergabekammer Lüneburg soll der Grundsatz, dass der Auftraggeber die Verdingungsunterlagen so eindeutig und erschöpfend zu gestalten haben, dass sie eine einwandfreie Preisermittlung ermöglichen bzw. die Bieter die Preise exakt ermitteln können, seine Grenze im Prinzip der Verhältnismäßigkeit finden. Die Pflicht des Auftraggebers, alle kalkulationsrelevanten Parameter zu ermitteln und zusammenzustellen und damit über den genauen Leistungsgegenstand und -umfang vor Erstellung der Leistungsbeschreibung aufzuklären, unterliegt daher der Grenze des Mach- und Zumutbaren. Er ist einerseits verpflichtet, zumutbaren finanziellen Aufwand zu betreiben, um die kalkulationsrelevanten Grundlagen der Leistungsbeschreibung zu ermitteln. Diese Pflicht des Auftraggebers endet aber dort, wo eine in allen Punkten eindeutige Leistungsbeschreibung nur mit unverhältnismäßigem Kostenaufwand möglich wäre (VK Lüneburg, VgK-73/2010).

Steht also der Aufwand für eine produktneutrale Ausschreibung in einzelnen Positionen in keinem Verhältnis, muss die Angabe eines Leitfabrikates zulässig sein; dies wird aber in jedem Fall den Zusatz »oder gleichwertig« erfordern.

Auch das Oberlandesgericht Düsseldorf hat unter Schöpfung des Begriffs der »unechten Produktorientierung« zugunsten des Auftraggebers die Nennung von Fabrikaten erlaubt, wenn es sich eben um solche unechten Produktorientierungen handelt. Die Nennung eines bestimmten Produkts in der Leistungsbeschreibung – erst recht mit dem Zusatz »oder gleichwertiger Art« – könne auch so aufgefasst werden, dass das Produkt als Planungs-, Richt- oder Leitfabrikat, d. h. nur beispielhaft genannt wird, aus Sicht des Auftraggebers aber gar keine Festlegung auf ein bestimmtes Produkt erfolgen, sondern den Bietern lediglich die Bearbeitung des Angebots erleichtert werden soll. Da eine solche Art der Ausschreibung auf einer langjährigen und verbreiteten Praxis der öffentlichen Auftraggeber beruhe, die auch den Bietern in der Regel nicht fremd sei, seien »Produktorientierungen« zulässig (OLG Düsseldorf, VII-Verg 33/12).

In einem Urteil des Bundesgerichtshofes vom 18.06.2019 (BGH, X ZR 86/17) heißt es, dass Auftraggeber »üblicherweise« in den Vergabeunterlagen ein von ihnen bevorzugtes Referenzprodukt angeben und daneben gleichwertige Alternativprodukte gestatten. Beanstandet wird diese Vorgehensweise in den Entscheidungsgründen des

II.

Urteils nicht. Vielmehr werde »mit der Gestattung gleichwertiger Alternativen (…) einer wettbewerblich möglicherweise kritischen Bevorzugung eines bestimmten Produktes vorgebeugt.« Inwieweit mit dieser bemerkenswerten Äußerung ein Umdenken bzgl. des Grundsatzes der Produktneutralität vollziehen wird, bleibt abzuwarten. Aber auch die Vorgaben eines Referenzproduktes mit Zulassung gleichwertiger Alternativen entbindet den Auftraggeber nicht davon, konkret zu beschreiben, auf welche Qualitäten des Referenzproduktes er wesentlichen Wert legt.

4.8   Bedarfs- und Alternativpositionen

Nicht immer weiß der Auftraggeber bei der Erstellung der Leistungsbeschreibung, ob er eine einzelne Leistung benötigt oder nicht. Er kann dies durch Bedarfs- oder auch Eventualpositionen in der Leistungsbeschreibung zum Ausdruck bringen. Es kann ebenfalls sein, dass der Auftraggeber sich für einzelne Positionen mehrere Alternativen anbieten lassen will, um sich für die beste zu entscheiden. In diesen Fällen wird er Alternativ- oder Wahlpositionen ausschreiben.

4.8.1   Bedarfspositionen

Sog. »Bedarfs-« bzw. »Eventualpositionen« sind Leistungen, bei denen zum Zeitpunkt der Erstellung der Leistungsbeschreibung noch nicht feststeht, ob und gegebenenfalls in welchem Umfang sie überhaupt zur Ausführung kommen sollen. Solche Positionen enthalten nur eine im Bedarfsfall erforderliche Leistung, über deren Ausführung erst nach Auftragserteilung und nicht bereits bei Erteilung des Zuschlags entschieden wird. Sinn und Zweck der Ausschreibung dieser Positionen ist es, für den Fall nicht vorhersehbarer Eventualitäten eine abrufbare Angebotslage zu erhalten, auf deren Basis im laufenden Projekt zügig reagiert werden kann (VK Bund, VK 1-11/17).

Merke:
Die Entscheidung über die Ausführung einer Bedarfsposition wird nach Erteilung des Zuschlags, während der Auftragsausführung getroffen.

Beispiel:
Eine Feuerwehr- und Rettungsdienstschule Thalburg an der Ohm kalkuliert den Bedarf für eine gesetzliche Fortbildungsveranstaltung. Sie plant dabei auf Grund-

lage des vorhandenen fortzubildenden Personals. Diese Anzahl wird im Rahmen der Leistungsbeschreibung genannt und bildet die Kalkulationsgrundlage für die Bieter. Da sich die Personalanzahl anhand der Fluktuation und des Demografischen Wandels über einen Fortbildungszeitraum von z. B. 2 Jahren auch entsprechend ändern kann, führt der Auftraggeber eine Bedarfs- bzw. Eventualposition ein, die einen Fortbildungsbedarf von weiteren 20 Mitarbeitern vom Bieter abfordert. Diese Position käme aber nur bei erklärbarem Bedarf zustande.

Oder:

Bedarfsposition
Die Sondersignalanlage nach DIN 14621 sollte im Bedarfsfall in Abhängigkeit vom Fahrgestell* im Dachbereich eine Verstärkung des Daches erhalten, damit im Falle eines Überschlages eine Gefährdung der Insassen durch eindringen von Dacheinbauten vermieden wird.

*Da der Hersteller des Fahrgestells zum Zeitpunkt der Ausschreibung nicht bekannt ist.

Eine Ausschreibung von Bedarfspositionen wird vielfach kritisch gesehen, weil die Bestimmtheit und Eindeutigkeit der Leistungsbeschreibung sowie die Transparenz des Vergabeverfahrens und der Vergabeentscheidung auf dem Spiel stehen und dadurch nicht zuletzt auch die Gefahr von Willkür, Missbrauch und Manipulation entsteht. Gleichwohl sind Bedarfspositionen bei der Vergabe von Liefer- und Dienstleistungen zulässig.[20] Voraussetzung ist aber, dass der Bedarf im Zeitpunkt der Angebotswertung nicht voraussehbar ist und die Notwendigkeit einer Beschaffung auch bei sorgsamer Ausschöpfung der dem Auftraggeber bis dahin zumutbaren Erkenntnismöglichkeiten nicht ausgeschlossen werden kann (OLG Düsseldorf, VII-Verg 36/09). Der Anteil der Bedarfspositionen in der Leistungsbeschreibung ist auf einen Anteil von etwa 10 % zu begrenzen (vgl. Müller-Wrede, 2017).

4.8.2   Alternativpositionen

Bei sog. »Alternativ-« bzw. »Wahlpositionen« handelt es sich um Leistungspositionen, bei denen sich der Auftraggeber noch nicht auf eine bestimmte Art der Leistungserbringung festgelegt hat, sondern mehrere Alternativen ausschreibt, von de-

---

20 Anders bei Bauleistungen; dort dürfen Bedarfspositionen nicht in einer Leistungsbeschreibung aufgeführt werden.

nen er nach Kenntnisnahme der Angebotsinhalte eine Alternative für den Zuschlag auswählt. Die Entscheidung, welche Alternativposition zur Ausführung kommt, wird bei der Zuschlagserteilung getroffen.

Merke:

Bedarfspositionen und Alternativpositionen unterscheiden sich insbesondere hinsichtlich des Zeitpunkts, wann über den Abruf einer Leistung entschieden wird.

Die Aufnahme von Alternativpositionen in ein Leistungsverzeichnis beeinträchtigt die Bestimmtheit und Eindeutigkeit der Leistungsbeschreibung (§ 121 Abs. 1 S. 1 GWB) und tangiert die Transparenz des Vergabeverfahrens (§ 97 Abs. 1 S. 1 GWB), weil sie den öffentlichen Auftraggeber in die Lage versetzt, bei Sichtung der Angebote durch seine Entscheidung für oder gegen eine Alternativposition das Wertungsergebnis manipulativ zu beeinflussen. Die Ausschreibung von Alternativpositionen ist daher nur dann zulässig, wenn dem öffentlichen Auftraggeber ein berechtigtes Bedürfnis zukommt, die zu beauftragende Leistung in den betreffenden Punkten einstweilen offenzuhalten, außerdem muss den Bietern zur Gewährleitung eines transparenten und diskriminierungsfreien Vergabeverfahrens vorab bekannt sein, welche Kriterien für die Inanspruchnahme der ausgeschriebenen Alternativ-/Wahlposition maßgebend sein sollen (OLG Düsseldorf, VII-Verg 58/10).

4.9   Anforderungen an die Kennzeichnung

Bei Alternativpositionen weiß der Bieter, dass auf jeden Fall eine der Alternativen zur Ausführung kommt, bei Bedarfspositionen hingegen kann ein Abruf der Leistung ggf. gänzlich unterbleiben. Da sich diese Unterschiede insbesondere auf die Kalkulation der Angebote auswirken können, folgt aus dem Grundsatz der Transparenz und der Bestimmtheit der Leistungsbeschreibung, dass der öffentliche Auftraggeber den Bietern eindeutig mitteilt, was für Positionen er ausschreibt (VK Bund, VK 1-11/17). Er hat die entsprechenden Positionen daher entweder als Bedarfsposition oder als Alternativposition zu kennzeichnen.

4.10   Aufbau der Vergabeunterlagen

Die Vergabeunterlagen sind strukturiert darzustellen. Je nach Art und Bewertungsmethode und der zu erbringenden Leistung ist dem Bieter Raum für die geforderten

Informationen, die er eintragen muss, zur Verfügung zu stellen. Er muss in der Lage sein, dies anhand der Unterlagen zweifelsfrei zu erkennen. Im Regelfall ist bei der Darstellung einer Leistungsbeschreibung die Tabellenform sehr empfehlenswert, da sie eine zweifelsfreie Zuordnung der Informationen und Angaben zu einer Leistungsposition bietet. Es bleibt jedoch der Entscheidung des Auftraggebers überlassen, wie das Layout seiner Vergabeunterlagen gestaltet sein soll.

Einen wesentlichen Einfluss auf die Struktur einer Leistungsbeschreibung hat zusätzlich noch die Wahl der Wertungskriterien. Eine Leistungsbeschreibung, bei dem das ausschließliche Wertungskriterium der Preis ist, besteht im Wesentlichen aus folgenden Inhaltspositionen:

- Nr. der Leistungsposition
- Beschreibung der Position bzw. der geforderten Leistung
- Anzahl der Ausführung der Leistung
- Rabatt
- Einzelpreis (netto)

Tabelle 8:

Artikel/Leistung/Gegenstand	AZ	EP	GP
AZ = Anzahl in Stück, EP = Einzelpreis (netto), GP = Gesamtpreis (netto)			
Hauptkriterium: Fahrgestell			
Es ist ein Fahrgestell mit folgenden Leistungseigenschaften zu liefern …	1	-	-
Hauptkriterium: Aufbau			
Es ist ein Kofferaufbau mit folgenden Leistungseigenschaften zu liefern …	1	-	-
Bedarfsposition: Es ist eine Reserveradhalterung mit folgenden Leistungseigenschaften zu liefern …	1	-	-
Hauptkriterium: Beladung			
Lieferung und Montage von Mehrzweckstrahlrohren Typ: CM …	3	-	-

Eine Leistungsbeschreibung, die hingegen mit mehreren Wertungskriterien arbeiten soll, muss mehr Formularfelder enthalten:

- Nr. der Position
- Beschreibung der Position bzw. der geforderten Leistung
- Anzahl der Ausführung der Leistung
- Einzelpreis (netto)
- Gesamtpreis (netto)
- Art des Wertungskriteriums für die Leistungsposition
- Handelt es sich um ein Ausschlusskriterium?

Tabelle 9:

	AZ	EP	GP	WK	AK
AZ = Anzahl in Stück, EP = Einzelpreis (netto), GP = Gesamtpreis (netto), WK = Wertungskriterium (Preis oder Gewichtspunkte %), AK = Ausschlusskriterium (Ja oder Nein)					
Hauptkriterium: Fahrgestell					
Es ist ein Fahrgestell mit folgenden Leistungseigenschaften zu liefern ...	1	-	-	Preis	Ja
Hauptkriterium: Aufbau					
Es ist ein Kofferaufbau mit folgenden Leistungseigenschaften zu liefern ...	1	-	-	Punkte	Ja
Bedarfsposition: Es ist eine Reserveradhalterung mit folgenden Leistungseigenschaften zu liefern ...	1	-	-	Punkte	Nein
Hauptkriterium: Beladung					
Lieferung und Montage von Mehrzweckstrahlrohren Typ: CM ...	3	-	-	Preis	Ja

4.11   Leistungsbeschreibung mit nur einem Wertungskriterium

Es folgen exemplarisch ausgewählte Positionen aus einer Leistungsbeschreibung, um mögliche Formulierungen (vom übrigen Text kursiv abgehoben) darzustellen. Bei dieser Art der Formulierung ist der Preis das ausschließliche Wertungskriterium. Aus Platzgründen wird auf die Darstellung der Spalten laufende Position, Anzahl, Einzelpreis (netto) und Gesamtpreis (netto) verzichtet.

Zur Konstruktion eines Abrollbehälters:

Aufbau aus einer Stahlschweißkonstruktion mit einem Grundrahmen nach DIN 14505/System 1570, verstärkte Ausführung Längsträger C-220 mit durchgehendem Verstärkungsblech. Es ist ein Stahlrohrahmen für die Einrichtung von 6 Geräteräumen, einem Heckgeräteraum und begehbarem Dach anzubieten. Belastungspunkte sind zusätzlich mit Knotenblechen zu verstärken. Mit dem Angebot, ist eine auf maximale Belastung (14 t Gesamtgewicht) ausgelegte FEM-Belastungsanalyse des Grundrahmens beizufügen.

Zur Konstruktion eines Geräteraumes:

Heckregal aus Aluminiumprofilrohrsystem, mattiert und natureloxiert, geschraubte Verbindungselemente zur nachträglichen Anpassung. Fachböden zur Lagerung der feuerwehrtechnischen Beladung sind aus Aluminiumglattblech zu fertigen. Lagerung folgender Ausrüstungsgegenstände muss in diesem Geräteraum vorgesehen werden:
   Lagerung von … (Aufzählung der Gerätschaften)

Anforderung an Geräterumverschlüsse

Die seitlichen Geräteräume sind mit faltbaren Klappen zu verschließen. Die Klappen sind beidseitig mit Gasfedern zu unterstützen und mit entsprechend stabilen mechanischen Sicherungen gegen unbeabsichtigtes schließen zu versehen. Pro Geräteraum ist eine Klappe vorzusehen. Die Klappe ist zweigeteilt zu konstruieren und soll im geöffneten Zustand als Regenschutz dienen. Je Klappe ist ein zentrales Schloss, gleichschließend mit einem Schlüssel vorzusehen.

Alternativ:
Die seitlichen Geräteräume sind mit mind. 12 mm starken Aluminiumrollladen zu verschließen. Die Rollladen sind mit einem seitlichen Rückzugsband zu versehen und sollen nach Entriegelung selbstständig und vollständig öffnen. Die Entriegelung bzw. das Öffnen geschieht durch eine außenliegende durchgängige Griffstange z. B. »Barlock Verschluss« oder vergleichbar. Pro Geräteraum ist eine Rollladenklappe vorzusehen. Je Rollladen ist ein zentrales Schloss, gleichschließend mit einem Schlüssel vorzusehen.

Anforderung an eine Markise

Geschlossene elektrische Kastenmarkise als Regen- und Sonnenschutz, wetterfest, imprägniert, über die gesamte Abrollbehälterlänge mind. jedoch 6.500 mm lang und mindestens 2.000 mm ausfahrbar. Eloxiertes Aluminiumgehäuse. Freitragend über mindestens drei Gelenkarme. Ausgestattet mit Nothandbedienung bei Ausfall des Elektroantriebes. Markisenaußenkannte durchgängig mit LED-Streifen (mindestens

II.

100 LED pro Meter) beleuchtet zur Ausleuchtung des Arbeitsbereiches. Steuerung durch Markisendrehschalter jeweils im Geräteraum 1 und im Geräteraum 2. Farbe des Markisenstoffes ist rot (RAL 3000). Die Außenecken der Markise sind mit zusätzlichen orangenen LED-Leuchten zu versehen, blinkend, die ein Zusammenstoßen in Kopfhöhe verhindern sollen. Die Umfeldbeleuchtung darf durch die ausgefahrene Markise nicht beeinträchtigt werden.

Anforderung an eine Heckklappe

Heckseitig ist eine große Klappe über die gesamte Heckfläche auszuführen. Die Sicherung der Heckklappe hat über ein zentrales Schloss zu erfolgen. Es ist gleichschließend mit allen anderen Geräteräumen auszuführen. Die Heckklappe ist mit Gasfedern zum leichten Öffnen auszuführen. Sie ist den Anforderungen entsprechend mit einer stabilen, mechanischen Sicherung gegen unbeabsichtigtes Schließen zu versehen.

Die Heckklappe ist so auszuführen, dass ohne Hilfsmittel ein »Vorzelt« zum Sicht- und Wetterschutz vom Gerätefach in die Aufnahmeschiene eingeführt werden kann. Die Zeltwände müssen aufrollbar sein und können bei geschlossener Heckklappe an dieser verbleiben. Die Heckklappe muss mit eingerollten Zeltseitenwänden verschließbar sein. In die Heckklappe integriert sind LED-Leuchten, weiß (mind. 2 Stück) vorzusehen. Sie sollen eine Beleuchtungsstärke von mind. 200 Lux erzeugen.

Anforderung an einen Rollwagen für ein Stromaggregat mit Zubehör:

Transportwagen 1 »Strom 1«:

Lieferung und Lagerung eines Transportwagens nach Fachempfehlung der AGBF, aus Alustrebenprofilen, Tragkraft min. 800 kg, Doppelstangenbedienung und Richtungsfeststeller, Totmannbremssystem als Trommelbremse ohne Bowdenzüge mit Wirkung auf alle 4 Rollen, 2 Lenk- und Bockrollen, Abmaße: 1150 x 800 x 1200 mm, Rollendurchmesser 200 mm, Lagerböden höherverstellbar, mit nachfolgenden Beladungsgruppen. Alle Rollcontainer müssen bei Bedarf mit einem luftbereiften oder Gleisrädern (DB- und Straßenbahnspurweite) versehenen Aufsteckmodul betrieben werden können, welche zueinander kompatibel sind. Eine Beschreibung mit Bildern ist beizufügen.

Mit Kälteschutz, zentralem Richtungsfeststeller und Stapleröse.

Alle Ausrüstungsgegenstände sind am Transportwagen zu beschriften. Zusätzlich ist ein Mottobegriff an der Frontseite des Transportwagens aufzubringen. Gegenstände die auf dem Transportwagen verlastet sind und einer Ladeerhaltung bedürfen, sind an einer zentralen Übergabestelle am Transportwagen mit einem magnetischen Stecksystem (Clip und Port) zu übergeben.

Lagerung folgender Gerätschaften auf dem Transportwagen:

- *1 mal Lagerung von Leitungsroller nach DIN EN 61316, 230 V,IP 54 nach DIN EN 60529, Zuleitung H07RN-F3x2,5 , Länge 50 m, mit Stecker DIN 49443, 16 A 250 V, Abgang 3 Stück Steckdose DIN 49442, 2P + PE, 16 A 250 V*
- *3 mal Lagerung von Leitungsroller nach DIN EN 61316 400 V, ohne Schleifringe, IP 54 nach DIN 60529, Zuleitung H07RN-F5G2,5 nach DIN VDE 0282-4, Länge 30 m, mit CEE Ex- Stecker 16 A 400 V 6 h mit Schutzkappe, Kennzeichnung nach Richtlinie 94/9 EG / ATEX Richtlinie Ex II 2G EEX de IIA T6,*
- *1 mal Lagerung von einem Verteiler, Ex- geschützt, 4 Steckdosen 230V, 1 Steckdose 400 V, Zuleitung H07RN-F5G2,5 nach DIN 0282-4, Stecker mit Schutzkappe, Kennzeichnung nach Richtlinie 94/9EG / ATEX Richtlinie Ex II 2 G EEX de IIC T6,*
- *1 mal Lagerung von einem Phasenumschalter von 400 V CE auf 400 V Ex-ATEX*
- *1 mal Lagerung eines beigestellten Stromerzeuger Typ BSKA 13 EV SS, mit Fernstart-/ Stopp-Einrichtung, Iso- Überwachung ohne Abschaltung, nach DIN 14685, Elektro- und Handstarteinrichtung, Variospeed, Dreiwegehahn für Fremdbetankung, super schallgedämmt, Leistung 13 kVa, Elektroanschlüsse: 2x 400 V 16 A, 3x 230 V 16 A, mit Abgasschlauch*
- *1 mal Lagerung von einem Kanisterbetankungsset, bestehend aus: Kraftstoffentnahmegerät und 20 Liter Blechkanister, für Aggregate mit eigener Kraftstoffpumpe, passend zum Stromaggregat*
- *1 mal Lagerung eines Erdungssatz bestehend aus:*
    - *1 Erdungsspieß mit 4 Anschlusskabeln*
    - *6 Verlängerungskabel 15 m*
    - *2 Klemmzange MS*
    - *2 Klemmzangen VA*
    - *1 Polschraubzwinge*
    - *1 Kabeltrommeln a 50 m mit fünf Buchsen*
- *5 Gerätekabel*
- *1 Magnet*
- *1 Kabeltrommeln ex 230 Volt*
- *Handlampen ex 230 Volt*
- *1 Stativ teleskopierbar, am Transportwagen für Arbeitsscheinwerfer in LED-Technik*

II.

Anforderung an eine Stromeinspeisung:

Hier wird anhand mehrerer Leistungspositionen die Umsetzung der Stromeinspeisung dargestellt. Es folgen in den Leistungspositionen produktspezifische Vorgaben für das Stromsystem als auch funktionale Anforderungen, wie das System zu funktionieren hat. Für die Beschreibung wurde exemplarisch ein Produkt der Fa. Rettbox® verwandt. Es sind aber grundsätzlich auch andere Systeme analog verwendbar.

Lieferung und betriebsbereiter Einbau einer 230 Volt ISV Rettbox® bzw. Rettbox®-Air (falls vom Fahrgestell eine direkte Drucklufteinspeisung benötigt wird) zur Stromeinspeisung. Zur einfachen Einspeisung ist rechts neben dem Fahrereinstieg eine Einspeisesteckdose Rettbox® für 230 V einschließlich Hallen-Installationsmaterial mit folgender Kupplungsdose zu liefern:

Variante ohne Druckluft:

- *Rettbox® (61-13175–RK10-L beinhaltet Rettbox® 61-16175-RK0-12U für 20 A vorkonfektioniert mit 10 m Kabel 3x2,5 mm², 230 V 20 A 5 polig 1Ph+N+E Bordspannung 12 V, die Codierscheiben der Steckverbindung sind auf Position 17 (Rettbox® 230 V) einzustellen) bzw.*

Variante mit Druckluft:

- *Rettbox®-Air (61-13015-AK10-L beinhaltet Rettbox®-Air 61-16015-AK0-24U für 20 A vorkonfektioniert mit 10 m Kabel 3x2,5 mm², bestückt 230 V 20 A 5 polig 1Ph+N+E Bordspannung 24 V. Die Codierscheiben der Steckverbindung sind auf Position 01 (Rettbox®-Air230 V) einzustellen, zu liefern, verbauen und elektrisch anzuschließen.*

Beim Startvorgang muss eine automatische Abtrennung der Versorgungsleitungen erfolgen. Absicherung der Einspeisung mit FI-Schalter 30 mA und Sicherungsautomaten B 16 A gemäß Ladevorschrift DIN 14679:2008-03 Feuerwehrwesen – Ladegeräte zur Erhaltungsladung von Starterbatterien und Zusatzbatterien für Sonderanwendungen – Anforderungen und Prüfung. Die Absicherung ist im Fahrzeug in einem Unterverteilungskasten unterzubringen. Außen an der Fahrerseite ist eine sichtbare Kontrollleuchte (LED Farbe Grün, in Rettbox® integriert), die die angelegte Spannung am Ladegerät anzeigt, einzubauen. Eine weitere Kontrollleuchte (rot) ist zur Anzeige der Spannung 230 V Einspeisung im Fahrerraum einzubauen. Beschriftung: »230 V«.

Die Codierscheiben der Steckverbindung sind auf Position 17 (Variante ohne Druckluft) bzw. 01 (Variante mit Druckluft) einzustellen.

Es folgen die funktionalen Anforderungen an ein Sicherheitskonzept:

Die Einspeisesteckdose ist so zu installieren, dass durch ein dreistufiges Sicherheitskonzept die Stromversorgungsleitung in der Kfz-Halle vor Abriss und Beschädigung geschützt wird. Bei eingesteckter Versorgungsleitung wird:

1. *bei Startversuch Auswurf der gesteckten 230 V – Kupplung erfolgen.*
2. *bei Versagen der Auswurfvorrichtung eine Startverhinderung über die Hilfskontakte (Brücke zwischen HK1 und PE) erfolgen.*
3. *Bei an der Rettbox® (Air) anliegenden 230 V am Eingang des Einspeisesteckers eine Startverhinderung durch ein Relais als Unterbrecher in der Anlasserschaltung erfolgen.*

Punkt 2 fängt den Fall ab, dass der Stecker im Fahrzeug steckt, aber ohne Spannung ist, weil z. B. die Sicherung im Gebäude ausgelöst hat oder das andere Ende des Versorgungskabels nicht eingesteckt ist. Der Punkt 3 fängt den Fall ab, dass der Steckermechanismus nicht richtig entriegelt hat und der Stecker noch teilweise im Fahrzeug steckt. Solange das Fahrzeug dann noch eine 230 V Verbindung haben sollte, erfolgt eine Startverriegelung.

Zusätzliche Anforderungen an den Auslösemechanismus:

Das Auslösen der Rettbox® muss zusätzlich über einen separaten Taster (bei Abrollbehältern außen in unmittelbarer Nähe der Stromeinspeisung) erfolgen können.

Bei Abrollbehältern hat zusätzlich ein automatisches Auslösen der Auswurffunktion bei Lage- und Winkeländerung zu erfolgen. Die Empfindlichkeit der Automatik ist so einzustellen, dass ein versehentliches Auslösen durch schließen der Geräteräume und damit verbundene Minimalbewegungen im Aufbau nicht erfolgen kann.

Anforderung an das zu liefernde Zubehör:

Lieferung eines Übergangskabels (Länge ca. 10 m) als Verbindung zwischen der Rettbox® und einer 230 V Schuko-Steckdose inkl. druckwasserdichte Steckvorrichtung blau nach DIN 49442, DIN 49443, DIN EN 60309-Reihe hier ISO-Schutzkontaktstecker mindestens IP 67 2P+E/16 A / 250 V Wechselstrom z. B. Typ 736 der Fa. Bals in der Farbe Blau oder gleichwertig.

Variante ohne Druckluft:

Rettbox® 61-16175-RK10-12U beinhaltet Kupplungsdose Rettbox® 20 A vorkonfektioniert mit 10 m Kabel, bestückt 230 V A 5 polig 1Ph+N+E Bordspannung 12 V. Die Codierscheiben der Steckverbindung sind auf Position 17 einzustellen.

Variante mit Druckluft:

Rettbox®-Air 61-16015-AK10-24U beinhaltet Kupplungsdose Rettbox®-Air 20 A vorkonfektioniert mit 10 m Kabel, bestückt 230 V 20 A 5 polig 1Ph+N+E Bordspannung 24 V o. ä. Die Codierscheiben der Steckverbindung sind auf Position 01 einzustellen.

Anforderungen an einheitliche Schalter und Taster:

Sämtliche Schalter und Taster, die zusätzlich zum Aufbau verbaut werden sowie einige Sonderfunktionen des Aufbaus sollen über eine einheitliche Bedienkonsole bedient werden. An alle verwendeten Schalter oder Taster werden die folgenden Anforderungen gestellt:

- *gravierte Kennzeichnung der geschalteten Funktion mit eindeutiger Symbolik oder im Klartext (Schriftgröße 3-5 mm)*
- *Ausstattung mit einer Auffindebeleuchtung. Diese ist bei eingeschaltetem Fahrlicht und im ausgeschalteten Zustand aktiv. Die Farbe ist für jede Taste individuell einstellbar und vom Auftraggeber vorgegeben.*
- *Bei geschalteter Funktion ist mit einer Kontrollleuchte die Einschaltung zu signalisieren.*
- *Wird die Kontrollleuchte nach Absprache mit dem Auftraggeber nicht in den Schalter integriert, so ist sie wie der Schalter/Taster zu kennzeichnen.*
- *Kontrollleuchten müssen in LED Technik ausgeführt sein*
- *Die Anzeigefläche von Kontrollleuchten soll ca. 10 mm x 13 mm groß, auswechselbar und entsprechend der Anforderungen z. B. mit Symbolen oder Texten zu beschriften sein.*

Anforderung an eine Funktion des zentralen Bediensystems (hier an ein Fahrzeug):

Lieferung und Montage von Einsatzstellentastern. Der Taster löst definierte Schaltzustände der Fahrzeugelektrik aus. Er ist montiert im Führerhaus und für Fahrer und Beifahrer gleichermaßen zu erreichen. Der Schalter ist ab einer Geschwindigkeit von unter 10 km/h aktivierbar. Seine ausgelösten Funktionen werden ab einer Geschwindigkeit von 10 km/h automatisch deaktiviert. Im aktivierten Zustand hat eine Kontrollleuchte des Schalters im Fahrerbereich zu leuchten. Der Schalter schaltet folgende Funktionen:

- *Warnblinklicht ein*
- *Heckabsicherung ein*
- *Innenraumbeleuchtung ein*
- *Umfeldbeleuchtung ein*
- *und weitere Zentralfunktionen nach Absprache*

II.

Bild 10: *EDSC - Zolg-System-technik Bedienelemente ELW 1 Berufsfeuerwehr Mülheim an der Ruhr*

Diese Taster können auch über die einheitliche Bedienkonsole realisiert werden.

Anforderung an die Lieferung eines Stromaggregates:

Stromerzeuger mit Dauerleistung 13,7 kVA / 10,9 kW 3~ bei 3000 1/min nach DIN 14685-1 inklusive Kombinations-Technik (sie vereint Eigenschaften von Asynchron- und Synchron-Generatoren inklusive elektronischer Regelung, soll Überbeanspruchung des Motors vermeiden und sensible Verbraucher schützen).

- *Isolationsüberwachung mit Warnung (mit Abschaltung)*
- *inkl. Dreiwegehahn für Fremdbetankung mit Kraftstoffentnahmevorrichtung*
- *schallgedämmt / Bauform LWA Schall-Leistungspegel nach Richtlinie 2000/14/EG LwA <= 96 dB (kein Schalldruckpegel LP-Wert)*
- *Multifunktionsanzeige im relevanten Betrieb mit (W: Warnung / A: Abschaltung):*

- *Spannungsanzeige und Belastung der einzelnen Phasen 1–3*
- *Gesamtbelastung des Aggregats*
- *Kraftstoffanzeige – mit Warnung bei Reserve*
- *Frequenzanzeige*
- *Betriebsstundenzähler*
- *Anzeige von Warnungen*
- *zugeschaltete Systemen*
- *Schutzleiter-Prüfungseinrichtung*
- *Batterieladekontrolle*
- *Ladefunktion (W)*
- *Isolationsfehler (W)*
- *Isolationsfehler (A)*
- *Öldruck (A)*
- *Motortemperatur (W)*
- *Kraftstofftemperatur (W)*
- *Generatortemperatur (W)*
- *Umgebungstemperatur (W)*
- *Not-Aus wurde betätigt*
- *Gehäuse aus Aluminium - keine Kunststoffklappen - inkl. Zubehör wie Schutzleiterprüfleitung usw.*

mit Sonderausstattung:
- *Elektroanschlüsse: 2x 400V CEE 16A Farbe Rot IP 67 Ausführung für erschwerte Bedingungen mit schraubenlosen Klemmstellen, 3x 230V Schutzkontaktsteckdosen 16A Farbe Blau IP 67 Ausführung für erschwerte Bedingungen mit schraubenlosen Klemmstellen*
- *FireCAN Schnittstelle nach DIN 14700 - einheitliche Datenübertragung zu Feuerwehrfahrzeugen*
- *mit Fernstart-/ Stopp-Einrichtung inkl. Elektro- und Handstarteinrichtung*
- *Batterie-Ladungserhalt mit Ladestromsteckdose A DIN 14690 und mit magnetischer Steckverbindung inkl. Portabdeckung und einer Fremdstart-Nato-Steckdose (nach Absprache evtl. mit Adapter von Ladestromsteckdose A DIN 14690 auf Nato-Steckdose)*
- *Abgasschlauch*
- *90° Adapter für Abgasschlauch*

4.12   Leistungsbeschreibung mit mehreren Wertungskriterien

Die angeführten Formulierungsbeispiele von Leistungspositionen zeigen, wie detailliert bestimmte Leistungen beschrieben werden müssen, um dem Bieter möglichst wenig Interpretationsspielraum zu lassen. Das ist Grundvoraussetzung, um bei einem einzigen Wertungskriterium, die Leistung zu erhalten, die vom Auftraggeber abverlangt wird.

Sind jedoch mehr Wertungskriterien zugelassen, so muss der Bieter die beste ihm mögliche Leistung anbieten, um das beste Ergebnis zu erzielen, welches wiederum den Zuschlag erhält. Dazu müssen die Formulierungen Eintragungsmöglichkeiten für den Bieter aufweisen, in denen er seine Umsetzung der Leistung darlegen kann. Dem Bieter muss dabei immer deutlich gemacht werden, was er leisten muss, um ein Maximum an Punkten zu erlangen.

Bei der Verwendung mehrerer Wertungskriterien ist eine Gewichtung dieser, wie in Kapitel IV 1.2 »Multikriterielle Wertungsmethoden« beschrieben, erforderlich. Diese wird zu Beginn für die zu verwenden Hauptkriterien einmal dargestellt und dann in den einzelnen Leistungspositionen anteilig aufgeführt. Daran kann der Bieter die Gewichtung jeder einzelnen Position und anhand der Wertungsmethode die Auswirkung dieser auf das Gesamtergebnis erkennen.

Tabelle 10:

Kriterien	Gewicht in Prozent
Aufbau	11,8 %
Innenausbau	6,6 %
Elektrik	20,3 %
Kommunikation	20,3 %
Lieferzeit/Service	5,0 %
Preis	36,0 %
Prüfsumme	*100,0 %*

Die Eintragungen des Bieters werden je nach Bewertungsmethode mit einem Orientierungswert verglichen und mit den entsprechenden Leistungspunkten versehen. Es werden erneut exemplarisch ausgewählte Positionen aus einer Leistungsbeschreibung dargestellt, um die Art der möglichen Formulierungen darzustellen. Bei dieser

Art der Formulierung sind der Preis und die Leistung die Wertungskriterien. Aus Platzgründen wurde auf die Darstellung der Spalten laufende Position, Anzahl, Einzelpreis (netto), Gesamtpreis (netto), Wertungskriterium und Ausschlusskriterium verzichtet. Es folgt die Leistungsposition »Wassertank« aus dem Wertungskriterium Aufbau mit dem anteiligen Gewicht von 36,1 % am Gesamtgewicht Aufbau von 11.7 %. Es handelt sich hierbei nicht um ein Ausschlusskriterium:

Leistungsposition »Wassertank« aus dem Wertungskriterium

Wassertank in GFK-Ausführung mit integrierten Schwallwänden, Wartungsöffnung ø 450 mm sowie Überlaufventile unter dem Fahrzeug. Durch konstruktive Maßnahmen (z. B. Schwallwände, Schlingerwände) ist sicherzustellen, dass ein teilgefüllter Tank die Fahrstabilität des Fahrzeuges nicht negativ beeinflusst. Die Lage des Löschwasserbehälters (Schwerpunkt) muss so gewählt sein, dass der Fahrzeugschwerpunkt möglichst tief und mittig liegt und die Fahreigenschaften vor allem auch bei schnellen Richtungswechseln im innerstädtischen Fahrbetrieb nicht negativ beeinflusst werden.

Das Fahrzeug soll ein möglichst geringes Gewicht unter Berücksichtigung der externen gegebenen Randbedingungen aufweisen. Der Bieter hat das max. möglichst genaue Gewicht unter Berücksichtigung der Beladung anzugeben. Beladungsgewichte sind, sofern nicht bekannt, mit realistischen Annahmen anzusetzen. Für die Angabe des Gewichts soll hier in diesem Fall von einem Wassertank mit 3.000 l Wasser ausgegangen werden. Als Besatzung werden 3 Personen mit je 100 kg vorgegeben.

Richtwert für das Gesamtgewicht: 12.000 kg bei 3300 Liter möglichen Tankinhalts, aber 3.000 l tatsächlichen Tankinhalt.

Das Gewicht ist vom Bieter anzugeben:
  Wert des Bieters für Gesamtgewicht: _____ kg
  Wert des Bieters für möglichen Tankinhalt: _____ Liter

An mehreren Brücken im Einsatzgebiet der Feuerwehr Thalburg an der Ohm ist ein maximales Gesamtgewicht von 10 t angegeben. Über das CAN-BUS System muss eine Tankentleerung auf ein bestimmtes Volumen bzw. Gesamtgewicht erreicht werden (z. B. durch festgelegter Füllstandsensor). Des Weiteren ist hier ein Stabilitätssensor zu integrieren, der das Kipprisiko optisch und akustisch anzeigt.

Es folgt die Leistungsposition »Geräuschdämmung« aus dem Wertungskriterium Innenausbau mit dem anteiligen Gewicht von 100 % am Gesamtgewicht Innenausbau von 6,6 %. Es handelt sich hierbei nicht um ein Ausschlusskriterium:

II.

Leistungsposition »Geräuschdämmung« aus dem Wertungskriterium

Einbau einer zusätzlichen und möglichst maximalen Geräuschdämmung für den Dachbereich der Fahrerkabine. Die Geräuschdämmung muss so ausgeführt sein, dass bei eingeschalteter Sondersignalanlage das Abhören bzw. Durchführen von Funkgesprächen jederzeit möglich ist. Der Geräuschpegel im Innenraum soll bei eingeschalteter Sondersignalanlage im Fahrbetrieb 85 dB(A) nicht überschreiten.

Der oben genannte Wert ist ein Orientierungswert. Der Bieter hat hier seinen Wert anzugeben:
Geräuschpegel _____ dB(A).

Es folgt die Leistungsposition »Zusatzscheinwerfer« aus dem Wertungskriterium Elektrik mit dem anteiligen Gewicht von 10 % am Gesamtgewicht Elektrik von 20,3 %. Es handelt sich hierbei nicht um ein Ausschlusskriterium:

Leistungsposition »Zusatzscheinwerfer« aus dem Wertungskriterium

Lieferung und Montage von Zusatzscheinwerfer. Montage auf dem Kennlichtbalken oder auf dem Fahrzeugdach zwischen den Kennlichttöpfen. Flache Bauart, max. gleiche Bauhöhe wie Kennlichtbalken, möglichst über die gesamte Balkenbreite verteilt. Aufbau nach Absprache mit dem Auftraggeber.
*   Orientierungswerte:*
- *Lichtleistung: 4.100 lm*
- *Farbtemperatur: 5.700 K*
- *Spannungsbereich: 12-24 V*
- *Leistung: 30-40 W*
- *Schockfestigkeit: 60 G*
- *Gehäusequalität: Aluminium*
- *Gewicht: Max 1.6 kg*
- *IP-Klasse: IP68, IP6K9K, SAE J1455*
- *Temperaturbereich: -45 °C - + 80 °C*
- *Max. Bauhöhe: 60 mm*
- *Max. Baubreite: 190 mm*
- *Max. Bautiefe: 150 mm montagefähig auf Kennlichtbalken*

Schaltfunktion: Per Taster über das einheitliche Bediensystem. Während der Fahrt nur als Tastfunktion, nicht dauerhaft einschaltbar zur kurzeitigen Ausleuchtung des Einsatzstellenbereiches vor Einnahme der endgültigen Fahrzeugposition. Bei angezogener Handbremse dauerhaft einschaltbar.

Werte des Bieters:
Lichtwinkel horizontal: _____ in °
Lichtwinkel vertikal: _____ in °
Leuchtweite: _____ in m
Elektrische Leistung: _____ in W
Lichtleistung: _____ in lm
Bauhöhe: _____ in mm

Es folgt die Leistungsposition »Entstörfilter« aus dem Wertungskriterium Kommunikation mit dem anteiligen Gewicht von 18,3 % am Gesamtgewicht Kommunikation von 20,3 %. Es handelt sich hierbei nicht um ein Ausschlusskriterium:

Leistungsposition »Entstörfilter« aus dem Wertungskriterium Kommunikation

Alle Leitungen im Schwachstrombereich, insbesondere die der IuK-Technik (Analog) sind zu entstören und im ausreichenden Maße mit Breitband-Entstörfiltern für 12 V oder 24 V für den Analogfunk auszustatten. Der Filter muss Bordspannungseinbrüche überbrücken die bei Fahrzeugen mit Start-Stopp-Automatik vorkommen können. Folgende Richtwerte sollte erfüllt werden:

- *Max. zul. Eingangsspannung: 28 V*
- *Kurzzeitbelastung: 16 A*
- *Dauerbelastung: 10 A*
- *Spannungsabfall bei 400 mA: 16 mV*
- *Spannungsabfall bei 4 A: 163 mV*
- *Umgebungstemperatur: -10 … 60 °C*
- *Transport- und Lagertemperatur: -40 … 70 °C*
- *Gewicht: 500 – 1000 g*
- *Kennlinie vergleichbar:*

Die oben genannten Werte sind Richtwerte. Der Bieter hat hier die Werte seines Produktes anzugeben:
Max. zul. Eingangsspannung: _____ V
Kurzzeitbelastung: _____ A
Dauerbelastung: _____ A
Spannungsabfall bei 4 A: _____ mV
Spannungsabfall bei 10 A: _____ mV
Umgebungstemperatur: _____ °C

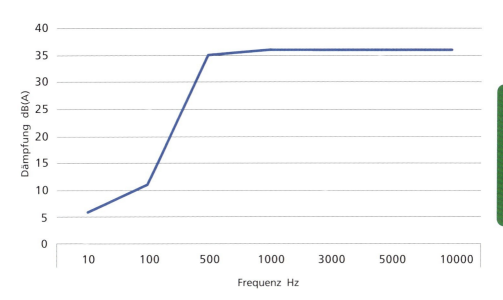

Bild 11:   *Kennlinie*

Transport- und Lagertemperatur: _____ °C
Produkt- und Typbezeichnung (informativ): _____

Die Leistungsposition »Garantiezeit« aus dem Wertungskriterium Lieferzeit und Service mit dem anteiligen Gewicht von 37,4 % am Gesamtgewicht Lieferzeit und Service von 5 %. Es handelt sich hierbei nicht um ein Ausschlusskriterium:

Der Auftragnehmer hat seine Garantiezeit anzugeben. Es ist grundsätzlich eine lange Garantiezeit gewünscht. Der Orientierungswert beträgt mindestens 2 Jahre!

Der Bieter hat hier seinen Wert anzugeben
Garantiezeitraum für den Auf- und Ausbau: _____ Jahre

Die Leistungsposition »Lieferzeit« aus dem Wertungskriterium Lieferzeit und Service mit dem anteiligen Gewicht von 3 % am Gesamtgewicht Lieferzeit und Service von 5 %. Es handelt sich hierbei um ein Ausschlusskriterium bei Überschreitung der maximalen Lieferzeit:

Leistungsposition »Lieferzeit« aus dem Wertungskriterium Lieferzeit und Service

Die Lieferzeit ist hier vom Bieter einzutragen. Die max. Lieferzeit darf nicht überschritten werden. Die Lieferzeit beginnt mit Erhalt des Bestellscheins bzw. Auftrags.

Max. Lieferzeit: 14 Monate

Lieferzeit Bieter: ___ Monate

Das Wertungskriterium Preis besteht in diesem Beispiel nur aus der Darstellung des Gesamtpreises. Eine Differenzierung in weitere Unterkategorien erfolgt hier nicht. Somit ist das anteilige Gewicht gleich dem Gewicht des Hauptkriteriums Preis und beträgt hier 36 %.

Wertungskriterium Preis

Hier wird der Endpreis des gesamten Angebots gewertet.

Verkaufspreis für die o. g. Lieferungen und Leistungen

..........% Rabatt	.... €
Zwischensumme	.... €
+19 % MwSt.	.... €
Zwischensumme	.... €
abzgl. ...... % Skonto	.... €
innerhalb von ...... Tagen nach Rechnungsstellung und Auslieferung	
Endsumme	.... €
....	....
(Ort)	(Datum) (Unterschrift, Firmenstempel)

Anhand der Beispiele wird der Leistungsspielraum deutlich, den die Bieter bei der Angebotserstellung haben können. Dadurch erlangt der Auftraggeber allerdings auch das wirtschaftlichste Ergebnis. Entscheidend ist dabei, dass der Auftraggeber diesen Spielraum für Interpretationen genau absteckt und nicht durch Formulierungsungenauigkeiten oder Fehler bei der Definition eines Orientierungswertes Wertungslücken entstehen, die dem Bieter einen unlauteren Wertungsvorteil gegenüber anderen

Bietern verschafft. Neben diesem Gestaltungsspielraum ist die Bewertungsmethode maßgebend. Sie ist, wie in Kapitel. IV »Wertungsmethoden und Bewertungsmatrix« beschrieben das wesentliche Instrument zur Bestimmung eines wirtschaftlichsten Angebotes.

4.13 Schnellcheck

- Die Leistungsbeschreibung ist das Herzstück der Vergabeunterlagen.
- Der Leistungsgegenstand ist so eindeutig und erschöpfend wie möglich zu beschreiben.
- Der Auftraggeber hat ein Leistungsbestimmungsrecht, er legt die Anforderungen an die Leistung fest.
- Dem Leistungsbestimmungsrecht sind durch den Grundsatz der Produktneutralität Grenzen gesetzt.
- In der Leistungsbeschreibung dürfen grds. keine Produktvorgaben enthalten sein.
- Ausnahmen vom Grundsatz der Produktneutralität bestehen, wenn Produktvorgaben durch den Auftragsgegenstand gerechtfertigt ist oder die Leistung nicht allgemein verständlich beschrieben werden kann.
- Bedarfs- und Alternativpositionen sind als solche für die Bieter zu kennzeichnen.

5 Schätzung des Auftragswertes

Wenn feststeht, welche Leistung der Auftraggeber beschaffen möchte, ist im nächsten Schritt der Wert der zu beschaffenden Leistung zu schätzen. Hierbei gibt es einige Aspekte zu berücksichtigen. Sie betreffen u. a. die Vorgehensweise, die Methodik, den Zeitablauf aber auch die Konsequenzen bei fehlerhaften Schätzungen.

5.1 Sinn und Zweck der Schätzung des Auftragswertes

Der geschätzte Auftragswert ist eine wesentliche Größe in einem Vergabeverfahren. Mit ihm entscheidet sich, ob ein Verfahren nach den Regelungen des GWB und der VgV mit dem dabei bestehenden Primärrechtsschutz für Bieter oder nach den Regelungen der UVgO durchzuführen ist. Liegen im Bereich der UVgO Ausführungsbestimmungen der Länder vor[21], die bis zu bestimmten Wertgrenzen beschränkte Ausschreibungen ohne Teilnahmewettbewerb oder Verhandlungsverfahren zulassen, kann im Unterschwellenbereich der geschätzte Auftragswert auch maßgebend für die Wahl des Vergabeverfahrens sein.

Zum anderen benötigt der Auftraggeber den voraussichtlichen Auftragswert für die Prüfung, ob genügend Haushaltsmittel für die Beschaffung zur Verfügung stehen. Entscheidend ist der geschätzte Auftragswert ebenfalls für die Beurteilung, ob die Aufhebung eines Vergabeverfahrens wegen unwirtschaftlicher Angebote berechtigt ist.[22] Wegen der Bedeutung des geschätzten Auftragswertes sollte der Auftraggeber einige Sorgfalt auf die Schätzung verwenden.

Merke:

Der Auftragswert sollte sorgfältig geschätzt werden.

5.2   Grundlagen der Schätzung

Maßgeblich für die Schätzung des Auftragswertes ist § 3 VgV. Nach § 3 Abs. 1 VgV ist bei der Schätzung des Auftragswerts vom voraussichtlichen Gesamtwert der vorgesehenen Leistung auszugehen; es sind damit alle Kosten zu berücksichtigen, die mit dem jeweiligen Auftrag in Verbindung stehen. Maßgeblich ist der Auftragswert ohne Umsatzsteuer, also der Nettobetrag.

Merke:

Die Schätzung des Auftragswertes stellt eine Prognose über den tatsächlichen Auftragswert dar. Maßgebend ist der Netto-Wert.

Der Auftraggeber muss eine ernsthafte Prognose über den voraussichtlichen Auftragswert erstellen oder erstellen lassen. Die Prognose zielt darauf ab festzustellen, zu welchem Preis die in den Vergabeunterlagen beschriebene Leistung voraussichtlich

---

21   Siehe Teil II Kapitel 7.1.
22   Siehe Teil V Kapitel 2.

unter Wettbewerbsbedingungen beschafft werden kann (OLG Celle, 13 Verg 1/17). Die Schätzung sollte also erfolgen, nachdem der Auftraggeber den Beschaffungsgegenstand in Form der Leistungsbeschreibung eindeutig und erschöpfend beschrieben hat.

Die Schätzung des Auftragswerts im Sinne eines Gesamtwertes ist außerdem unter Rückgriff auf die Rechtsprechung des EuGH (C-16/98 und C-574/10) vorzunehmen. Nach dieser Entscheidung ist eine Aufteilung nicht gerechtfertigt, wenn die Leistung, die aufgeteilt wird, im Hinblick auf ihre technische und wirtschaftliche Funktion einen einheitlichen Charakter aufweist. Im Rahmen dieser funktionellen Betrachtungsweise sind organisatorische, inhaltliche, wirtschaftliche sowie technische Zusammenhänge zu berücksichtigen. Anhand dieser Kriterien ist zu bestimmen, ob Teilaufträge untereinander auf solch eine Weise verbunden sind, dass sie als ein einheitlicher Auftrag anzusehen sind. Die Werte derart miteinander verknüpfter Leistungen sind zusammenzurechnen, obgleich sie möglicherweise nicht zeitgleich erbracht werden.[23]

> **Merke:**
>
> Einzelne Auftragswerte von Leistungen, die in funktionaler, technischer und wirtschaftlicher Hinsicht zusammenhängen, sind bei der Schätzung des Auftragswertes zu addieren.

Betreffen Einzelaufträge also Leistungen, die aufeinander aufbauen und einander bedingen und notwendig in enger räumlicher, zeitlicher und technischer Abstimmung zu koordinieren sind, sind diese in die Auftragswertberechnung einzubeziehen (OLG Köln, 11 W 54/16).

> **Beispiel:**
>
> Die Feuerwehr Thalburg an der Ohm benötigt 100 neue Monitore und 100 neue PC. Der geschätzte Auftragswert für die 100 Monitore beträgt 30.000 Euro, der geschätzte Wert für die 100 PC beträgt 50.000 Euro. Bei der Schätzung des Auftragswertes sind die Auftragswerte der Monitore und die der PC zu addieren, weil sie funktional zusammenhängen. Ein Monitor ist ohne PC nicht nutzbar und umgekehrt.

---

23   Erläuterungen zu § 3 Abs. 1 VgV.

5.3   Optionen und Vertragsverlängerungen

Nach § 3 Abs. 1 Satz 2 sind bei der Schätzung des Auftragswertes etwaige Optionen und Vertragsverlängerungen zu berücksichtigen. Unter einer Option versteht man das Recht, durch einseitige Erklärung einen Vertrag zustande zu bringen oder die Vertragslaufzeit zu verlängern (OLG Düsseldorf, VII-Verg 63/03). Dabei ist ein Vertragspartner fest gebunden und der andere Vertragspartner frei, das Optionsrecht auszuüben (vgl. Müller-Wrede, 2017).

> **Beispiel für eine Option:**
> Die Feuerwehr Thalburg an der Ohm benötigt ein Dokumentenmanagementsystem. Mit der entsprechenden Software sollen 30 Arbeitsplätze ausgestattet werden. Weil die Feuerwehr beabsichtigt, den Verwaltungsbereich um zwei Mitarbeiter zu vergrößern, behält sie sich in den Vergabeunterlagen eine klare und eindeutig formulierte Option vor, zwei weitere Lizenzen zu beschaffen. Der geschätzte Preis pro Lizenz beträgt 300 Euro netto. Der geschätzte Auftragswert beträgt (30+2 Lizenzen) x 300 Euro = 9.600 Euro.

> **Beispiel für Vertragsverlängerung:**
> Die Feuerwehr Thalburg an der Ohm will den Abschluss eines Wartungsvertrags ausschreiben. Der Wartungsvertrag soll eine Laufzeit von einem Jahr haben; die Feuerwehr behält sich das Recht vor, den Vertrag zweimal um jeweils ein Jahr zu verlängern. Der geschätzte Preis pro Jahr beträgt 15.000 Euro netto. Der geschätzte Auftragswert beträgt (1+1+1) × 15.000 Euro = 45.000 Euro netto.

5.4   Bedarfs-/Eventualpositionen und Alternativ-/Wahlpositionen

Bedarfs-/Eventualpositionen weisen Leistungen aus, von denen bei Fertigstellung der Ausschreibungsunterlagen noch nicht feststeht, ob für diese Positionen ein Auftrag erteilt wird oder nicht. Bedarfspositionen sind bei der Schätzung des Auftragswerts zu berücksichtigen, da der Bieter auch hinsichtlich dieser Positionen ein bindendes Angebot abgegeben hat (BayObLG, Verg 8/02).

Alternativ-/Wahlpositionen stellen Leistungen dar, die alternativ zu einer Grundposition angegeben werden und damit anstelle der im Leistungsverzeichnis aufgeführten Normalposition (Grundposition) zur Ausführung gelangen (OLG München, Verg 1/06). Mit der Begründung des Bayerischen Obersten Landesgerichts zu Bedarfspositionen (BayObLG, Verg 8/02) wird man zu dem Ergebnis gelangen, dass auch Alternativ-/Wahlpositionen in die Auftragswertschätzung einzubeziehen sind, da der Bieter auch hier ein bindendes Angebot abgegeben hat.

5.5 Prämien und Zahlungen

Sieht der öffentliche Auftraggeber Prämien oder Zahlungen an Bewerber oder Bieter vor, sind diese ebenfalls in der Schätzung zu berücksichtigen.

> **Beispiel:**
> Die Feuerwehr Thalburg an der Ohm benötigt ein Tauchereinsatzfahrzeug. Der geschätzte Wert dieser Lieferleistung liegt bei 200.000 Euro netto. In den Vergabe-unterlagen heißt es, dass der Bieter eine Prämie in Höhe von 12.000 Euro netto erhält, der die Leistung 2 Wochen vor dem vorgesehenen Termin fertig stellt. Der geschätzte Auftragswert beträgt: 200.000 Euro + 12.000 Euro = 212.000 Euro netto.

> **Beispiel:**
> Im Rahmen eines Verhandlungsverfahrens soll ein Umrüstauftrag von Analog- auf Digitalfunktechnik vergeben werden, dessen Preis auf 200.000 Euro geschätzt wird. Von den Bietern wird erwartet, dass sie in den Verhandlungen eine Teststellung präsentieren. Für die Teststellung und die Präsentation wird den Bietern, die den Zuschlag nicht erhalten, die Zahlung einer Aufwandsentschädigung in Höhe von 2.500 Euro versprochen. Der Auftraggeber teilt in der Auftragsbekanntmachung mit, dass höchstens fünf Bewerber zur Teilnahme an den Verhandlungen aufge-fordert werden.
>
> Der geschätzte Auftragswert beträgt: 200.000 + (4 × 2.5000 Euro) = 210.000 Euro netto.

5.6 Schätzmethoden

Die Schätzung ist vom Auftraggeber nach objektiven Kriterien aufgrund einer sorg-fältigen betriebswirtschaftlichen Finanzplanung durchzuführen (OLG Brandenburg, VergW 9/12). Maßgebend ist der Verkehrs- oder Marktwert, zu dem die zu be-schaffende Leistung zum maßgeblichen Zeitpunkt bezogen werden kann (OLG Celle, 13 Verg 26/03). Dabei sind alle wesentlichen Kostenelemente zu berücksichtigen (OLG Celle, 13 Verg 4/09.).

Bild 12: *Musteraufbau Kommunikationstechnik*

Die Wahl der Methode zur Berechnung des geschätzten Auftragswertes darf nicht in der Absicht erfolgen, die Anwendung der Bestimmungen des GWB-Vergaberechts zu umgehen, § 3 Abs. 1 Satz 1 VgV. Der Auftraggeber kann die entsprechenden Marktpreise durch eine Markterkundung ermitteln, vgl. § 20 Abs. 1 UVgO und § 28 Abs. 1 VgV.

Denkbare Methoden sind Recherchen im Internet, Einsichtnahme in Kataloge der betreffenden Warengruppen oder Anfragen bei Herstellern. Ebenfalls in Betracht kommt eine Kontaktaufnahme zu anderen öffentlichen Auftraggebern, die eine vergleichbare Leistung bereits beschafft haben. Nicht zulässig ist es, Angebote im Rahmen eines Vergabeverfahrens zu dem Zweck anzufordern, über die Angebotspreise den Auftragswert zu schätzen, s. § 20 Abs. 2 UVgO und § 28 Abs. 2 VgV.

Merke:

Das Einholen von Angeboten zur Auftragswertschätzung ist nicht zulässig.

Der Auftraggeber kann für die Schätzung des Auftragswertes auch auf eigene Erfahrungswerte aus der Vergangenheit zurückgreifen (Müller-Wrede, 2017). Dies kommt insbesondere dann in Betracht, wenn er in jüngerer Vergangenheit vergleichbare Leistungen bereits beschafft hat. Etwaig zwischenzeitlich erfolgte Preissteigerungen sind aber zu berücksichtigen.

5.7   Dokumentation der Schätzung

Wegen der Bedeutung des Schwellenwertes[24] ist es erforderlich, dass die Vergabestelle des Auftraggebers die ordnungsgemäße Ermittlung des geschätzten Auftragswertes in einem Aktenvermerk festhält. An die Schätzung selbst dürfen dabei keine übertriebenen Anforderungen gestellt werden (OLG Brandenburg, Verg W 4/02). Die Anforderungen an die Genauigkeit der Wertermittlung und der Dokumentation steigen aber, je mehr sich der Auftragswert an den Schwellenwert annähert (OLG Celle, 13 Verg 4/09). Nicht ausreichend ist danach eine Dokumentation mit dem Inhalt:

» Der geschätzte Auftragswert beträgt 199.000 Euro.«

Erforderlich ist eine Darstellung, auf welchen rechtlichen und tatsächlichen Grundlagen die Schätzung beruht. Hierzu kann die Darlegung gehören, ob und inwieweit Optionen oder ein ggf. vorliegender funktioneller Zusammenhang zwischen Einzelleistungen berücksichtigt wurde und ob eine Markterkundung oder eigene Erfahrungswerte der Schätzung zugrunde gelegt wurden.

5.8   Zeitpunkt der Schätzung, § 3 Abs. 3 VgV

Beispiel:
Die Feuerwehr der Stadt Thalburg an der Ohm beschafft in einem offenen Verfahren eine große Menge Kopierpapier. Die Auftragsbekanntmachung wird am 1. Juli 2019 versandt. Der Auftragswert wird auf Basis einer vor 6 Monaten erfolgten Beschaffung der gleichen Leistung einer anderen Verwaltungseinheit geschätzt und liegt bei 199.000 Euro. Im Bereich der Herstellung von Papiererzeugnissen handelt es sich um einen außerordentlich volatilen Markt. Ist die Kostenschätzung ordnungsgemäß?

---

24 Nach dem Schwellenwert entscheidet sich, ob das GWB-Vergaberecht oder die UVgO zu beachten ist.

Maßgeblicher Zeitpunkt der Schätzung ist gemäß § 3 Abs. 3 VgV der Tag an dem die Auftragsbekanntmachung abgesendet wird bzw. bei beschränkten Ausschreibungen und Verhandlungsvergaben jeweils ohne Teilnahmewettbewerb der Tag, an dem die Bieter zur Angebotsabgabe aufgefordert werden. Die für den Schwellenwert maßgebliche Schätzung des Auftragswertes hat unmittelbar vor Einleitung des Vergabeverfahrens zu erfolgen (OLG Karlsruhe, 15 Verg 4/08) und damit zu einem Zeitpunkt, der es ausschließt, dass bereits ein Angebot irgendeines Bieters vorliegt. Damit ist sichergestellt, dass eine pflichtgemäße Schätzung nach rein objektiven Kriterien erfolgt und jenen Wert trifft, den ein umsichtiger und sachkundiger öffentlicher Auftraggeber nach sorgfältiger Prüfung des relevanten Marktsegments und im Einklang mit den Erfordernissen betriebswirtschaftlicher Finanzplanung veranschlagen würde (OLG Koblenz, 1 Verg 1 / 99).

Unterliegt der Wert des Beschaffungsgegenstandes auf dem Markt Schwankungen ist eine Kostenschätzung nach einem Zeitablauf von 6 Monaten zu aktualisieren. Unterbleibt das, fehlt es an einer ordnungsgemäßen Kostenschätzung durch den Auftraggeber zum maßgeblichen Zeitpunkt (OLG Celle Vergabesenat, 13 Verg 4/09).

5.9   Schätzung des Auftragswertes bei losweiser Vergabe, § 3 Abs. 7 und 8 VgV

Der öffentliche Auftraggeber ist grundsätzlich gehalten, den zu beschaffenden Auftragsgegenstand entweder in Teil- oder in Fachlose geteilt zu vergeben (vgl. § 97 Abs. 4 GWB). Bei einer geteilten Vergabe des Beschaffungsgegenstandes sind für die Schätzung des Auftragswertes die Regelungen der Absätze 7 und 8 des § 3 VgV zu beachten.

5.10   Losweise Vergabe von Lieferleistungen, § 3 Abs. 8 VgV

Aufträge über Lieferleistungen sind Verträge über die Beschaffung von Waren, durch Kauf, Ratenkauf, Leasing, Miete oder Pacht, § 103 Abs. 2 GWB.

Soll die Lieferleistung in mehreren Einzelaufträgen/Losen vergeben werden, sind für die Berechnung des Auftragswertes aber nur die Lose über gleichartige Leistungen zu addieren.

Merke:

Lose einer Lieferleistung sind nur dann zu addieren, wenn die Lieferungen gleichartig sind.

Dabei sind unter gleichartigen Lieferungen im Zusammenhang mit der Auftragswertschätzung Lieferleistungen zu verstehen, die für gleiche oder gleichartige Ver-
wendungszwecke vorgesehen sind (Bundesrat-Drucksache 87/16, Erläuterungen zu
§ 3 Abs. 8 VgV).

Die Abgrenzung zwischen ungleichartigen und gleichartige Leistungen ist funktional vorzunehmen. Danach liegt Gleichartigkeit vor, wenn die Lieferungen in einem
inneren Zusammenhang stehen (VK Baden-Württemberg, 1 V 320.VK-3194-05/02K
59/14).

> **Beispiel:**
> Die Feuerwehr Thalburg an der Ohm will medizinische Geräte beschaffen. Es werden
> drei Lose gebildet: Los 1 umfasst Narkosegeräte, Los 2 Beatmungsgeräte – Los 1 und
> 2 sind jeweils für die Ausstattung der Rettungswagen vorgesehen – und Los 3 be-
> inhaltet Defibrillatoren, die in sämtlichen Verwaltungsgebäuden platziert werden
> sollen. Zwar sind alle Leistungen gleichartig im Sinne medizinischer Geräte, es fehlt
> aber der Zusammenhang zwischen den Losen 1 und 2 (Ausstattung Rettungswagen)
> und Los 3 (Verwaltungsgebäude). Die Werte der Lose 1 und 2 sind zu addieren; der
> Wert des Loses 3 ist aber nicht hinzuzurechnen.

Erreicht oder übersteigt der Gesamtwert der zu addierenden Lose den EU- Schwellenwert ist jedes Los nach dem GWB-Vergaberecht zu vergeben (Teil II.Kapitel 5.13).

5.11   Losweise Vergabe von Dienstleistungen, § 3 Abs. 7 VgV

Dienstleistungsaufträge sind Verträge über die Erbringung von Leistungen, die weder
Bauleistungen noch Lieferleistungen sind (§ 103 Abs. 4 GWB). Ist die zu beschaffende
Dienstleistung in mehrere Einzelaufträge aufgeteilt, sind bei der Berechnung des
Auftragswertes die Werte aller Einzelaufträge zu berücksichtigen. Voraussetzung ist
auch hier ein funktionaler Zusammenhang zwischen den einzelnen Dienstleistungen.
Auf eine Gleichartigkeit kommt es nicht an.

> **Beispiel nach VK Nordbayern, Beschluss vom 26.03.2002 - 320.VK-3194-05/02:**
> Die Feuerwehr der Stadt Thalburg an der Ohm plant den Tag der offenen Tür. Es
> sollen verschiedene Dienstleistungen beschafft werden: Catering, Kinderschminken,
> Beleuchtung und Live-Musik. Die Leistungen stehen alle in einem sachlichen,
> räumlichen und zeitlichen, mithin funktionalen, Zusammenhang. Die Auftragswerte
> der einzelnen Dienstleistungen sind zu addieren.

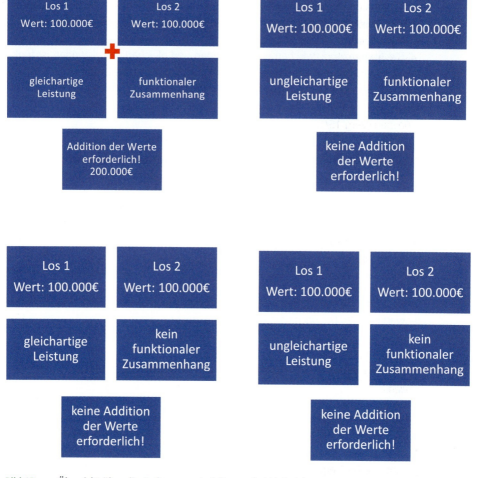

Bild 13:　*Übersicht über die Auftragswertschätzung bei Lieferleistungen*

5.12　Losweise Vergabe von Planungsleistungen, § 3 Abs. 7 Satz 2 VgV

Sollen Planungsleistungen in mehreren Einzelaufträgen bzw. Losen vergeben, erfolgt eine Addition der jeweiligen Auftragswerte – ähnlich wie bei Lieferleistungen – nur für Lose mit gleichartigen Planungsleistungen. Die HOAI kennt unterschiedliche Leistungsbilder, wie zum Beispiel das Leistungsbild Objektplanung, das Leistungsbild Freianlagen und das Leistungsbild Technische Ausrüstung. Leistungen, die innerhalb eines Leistungsbildes liegen, sind gleichartig und deren Werte damit zu addieren.

Ungleichartige Planungsleistungen können vorliegen, wenn sie verschiedene Leistungsbilder der HOAI betreffen. Planungsleistungen, die unterschiedlichen Leistungsbildern angehören, waren nach zunächst vorherrschender Meinung in Literatur und Rechtsprechung (Stolz, 2016) ungleichartig. Große Unsicherheit über dieses Verständnis der Gleichartigkeit kam allerdings durch eine Entscheidung des OLG München (Verg 15/16) auf.

Dieses stellte fest, dass Planungsleistungen, die sich als funktionale, wirtschaftliche und technische Einheit darstellen, bei der Schätzung des Auftragswertes auch bei abschnittsweiser Ausschreibung zu addieren sind. Im entschiedenen Fall sah das OLG München die Addition von Leistungen der Objektplanung, der Tragwerksplanung und der Planung der technischen Gebäudeausrüstung jeweils unterschiedliche Leistungsbilder für ein einheitliches Bauvorhaben als gleichartige Leistungen an, mit der Folge, dass eine Addition vorzunehmen sei. Gleichzeitig stellte das OLG München aber auch fest, dass eine abschließende Entscheidung, ob die Planungsleistungen unterschiedlicher Leistungsbilder grundsätzlich zu addieren seien, nicht getroffen worden sei (OLG München, Verg 15/16). Das Erfordernis der Addition in dem der Entscheidung zugrunde liegenden Sachverhalt beruhte auf einer Formulierung in der Bekanntmachung, in der es hieß:

»Die Planungsdisziplinen der Tragwerksplanung, der technischen Ausrüstung, der thermischen Bauphysik und nicht zuletzt der Objektplanung müssen daher lückenlos aufeinander abgestimmt und optimiert werden. Sie bilden eine Einheit ohne Schnittstellen.«

Mit dieser Formulierung, so das OLG München, gehe der Auftraggeber selbst davon aus, dass eine Einheit der Planungsleistungen vorliege, so dass diese dann auch zu addieren seien. Aus der Entscheidung des OLG München lässt sich demnach keine grundsätzliche Verpflichtung für öffentliche Auftraggeber herleiten, Planungsleistungen unterschiedlicher Leistungsbilder der HOAI zu addieren.

Praxis-Tipp:
Aufgrund des unklaren Meinungsbildes zur Frage der »Gleichartigkeit von Planungsleistungen« stellt es für öffentliche Auftraggeber den sichersten Weg dar, wenn sie Teilleistungen addieren; insbesondere, wenn sich aus der Bekanntmachung oder den Vergabeunterlagen ergibt, dass die Leistungen in wirtschaftlicher und technischer Hinsicht eine innere Kohärenz und funktionale Kontinuität aufweisen.

5.13   Sonderregelung bei losweiser Vergabe: Die 80/20-Regel, § 3 Abs. 9 VgV

Die Vorschrift des § 3 Abs. VgV erlaubt dem öffentlichen Auftraggeber, bei der Vergabe von Teilleistungen von den Regelungen des § 3 Abs. 7 Satz 3 VgV (Gesamtwert der Lose von Dienstleistungen erreicht oder überschreitet den Schwellenwert, dann gilt für jedes Los die VgV) und § 3 Abs. 8 VgV (Gesamtwert der gleichartigen Leistungen erreicht oder überschreitet Schwellenwert, dann gilt für jedes Los die VgV) unter bestimmten Voraussetzungen abzuweichen:

Wenn der geschätzte Nettowert eines Loses bei Liefer- und Dienstleistungen unter 80.000 Euro liegt und die Summe der Nettowerte dieser Lose 20 % des Gesamtwertes aller Lose nicht übersteigt, kann das einzelne Los ohne europaweite Ausschreibung vergeben werden.

Beispiel:

Die Feuerwehr Thalburg an der Ohm benötigt Ausstattungsgegenstände für ihre Atemschutzwerkstatt. Für die Beschaffung werden fünf Lose gebildet, deren Gesamtwert geschätzt 300.000 Euro. Der geschätzte Auftragswert der einzelnen Lose beträgt: Los 1 geschätzt 20.000 Euro. Los 2 geschätzt 180.000 Euro, Los 3 geschätzt 85.000 Euro und Los 4 geschätzt 15.000 Euro.

- 20 % des Gesamtauftragswertes betragen 60.000 Euro.
- Die Nettowerte der Lose 1 und 4 liegen jeweils unter 80.000 Euro.
- Die Summe der Lose 1 und 4 beträgt 35.000 Euro und liegt unter 20 % (60.000 Euro).
- Die Lose 1 und 4 können ohne europaweite Ausschreibung nach der UVgO vergeben werden; die Lose 2 und 3 müssen europaweit ausgeschrieben werden.

Abwandlung:

geschätzter Gesamtwert:	300.000 Euro
Los 1 geschätzt:	30.000 Euro
Los 2 geschätzt	170.000 Euro
Los 3 geschätzt:	50.000 Euro
Los 4 geschätzt:	50.000 Euro
20 % des geschätzten Gesamtwertes:	60.000 Euro

Die Lose 1, 3 und 4 liegen jeweils unter 80.000 Euro. Der Gesamtwert dieser Lose beträgt aber 130.000 Euro und damit über den 20 % des Gesamtwertes. Auch die Summe der Lose 1+3 und 1+4 liegt jeweils über 20 % des Gesamtauftragswertes.

> Es kann daher entweder nur Los 1, Los 3 oder Los 4 ohne europaweite Ausschreibung vergeben werden. Alle übrigen Lose müssen europaweit ausgeschrieben werden.

Lose, die nach der 80/20-Regelung nicht europaweit ausgeschrieben werden müssen, können nach den Vorgaben des nationalen Vergaberechts in der Regel schneller vergeben werden. Sollen also Leistungen oder Lieferungen möglichst zügig beschafft werden, bietet es sich an, diese dem 20 %-Kontingent zuzuordnen, wenn die Voraussetzungen vorliegen.

Merke:

Bei der Auswahl der Lose für das 20 %-Kontingent sollten öffentliche Auftraggeber beachten, dass Aufträge, die nicht europaweit ausgeschrieben werden müssen, in der Regel schneller vergeben werden können.

5.14 Regelmäßig wiederkehrende Aufträge und Daueraufträge, § 3 Abs. 10 VgV

§ 3 Abs. 10 VgV behandelt die Berechnung des Auftragswerts im Falle von regelmäßig wiederkehrenden Aufträgen oder Daueraufträgen über Liefer- oder Dienstleistungen. Die Vorschrift enthält, in Umsetzung von Artikel 5 Absatz 11 der Richtlinie 2014/24/EU, den Hinweis, dass nur solche regelmäßig wiederkehrenden Aufträge oder Daueraufträge von ihr erfasst werden, die innerhalb eines bestimmten Zeitraums verlängert werden sollen.

5.14.1 Regelmäßig wiederkehrende Aufträge

Regelmäßige Aufträge sind Aufträge, die jeweils getrennt vergeben werden, die aber regelmäßig wiederkehren (OLG Brandenburg, Verg W 15/11). Es besteht also ein sich regelmäßig wiederholender Beschaffungsbedarf. Maßgebend für die Schätzung ist nicht der einzelne Auftrag. Nach § 3 Abs. 10 VgV ist vielmehr der Beschaffungsbedarf eines 12-Monatszeitraums zu betrachten.

Dafür bestehen nun 2 Möglichkeiten:

1. Möglichkeit: Die Schätzung erfolgt auf Grundlage des tatsächlichen Gesamtwertes aus dem vorangegangenen Haushalts- oder Geschäftsjahr, wobei voraussichtliche Änderungen bei Mengen oder Kosten, die in den auf den ursprünglichen Auftrag folgenden 12 Monaten zu berücksichtigen sind. Die Schätzung erfolgt im Rückblick anhand des Bedarfs des vergangenen Jahres.

> **Beispiel:**
> Die Feuerwehr Thalburg an der Ohm benötigt regelmäßig Medikamente für den Einsatz im Rettungsdienst. Die Mittel werden vierteljährlich in etwa der gleichen Menge beschafft, der Auftragswert lag in den letzten 12 Monaten bei 60.000 Euro pro Quartal. Für das erste Quartal 2020 soll nun eine neue Beschaffung erfolgen.
> Der Auftragswert berechnet sich nach dem Gesamtwert des vergangenen Haushaltsjahres und beträgt 4 x 60.000 Euro = 240.000 Euro. Somit ist die Quartalslieferung europaweit auszuschreiben.

2. Möglichkeit: Die Schätzung erfolgt mit Blick auf den zukünftigen Bedarf. Der Auftragswert wird auf Grundlage des geschätzten Gesamtwertes aller Aufträge, die während der auf den ersten Auftrag folgenden 12 Monate oder des folgenden Haushalts- oder Geschäftsjahres, wenn dieses länger als 12 Monate ist, vergeben werden sollen, geschätzt.

> **Beispiel:**
> Die Feuerwehr Thalburg an der Ohm benötigt erstmals, aber in den Folgejahren regelmäßig Desinfektionsmittel für die Desinfektion nach Rettungsdiensteinsätzen. Für das erste Quartal 2020 soll nun eine Beschaffung erfolgen.
> Der Auftraggeber hat nach seinem zukünftigen Bedarf zu schätzen; maßgeblich ist nicht der Wert der quartalsweisen Beschaffung, sondern der Beschaffungen in den nächsten 12 Monaten.

Welche Möglichkeit der Auftraggeber wählt, bleibt ihm überlassen. Es gilt aber, dass die Entscheidung für eine der beiden Möglichkeiten nicht in der Absicht erfolgen darf, die Vorschriften des GWB-Vergaberechts zu umgehen, vgl. § 3 Abs. 2 VgV.

> **Beispiel:**
> Die Feuerwehr Thalburg an der Ohm benötigt zwar regelmäßig, aber in sehr unterschiedlichen Mengen Infektionsschutzhandschuhe. Welche Mengen benötigt werden, hängt von der Zahl der Einsätze ab. Die Packungsgrößen sind deshalb unterschiedlich. Eine Beschaffung erfolgt immer dann, wenn der Bestand eine bestimmte Mindestzahl an 25 Packungen je Handschuhgröße unterschreitet. Die Feuerwehr ist der Ansicht, dass jede einzelne Beschaffung aufgrund sich ständig

> ändernder Mengen einen eigenen Inhalt aufweist und deshalb eine Addition der Einzelaufträge nicht erforderlich ist. Hat sie damit Recht?

Dass sich Einzelaufträge etwa der Menge nach unterscheiden, entbindet den öffentlichen Auftraggeber nicht von der Anwendung des § 3 Abs. 10 VgV. Die Vorschrift geht selbst davon aus, dass Mengenänderungen möglich sind und ohnehin Schätzungen vorzunehmen sind (VK Bund, VK 1-91/12). Eine 12-Monatsbetrachtung hat also auch zu erfolgen, wenn die regelmäßig wiederkehrenden Aufträge unterschiedliche Mengen aufweisen.

5.14.2   Daueraufträge

Im Unterschied zu regelmäßig wiederkehrenden Aufträgen, die jeweils gesondert und wiederholt erteilt werden, wird bei Daueraufträgen einmalig ein Auftrag erteilt, der Grundlage für die einzeln abgerufenen Leistungen ist (vgl. Müller-Wrede, 2017). In Abgrenzung zu einem Rahmenvertrag sind bei einem Dauerauftrag keine Einzelaufträge erforderlich; die konkreten Leistungspflichten ergeben sich aus dem Dauerauftrag selbst (vgl. Müller-Wrede, 2017). Auch fallen unter den Begriff des »Dauerauftrags« keine Leasing-, Miet-, Pacht- oder Ratenkaufverträge (Koenig/Schreiber, 2009). Diese sind nach § 3 Abs. 11 VgV zu behandeln. Eine klare Grenze zwischen Daueraufträgen im Sinne des Absatzes 10 und Aufträgen im Sinne des Absatzes 11 ist aufgrund des Wortlautes der Vorschriften aber leider nicht eindeutig zu ziehen (siehe auch Müller-Wrede, 2017). Die Schätzung des Auftragswertes von Daueraufträgen kann auch hier bezogen auf 12 Monate entweder rückblickend oder in die Zukunft gerichtet erfolgen.

5.14.3   Aufträge, die innerhalb eines bestimmten Zeitraums verlängert werden sollen

Hierbei handelt es sich um Aufträge, die zwar keine regelmäßige Wiederkehr der entsprechenden Leistung vorsehen, bei denen aber absehbar ist, dass ein erneuter Bedarf innerhalb eines bestimmten Zeitraums besteht (vgl. Müller-Wrede, 2017).

Zeitliche begrenzte Aufträge und Aufträge mit unbestimmter Laufzeit für die kein Gesamtpreis angegeben ist, § 3 Abs. 11 VgV

§ 3 Abs. 11 VgV erfasst Aufträge über Liefer- und Dienstleistungen, für die kein Gesamtpreis angegeben ist. In Abgrenzung zu einem Dauerauftrag im Sinne des § 3 Abs. 10 VgV sind von Absatz 11 Dauerschuldverhältnisse umfasst, die insbesondere Leasing-, Miet-, Pacht- oder Ratenkauf zum Gegenstand haben (Koenig/Schreiber, 2009). Auch Wartungsverträge fallen unter diesen Begriff (VK Baden-Württemberg, 1 VK 1/14). Für diese Aufträge wird kein Gesamtpreis angegeben, sondern ein Monatspreis oder ein Wochenpreis oder auch eine Tagespauschale.

§ 3 Abs. 11 VgV unterscheidet zwischen zeitlich begrenzten Aufträgen mit einer Laufzeit von bis zu 48 Monaten. Bei diesen Aufträgen berechnet sich der Auftragswert nach dem Gesamtwert für die Laufzeit.

Beispiel:
Die Feuerwehr Thalburg an der Ohm will einen Vertrag über das Leasing von zehn Mannschaftstransportfahrzeugen (MTF) mit einer Laufzeit von 36 Monaten schließen. Das monatliche Entgelt wird auf 10.000 Euro geschätzt.
Der maßgebliche Auftragswert beträgt 36 × 10.000 Euro = 360.000 Euro.

Aufträgen mit unbestimmter Laufzeit oder mit einer Laufzeit von mehr als 48 Monaten. Bei diesen Aufträgen berechnet sich der Auftragswert nach dem 48-fachen Monatswert.

Beispiel nach VK Nordbayern, Beschluss vom 23.01.2003 - 320.VK-3194-47/02.:
Die Feuerwehr Thalburg an der Ohm möchte einen Auftrag über die Wartung von Roll- und Sektionaltoranlagen aller Gerätehäuser ausschreiben. In dem abzuschließenden Vertrag heißt es »Der Vertrag beginnt am 01.01.2020 und endet am 31.12.2022. Nach Ablauf dieser Frist ist der Vertrag von den Vertragsparteien jederzeit ohne Angabe von Gründen mit einer Frist von einem Monat schriftlich kündbar.« Das monatliche Entgelt wird auf 5.000 Euro geschätzt.
Nach der beschriebenen Regelung soll der Vertrag über den 31.12.2022 hinaus auf unbefristete Dauer weiterlaufen, solange keine der beiden Vertragsparteien von ihrem Kündigungsrecht Gebrauch macht. Der Vertrag ist somit als unbefristeter Vertrag zu qualifizieren mit der Folge, dass gem. § 3 Abs. 11 VgV für die Schätzung des Auftragswertes der Vertragswert aus der monatlichen Zahlung multipliziert mit 48 zu berücksichtigen ist.
Der Auftragswert beträgt 5.000 Euro × 48 = 240.000 Euro.

Rahmenvereinbarungen, § 3 Abs. 4 VgV

Rahmenvereinbarungen sind Vereinbarungen zwischen einem oder mehreren öffentlichen Auftraggebern oder Sektorenauftraggebern und einem oder mehreren Unternehmen, die dazu dienen, die Bedingungen für die öffentlichen Aufträge, die während eines bestimmten Zeitraums vergeben werden sollen, festzulegen, insbesondere in Bezug auf den Preis, § 103 Abs. 5 GWB.

Der geschätzte Auftragswert einer Rahmenvereinbarung berechnet sich nach § 3 Abs. 4 VgV auf der Grundlage des geschätzten Höchstwertes aller für diesen Zeitraum geplanten Aufträge. Für die Schätzung des Bedarfs kann der Auftraggeber auf vergangene Beschaffungen zurückgreifen, die entweder innerhalb oder außerhalb einer Rahmenvereinbarung erfolgten.

> **Beispiel:**
> Die Feuerwehr Thalburg an der Ohm möchte eine Rahmenvereinbarung zur Lieferung von Infektionsschutzanzügen für die Dauer von vier Jahren abschließen. In den vergangenen Jahren wurden zwischen 50 und 70 Schutzanzüge pro Jahr beschafft. Die Kosten pro Schutzanzug betragen 120 Euro. Der Auftraggeber gibt in der Auftragsbekanntmachung an, dass er von einem Mindestbedarf von 50 Schutzanzügen pro Jahr und einen Höchstbedarf von 70 Anzügen pro Jahr ausgeht.
> Der Auftragswert beträgt 120 Euro $\times$ 70 $\times$ 4 = 33.600 Euro

Dienstleistungskonzessionen, § 2 KonzVgV

Eine Dienstleistungskonzession liegt dann vor, wenn der Auftragnehmer vom Auftraggeber kein Entgelt erhält, sondern das Recht zur Verwertung seiner Dienstleistung, vgl. § 105 GWB. Das wirtschaftliche Risiko trägt der Konzessionsnehmer. Bei der Bestimmung des Auftragswertes ist § 2 KonzVgV zu beachten. Hiernach hat der Auftraggeber/Konzessionsgeber den geschätzten Vertragswert nach einer objektiven Methode zu berechnen, die in den Vergabeunterlagen anzugeben ist, § 2 Abs. 1 KonzVgV.

Der Vertragswert berechnet sich nach dem voraussichtlichen Gesamtumsatz netto während der Vertragslaufzeit. Zu berücksichtigen sind alle Optionen, Zuschüsse, Einkünfte aus Verkauf sowie Prämien und Zahlungen an Bieter und Bewerber. Bei losweiser Vergabe von Konzessionen ist der geschätzte Gesamtwert aller Lose maßgeblich.

> **Beispiel:**
> Die Feuerwehr Thalburg an der Ohm möchte ihren Mitarbeitern eine Mittagsverpflegung zur Verfügung stellen und sucht nach einem Caterer; es ist jeweils eine

> Kantine an drei Standorten (Haupt- und Nebenfeuerwachen) vorhanden. Es soll eine losweise Vergabe der Konzessionen erfolgen. Der Auftrags- bzw. Vertragswert ergibt sich aus der Addition der Umsätze an allen drei Standorten.

Maßgeblicher Zeitpunkt für die Berechnung des geschätzten Vertragswerts ist auch bei Konzessionen grundsätzlich der Zeitpunkt, zu dem die Konzessionsbekanntmachung abgesendet oder das Vergabeverfahren auf sonstige Weise begonnen wird.

Liegt der Vertragswert mehr als 20 % über dem geschätzten Wert, ist der Wert zur Zuschlagserteilung maßgebend, § 2 Abs. 5 KonzVgV.

> **Beispiel:**
> Der geschätzte Vertragswert betrug bei Beginn des Vergabeverfahrens 5,3 Mio. Euro netto. Weil der maßgebliche Schwellenwert von 5.548.000 Euro nicht erreicht war, wurde kein nach der Konzessionsvergabeverordnung vorgesehenes Verfahren durchgeführt. Nach Auswertung der Angebote liegt der Vertragswert des wirtschaftlichsten Angebotes bei 6,5 Mio. Euro.
> Der Vertragswert zum Zeitpunkt der Zuschlagserteilung liegt mehr als 20 % über dem ursprünglich geschätzten Wert. Damit ist der Wert von 6,5 Mio. Euro maßgeblich, der über dem Schwellenwert liegt; die Konzessionsvergabe muss nach den Vorgaben der Konzessionsverordnung durchgeführt werden; das erste Verfahren muss durch Aufhebung beendet werden.

Innovationspartnerschaften, § 3 Abs. 5 VgV

Der Auftragswert einer Innovationspartnerschaft umfasst die Vergütung alle Forschungs- und Entwicklungsleistungen, die während sämtlicher Phasen der geplanten Partnerschaft stattfinden sollen, einschließlich der durch den öffentlichen Auftraggeber am Ende der Innovationspartnerschaft zu entwickelnden und zu beschaffenden Bau-, Liefer- oder Dienstleistungen.

5.15   Folgen fehlerhaften Schätzung

Von möglichen Folgen einer fehlerhaften Schätzung des Auftragswertes sind die Fälle zu unterscheiden, in denen die Schätzung selbst fehlerfrei war, die Angebotspreise aber von der Schätzung entweder nach oben oder nach unten abweichen.

5.15.1   Angebotspreise weichen von einem ordnungsgemäß geschätzten Auftragswert ab

Eine Schätzung des Auftragswertes, die ordnungsgemäß erfolgt, bleibt ohne Folgen, wenn die eingehenden Angebote vom Schätzwert abweichen; es gilt das Verfahrensrecht, was dem jeweils ordnungsgemäß geschätzten Auftragswert entspricht:

> **Beispiel:**
> Die Feuerwehr Thalburg an der Ohm hat die Beschaffung von zwei Wasserrettungsfahrzeugen öffentliche ausgeschrieben. Zuschlagskriterium ist der Preis. Der Auftragswert wurde ordnungsgemäß auf 190.000 Euro netto geschätzt. Alle eingehenden Angebote liegen im Preis deutlich über 214.000 Euro.

Der geschätzte Auftragswert lag unter dem EU-Schwellenwert von 221.000 Euro netto, eine öffentliche Ausschreibung war also zulässig. Dass alle Angebote über dem EU-Schwellenwert liegen, ist unerheblich und führt nicht zu einer Anwendbarkeit des GWB-Vergaberechts.

> **Beispiel:**
> Die Feuerwehr Thalburg an der Ohm hat die Beschaffung eines Krankentransportwagens in einem offenen Verfahren EU-weit ausgeschrieben. Zuschlagskriterium ist der Preis. Der ordnungsgemäß geschätzte Auftragswert betrug 230.000 Euro netto. Alle eingehenden Angebote liegen im Preis unter 200.000 Euro.

Der geschätzte Auftragswert lag über dem EU-Schwellenwert, deshalb war das offene Verfahren erforderlich. Dass die Angebote unter dem Schwellenwert liegen, ändert nichts an dem Verfahren; insbesondere fällt die Zuständigkeit der Vergabekammer für Nachprüfungsverfahren nicht nachträglich weg.

> **Merke:**
> Erfolgt die Schätzung ordnungsgemäß, ist die Höhe der späteren Angebote für das Erreichen des Schwellenwerts irrelevant (OLG Rostock, 17 Verg 2/15).

5.15.2   Die Schätzung des Auftragswertes ist fehlerhaft

Erkennt ein potentieller Bieter, dass die Schätzung des Auftragswertes fehlerhaft ist, kann er dies rügen und in der Folge ein Nachprüfungsverfahren vor der Vergabekammer beantragen, insbesondere, wenn eine zu niedrig angesetzte Schätzung dafür sorgt, dass statt einer EU-weiten Vergabe nur eine Vergabe im nationalem Bereich erfolgt.

Die Fehlerhaftigkeit der Schätzung des Auftragswerts durch die Auftraggeber hat zur Folge, dass die im Rahmen eines Nachprüfungsverfahren die Vergabekammer den geschätzten Auftragswert eigenständig zu ermitteln hat (OLG Karlsruhe, 15 Verg 4/08).

5.15.3   Fehlerhafte Schätzung ist zu niedrig

Liegt eine fehlerhafte Schätzung des Auftragswertes in der Form vor, dass dieser zu niedrig geschätzt wurde, hat das dann erhebliche Folgen, wenn statt eines angezeigten EU-weiten Vergabeverfahrens eine Ausschreibung nach der UVgO erfolgt. Nach § 135 GWB sind nämlich Verträge von Anfang an unwirksam, wenn der öffentliche Auftraggeber

- gegen § 134 verstoßen hat oder
- den Auftrag ohne vorherige Veröffentlichung einer Bekanntmachung im Amtsblatt der Europäischen Union vergeben hat, ohne dass dies aufgrund Gesetzes gestattet ist, und dieser Verstoß in einem Nachprüfungsverfahren festgestellt worden ist.

Beispiel:

Eine Feuerwehr benötigt ein Tanklöschfahrzeug (TLF 3000) und teilt die die Lose Fahrgestell und -aufbau in zwei getrennte Ausschreibungen auf, um eine EU-weite Ausschreibung, mit der man keine Erfahrung hat, zu vermeiden. Der einzelne Wert beider Aufträge beträgt je 120.000 Euro. Weil der Einzelwert den EU-Schwellenwert nicht erreicht, werden zwei öffentliche Ausschreibungen durchgeführt. Die Bekanntmachung erfolgt allein national. Der Zuschlag wird jeweils ohne weitere Information erteilt. Das Unternehmen U hält das für falsch und ruft nach erfolgloser Rüge die Vergabekammer an.

Die Vergabekammer wird feststellen, dass bei einer korrekten Schätzung des Auftragswert die Einzelaufträge addiert werden müssen und der Gesamtwert von 240.000 Euro den EU-Schwellenwert übersteigt. Weil die Aufträge ohne eine Information nach § 134 GWB[25] und ohne vorherige Bekanntmachung im Amtsblatt der Europäischen Union erteilt wurden, wird die Vergabekammer die Aufträge für nichtig erklären.

---

25 Siehe zu den Einzelheiten Teil V Kapitel 11.

Weitere Folge einer fehlerhaft zu niedrigen Schätzung kann eine rechtswidrige Aufhebung eines Vergabeverfahrens sein.[26]

5.15.4   Fehlerhafte Schätzung ist zu hoch

Eine fehlerhafte Schätzung des Auftragswertes kann auch dazu führen, dass statt einer eigentlich zulässigen nationalen Vergabe die Beschaffung EU-weit ausgeschrieben wird.

> **Beispiel**
> Eine Feuerwehr will einen Rettungswagen (RTW) beschaffen. Der Auftragswert wird nur grob auf 250.000 Euro geschätzt, eine Dokumentation erfolgt nicht. Die Leistung wird EU-weit in einem offenen Verfahren ausgeschrieben. Ein Bieter rügt einen vermeintlichen Fehler in den Vergabeunterlagen und wendet sich dann mit einem Nachprüfungsantrag an die Vergabekammer. Bei ordnungsgemäßer Schätzung des Auftragswertes hätte sich ein Betrag von 195.000 Euro ergeben. Ist der Nachprüfungsantrag zulässig?

Die Zulässigkeit des Nachprüfungsantrags setzt voraus, dass die § § 97 ff. GWB anwendbar sind. Dies ist nach § 106 Abs. 1 GWB dann der Fall, wenn der geschätzte Auftragswert den Schwellenwert erreicht. Unerheblich ist, ob eine europaweite Ausschreibung erfolgt ist. Das Erreichen der Schwellenwerte ist nach § 106 Abs. 1 GWB das maßgebliche Kriterium für die Frage der Überprüfungsmöglichkeit des Vergabeverfahrens durch Anrufung der Vergabekammer mit anschließender Beschwerdemöglichkeit. Die von dem Gesetzgeber nach dem Auftragswert vorgenommene Unterscheidung hinsichtlich des bei der Vergabe öffentlicher Aufträge gewährten Rechtsschutzes kann nicht dadurch aufgehoben werden, dass ein öffentlicher Auftraggeber einen Auftrag unterhalb des Schwellenwerts europaweit ausschreibt.

    Die von dem Antragsteller angenommene Selbstbindung der Vergabestelle kann zwar dazu führen, dass diese sich im weiteren Verlauf des Vergabeverfahrens an die für eine europaweite Ausschreibung geltenden Verfahrensbestimmungen zu halten hat; hieraus kann jedoch nicht abgeleitet werden, dass damit auch ein Nachprü-

---

26   Siehe Teil V Kapitel 2.

fungsverfahren durch die Vergabekammer und den Vergabesenat eröffnet ist. Eine etwaige Selbstbindung des öffentlichen Auftraggebers beschränkt sich auf das eigene Verhalten, vermag jedoch nicht eine vom Gesetzgeber nicht vorgesehene Überprüfung der Rechtmäßigkeit des Vergabeverfahrens nach zu begründen (OLG Stuttgart, 2 Verg 9/02). Ein gleichwohl gestellter Nachprüfungsantrag ist damit unzulässig.

Merke:

Ist die Schätzung des Auftragswertes fehlerhaft, ist die Höhe des korrekten Schätzwertes für das Erreichen des Schwellenwerts und dem damit verbundenen Primärrechtsschutz relevant.

5.16   Schnellcheck

Zusammenfassung - Schnellcheck Schätzung des Auftragswertes:

- Die Schätzung des Auftragswertes stellt eine Prognose über den tatsächlichen Auftragswert dar und sollte sorgfältig erfolgen.
- Maßgebend ist der Netto-Wert.
- Einzelne Auftragswerte von Leistungen, die in funktionaler, technischer und wirtschaftlicher Hinsicht zusammenhängen, sind bei der Schätzung des Auftragswertes zu addieren.
- Optionen und Vertragsverlängerungen sind ebenso zu berücksichtigen wie Prämien und Zahlungen an Bieter und Bewerber.
- Lose einer Gesamtbeschaffung sind grundsätzlich zu addieren.
- Bei Lieferleistungen und bei Planungsleistungen findet eine Addition nur bei gleichartigen Leistungen statt.
- Bei losweiser Vergabe gilt die 80/20-Regel.
- Maßgeblicher Zeitpunkt der Schätzung ist der Tag an dem das Vergabeverfahren begonnen wird.
- Wegen der Bedeutung des Schwellenwertes ist es erforderlich, dass der Auftraggeber die ordnungsgemäße Ermittlung des geschätzten Auftragswertes dokumentiert.
- Erfolgt die Schätzung ordnungsgemäß, ist die Höhe der späteren Angebote für das Erreichen des Schwellenwerts irrelevant.
- Eine fehlerhaft zu niedrige Schätzung kann zu einer Nichtigkeit des Auftrags führen.
- Eine fehlerhaft zu hohe Schätzung kann nicht zu einer Zulässigkeit eines Nachprüfungsantrags führen, wenn der korrekt geschätzte Wert unter dem EU-Schwellenwert liegt.

6   Die Verfahrensarten

Für die Abwicklung eines Beschaffungsvorganges stellt das Vergaberecht verschiedene Verfahrensarten zur Verfügung. Wann und unter welchen Voraussetzungen welches Verfahren anzuwenden ist, ist in § 8 UVgO für nationale Verfahren (Auftragswert liegt unter dem EU-Schwellenwert) und in § 14 VgV für europaweite Vergabeverfahren (Auftragswert liegt bei oder über dem EU-Schwellenwert) geregelt. In den § § 9 ff. UVgO und 15 ff. VgV wird der Ablauf der einzelnen Verfahrensarten näher beschrieben.

Die Verfahrensarten sind abschließend genannt, das heißt, dass der öffentliche Auftraggeber je nach Vorliegen der Voraussetzungen eines der vorgesehenen Verfahren anwenden muss; Mischformen verschiedener Verfahren sind ebenso unzulässig wie eigen kreierte Verfahren.

Tabelle 11: *Übersicht über die Verfahrensarten*

Verfahrensarten nach UVgO (national)	Verfahrensarten nach VgV (europaweit)
Öffentliche Ausschreibung	Offenes Verfahren
Beschränkte Ausschreibung mit/ohne Teilnahmewettbewerb	Nicht offenes Verfahren
Verhandlungsvergabe mit/ohne Teilnahmewettbewerb	Verhandlungsverfahren mit/ohne Teilnahmewettbewerb
	Wettbewerblicher Dialog
	Innovationspartnerschaft

6.1   Nationale Verfahren (unterhalb des EU-Schwellenwertes) nach der UVgO

Für Beschaffungen, deren geschätzter Auftragswert unter dem EU-Schwellenwert liegt, sieht die Unterschwellenvergabeordnung in § 8 drei verschiedene Verfahrensarten vor: die öffentliche Ausschreibung (§ 9 UVgO), die beschränkte Ausschreibung mit Teilnahmewettbewerb (§ 10 UVgO) und ohne Teilnahmewettbewerb (§ 11 UVgO) und die Verhandlungsvergabe mit oder ohne Teilnahmewettbewerb (§ 12 UVgO).

6.1.1 Öffentliche Ausschreibung, § 9 UVgO

Bei der öffentlichen Ausschreibung gibt der öffentliche Auftraggeber auf eigenen Internetseiten, auf Internetportalen[27], in amtlichen Veröffentlichungsblättern oder Fachzeitschriften seine Beschaffungsabsicht bekannt und fordert damit eine unbeschränkte Anzahl von Unternehmen öffentlich auf, Angebote anzugeben, § 9 Abs. 1 UVgO. Die öffentliche Ausschreibung sorgt für den größtmöglichen Wettbewerb, weil jedes Unternehmen ein Angebot abgeben darf. Hat ein Unternehmen ein Angebot abgegeben, wird es zum »Bieter«. Bestimmte (Mindest-)Fristen für den Eingang der Angebote (Angebotsfrist) sieht die UVgO nicht vor. § 13 UVgO verlangt lediglich, dass die Fristen angemessen sind.

Bei der öffentlichen Ausschreibung ist es dem Auftraggeber untersagt, mit dem Bieter Verhandlungen über Angebotsänderungen oder Preise zu führen, § 9 Abs. 2 UVgO. Zulässig ist nur die Aufklärung über die Eignung des Bieters, das Vorliegen von Ausschlussgründen oder über das Angebot. Die Aufklärung darf aber nicht dazu führen, dass der Bieter sein Angebot verändert oder ergänzt. Er darf dies nur klarstellen.

> **Merke:**
> Bei öffentlicher Ausschreibung ist nach Angebotsöffnung Aufklärung erlaubt, Verhandlungen und Angebotsänderungen sind verboten!

Die öffentliche Ausschreibung ist ein einstufiges Verfahren und stellt den Regelfall der Verfahrensarten dar. Die öffentliche Ausschreibung ist immer zulässig.

6.1.2 Beschränkte Ausschreibung mit Teilnahmewettbewerb, § 10 UVgO

Im Unterschied zur öffentlichen Ausschreibung handelt es sich bei der beschränkten Ausschreibung mit Teilnahmewettbewerb um ein zweistufiges Verfahren. Vor der Angebotsphase (2. Stufe) findet eine »Bewerbungsrunde« statt, der sogenannte Teilnahmewettbewerb (1. Stufe).

---

27 Siehe dazu § 28 Abs. 1 S. 3 UVgO: Auftragsbekanntmachungen müssen zentral über die Suchfunktion des Internetportals www.bund.de ermittelt werden können.

1. Stufe: Der Teilnahmewettbewerb

In der ersten Stufe – dem Teilnahmewettbewerb – fordert der öffentliche Auftraggeber eine unbeschränkte Anzahl von Unternehmern auf, einen Teilnahmeantrag abzugeben, § 10 Abs. 1 UVgO. Der Teilnahmeantrag ist kein Angebot, sondern enthält vom Auftraggeber geforderte Informationen, die die Eignung der Unternehmen und das Nichtvorliegen von Ausschlussgründen belegen sollen. Ein Unternehmen, das einen Teilnahmeantrag an den Auftraggeber übersandt hat, ist ein »Bewerber«. Eine Frist für den Eingang des Teilnahmeantrags (Teilnahmefrist) ist nicht vorgegeben; § 13 UVgO fordert nur eine angemessene Fristsetzung.

Merke:

In einem Teilnahmewettbewerb wird die Eignung eines sich bewerbenden Unternehmens (Bewerber) geprüft bzw. nachgewiesen.

Der Auftraggeber prüft die Teilnahmeanträge zunächst auf Vollständigkeit und Einhaltung formaler Anforderungen, § 42 Abs. 2 UVgO. Ausgeschlossen werden insbesondere Teilnahmeanträge,

- die nicht form- oder fristgerecht eingegangen sind,
- die, ggf. trotz Nachforderung, unvollständig sind,
- die zweifelhafte Änderungen des Bieters an seinen Eintragungen enthalten oder
- bei denen die Vergabeunterlagen verändert wurden.

Ist der Teilnahmeantrag danach vollständig und formal ordnungsgemäß, prüft der Auftraggeber anschließend die Eignung der Unternehmen nach Maßgabe der Eignungskriterien und anhand der vorgelegten Informationen und schließt die nicht geeigneten Unternehmen oder solche, bei denen Ausschlussgründe vorliegen, vom weiteren Verfahren aus.

Unter den geeigneten Bewerbern kann der Auftraggeber eine begrenzende Auswahl treffen (§ 36 UVgO). Die Begrenzung erfolgt anhand von objektiven und nichtdiskriminierenden Eignungskriterien, die ebenso in der Auftragsbekanntmachung angegeben werden müssen wie die vorgesehene Mindestzahl und ggf. auch Höchstzahl der aufzufordernden Bewerber.

Die Mindestzahl der Bewerber (nicht der Bieter!) darf nicht niedriger als drei sein.

Beispiel:
Die Stadt Thalburg an der Ohm schreibt ein Patientensimulationsgerät in einer beschränkten Ausschreibung mit Teilnahmewettbewerb aus. Als Eignungskriterium wird im Teilnahmewettbewerb neben Unternehmensreferenzen ein bestimmtes Zertifikat über ein Qualitätsmanagementsystem genannt, was auch mit dem Auftragsgegenstand in Verbindung steht. Die Stadt M prüft die Eignung der insgesamt zwölf Bewerber und stellt fest, dass nur zwei Unternehmen das Zertifikat vorlegen können. Der zuständige Sachbearbeiter der Stadt Thalburg an der Ohm will deshalb ein drittes Unternehmen, das zwar zertifiziert ist, sich aber nicht um die Teilnahme beworben hatte, ebenfalls berücksichtigen. Ist das möglich? Oder kann die Stadt Thalburg an der Ohm das Verfahren auch mit zwei Bewerbern fortführen?

In einem Vergabeverfahren ist der Grundsatz der Gleichbehandlung zu berücksichtigen. Die Berücksichtigung eines Unternehmens, das sich nicht an einem Teilnahmewettbewerb beteiligt und deshalb auch nicht die Eignungsprüfung so durchlaufen hat, wie die Bewerber um Teilnahme, würde zu einer Ungleichbehandlung führen. Entsprechend sieht § 36 Abs.1 Satz 4 UVgO auch vor, dass Unternehmen, die sich nicht um die Teilnahme beworben haben, nicht zugelassen werden dürfen.

Nach § 26 Abs. 2 Satz 3 UVgO kann das Vergabeverfahren bei Unterschreitung der Mindestzahl fortgeführt werden, in dem alle Bewerber berücksichtigt werden. Die Stadt Thalburg an der Ohm kann daher im genannten Fall das Verfahren mit den beiden Bewerbern auf der nächsten Stufe fortführen.

An die Vorgaben, die der Auftraggeber bekannt gibt, ist er gebunden.

Fall nach Beschluss des OLG München vom 19.12.2013 – Verg 12/13:
In einer beschränkten Ausschreibung mit Teilnahmewettbewerb über die Lieferung von Atemmasken für die Feuerwehr hatte die Vergabestelle in der Auftragsbekanntmachung mitgeteilt, drei Bewerber zur Angebotsabgabe auffordern zu wollen. Die Auswahl der begrenzten Zahl von Bewerbern sollte nach ebenfalls veröffentlichten Kriterien und einer Bewertungsmatrix erfolgen.
Die Auswertung der Teilnahmeanträge ergab folgendes Ergebnis:
- Bewerber A: 100 Punkte
- Bewerber B: 99 Punkte
- Bewerber C: 99 Punkte
- Bewerber D: 98 Punkte
- Bewerber E: 30 Punkte
- Bewerber F: 25 Punkte.

Weil die Bewerber A, B, C und D in der Bewertung so nah beieinander lagen und das übrige Bewerberfeld weit abgeschlagen war, forderte die Vergabestelle vier Bewerber zur Angebotsabgabe auf. War das zulässig?

Mit der Bekanntmachung war eine Beschränkung der Teilnehmer auf drei veröffentlicht worden. An diese Bekanntmachung ist die Vergabestelle gebunden. Lässt der Auftragnehmer abweichend von der Bekanntmachung einen vierten Teilnehmer zu, stellt dies wegen des Grundsatzes der Selbstbindung einen Verstoß gegen das Willkürverbot und das Transparenzgebot eines Vergabeverfahrens dar (OLG München, Verg. 12/13). Ist der Teilnahmeantrag vollständig und die Eignung des Bieters festgestellt worden, endet der Teilnahmewettbewerb; die zweite Stufe beginnt.

II.

Tabelle 12: *Checkliste Prüfung Teilnahmeantrag*

Anforderungen an den Teilnahmeantrag	ja	Nein=Ausschluss
Teilnahmeantrag formgerecht (Schriftform, Textform usw.)	☐	☐
Teilnahmeantrag fristgerecht eingegangen	☐	☐
Teilnahmeantrag vollständig ggf. nach Nachforderung von fehlenden Unterlagen	☐	☐
Änderungen an den Eintragungen des Bieters sind zweifelsfrei (ist eindeutig erkennbar, was der Bieter erklären will?)	☐	☐
Die Vergabeunterlagen enthalten weder Änderungen noch Ergänzungen	☐	☐
Eignungskriterien sind erfüllt	☐	☐
Ausschlussgründe sind nicht gegeben	☐	☐

2. Stufe: Die Angebotsphase

In der zweiten Stufe – der Angebotsphase – werden entweder alle oder eine begrenzte Anzahl an geeigneten, nicht nach den § § 123, 124 GWB ausgeschlossenen Bewerbern aufgefordert, ein Angebot abzugeben. Ein Unternehmen, das ein Angebot abgegeben hat, wird vom »Bewerber« zum »Bieter«.

Bei der beschränkten Ausschreibung mit Teilnahmewettbewerb gilt, dass nach Angebotsöffnung Aufklärung erlaubt ist, Verhandlungen und Angebotsänderungen aber verboten sind.

Auch die beschränkte Ausschreibung mit Teilnahmewettbewerb ist ein stets zulässiges Verfahren. Der öffentlichen Auftraggeber darf sich zwischen der öffentlichen und der beschränkten Ausschreibung (mit Teilnahmewettbewerb) frei entscheiden.

Merke:

Zwischen der öffentlichen Ausschreibung und der beschränkten Ausschreibung mit Teilnahmewettbewerb besteht ein Wahlrecht des öffentlichen Auftraggebers. Wann welches der beiden Verfahren sinnvoll ist, zeigt die Gegenüberstellung der Vor- und Nachteile:

Tabelle 13: *Vor- und Nachteile öffentlicher und beschränkter Ausschreibung*

Öffentliche Ausschreibung		Beschränkte Ausschreibung mit Teilnahmewettbewerb	
Vorteile	*Nachteile*	*Vorteile*	*Nachteile*
Kurze Verfahrensdauer			Verfahren dauert länger
Größtmöglicher Wettbewerb			
	Jedes, auch ein ungeeignetes Unternehmen kann ein Angebot abgeben.	Wird eine Vielzahl von Bietern erwartet, kann vorab eine Auswahl getroffen werden.	
		Weniger Aufwand für die Unternehmen im Teilnahmewettbewerb, weil kein Angebot erstellt werden muss.	

6.1.3   Beschränkte Ausschreibung ohne Teilnahmewettbewerb, § 11 UVgO

Die beschränkte Ausschreibung ohne Teilnahmewettbewerb ist ein einstufiges Verfahren. Der Auftraggeber führt keinen Teilnahmewettbewerb durch, um geeignete Unternehmen zu finden, sondern fordert vom ihm ausgewählte, geeignete Unternehmen auf, ein Angebot abzugeben.

Anwendungsfälle

Eine beschränkte Ausschreibung ohne Teilnahmewettbewerb kommt nach § 8 Abs. 3 UVgO nur in zwei Fällen in Betracht, nämlich wenn

1. eine öffentliche Ausschreibung kein wirtschaftliches Ergebnis erbracht hat oder

2. eine öffentliche Ausschreibung oder beschränkte Ausschreibung mit Teilnahmewettbewerb einen Aufwand verursachen würde, der zum erreichten Vorteil oder dem Wert der Leistung im Missverhältnis stehen würde.

Beispiel:

Die Stadt Thalburg an der Ohm hat die Lieferung eines Kleineinsatzfahrzeugs öffentlich ausgeschrieben. Es gehen vier Angebote ein: Angebot 1 ist nicht unterschrieben, im Angebot 2 finden sich Änderungen im Leistungsverzeichnis, bei Angebot 3 fehlen sämtliche Preisangaben und der Preis des vierten Angebotes liegt 100 % unter dem von der Stadt B ordnungsgemäß geschätzten Auftragswert; eine Aufklärung über den Preis führt zu keinem zufriedenstellenden Ergebnis. Kann B nun eine beschränkte Ausschreibung ohne Teilnahmewettbewerb durchführen?

Die Angebote 1-3 müssen nach § 42 Abs. 1 Nrn. 1, 3, und 5 UVgO vom Verfahren ausgeschlossen werden. Angebot 4 wird nach § 44 UVgO wegen ungewöhnlich niedrigen Preises ausgeschlossen. Es fehlt damit an einem zuschlagsfähigen Angebot, so dass nach Aufhebung der öffentlichen Ausschreibung eine beschränkte Ausschreibung ohne Teilnahmewettbewerb zulässig ist.

Bild 14: *Kleineinsatzfahrzeuge (KEF) Berufsfeuerwehr Mülheim an der Ruhr*

> **Beispiel:**
> Die Stadt Thalburg an der Ohm benötigt einen Gerätewagen für die Wasserrettung. In ihrer Kostenschätzung berücksichtigt sie die Anschaffungskosten des vorhandenen, bereits 15 Jahre alten Gerätewagens und bemisst die benötigten Haushaltsmittel entsprechend niedrig. Die Lieferung des Gerätewagens soll in einer beschränkten Ausschreibung mit Teilnahmewettbewerb vergeben werden. Es gehen drei Angebote ein, die alle erheblich über der Kostenschätzung liegen. Die Stadt D meint, weil keine wirtschaftlichen Angebote eingegangen sind, könne sie die Ausschreibung aufheben und eine beschränkte Ausschreibung ohne Teilnahmewettbewerb durchführen. Zu Recht?

Maßstab für die Bewertung einer möglichen Unwirtschaftlichkeit von Angeboten kann nur eine sachgerechte und ordnungsgemäße Kostenschätzung sein. Maßgeblicher Zeitpunkt für die Schätzung ist gemäß § 3 Abs.3 VgV der Tag, an dem die Auftragsbekanntmachung abgesendet wird.

Eine sachgerechte Kostenschätzung berücksichtigt insbesondere die aktuelle (konjunkturelle) Marktlage. Werden bei einer Kostenschätzung keine Preissteigerungen der letzten 15 Jahre oder die konjunkturellen Entwicklungen berücksichtigt, liegt keine sachgerechte Kostenschätzung vor. Sie kann daher nicht als Maßstab für die Wirtschaftlichkeit der Angebote dienen und begründet keine Aufhebung des Vergabeverfahrens wegen Unwirtschaftlichkeit.

> **Beispiel:**
> Die Stadt Thalburg an der Ohm möchte Schulungsleistungen für die Leitstellentechnik vergeben. Der Auftragswert beträgt ca. 7.500 €. Um eine qualitativ möglichst hohe Leistung zu erhalten, sollen an die Eignung des späteren Auftragnehmers hohe Anforderungen gestellt werden. Die einzige Möglichkeit, die Eignung umfassend prüfen zu können, besteht darin, dass von den Bietern ein umfangreiches und zeitintensives Konzept gefordert wird. Auch die Auswertung des Konzeptes durch die Stadt F ist zeitintensiv und muss durch externe Büros unterstützt werden. Die Stadt F möchte sich und den Bietern den Aufwand ersparen und beabsichtigt daher die Durchführung einer beschränkten Ausschreibung ohne Teilnahmewettbewerb. Ist das zulässig?

Durch § 8 Abs. 3 Nr. 2 UVgO sollen Auftraggeber und Bieter vor einem unverhältnismäßigen Aufwand geschützt werden. Zur Beurteilung der Unverhältnismäßigkeit muss der Auftraggeber prognostizieren, welchen konkreten Aufwand eine öffentliche / beschränkte Ausschreibung mit Teilnahmewettbewerb für ihn und / oder für die noch unbekannte Zahl potenzieller Bieter verursachen würde. Dabei hat er auf der

Grundlage benötigter Verdingungsunterlagen den Kalkulationsaufwand eines durchschnittlichen Bieters für die Erstellung und Übersendung der Angebote und dessen sonstige Kosten zu schätzen. Diese ermittelten Schätzkosten sind danach in ein Verhältnis zu dem beim Auftraggeber durch eine öffentliche Ausschreibung bzw. eine beschränkte Ausschreibung mit Teilnahmewettbewerb erreichbaren Vorteil oder alternativ den Wert der Leistung zu setzen (VK Sachsen, Az.:1/SVK/067-04). Im vorgenannten Fall wäre also ein Missverhältnis gegeben, das eine beschränkte Ausschreibung ohne Teilnahmewettbewerb rechtfertigen würde.

Vor Aufforderung zur Angebotsabgabe: Die Eignungsprüfung

Die Unternehmen, die bei einer beschränkten Ausschreibung ohne Teilnahmewettbewerb zur Angebotsabgabe aufgefordert werden, müssen geeignet sein, § 11 Abs. 2 UVgO. Anders als bei Verfahren mit Teilnahmewettbewerb, in denen die Eignung durch den Teilnahmewettbewerb festgestellt wird, muss der öffentliche Auftraggeber bei Verfahren ohne Teilnahmewettbewerb die Eignung und das Nichtvorliegen von Ausschlussgründen auf andere Weise prüfen.

Die Eignung wird in der Regel im Vorfeld der Angebotsaufforderung geprüft.

Hier kann der Auftraggeber klären,

- ob das betreffende Unternehmen bereits entsprechende Erfahrungen in der Leistungserbringung hat (Referenzen);
- ob die ggf. erforderliche technische Ausstattung vorhanden ist;
- ob die Mitarbeiter ausreichend qualifiziert sind;
- ob Kapazitäten vorhanden sind.

Ist eine Eignungsprüfung im Vorfeld nicht abschließend möglich, kann der Auftraggeber die notwendigen Eignungsnachweise und Erklärungen auch noch mit oder nach Versendung der Aufforderung zur Angebotsabgabe von den Unternehmen verlangen, § 11 Abs. 1 Satz 2 UVgO.

Merke:

Bei der beschränkten Ausschreibung ohne Teilnahmewettbewerb wird die Eignung in der Regel vor der Aufforderung zur Angebotsabgabe abschließend geprüft. Wird die Eignung bejaht, ist ein späterer Ausschluss des Bieters wegen fehlender Eignung grds. nicht mehr möglich!

Nur im Ausnahmefall ist nach Abschluss der Eignungsprüfung ein Ausschluss des Bieters wegen mangelnder Eignung zulässig:

Beispiel:

Das Unternehmen U erbringt aufgrund eines Dienstleistungsvertrags Leistungen für die Feuerwehr der Stadt Thalburg an der Ohm. Die Stadt Thalburg an der Ohm schreibt nun weitere Leistungen beschränkt ohne Teilnahmewettbewerb aus und fordert u. a. auch das Unternehmen U, das nach Eignungsprüfung zu Recht als geeignet erscheint, zur Angebotsabgabe auf. Zwei Wochen vor Ablauf der Angebotsfrist weigert sich das Unternehmen U die Leistungen aus dem bestehenden Vertrag weiter zu erbringen. U teilt mit, nur dann weiter zu leisten, wenn es auch den Zuschlag im laufenden Vergabeverfahren erhält. Der Stadt drohen deshalb erhebliche finanzielle Schäden. Die Stadt will U nun wegen mangelnder Eignung aus dem laufenden Verfahren ausschließen. Zu Recht?

Erhält ein Auftraggeber nach Abschluss der Eignungsprüfung Kenntnis über Umstände, die Zweifel an der Eignung eines ausgewählten Bieters begründen, insbesondere solche, die geeignet sind, das Vertrauen des Auftraggebers in die Zuverlässigkeit des Bieters zu erschüttern, darf und muss er erneut in die Eignungsprüfung eintreten. Im genannten Fall könnte das Unternehmen U deshalb zu Recht ausgeschlossen werden.[28]

Aufforderung zur Abgabe eines Angebotes

Die Aufforderung zur Angebotsabgabe entspricht der Angebotsphase (2. Stufe) der beschränkten Ausschreibung mit Teilnahmewettbewerb. Auch hier sind mindestens drei Bieter zur Abgabe aufzufordern, § 11 Abs. 1 UVgO. § 11 Abs. 4 UVgO verlangt dabei, dass zwischen den Unternehmen gewechselt werden soll.

Zulässigkeit der beschränkten Ausschreibung nach Ausführungsbestimmungen bzw. Vergabegesetzen der Bundesländer

Zusätzlich zu den in der UVgO genannten Ausnahmetatbeständen gibt es in den einzelnen Bundesländern Vorgaben zu einer Zulässigkeit der beschränkten Ausschreibung in Abhängigkeit vom Auftragswert. Während § 8 Abs. 4 Nr. 17 UVgO diese Möglichkeit für die Verhandlungsvergabe vorgibt, fehlt diese für die beschränkte Ausschreibung.

---

28 Vgl. OLG Naumburg, Beschluss vom 22.09.2014, 2 Verg 2/13

Tabelle 14: *Übersicht zu den einzelnen Länderregelungen[1]*

Bundesland	Beschränkte Ausschreibung zulässig bis netto
Baden-Württemberg	100.000 €[2]
Bayern	100.000 €[3]
Berlin	100.000 €[4]
Brandenburg	100.000 €[5]
Bremen	100.000 €[6]
Hamburg	100.000 €[7]
Hessen	207.000 € unter Anwendung der VOL/A[8]
Mecklenburg-Vorpommern	100.000 € unter Anwendung der VOL/A[9]
Niedersachsen	50.000 €[10]
Nordrhein-Westfalen	100.000 €[11]
Rheinland-Pfalz	80.000 € unter Anwendung der VOL/A[12]
Saarland	50.000 €[13]
Sachsen	——————
Sachsen-Anhalt	50.000 € unter Anwendung der VOL/A[14]
Schleswig-Holstein	100.000 €[15] unter Anwendung der VOL/A
Thüringen	50.000 €[16]

[1] Wegen der Corona-Pandemie sind in einigen Bundesländern ergänzende Vorschriften erlassen worden, durch die die Wertgrenzen für die Verfahrensarten vorübergehend angehoben wurden.
[2] Ziffer 8.2Verwaltungsvorschrift der Landesregierung über die Vergabe öffentlicher Aufträge (VwV Beschaffung) vom 24. Juli 2018 – Az.: 64-0230.0/160–
[3] Ziffer 1.3 der Verwaltungsvorschrift zum öffentlichen Auftragswesen (VVöA) vom 24.03.2020, Az.: B II 2 - G17/17 - 2
[4] Ziff. 3.3.1 Ausführungsvorschriften zu § 55 LHO (Stand Februar 2020)
[5] § 30 Verordnung über die Aufstellung und Ausführung des Haushaltsplans der Gemeinden (Kommunale Haushalts- und Kassenverordnung - KomHKV) vom 14. Februar
[6] Bremisches Gesetz zur Sicherung von Tariftreue, Sozialstandards und Wettbewerb bei öffentlicher Auftragsvergabe (Tariftreue- und Vergabegesetz): UVgO gilt erst ab einem Auftragswert von 50.000 €, § 7 Abs. 1
[7] Beschaffungsordnung der Freien und Hansestadt Hamburg vom 1.3.2009 in der Fassung vom 1.10.2017
[8] § 15 Abs. 1 Hessisches Vergabe- und Tariftreuegesetz (HVTG) vom 19. Dezember 2014
[9] VgE M-V – Vergabeerlass, Erlass über die Vergabe öffentlicher Aufträge im Anwendungsbereich des Vergabegesetzes Mecklenburg-Vorpommern -vom 12. Dezember 2018 (AmtsBl.M-V Nr. 52 vom 24.12.2018 S. 666) Gl. Nr. 703 – 19

II.

[10] Verordnung über Auftragswertgrenzen zum Niedersächsischen Tariftreue- und Vergabegesetz (Niedersächsische Wertgrenzenverordnung - NWertVO)

[11] Vergabegrundsätze für Gemeinden nach § 25 Gemeindehaushaltsverordnung NRW (Kommunale Vergabegrundsätze), Runderlass des Ministeriums für Heimat, Kommunales, Bau und Gleichstellung 304-48.07.01/01-169/18 vom 28. August 2018

[12] Schreiben vom 17.07.2019 des Ministeriums für Wirtschaft, Verkehr, Landwirtschaft und Weinbau des Landes Rheinland-Pfalz »Festsetzung von Auftragswertgrenzen bei Vergaben im Unterschwellenbereich«

[13] Bekanntgabe der von den Gemeinden, Gemeindeverbänden, kommunalen Eigenbetrieben und kommunalen Zweckverbänden bei der Vergabe von Aufträgen anzuwendenden Vergabegrundsätze (Vergabeerlass) vom 13. Juni 2018«

[14] § 2 Verordnung über Auftragswerte für die Durchführung von Beschränkten Ausschreibungen und Freihändigen Vergaben nach der Vergabe- und Vertragsordnung für Leistungen - Teil A Vom 16. Dezember 2013

[15] § 9 Landesverordnung über die Vergabe öffentlicher Aufträge (Schleswig-Holsteinische Vergabeverordnung - SHVgVO) vom 13. November 2013

[16] Ziffer 1.2.2.2 Thüringer Verwaltungsvorschrift zur Vergabe öffentlicher Aufträge vom 16. September 2014 in Verbindung mit dem Rundschreiben zur Novellierung des Thüringer Vergabegesetzes (ThürVgG) vom 17.10.2019

6.1.4 Verhandlungsvergabe mit oder ohne Teilnahmewettbewerb, § 12 UVgO

Anders als bei der beschränkten Ausschreibung, die in der Regel mit und nur in Ausnahmefällen ohne Teilnahmewettbewerb durchgeführt wird, obliegt es der freien Entscheidung des öffentlichen Auftraggebers, ob er der Verhandlungsvergabe einen Teilnahmewettbewerb vorausschalten will oder nicht.

Die Verhandlungsvergabe unterscheidet sich von den vorgenannten Ausschreibungsverfahren insbesondere dadurch, dass Verhandlungen über den gesamten Angebotsinhalt erlaubt sind, § 12 Abs. 4 Satz 1 UVgO. Ausgenommen sind lediglich etwaig festgelegte Mindestanforderungen und die Zuschlagskriterien.

> **Merke:**
>
> Bei der Verhandlungsvergabe sind Verhandlungen über das Angebot und über den Angebotspreis zulässig!

Anwendungsfälle

Die Verhandlungsvergabe ist zulässig, wenn mindestens einer der in § 8 Abs. 4 UVgO genannten Tatbestände erfüllt ist. Die einzelnen Tatbestände werden nachfolgen erläutert, wobei eine klare Abgrenzung zwischen ihnen nicht immer möglich ist.

Der Auftrag umfasst konzeptionelle oder innovative Lösungen

Bei diesem Tatbestand ist die Kreativität der Bieter gefragt. Beschaffungsgegenstand können neue oder deutlich verbesserte Waren, Dienstleistungen oder Verfahren sein. Dazu können neue Vermarktungsmethoden ebenso gehören wie neue Organisationsverfahren oder Abläufe am Arbeitsplatz.[29]

Der Auftrag kann wegen Komplexität oder Besonderheiten des finanziellen oder rechtlichen nicht ohne Verhandlungen vergeben werden

Dieser Tatbestand kommt bei komplexen Anschaffungen in Betracht; entsprechende Beschaffungsgegenstände sind bspw. hoch entwickelte Waren, geistige Dienstleistungen, die keine Standardleistungen darstellen.[30]

Die Leistung kann nicht eindeutig und erschöpfend beschrieben werden

Nach § 23 Abs. 1 UVgO ist die Leistung so eindeutig und erschöpfend wie möglich zu beschreiben, dass die Beschreibung für alle Unternehmen gleich verständlich ist und die Angebote vergleichbar sind. Insbesondere bei Beschaffungen, die eine geistig-schöpferischen oder hochqualifizierte Leistung der Bieter erfordern oder besonders komplex sind (z. B. Beratungsleistungen), ist eine eindeutige und erschöpfende Leistungsbeschreibung nicht immer möglich.

Der Auftraggeber gibt in diesen Fällen lediglich Zielvorstellungen und einen Leistungsrahmen vor. Die konkrete, detaillierte Aufgabenlösung hat hingegen der Auftragnehmer zu erarbeiten (OLG Düsseldorf, VII - Verg 49 / 15). Ob eine Aufgabenlösung eindeutig beschreibbar ist, ist objektiv zu beurteilen. Etwaig vorhandene subjektive tatsächliche oder fachliche Schwierigkeiten des Auftraggebers, die Aufgabenlösung eindeutig zu beschreiben, reichen nicht aus (OLG Düsseldorf, VII-Verg 36/11).

Eine vorherige öffentliche oder beschränkte Ausschreibung wurde aufgehoben

Wurde eine öffentliche oder beschränkte Ausschreibung aufgehoben und verspricht eine Wiederholung kein wirtschaftliches Ergebnis, kann die Leistung durch eine Verhandlungsvergabe vergeben werden. Voraussetzung ist neben einer Aufhebung die Einschätzung des öffentlichen Auftraggebers, dass bei einer erneuten öffentlichen/beschränkten Ausschreibung kein wirtschaftliches Ergebnis erzielt werden kann.

---

29   S. EU-Richtlinie 2014/24/EU, Art. 2 Abs. 1 Nr. 22 zum Begriff »Innovation«.
30   S. Erwägungsgrund 43 EU-Richtlinie 2014/24/EU.

Voraussetzung ist aber, dass die Leistungs- und Auftragsbedingungen nicht grundlegend geändert werden.

Musste bspw. eine öffentliche/beschränkte Ausschreibung aufgehoben werden, weil alle Angebote nach Ablauf der Angebotsfrist eingegangen sind, kann daraus nicht der Schluss gezogen werden, eine erneute Ausschreibung führte zu keinem wirtschaftlichen Ergebnis. Vielmehr kann in einer erneuten öffentlichen/beschränkten Ausschreibung eine längere Angebotsfrist vorgegeben werden (Müller-Wrede, 2017).

Bereits verfügbare Lösungen erfüllen die Bedürfnisse des Auftraggebers nicht
Dieser Tatbestand ist vergleichbar dem des § 8 Abs. 4 Nr. 1 UVgO (s. o.: Auftrag umfasst konzeptionelle oder innovative Lösungen). Wenn auf dem Markt keine verfügbaren Lösungen zur Verfügung stehen, die dem Beschaffungsbedarf des öffentlichen Auftraggebers entsprechen, sind innovative Lösungen gefragt. Dass bereits verfügbare Lösungen die Bedürfnisse des Auftraggebers nicht erfüllen, kann bspw. der Fall sein bei Großprojekten im Bereich der Informations- oder Kommunikationstechnologie.[31] Sofern Standardleistungen beschafft werden sollen, scheidet dieser Tatbestand aus.

Es handelt sich um Leistungen auf dem Gebiet von Forschung, Entwicklung und Untersuchung
Die Leistungen dürfen nicht der Aufrechterhaltung des allgemeinen Dienstbetriebes und der Infrastruktur einer Dienststelle des Auftraggebers dienen. Nicht umfasst ist die Serienfertigung zum Nachweis der Marktfähigkeit eines Produkts.[32]

Es handelt sich um einen Auftrag im Anschluss an Entwicklungsleistungen
Der Auftrag muss einen angemessenen Umfang haben und einen angemessenen Zeitraum umfassen. Das zu beauftragende Unternehmen muss an der Entwicklung beteiligt gewesen sein.

Eine öffentlich oder beschränkte Ausschreibung (mit oder ohne Teilnahmewettbewerb) verursacht einen Aufwand, der im Missverhältnis zur Leistungen stehen würde
Dieser Ausnahmetatbestand erinnert an § 8 Abs. 3 Nr. 2 UVgO, wonach eine beschränkte Ausschreibung ohne Teilnahmewettbewerb zulässig ist, wenn eine öf-

---

31 S. Erwägungsgrund 43 EU-Richtlinie 2014/24/EU.
32 S. Erwägungsgrund 32 Abs. 3 lit. a) EU-Richtlinie 2014/24/EU.

fentliche Ausschreibung oder eine beschränkte Ausschreibung mit Teilnahmewettbewerb in einem Missverhältnis zum erreichten Vorteil stehen würde. Da dieser Tatbestand ebenfalls die beschränkte Ausschreibung ohne Teilnahmewettbewerb als möglicherweise im Missverhältnis zum Erfolg stehendes Verfahren benennt, ist ein praktischer Anwendungsfall dieses Ausnahmetatbestandes kaum denkbar: Denn die beschränkte Ausschreibung ohne Teilnahmewettbewerb wird kaum mehr Aufwand erfordern, als die Verhandlungsvergabe ohne Teilnahmewettbewerb (siehe auch Müller-Wrede, 2017).

Es liegt besondere Dringlichkeit vor

Der Ausnahmetatbestand der Dringlichkeit ist für die Feuerwehren von besonderer praktischer Relevanz. Er kann und wird immer dann vorliegen, wenn aufgrund von Naturkatastrophen wie Stürme oder Hochwasser Sofortmaßnahmen erforderlich werden.

> **Beispiel:**
> Ein Sturm hat das Stadtgebiet der Gemeinde Thalburg an der Ohm verwüstet. Viele der Straßen sind wegen umgestürzter Bäume nicht passierbar. Die Feuerwehr hat nicht genügend eigene Kräfte, um die Bäume zu entfernen und beauftragt daher direkt vor Ort ansässige Unternehmen.

An den Tatbestand der Dringlichkeit werden drei Voraussetzungen gestellt, die kumulativ vorliegen müssen:

1. Unvorhersehbarkeit
2. Äußerste Dringlichkeit
3. Kausalzusammenhang

Unvorhersehbarkeit liegt vor, wenn ein Ereignis, dass die zu beschaffende Leistung erfordert, nichts mit dem üblichen wirtschaftlichen oder sozialen Leben zu tun hat (BMWi, 2015). Entscheidend ist also, ob mit dem Ereignis bei sorgfältiger Planung gerechnet werden konnte. Dies ist bei Naturkatastrophen, wie Stürmen nicht der Fall. Solche Ereignisse sind unvorhersehbar.

Äußerste Dringlichkeit liegt vor, wenn bei Ereignissen, die nicht durch den Auftraggeber verursacht wurden, eine gravierende Beeinträchtigung für die Allgemeinheit und staatliche Aufgabenerfüllung droht (BMWi, 2015). Im oben genannten Fall liegt eine äußerste Dringlichkeit vor, da durch die Nichtbefahrbarkeit von Straßen die Allgemeinheit gravierend beeinträchtigt wird.

Zu beachten ist, dass die Dringlichkeit nicht durch eigenes Verhalten des Auftraggebers verursacht wurde, eine Auftragsvergabe bspw. so schleppend bearbeitet wurde, dass diese dann dringlich wird.

Beispiel:
Die Feuerwehr der Stadt Thalburg an der Ohm benötigt eine neue Wärmegewöhnungskammer, weil die Vorhandene erhebliche technische Mängel aufweist. Der zuständige Sachbearbeiter kommt wegen Überlastung monatelang nicht dazu, die Beschaffung dieser Kammer auszuschreiben. Eines Tages ist die Kammer funktionsuntüchtig. Ein Training, das aktuell ansteht, kann nicht durchgeführt werden.

Hier liegt eine besondere Dringlichkeit nach den vorgenannten Voraussetzungen nicht vor. Zwar mag die Beschaffung einer neuen Wärmegewöhnungskammer dringend erforderlich sein; weil aber der Ausfall der Kammer vorhersehbar war, kann auf den Ausnahmetatbestand des § 8 Abs. 4 Nr. 9 UVgO grds. nicht zurückgegriffen werden.

Beispiel:
Die Feuerwehr der kleinen Dorfgemeinde D verfügt über ein Löschfahrzeug. Dieses ist mängelbehaftet. Weil bei der Feuerwehr einige Stellen nicht besetzt sind, wird kein neues Löschfahrzeug beschafft. Bei einem Einsatz fällt das Fahrzeug endgültig aus.

Eine besondere Dringlichkeit setzt voraus, dass die Gründe für die Dringlichkeit nicht dem Verhalten des Auftraggebers zuzurechnen sind. Das würde im vorgenannten Fall dazu führen, dass die Beschaffung eines neuen Löschfahrzeugs nicht im Wege der Verhandlungsvergabe durchgeführt werden könnte, sondern eine öffentliche bzw. beschränkte Ausschreibung mit Teilnahmewettbewerb durchgeführt werden müsste. Sollte in der Zeit, in der das Ausschreibungsverfahren läuft, ein Einsatz erforderlich werden, könnten erforderliche Löscharbeiten ggf. nicht durchgeführt werden.

Die Rechtsprechung erkennt daher in Ausnahmefällen, nämlich bei Leistungen der Daseinsvorsorge, die keinesfalls unterbrochen werden dürfen, eine besondere Dringlichkeit selbst dann an, wenn die Gründe für die Dringlichkeit im Fehlverhalten des Auftraggebers liegen. Erlaubt ist dem Auftraggeber dann eine auf den absolut notwendigen Zeitraum beschränkte Interimsvergabe. Der Auftraggeber aber ist auch bei der Vergabe eines Interimsauftrags verpflichtet, so viel Wettbewerb wie möglich zu gewährleisten.[33] In Betracht kommt statt des Kaufs eines neuen Löschfahrzeugs bspw. das Mieten oder Leasen des Fahrzeugs für den Zeitraum, den die Ausschreibung in Anspruch nimmt.

Schließlich muss zwischen dem unvorhergesehenen Ereignis und der Dringlichkeit ein **Kausalzusammenhang** bestehen. Die Ursache für die Dringlichkeit muss also in dem entsprechenden Ereignis liegen.

Die Leistung kann nur von einem bestimmten Unternehmen erbracht oder bereitgestellt werden

In diesem Fall beruft sich der Auftraggeber auf ein Alleinstellungsmerkmal eines bestimmten Unternehmens. Dies ist der Fall, wenn eine patentierte Leistung beschafft werden soll oder Urheberrechte bestehen. Ob ein Alleinstellungsmerkmal vorliegt, muss durch eine gründliche Marktrecherche festgestellt werden.

Es handelt sich um eine auf einer Warenbörse notierte und erwerbbare Leistung

Hierbei handelt es sich um Leistungen, wie bspw. Strom, der direkt an der Leipziger Strombörse EEX gekauft werden kann. Auch Waren, die auf Handelsplattformen für Bedarfsgüter wie landwirtschaftliche Erzeugnisse und Rohstoffe erworben werden, zählen hierzu. Solche können deshalb vom Wettbewerb ausgenommen werden, weil bei Warenbörsen durch regulierte und überwachte multilaterale Handelsstrukturen Marktpreise garantiert sind.[34]

Es handelt sich um eine Leistung, die von einem früheren Auftragnehmer erbracht werden soll, die zur Erneuerung/Erweiterung bereits erbrachter Leistungen bestimmt ist und ein Wechsel des Auftragnehmers aus technischen Gründen unverhältnismäßig schwierig ist

Unter Erneuerung wird die Anpassung der ursprünglichen Lieferung oder Einrichtung auf den neuesten Stand der Technik verstanden oder sie umfasst den Austausch von Teilen zur Reparatur von Abnutzungserscheinungen. Im Zuge der Erneuerung dürfen nur Teile der (nicht die gesamte) ursprünglichen Lieferung oder Einrichtung ausge-

II.

---

33 Vergabekammer München, Beschluss vom 12.08.2016 – Z3-3/3194/1/27/07/16; VK Lüneburg, Beschluss vom 06.02.2018 – VgK-42/2017 mit Einschränkungen.
34 S. Erwägungsgrund 50 EU-Richtlinie 2014/24/EU.

tauscht werden. Die Erweiterung, also eine zusätzliche Lieferung darf die ursprüngliche Lieferung oder Einrichtung nicht als Ganzes ersetzen. Die Lieferung eines anderen Unternehmens muss mit der ursprünglichen Leistung inkompatibel sein, das heißt, die abweichenden technischen Merkmale würden zu einer Unvereinbarkeit von zusätzlicher Lieferung und ursprünglicher Leistung führen (technische Unvereinbarkeit) (OLG Frankfurt am Main, 11 Verg 5/07).

Es handelt sich um Ersatzteile und Zubehörstücke zu Maschinen und Geräten eines Lieferanten, deren Beschaffung bei einem anderen Lieferanten unwirtschaftlich ist
Solche Situationen können entstehen, wenn für eine große Anzahl von Einsatzgeräten Ersatzteile beschafft werden müssen. So können Begründungen für einen bestimmten Hersteller und seine Ersatzteile wie folgt lauten:

> **Beispiel:**
> Die Feuerwehr Thalburg an der Ohm hält für ihre Atemschutzeinsätze Atemschutzgeräte der Fa. Schulze vor. Die Atemschutzgeräte unterliegen der regelmäßigen Wartung und Überprüfung an einer entsprechenden Prüfstation in der in der Atemschutzwerkstatt. Prüfroutinen und Zubehör sind aufgrund von Geräteherstellervorgaben auf diese Gerätetypen abgestimmt. Darüber hinaus ist es aufgrund von Wirtschaftsfaktoren und Effizienzgründen erforderlich den Gerätetyp der Feuerwehr Thalburg an der Ohm zu beschränken. Dies unterbindet die sonst hohen Schwierigkeiten bei der Integration, Gebrauch, Betrieb oder Wartung da die Mitarbeiter der Atemschutzwerkstatt auf andere Typen zertifiziert und ständig geschult werden müssten. Herstellerspezifische Spezialwerkzeuge wären erforderlich, ebenso spezielle Diagnosesoftwaren mit kostenpflichtigen Zugängen zu Herstellerportalen. Darüber hinaus müssten Gerätehalterungen in den Fahrzeugen bei jeder Verlastung aufwendig angepasst werden. Dies würde zu einem unverhältnismäßig hohem Aufwand im Bereich der Lagerhaltungskosten, Personalkosten und Kosten für Wartungsverträge und Servicesoftware und anderen Bereichen führen. Ferner müssten alle Atemschutzgeräteträger auf sämtliche Gerätetypen eingewiesen werden. Schon aus Gründen Bediensicherheit unter Hochrisikobedingen verbietet sich eine größerer Typenvielfalt.

Es liegt eine vorteilhafte Gelegenheit vor
Der Begriff »vorteilhafte Gelegenheit« ist eng auszulegen. Die Wahrnehmung einer vorteilhaften Gelegenheit muss zu einer wirtschaftlicheren Beschaffung führen, als diese bei der Anwendung der öffentlichen oder der beschränkten Ausschreibung der Fall wäre. Dies kann der Fall sein, wenn Liefer- oder Dienstleistungen zu be-

sonders günstigen Bedingungen bei Lieferanten, die ihre Geschäftstätigkeit einstellen, oder bei Insolvenzverwaltern oder Liquidatoren im Rahmen eines Insolvenz-, Vergleichs- oder sonstigen Ausgleichsverfahrens erworben werden, oder wenn die Dienstleitung zu besonders günstigen Bedingungen bei Unternehmen erworben werden, weil die Unternehmen staatliche Zuwendungen erhalten haben (BMWi, 2017, § 8).

Es liegen Sicherheits- oder Geheimhaltungsgründe vor
Öffentliche Aufträge, die Verteidigungs- und Sicherheitsaspekte umfassen, sind nach § 117 GWB bereits vom Anwendungsbereich des Vergaberechts ausgenommen, sofern die in § 117 GWB unter Ziffern 1 bis 5 genannten Voraussetzungen vorliegen. Sofern Verteidigungs- oder sicherheitsspezifische Aufträge vergeben werden sollen, die nicht in den Anwendungsbereich des § 117 GWB fallen, bestimmt auch § 51 UVgO, dass dem Auftraggeber u. a. die Verhandlungsvergabe mit oder ohne Teilnahmewettbewerb nach seiner Wahl zur Verfügung steht.

Der Auftrag soll ausschließlich an Behindertenwerkstätten, Sozialunternehmen (a) oder Justizvollzugsanstalten (b) vergeben werden.

Bei der Vergabe an Behindertenwerkstätten oder Sozialunternehmen ist § 118 GWB zu beachten. Dieser bestimmt in seinem Absatz 2, dass mindestens 30 % der in diesen Werkstätten oder Unternehmen beschäftigten Menschen mit Behinderungen oder benachteiligte Personen sind.

Es liegen Ausführungsbestimmungen vor, die eine Verhandlungsvergabe bis zu einem bestimmten Höchstwert erlauben.
Die Ausführungsbestimmungen für Kommunen unterscheiden sich von Bundesland zu Bundesland. Die UVgO wurde noch nicht in allen Bundesländern für anwendbar erklärt.

Tabelle 15[1]:

Bundesland	Verhandlungsvergabe (Freihändige Vergabe) zulässig bis netto
Baden-Württemberg	50.000 €[2]
Bayern	100.000 €[3]
Berlin	10.000 €[4]

Tabelle 15[1]: *– Fortsetzung*

Bundesland	Verhandlungsvergabe (Freihändige Vergabe) zulässig bis netto
Brandenburg	100.000 €[5]
Bremen	50.000 €[6]
Hamburg	50.000 €[7]
Hessen	100.000 € unter Anwendung der VOL/A[8]
Mecklenburg-Vorpommern	100.000 €[9]
Niedersachsen	siehe NWertVO[10]
Nordrhein-Westfalen	100.000 €[11]
Rheinland-Pfalz	40.000 € unter Anwendung der VOL/A[12]
Saarland	10.000 € bzw. 15.000 € im Bereich Informations- und Kommunikationstechnik[13]
Sachsen	25.000 € unter Anwendung der VOL/A[14]
Sachsen-Anhalt	25.000 € unter Anwendung der VOL/A[15]
Schleswig-Holstein	100.000 €[16] unter Anwendung der VOL/A
Thüringen	20.000 €[17]

[1] Wegen der Corona-Pandemie sind in einigen Bundesländern ergänzende Vorschriften erlassen worden, durch die die Wertgrenzen für die Verfahrensarten vorübergehend angehoben wurden.

[2] Ziffer 8.3 Verwaltungsvorschrift der Landesregierung über die Vergabe öffentlicher Aufträge (VwV Beschaffung) Vom 24. Juli 2018 – Az.: 64-0230.0/160 –

[3] Ziffer 1.3 Verwaltungsvorschrift zum öffentlichen Auftragswesen (VVöA) vom 24.03.2020, Az.: B II 2 - G17/17 - 2

[4] Ziff. 3.3.2 Ausführungsvorschriften zu § 55 LHO (Stand Februar 2020)

[5] § 30 Verordnung über die Aufstellung und Ausführung des Haushaltsplans der Gemeinden (Kommunale Haushalts- und Kassenverordnung - KomHKV) vom 14. Februar

[6] Bremisches Gesetz zur Sicherung von Tariftreue, Sozialstandards und Wettbewerb bei öffentlicher Auftragsvergabe (Tariftreue- und Vergabegesetz): UVgO gilt erst ab einem Auftragswert von 50.000 €, § 7 Abs. 1

[7] Beschaffungsordnung der Freien und Hansestadt Hamburg vom 1.3.2009 in der Fassung vom 1.10.2017

[8] § 15 Abs. 1 Hessisches Vergabe- und Tariftreuegesetz (HVTG) vom 19. Dezember 2014

[9] VgE M-V – Vergabeerlass, Erlass über die Vergabe öffentlicher Aufträge im Anwendungsbereich des Vergabegesetzes Mecklenburg-Vorpommern - Mecklenburg-Vorpommern -vom 12. Dezember 2018 (AmtsBl.M-V Nr. 52 vom 24.12.2018 S. 666) Gl. Nr. 703 - 19

[10] § 4 Verordnung über Auftragswertgrenzen zum Niedersächsischen Tariftreue- und Vergabegesetz (Niedersächsische Wertgrenzenverordnung - NWertVO)

[11] Vergabegrundsätze für Gemeinden nach § 25 Gemeindehaushaltsverordnung NRW (Kommunale Vergabegrundsätze), Runderlass des Ministeriums für Heimat, Kommunales, Bau und Gleichstellung 304-48.07.01/01-169/18 vom 28. August 2018

[12] Schreiben vom 17.07.2019 des Ministeriums für Wirtschaft, Verkehr, Landwirtschaft und Weinbau des Landes Rheinland-Pfalz »FestsetzungvonAuftragswertgrenzenbeiVergabenimUnterschwellenbereich«

[13] Bekanntgabe der von den Gemeinden, Gemeindeverbänden, kommunalen Eigenbetrieben und kommunalen Zweckverbänden bei der Vergabe von Aufträgen anzuwendenden Vergabegrundsätze (Vergabeerlass) vom 13. Juni 2018

[14] § 4 Sächsisches Vergabegesetz vom 14. Februar 2013

[15] § 2 Verordnung über Auftragswerte für die Durchführung von beschränkten Ausschreibungen und Freihändigen Vergaben nach der Vergabe- und Vertragsordnung für Leistungen - Teil A Vom 16. Dezember 2013

[16] § 9 Landesverordnung über die Vergabe öffentlicher Aufträge (Schleswig-Holsteinische Vergabeverordnung - SHVgVO) vom 13. November 2013

[17] Ziffer 1.2.2.2 Thüringer Verwaltungsvorschrift zur Vergabe öffentlicher Aufträge vom 16. September 2014 in Verbindung mit dem Rundschreiben zur Novellierung des Thüringer Vergabegesetzes (ThürVgG) vom 17.10.2019

Ablauf der Verhandlungsvergabe

Die Verhandlungsvergabe kann nach Wahl des Auftraggebers entweder mit (2-stufig) oder ohne (1-stufig) Teilnahmewettbewerb durchgeführt werden. Der Teilnahmewettbewerb dient der Eignungsprüfung von Unternehmen und bietet sich insbesondere an, wenn dem Auftraggeber keine oder nur wenige Unternehmen bekannt sind, die für die Auftragsausführung in Betracht kommen und geeignet sind. Verzichtet der Auftraggeber auf einen Teilnahmewettbewerb, muss er die Eignung und das Nichtvorliegen von Ausschlussgründen auf andere Weise klären; in der Regel erfolgt dies vor Beginn des Verhandlungsverfahrens. Auf welche Weise diese Eignungsprüfung stattzufinden hat, wird durch die UVgO nicht vorgegeben. Der Auftraggeber kann aber auf eigene Erfahrungen mit ihm bekannten Unternehmen zurückgreifen oder die Eignung durch (Internet-)Recherchen prüfen.

Mit Teilnahmewettbewerb

Entscheidet sich der Auftraggeber für die Durchführung eines Teilnahmewettbewerbs, wird er wie bei der beschränkten Ausschreibung mit Teilnahmewettbewerb auch bei der Verhandlungsvergabe eine unbeschränkte Anzahl von Unternehmen öffentlich zur Abgabe von Teilnahmeanträgen auffordern, § § 12 Abs. 1 Satz 2, 10 Abs. 2 UVgO. Mit den Teilnahmeanträgen kann jedes interessierte Unternehmen die geforderten Informationen zur Eignungsprüfung und zu etwaigen Ausschlussgründen übermitteln und wird so zum »Bewerber«. Der Auftraggeber prüft nach Ablauf der Teilnahmefrist die eingereichten Unterlagen auf Vollständigkeit und formale Richtigkeit und ob die Bewerber geeignet sind. Im Anschluss wählt er die Bewerber aus, die zur Angebotsabgabe aufgefordert werden sollen.

Der Auftraggeber muss dabei nicht alle geeigneten Bewerber berücksichtigen, sondern kann deren Zahl auf mindestens drei begrenzen, § § 12 Abs. 1 Satz 2, 10 Abs. 2 Satz 2, 36 UVgO. Voraussetzung ist, dass der Auftraggeber in der Auftragsbekanntmachung die Eignungskriterien für die Begrenzung sowie die vorgesehene Mindest- und Höchstzahl der Bewerber bekannt gegeben hat.

Beispiel:

Die Stadt B (NRW) will die Beschaffung eines Sirenenwarnsystems im Rahmen einer Verhandlungsvergabe mit Teilnahmewettbewerb vergeben. Die Beschaffung wird mit Fördermitteln durchgeführt. Der Auftragswert wird auf 80.000 € geschätzt; nach den Ausführungsbestimmungen des Landes NRW ist eine Verhandlungsvergabe zulässig. Die Stadt B fordert in der Auftragsbekanntmachung die Vorlage von Referenzen und gibt Eignungskriterien an, mit der sie die Bewerberanzahl begrenzen will:

»Die Zahl der Bewerber, die zur Abgabe eines Angebotes aufgefordert werden wird auf höchstens fünf und mindestens drei begrenzt. Gehen mehr als fünf Bewerbungen ein, erfolgt eine Auswahl nach folgenden Kriterien:

Anzahl der abgeschlossenen Referenzprojekte in den letzten drei Jahren:

keine Referenz	0 Punkte
2-4 Referenzen:	5 Punkte
5-7 Referenten:	10 Punkte
ab 8 Referenzen:	15 Punkte

Erfahrungen mit öffentlich geförderten Projekten in den letzten drei Jahren:

Keine Erfahrung	0 Punkte
1-2 geförderte Projekte:	5 Punkte
3-4 geförderte Projekte:	10 Punkte
ab 5 geförderte Projekte:	15 Punkte«

Mit Abschluss des Teilnahmewettbewerbs stehen die Unternehmen fest, die der Auftraggeber zur Angebotsabgabe auffordern wird.

Ohne Teilnahmewettbewerb

Bei einer Verhandlungsvergabe ohne Teilnahmewettbewerb findet die Eignungsprüfung abseits eines Teilnahmewettbewerbs statt. Konkrete formale Vorgaben, wie die Prüfung durchzuführen ist, enthält die UVgO nicht. Dem Auftraggeber stehen Recherchemöglichkeiten im Internet offen oder er befragt andere öffentliche Auftraggeber nach ihren Erfahrungen.

Aufforderung zur Angebotsabgabe oder zu Teilnahme an Verhandlungen

Steht nach Durchführung eines Teilnahmewettbewerbs fest, welche Bewerber geeignet sind oder hat der Auftraggeber die Eignung ohne Teilnahmewettbewerb auf andere Weise festgestellt, werden mehrere, grundsätzlich mindestens drei Bewerber bzw. Unternehmen zur Abgabe eines Angebotes oder zur Teilnahme an Verhandlungen aufgefordert, § 8 Abs. 2 UVgO. Unter den Unternehmen, die jeweils aufgefordert werden, soll der Auftraggeber wechseln, § 12 Abs. 2 Satz 3 UVgO. In begründeten Ausnahmefällen, wenn bspw. lediglich zwei Unternehmen für die Auftragsausführung in Betracht kommen, dürfen auch nur zwei Unternehmen aufgefordert werden. Nur ein Unternehmen aufzufordern ist allerdings in diesem Zusammenhang nicht zulässig (BMWi, 2017). Diese Möglichkeit ist gemäß § 12 Abs. 3 UVgO nur vorgesehen, wenn die Voraussetzungen des § 8 Abs. 4 Nrn. 9 bis 14 UVgO vorliegen:

- Besondere Dringlichkeit, § 8 Abs. 4 Nr. 9 UVgO,
- Alleinstellungsmerkmal, § 8 Abs. 4 Nr. 10 UVgO,
- Kauf an einer Warenbörse, § 8 Abs. 4 Nr. 11 UVgO,
- Erneuerungs- oder Erweiterungsleistungen des früheren Auftragnehmers, § 8 Abs. 4 Nr. 12 UVgO,
- Ersatzteile oder Zubehörstücke, § 8 Abs. 4 Nr. 13 UVgO,
- Wirtschaftlich vorteilhafte Gelegenheit, § 8 Abs. 4 Nr. 14 UVgO.

Anders als beim Verhandlungsverfahren im Oberschwellenbereich, bei dem in Verhandlungen nur eingestiegen werden darf, wenn die Unternehmen ihre Erstangebote vorgelegt haben, ist der Auftraggeber im Unterschwellenbereich flexibler: Hier darf er unmittelbar Verhandlungen beginnen, auch wenn er keine Erstangebote eingefordert hat (BMWi, 2017).

Merke:

Bei der Verhandlungsvergabe kann der Auftraggeber Verhandlungen führen, ohne dass bereits Angebote eingegangen sind.

Will der Auftraggeber nicht verhandeln und den Zuschlag auf das Erstangebot des Bestbieters erteilen, muss er sich diese Möglichkeit vorbehalten. Der Vorbehalt ist den Bewerbern in der Auftragsbekanntmachung, den Vergabeunterlagen oder bei der Angebotsaufforderung mitzuteilen, § 12 Abs. 4 Satz 2 UVgO:

»Es ist zunächst vorgesehen, mit geeigneten Bietern Verhandlungen zum Angebot aufzunehmen. Der Auftraggeber behält sich jedoch vor, den Auftrag auf der Grundlage der Erstangebote zu vergeben, ohne in Verhandlungen einzutreten«

Die Verhandlung

Vorgaben an die Durchführung der Verhandlungen finden sich in § 12 Abs. 4 bis Abs. 6:

Es darf über den gesamten Angebotsinhalt verhandelt werden, also auch über den Preis. Nicht verhandelt werden dürfen die Mindestanforderungen, die der Auftraggeber in der Leistungsbeschreibung festgelegt hat, sowie die Zuschlagskriterien. Verhandlungen dürfen auch geführt werden, bevor ein Angebot abgegeben wurde, § 12 Abs. 2 Satz 1 UVgO. Verhandlungen werden üblicherweise mündlich geführt und finden mit jedem einzelnen Bieter gesondert statt. Es bietet sich an, den Bietern im Vorfeld der Verhandlung die Themen zu nennen, die verhandelt werden sollen.

Merke:

Bei den Verhandlungen gilt der Gleichbehandlungsgrundsatz.

Nach § 12 Abs. 5 UVgO hat der Auftraggeber alle Bieter bei den Verhandlungen gleich zu behandeln. Draus folgt insbesondere, dass er allen Bietern die gleichen Informationen zukommen lassen muss. Vertrauliche Informationen eines Bieters darf der Auftraggeber nur mit Zustimmung dieses Bieters weitergeben.

Nach Beendigung der Verhandlungen fordert der Auftraggeber die Bieter unter Fristsetzung auf endgültigen Angebote einzureichen. Über diese darf dann nicht mehr verhandelt werden darf, § 12 Abs. 6 UVgO.

6.1.5   Übersicht über die nationalen Verfahrensarten

Öffentliche Ausschreibung	Beschränkte Ausschreibung mit Teilnahmewettbewerb	Regelverfahren: Immer zulässig
Beschränkte Ausschreibung ohne Teilnahmewettbewerb Zulässig, wenn: • Kein wirtschaftliches Ergebnis einer öffentlichen Ausschreibung • Missverhältnis zwischen Aufwand und Vorteil bei öffentlicher oder beschränkter Ausschreibung mit Teilnahmewettbewerb • Länderspezifische Wertgrenzenvorgabe	**Verhandlungsvergabe mit/ohne Teilnahmewettbewerb Zulässig, wenn:** • Konzeptionelle, innovative Lösungen • Auftrag kann nicht ohne Verhandlungen vergeben werden • Nach Aufhebung einer Ausschreibung • Verfügbare Lösungen müssen angepasst werden • Forschungs-, Entwicklungs-, Untersuchungsleistungen • Anschlussaufträge bei Entwicklungsleistungen • Missverhältnis zwischen Aufwand und Nutzen bei öffentlicher oder beschränkter Ausschreibung ohne Teilnahmewettbewerb • Dringlichkeit • Alleinstellungsmerkmal • Börsennotierte Leistungen • Anschlussleistungen • Ersatzteile • Geheimhaltungserfordernis	**Verfahren, die nur bei Vorliegen von Ausnahmetatbeständen zulässig**

Bild 15:   *Übersicht über die nationalen Verfahrensarten (bis zu einem Auftragswert von 221.000 EUR netto)*

6.1.6   Besonderheiten bei sozialen und anderen besonderen Dienstleistungen

Für die Vergabe sozialer und anderer besonderer Dienstleistungen trifft § 49 UVgO eine Sonderregelung:

Der Auftraggeber darf frei zwischen den Verfahrensarten der öffentlichen Ausschreibung, der beschränkten Ausschreibung mit Teilnahmewettbewerb und der Verhandlungsvergabe mit Teilnahmewettbewerb wählen. Ihm steht damit im Gegensatz zu den »normalen« Leistungen noch die Verhandlungsvergabe mit Teilnahmewettbewerb als Regelverfahren zur Verfügung.

Merke:

Bei der Vergabe sozialer und anderer besonderer Dienstleistungen kann der Auftraggeber ohne weitere Voraussetzungen die Verhandlungsvergabe mit Teilnahmewettbewerb wählen.

Will der Auftraggeber eine beschränkte Ausschreibung oder Verhandlungsvergabe jeweils ohne Teilnahmewettbewerb durchführen, gelten die allgemeinen Vorschriften des § 8 Abs. 3 und 4 UVgO.

6.1.7　Direktauftrag

Bei einem Direktauftrag handelt es sich um kein Vergabeverfahren; die Erteilung eines Direktauftrags erfolgt ohne Durchführung eines Vergabeverfahrens. Nach § 14 UVgO sind bei der direkten Vergabe einer Liefer- oder Dienstleistung nur die Haushaltsgrundsätze der Wirtschaftlichkeit und Sparsamkeit zu berücksichtigen. Für die Praxis stellt sich allerdings die Frage, wie die Wirtschaftlichkeit eines Direktauftrags nachgewiesen werden kann. Es bietet sich deshalb an, auch im Falle einer Direktvergabe Vergleichsangebote einzuholen, dies freilich ohne Beachtung der UVgO.

Ein Direktauftrag ist zulässig bis zu einem geschätzten Auftragswert von 1.000 Euro netto. In einigen Bundesländern liegt die Grenze höher.[35]

6.1.8　Schnellcheck

Zusammenfassung: Nationale Verfahrensarten

- Öffentliche Ausschreibung und beschränkte Ausschreibung mit Teilnahmewettbewerb sind stets zulässig.
- Beschränkte Ausschreibung ohne Teilnahmewettbewerb und Verhandlungsvergabe mit oder ohne Teilnahmewettbewerb sind nur in Ausnahmefällen zulässig.
- Bei der öffentlichen Ausschreibung und bei der beschränkten Ausschreibung mit/ohne Teilnahmewettbewerb sind Verhandlungen nicht zulässig.
- Bei der Verhandlungsvergabe darf über das Angebot und den Angebotspreis verhandelt werden, nicht jedoch über Mindestanforderungen oder über die Zuschlagskriterien.
- Für soziale und andere besondere Dienstleistungen gilt eine Sonderregelung; es darf zwischen den Verfahrensarten frei gewählt werden.

6.2　Europaweite Verfahren (oberhalb des EU-Schwellenwertes)

Öffentliche Aufträge, deren geschätzte Auftragswerte den EU-Schwellenwert erreichen oder überschreiten, werden in den Verfahren vergeben, die die Vergabever-

---

35　In NRW ist bspw. bis 31.12.2021 ein Direktauftrag bis 15.000 Euro zulässig

ordnung in § 14 vorsieht. Dies sind das offene Verfahren (§ 15 VgV), das nicht offene Verfahren (§ 16 VgV), das Verhandlungsverfahren (§ 17 VgV), den wettbewerblichen Dialog (§ 18 VgV) und schließlich die Innovationspartnerschaft (§ 19 VgV). Die europaweiten Verfahren unterscheiden sich von den nationalen Verfahren insbesondere dadurch, dass sie europaweit bekannt gemacht werden. Das sog. Kartellvergaberecht sieht außerdem bestimmte Fristen für die Bearbeitung des Teilnahmeantrags (Teilnahmefrist) und für die Angebotsbearbeitung (Angebotsfrist) vor, die vom Auftraggeber zu beachten sind. Benötigt der öffentliche Auftraggeber eine Leistung zu einem bestimmten Zeitpunkt, ist er gut beraten, wenn er neben den vorgegebenen Fristen auch ausreichend Zeit für die Wertung der Teilnahmeanträge und Angebote einplant.

6.2.1   Das offene Verfahren, § 15 VgV

Das offene Verfahren entspricht der öffentlichen Ausschreibung im Unterschwellenbereich. Der Auftraggeber fordert auch hier eine unbeschränkte Zahl von Unternehmen zur Angebotsabgabe auf; jedes interessierte Unternehmen kann ein Angebot abgeben, § 15 VgV. Das offene Verfahren ist immer zulässig.

Angebotsfrist
Anders als im Unterschwellenbereich sieht die VgV jedoch eine Angebotsfrist vor, die mindestens 35 Kalendertage[36] betragen muss.

Verkürzung der Angebotsfrist
Diese 35-Tagefrist kann um 5 Tage verkürzt werden, wenn der Auftraggeber die elektronische Übermittlung der Angebote akzeptiert, § 15 Abs. 4 VgV. Seit dem 18. Oktober 2018 (s. § 81 VgV) besteht nach § 53 VgV eine Verpflichtung für an Vergabeverfahren teilnehmenden Unternehmen, u. a. Angebote in Textform mithilfe elektronischer Mittel zu übermitteln. Praktisch gilt damit eine Mindestfrist von 30 Tagen statt von 35 Tagen. Innerhalb dieser Zeit muss ein Bieter sein Angebot vorlegen. Die Angebotsfrist beginnt am Tag nach der Absendung der Auftragsbekanntmachung und endet mit dem 30. Tag. Fällt das Fristende auf einen Samstag, Sonntag oder Feiertag tritt an seine Stelle der nächste Werktag, vgl. § 193 BGB.

---

36 Werktage sind nicht für Fristberechnungen nicht geeignet, weil die Feiertage im EU-Raum nicht einheitlich sind.

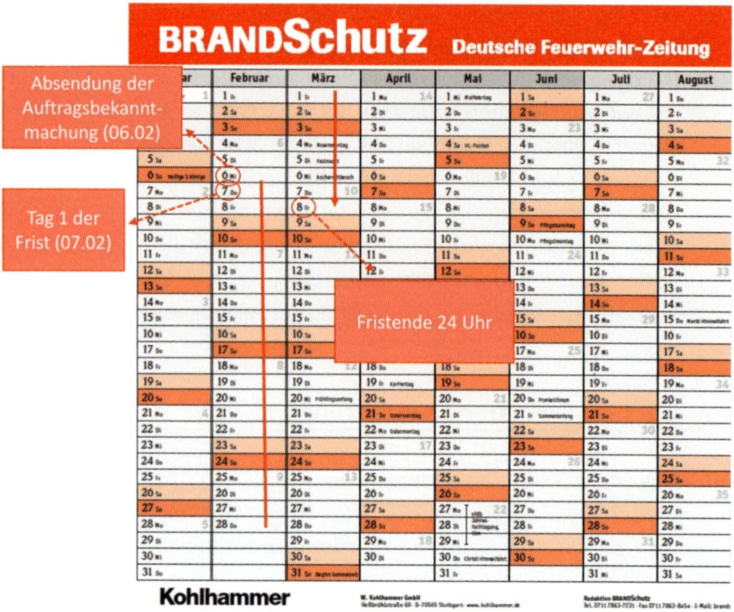

Bild 16:   *Berechnung der 30-Tagefrist bei offenem Verfahren*

Eine weitere Möglichkeit der Verkürzung der Angebotsfrist sieht § 15 Abs. 3 VgV vor. Danach kann der Auftraggeber bei »hinreichend begründeter Dringlichkeit« eine kürzere Angebotsfrist festlegen, die allerdings nicht weniger als 15 Kalendertage betragen darf.

Die hinreichend begründete Dringlichkeit ist nicht gleichzusetzen mit der äußersten bzw. besonderen Dringlichkeit.[37] Während letztere in der Regel nur bei Katastrophenfällen vorliegt, die unvorhersehbar und vom Auftraggeber nicht zu verantworten sind, kann eine hinreichend begründete Dringlichkeit bereits gegeben sein, wenn es dem Auftraggeber – u.U. auch aus Gründen, die in seinen Verantwortungsbereich fallen – nicht möglich ist, die vorgesehene Mindestfrist einzuhalten. Die Dringlichkeit darf aber nicht vom Auftraggeber mit der Absicht herbeigeführt worden sein, eine Verkürzung der Angebotsfrist begründen zu können (Müller-Wrede, 2017).

---

37   S. Erwägungsgrund 46 der EU-Richtlinie 2014/24/EU.

Verkürzung bei Vorabinformation

Eine Verkürzung der Angebotsfrist ist schließlich möglich nach § 38 VgV im Falle einer Vorinformation. Mit der Vorinformation gibt der öffentliche Auftraggeber die Absicht einer geplanten Auftragsvergabe bekannt. Sie erfolgt über ein Standardformular, das von der EU-Kommission veröffentlicht wurde.

Vorinformation
Richtlinie 2014/24/EU
Diese Bekanntmachung dient nur der Vorinformation   O
Diese Bekanntmachung dient der Verkürzung der Frist für den Eingang der Angebote   O
Diese Bekanntmachung ist ein Aufruf zum Wettbewerb   O
Interessierte Wirtschaftsteilnehmer müssen dem öffentlichen Auftraggeber mitteilen, dass sie an den Aufträgen interessiert sind; die Aufträge werden ohne spätere Veröffentlichung eines Wettbewerbsaufrufs vergeben

II.

Abschnitt I: Öffentlicher Auftraggeber

I.1) Name und Adressen *(alle für das Verfahren verantwortlichen öffentlichen Auftraggeber angeben)*

Offizielle Bezeichnung:			Nationale Identifikationsnummer:	
Postanschrift:				
Ort:	NUTS-Code:	Postleitzahl:	Land:	
Kontaktstelle(n):			Telefon:	
E-Mail:			Fax:	
Internet-Adresse(n) Hauptadresse *(URL)* Adresse des Beschafferprofils: *(URL)*				

Bild 17:   *Auszug aus der Vorinformation (Muster gemäß Anhang VIII der Durchführungsverordnung (EU) 2015/1986*

Enthält die Vorinformation alle geforderten Informationen und wird sie mindestens 35 Tage und maximal 12 Monate vor dem Tag einer beabsichtigten Auftragsbekanntmachung an das Amt für Veröffentlichungen der EU übermittelt, kann die Angebotsfrist um 15 Tage verkürzt werden.

Angemessene Frist

Zu beachten ist, dass es sich bei den genannten Fristen um Mindestfristen handelt. Der öffentliche Auftraggeber hat stets zu prüfen, ob die Fristen angemessen sind, § 20 VgV. Ist die Leistung, die beschafft werden soll, sehr komplex und fordert die Ausarbeitung der Angebote entsprechend mehr Zeit oder ist eine Ortsbesichtigung erforderlich, kann die Mindestfrist zu kurz sein. In diesen Fällen ist eine längere Frist vorzugeben.

Verlängerung der Angebotsfrist

Eine Pflicht des öffentlichen Auftraggebers zur Verlängerung der Frist besteht nach § 20 Abs. 3 VgV, wenn er zusätzliche Informationen, die ein an der Ausschreibung interessiertes Unternehmen rechtzeitig anfordert, nicht spätestens sechs Tage vor Ablauf der Angebotsfrist zur Verfügung stellen kann. Hat der Auftraggeber wegen hinreichend begründeter Dringlichkeit die Angebotsfrist nach § 15 Abs. 3 VgV auf 15 Tage verkürzt, muss er die zusätzlichen Informationen spätestens vier Tage vor Ablauf der Angebotsfrist zur Verfügung stellen, um eine Fristverlängerung zu vermeiden. Wann die Anforderung zusätzlicher Informationen »rechtzeitig« ist und wann nicht, ergibt sich aus den Vorschriften der VgV leider nicht. Öffentliche Auftraggeber setzen daher häufig einen Termin fest, bis zu deren Ablauf die potentiellen Bieter Fragen stellen können. Erfolgt die Anforderung zusätzlicher Informationen nach diesem Termin, liegt die Vermutung nahe, dass die Anforderung nicht rechtzeitig war. Voraussetzung ist aber, dass der Termin angemessen ist; die Unternehmen also ausreichend Zeit hatten, die Vergabeunterlagen zu lesen.

Ändert der Auftraggeber die Vergabeunterlagen wesentlich, ist die Angebotsfrist ebenfalls zu verlängern, § 20 Abs. 3 Nr. 2 VgV. Eine wesentliche Änderung liegt vor, wenn sie Einfluss auf die Kalkulation des Bieters hat. Beispiel für eine wesentliche Änderung ist die Änderung der technischen Spezifikationen.

Eine weitere Vorgabe zur Fristverlängerung enthält § 41 Abs. 2 VgV. Danach ist die Frist um 5 Tage zu verlängern, wenn die Vergabeunterlagen nicht mithilfe elektronischer Mittel übermittelt werden können. Nur im Fall der hinreichend begründeten Dringlichkeit nach § 15 VgV ist die Frist nicht zu verlängern.

Tabelle 16: *Verkürzung/Verlängerung Angebotsfrist*

Verkürzung der Angebotsfrist (35 Tage) möglich, bei:	Verlängerung der Angebotsfrist erforderlich bei:
hinreichend begründeter Dringlichkeit auf 15 Tage	nicht rechtzeitigem (sechs bzw. vier Tage vor Ablauf der Angebotsfrist) Zur-Verfügung-Stellen erbetener zusätzlicher Informationen
elektronischer Übermittlung der Angebote um fünf Tage	wesentlichen Änderungen an den Vergabeunterlagen
	Übermittlung der Vergabeunterlagen mit elektronischen Mitteln nicht möglich

Wegen der zu beachtenden Fristen liegt die Dauer eines offenen Verfahrens bei etwa 12 Wochen (vgl. Bild 18).

Bild 18:   *Berechnung der Fristen Basis der Mindestfrist von 30 Tagen*

Wie auch bei der öffentlichen Ausschreibung sind beim offenen Verfahren Verhandlungen, insbesondere über Änderungen der Angebote oder Preise nicht zulässig, § 15 Abs. 5 VgV.

6.2.2   Das nicht offene Verfahren, § 16 VgV

Das zweistufige nicht offene Verfahren entspricht der beschränkten Ausschreibung im nationalen Vergaberecht. Anders als bei der beschränkten Ausschreibung, die mit oder ohne Durchführung eines Teilnahmewettbewerbs möglich ist, ist bei dem nicht offenen Verfahren ein vorheriger Teilnahmewettbewerb zwingend durchzuführen. Das nicht offene Verfahren ist immer zulässig und steht neben dem offenen Verfahren dem Auftraggeber nach seiner Wahl zur Verfügung. Vor- und Nachteile des offenen und des nicht offenen Verfahrens gleichen denen der öffentlichen und beschränkten Ausschreibung: Während das offene Verfahren von kürzerer Dauer ist als das nicht offene Verfahren, kann der Auftraggeber beim nicht offenen Verfahren durch den Teilnahmewettbewerb eine Vorauswahl treffen, welche Bewerber er zur Abgabe eines Angebotes auffordert.

1. Stufe: Teilnahmewettbewerb

Das nicht offene Verfahren beginnt der Auftraggeber, indem er eine unbeschränkte Zahl von Unternehmen öffentlich auffordert, einen Teilnahmeantrag abzugeben; damit beginnt die erste Stufe des Verfahrens, der Teilnahmewettbewerb.

Der Teilnahmewettbewerb dient dem Auftraggeber dazu, die Eignung der sich beteiligenden Unternehmen zu prüfen. Die Unternehmen fügen ihrem Teilnahmeantrag deshalb die vom Auftraggeber geforderten Informationen für die Prüfung ihrer Eignung bei. Die Teilnahmefrist, also die Zeit, die den interessierten Unternehmen zur Erstellung eines Teilnahmeantrags mindestens gewährt werden muss, beträgt 30 Tage, § 16 Abs. 2 VgV. Sie kann auf 15 Tage verkürzt werden, wenn eine hinreichend begründete Dringlichkeit dem Auftraggeber die Einhaltung der Teilnahmefrist unmöglich macht, § 16 Abs. 3 VgV. An die hinreichend begründete Dringlichkeit werden keine so hohen Anforderungen gestellt wie an die äußerste oder besondere Dringlichkeit. Es gilt das, was bereits zum offenen Verfahren gesagt wurde: Es muss sich nicht notwendigerweise um eine extreme Dringlichkeit wegen unvorhersehbarer und vom öffentlichen Auftraggeber nicht zu verantwortender Ereignisse handeln.[38]

---

38 S. auch Erläuterung zu § 15 Abs. 3 VgV.

Nach Ablauf der Teilnahmefrist prüft der Auftraggeber die von den Bewerbern übermittelten Informationen und Eignungsnachweise anhand der zuvor festgelegten und bekannt gegebenen Eignungskriterien sowie das Vorliegen etwaiger Ausschlusskriterien. Bewerber, die nicht geeignet sind oder bei denen Ausschlussgründe vorliegen, werden vom weiteren Verfahren ausgeschlossen. Die übrigen Bewerber können entweder alle zur Angebotsabgabe aufgefordert werden oder der Auftraggeber begrenzt die Anzahl der aufzufordernden Bewerber nach § 51 VgV, sofern genügend geeignete Bewerber zur Verfügung stehen. Die Auswahl der Bewerber, die zur Angebotsabgabe aufgefordert werden, erfolgt nach den in der Auftragsbekanntmachung veröffentlichten objektiven und nichtdiskriminierenden Eignungskriterien. Die Anzahl der Bewerber muss zwischen der in der Auftragsbekanntmachung vorgesehenen Mindestzahl und der gegebenenfalls bekannt gegebenen Höchstzahl liegen.

Merke:

Beim nicht offenen Verfahren sind mindestens fünf Bewerber zur Angebotsabgabe aufzufordern, sofern genügend geeignete Bewerber zur Verfügung stehen, § 51 Abs. 2 VgV.

Liegen dem Auftraggeber weniger als fünf Teilnahmeanträge vor bzw. sind nach Prüfung der Teilnahmeanträge weniger als fünf Bewerber geeignet, sind alle geeigneten Bewerber zu berücksichtigen.

2. Stufe: Angebotsphase
Nach Aufforderung zur Angebotsabgabe erstellen die Bewerber ein Angebot. Mit Abgabe des Angebotes werden sie zu Bietern. Verhandlungen über die Angebote sind ebenso wie beim offenen Verfahren nicht zulässig.

6.2.3 Das Verhandlungsverfahren mit Teilnahmewettbewerb, § 17 VgV

Anders als im Bereich der Unterschwellenvergabe bei der Verhandlungsvergabe steht dem Auftraggeber bei einem Verhandlungsverfahren keine Wahlmöglichkeit zu, ob er einen Teilnahmewettbewerb vorschaltet oder nicht. Die Tatbestände, bei denen ein Verhandlungsverfahren mit Teilnahmewettbewerb durchgeführt werden darf, sind genauso abschließend geregelt wie die Fälle, in denen auf einen Teilnahmewettbewerb verzichtet werden kann.

Bild 19: *Zeitstrahl für nicht offenes Verfahren*

Tabelle 17: *Vor- und Nachteile der Verfahrensarten offenes Verfahren und nicht offenes Verfahren*

Offenes Verfahren		Nicht offenes Verfahren	
Vorteile	**Nachteile**	**Vorteile**	**Nachteile**
Kurze Dauer			Längere Verfahrensdauer
Weniger aufwändig für Auftraggeber und Unternehmen			Das Erstellen von Unterlagen für den Teilnahmewettbewerb / Teilnahmeantrag und Vergabeunterlagen / Angebot ist aufwändiger für Auftraggeber / Unternehmen

164

Tabelle 17: *Vor- und Nachteile der Verfahrensarten offenes Verfahren und nicht offenes Verfahren – Fortsetzung*

Offenes Verfahren	Nicht offenes Verfahren
Alle Unternehmen, auch solche, die für die Auftragsausführung nicht in Betracht kommen, können ein Angebot abgeben	Die Zahl der Bieter und der eingehenden Angebote lässt sich begrenzen
Auch bei umfangreichen Vergabeunterlagen muss jedes Unternehmen ein Angebot kalkulieren und erstellen.	Unternehmen erfahren schon im Teilnahmewettbewerb, ob sie geeignet sind. Nicht geeignete Unternehmen sparen sie daher den Aufwand für die Angebotserstellung.

II.

Anwendungsfälle

§ 14 Abs. 3 VgV nennt in seinen Nummern 1 bis 5, wann ein Verhandlungsverfahren mit Teilnahmewettbewerb zulässig ist:

- **Nr. 1: Bereits verfügbare Lösungen erfüllen die Bedürfnisse des Auftraggebers nicht.**
  Dieser Tatbestand ist identisch mit § 8 Abs. 4 Nr. 5 UVgO. Er ist einschlägig, wenn es um komplexe Beschaffungen geht, wie besonders hoch entwickelte Waren, geistige Dienstleistungen (z. B. Beratungs-, Architekten- oder Ingenieurleistungen). Für Standarddienstleistungen oder Standardlieferungen, die von vielen verschiedenen Marktteilnehmern erbracht werden, kann dieser Tatbestand nicht zur Anwendung kommen.
- **Nr. 2: Der Auftrag umfasst konzeptionelle oder innovative Lösungen**
  § 14 Abs. 3 Nr. 2 VgV ist identisch mit § 8 Abs. 4 Nr. 1 UVgO. Der Bedarf an konzeptionellen oder innovativen Lösungen besteht insbesondere dort, wo es um schöpferische Leistungen geht, deren Umsetzung der Auftraggeber den Bietern überlässt.

- **Nr. 3 Komplexe Umstände erfordern Verhandlungen**

    Die Regelung entspricht § 8 Abs. 4 Nr. 2 UVgO. Wie auch in den Nrn. 1 und 2 des § 14 Abs. 3 VgV sind hier in erster Linie komplexe Beschaffungen gemeint. Eine klare Abgrenzung zu den genannten Tatbeständen ist deshalb nicht möglich. Auch hier gilt, dass die Beschaffung von Standardleistungen nicht in den Anwendungsbereich fällt.

- **Nr. 4: Die Leistung kann nicht ausreichend genau beschreiben werden**

    Eine Verhandlungsvergabe mit Teilnahmewettbewerb kommt in Betracht, wenn die technischen Spezifikationen vom öffentlichen Auftraggeber nicht mit ausreichender Genauigkeit unter Verweis auf eine Norm, eine europäische technische Bewertung (ETA), eine gemeinsame technische Spezifikation oder technische Referenzen im Sinne des Anhangs VII Nummern 2 bis 5 erstellt werden können.

- **Nr. 5: In einem vorherigen offenen oder nicht offenen Verfahren sind keine ordnungsgemäßen oder nur unannehmbare Angebote eingegangen**

    Voraussetzung für diesen Tatbestand ist das Vorliegen von Angeboten in einem vorherigen offenen oder nicht offenen Verfahren, die nicht ordnungsgemäß oder unannehmbar waren.

    Nicht ordnungsgemäß sind Angebote, die nicht den Vergabeunterladen entsprechen, nicht fristgerecht eingegangen sind, die nachweislich auf kollusiven Ansprachen beruhen oder die nach Einschätzung des Auftraggebers ungewöhnlich niedrig sind. Unannehmbar sind Angebote von Bietern, die nicht geeignet sind und Angebote, die unwirtschaftlich sind und das festgelegte Budget überschreiten. Bezieht der Auftraggeber in das dem offenen oder nicht offenen Verfahren folgende Verhandlungsverfahren alle Unternehmen aus dem vorherigen Verfahren ein, die form- und fristgerechte Angebote abgegeben haben, so kann er auf einen Teilnahmewettbewerb verzichten.

2. »Norm bezeichnet eine technische Spezifikation, die von einer anerkannten Normungsorganisation zur wiederholten oder ständigen Anwendung angenommen wurde, deren Einhaltung nicht zwingend ist und die unter eine der nachstehenden Kategorien fällt:

a) *internationale Norm: Norm, die von einer internationalen Normungsorganisation angenommen wurde und der Öffentlichkeit zugänglich ist;*

b) *europäische Norm: Norm, die von einer europäischen Normungsorganisation angenommen wurde und der Öffentlichkeit zugänglich ist;*

c) *nationale Norm: Norm, die von einer nationalen Normungsorganisation angenommen wurde und der Öffentlichkeit zugänglich ist;*

3. »Europäische technische Bewertung« bezeichnet eine dokumentierte Bewertung der Leistung eines Bauprodukts in Bezug auf seine wesentlichen Merkmale im Einklang mit dem betreffenden Europäischen Bewertungsdokument gemäß der Begriffsbestimmung in Artikel 2 Nummer 12 der Verordnung (EU) Nr. 305/2011 des Europäischen Parlaments und des Rates (…);

4. »gemeinsame technische Spezifikationen« sind technische Spezifikationen im IKT-Bereich, die gemäß den Artikeln 13 und 14 der Verordnung (EU) Nr. 1025/2012 festgelegt wurden;

5. »technische Bezugsgröße« bezeichnet jeden Bezugsrahmen, der keine europäische Norm ist und von den europäischen Normungsorganisationen nach den an die Bedürfnisse des Marktes angepassten Verfahren erarbeitet wurde.

Auszug aus Anhang VII der Richtlinie 2014/24/EU, Nr. 2 bis 5

6.2.4 Ablauf des Verhandlungsverfahrens mit Teilnahmewettbewerb

Der Ablauf des Verhandlungsverfahrens mit Teilnahmewettbewerb entspricht der Verhandlungsvergabe mit Teilnahmewettbewerb.[39] Im Bereich der Oberschwellenvergabe sind aber sowohl für den Teilnahmewettbewerb als auch für die Angebotsphase Mindestfristen zu beachten. Die Teilnahmefrist, also die Zeit, die den interessierten Unternehmen zur Erstellung eines Teilnahmeantrags mindestens gewährt werden muss, beträgt 30 Tage, § 17 Abs. 2 VgV. Sie kann auf 15 Tage verkürzt werden, wenn eine hinreichend begründete Dringlichkeit dem Auftraggeber die Einhaltung der Teilnahmefrist unmöglich macht, § 17 Abs. 3 VgV. An die hinreichend begründete Dringlichkeit werden keine so hohen Anforderungen gestellt wie an die äußerste oder besondere Dringlichkeit. Es gilt das, was bereits zum offenen Verfahren

---

39 Siehe Teil II Ziffer 6.1.4.

gesagt wurde: Es muss sich nicht notwendigerweise um eine extreme Dringlichkeit wegen unvorhersehbarer und vom öffentlichen Auftraggeber nicht zu verantwortender Ereignisse handeln.

Im Anschluss an den Teilnahmewettbewerb werden die geeigneten Bewerber zur Angebotsabgabe aufgefordert. Die vorgesehene Mindestzahl an geeigneten Bewerbern darf nicht niedriger als drei sein, § 51 Abs. 2 VgV. Im Gegensatz zur Verhandlungsvergabe nach § 8 Abs. 4 UVgO, bei der Verhandlungen auch möglich sind, ohne dass erste Angebote vorliegen, setzen die Verhandlungen in einem Verhandlungsverfahren das Vorliegen von Angeboten voraus.

Merke:

Beim Verhandlungsverfahren wird über vorliegende Angebote verhandelt. Verhandlungen vor Angebotseinreichung sind nicht statthaft.

Will der Auftraggeber nicht verhandeln und den Zuschlag auf das Erstangebot des Bestbieters erteilen, muss er sich diese Möglichkeit vorbehalten. Der Vorbehalt ist den Bewerbern in der Auftragsbekanntmachung oder oder bei der Aufforderung zur Interessensbestätigung mitzuteilen, § 17 Abs. 11 VgV.

Bild 20: *Zeitstrahl Verhandlungsverfahren mit Teilnahmewettbewerb*

6.2.5   Das Verhandlungsverfahren ohne Teilnahmewettbewerb, § 17 VgV

Verhandlungsverfahren ohne Teilnahmewettbewerb sollen grundsätzlich nur ausnahmsweise zur Anwendung kommen. Diese Ausnahme ist auf Fälle beschränkt, in denen ein Teilnahmewettbewerb entweder aus Gründen äußerster Dringlichkeit wegen unvorhersehbarer und vom öffentlichen Auftraggeber nicht zu verantwortender Ereignisse nicht möglich ist oder in denen von Anfang an klar ist, dass ein Teilnahmewettbewerb nicht zu mehr Wettbewerb oder besseren Beschaffungsergebnissen führen würde. Welche Fälle dies sind, ergibt sich aus § 14 Abs. 4 VgV.

Nr. 1: In einem offenen oder nicht offenen Verfahren sind keine oder keine geeigneten Angebote abgegeben worden

Ist ein offenes oder nicht offenes Verfahren aufgehoben worden, weil keine oder keine geeigneten Angebote oder in einem Teilnahmewettbewerb keine geeigneten Teilnahmeanträge abgegeben worden sind, kann der Auftraggeber die Leistung in einem Verhandlungsverfahren ohne Teilnahmewettbewerb vergeben.

Ein Angebot gilt als ungeeignet, wenn es den in den Auftragsunterlagen genannten Bedürfnissen und Anforderungen des öffentlichen Auftraggebers offensichtlich nicht entspricht. Ein Teilnahmeantrag gilt als ungeeignet, wenn der Bewerber ausgeschlossen werden muss, weil er die vom öffentlichen Auftraggeber genannten Eignungskriterien nicht erfüllt oder er nach den §§ 123, 124 GWB ausgeschlossen wurde. Weitere Voraussetzung ist, dass die ursprünglichen Auftragsbedingungen nicht wesentlich geändert werden. Die Frage, ob eine Änderung grundlegend ist, ist einzelfallbezogen zu betrachten (KG, Verg 2/11.). Wenn aufgrund einer geänderten Bedingung, wäre sie Gegenstand des ursprünglichen Vergabeverfahrens gewesen, die im Rahmen des Verfahrens eingereichten Angebote als geeignet hätten betrachtet werden können oder andere Bieter als die, die an dem ursprünglichen Verfahren teilgenommen hatten, Angebote hätten einreichen können, ist sie wesentlich (EuGH, C-250/07).

Nr. 2: Der Auftrag kann nur von einem bestimmten Unternehmen erbracht werden

Soll ein einzigartiges Kunstwerk oder eine einzigartige künstlerische Leistung beschafft werden, kann naturgemäß kein Wettbewerb erfolgen. Gleiches gilt, wenn aus technischen Gründen kein Wettbewerb vorhanden ist oder wegen des Schutzes von Ausschließlichkeitsrechten, insbesondere gewerblichen Schutzrechten, nur ein einziges Unternehmen zur Auftragsausführung in der Lage ist; allerdings nur dann, wenn es

II.

keine vernünftige Alternative oder Ersatzlösung gibt und der mangelnde Wettbewerb nicht das Ergebnis einer künstlichen Einschränkung der Auftragsvergabepa-
rameter ist, § 14 Abs. 6 VgV. Die Anforderungen an den Umfang der von einem
öffentlichen Auftraggeber in diesem Zusammenhang anzustellenden Ermittlungen
bevor er ausnahmsweise auf ein wettbewerbliches Vergabeverfahren verzichten
darf, sind hoch. Die Rechtsprechung verlangt diesbezüglich ernsthafte Nachfor-
schungen auf europäischer Ebene bzw. die Beibringung stichhaltiger Beweise. Der
50. Erwägungsgrund der RL 2014/24/EU nennt als ein Beispiel dafür, was vom
Auftraggeber dazulegen und zu beweisen ist, um zu Recht auf ein wettbewerbliches
Vergabeverfahren zu verzichten, dass es für andere »Wirtschaftsteilnehmer technisch nahezu unmöglich ist, die geforderte Leistung zu erbringen«.Die in wettbewerblichen Vergabeverfahren weitgehend nicht nachprüfbare Freiheit eines öffentlichen Auftraggebers, seinen Beschaffungsbedarf zu bestimmen, gilt demnach
im Falle des § 14 Abs. 4 Nr. 2 VgV nicht, sondern unterliegt erheblich engeren
Grenzen; dasselbe gilt für den Umfang der vor der Beschaffung durchzuführenden
Markterforschungen (VK Bund, VK 1-75/19).

Nr. 3: Äußerste Dringlichkeit

Ein Verhandlungsverfahren ohne Teilnahmewettbewerb kommt in Betracht, wenn
aufgrund besonderer Dringlichkeit die Fristen nicht eingehalten werden können, die
für die anderen Vergabeverfahren vorgeschrieben sind. Nach der ständigen Rechtsprechung des Europäischen Gerichtshofs müssen dabei drei Voraussetzungen kumulativ erfüllt sein:

1. Es muss ein unvorhergesehenes Ereignis vorliegen,
2. dringliche und zwingende Gründe lassen die Einhaltung der in anderen
   Verfahren vorgeschriebenen Fristen nicht zu
3. und es liegt ein Kausalzusammenhang zwischen dem unvorhergesehenen
   Ereignis und den sich daraus ergebenden zwingenden, dringlichen Gründen vor.[40]

Nr. 4: Lieferleistung zu Forschungs- und Entwicklungsleistungen

Eine Vergabe im Verhandlungsverfahren ohne Teilnahmewettbewerb ist zulässig,
wenn Produkte beschafft werden sollen, die ausschließlich zu Forschungs-, Versuchs-,
Untersuchungs- oder Entwicklungszwecken hergestellt werden; sie dürfen aber nicht

---

40 Siehe dazu Ziffer 1.1.4.1.9 und (BMWi, 2017).

die Serienfertigung zum Nachweis der Marktfähigkeit des Produkts oder zur Deckung der Forschungs- und Entwicklungskosten umfassen.

Nr. 5: Zusätzliche Leistungen

Zusätzlichen Lieferungen des ursprünglichen Unternehmers, die entweder zur teilweisen Erneuerung von Lieferungen oder Einrichtungen oder zur Erweiterung von bestehenden Lieferungen oder Einrichtungen bestimmt sind, können im Verhandlungsverfahren ohne Teilnahmewettbewerb vergeben werden, wenn ein Wechsel des Unternehmers dazu führen würde, dass der öffentliche Auftraggeber Lieferungen mit unterschiedlichen technischen Merkmalen kaufen müsste und dies eine technische Unvereinbarkeit oder unverhältnismäßige technische Schwierigkeiten bei Gebrauch und Wartung mit sich bringen würde; die Laufzeit dieser Aufträge sowie der Daueraufträge darf in der Regel drei Jahre nicht überschreiten.

Nr. 6: Auf einer Warenbörse notierte Leistungen

Der Tatbestand entspricht § 8 Abs. 4 Nr. 11 UVgO. Werden Waren direkt an einer Warenbörse oder Handelsplattform gehandelt, findet dort bereits ein Wettbewerb statt, der Marktpreise garantiert. Die Durchführung eines wettbewerblichen Verfahrens ist deshalb nicht erforderlich.

Nr. 7: Beschaffungen aus Insolvenzen

Kann ein Auftraggeber Lieferungen oder Dienstleistungen zu besonders günstigen Bedingungen bei Lieferanten, die ihre Geschäftstätigkeit endgültig einstellen, oder bei Insolvenzverwaltern im Rahmen eines Insolvenzverfahrens, einer Vereinbarung mit Gläubigern oder eines in den Rechtsvorschriften eines Mitgliedstaats vorgesehenen gleichartigen Verfahrens erwerben, ist das Verhandlungsverfahren ohne Teilnahmewettbewerb zulässig.

Nr. 8: Leistungen im Anschluss an einen Planungswettbewerb

Das Verhandlungsverfahren ohne Teilnahmewettbewerb kann für öffentliche Dienstleistungsaufträge verwendet werden, wenn der betreffende Auftrag im Anschluss an einen Planungswettbewerb[41] nach den im Wettbewerb festgelegten Bestimmungen an den Gewinner oder einen der Gewinner des Wettbewerbs vergeben werden muss; im letzteren Fall müssen alle Gewinner des Wettbewerbs zur Teilnahme an den Verhandlungen aufgefordert werden.

---

41   Siehe § § 69 ff. VgV.

Nr. 9: Wiederholte Leistungen

Neue Dienstleistungen, die in der Wiederholung gleichartiger Dienstleistungen bestehen, die von demselben öffentlichen Auftraggeber an den Wirtschaftsteilnehmer vergeben werden, der den ursprünglichen Auftrag erhalten hat, können im Verhandlungsverfahren ohne Teilnahmewettbewerb vergeben werden. Voraussetzung ist, dass sie einem Grundprojekt entsprechen und dieses Projekt Gegenstand des ursprünglichen Auftrags war. Die Beschaffung muss innerhalb von drei Jahren nach Abschluss des ursprünglichen Auftrags erfolgen.

Tabelle 18: *Übersicht über die Teilnahme- und Angebotsfristen*

	Offenes Verfahren	**Nicht offenes Verfahren**	**Verhandlungs-verfahren**
Teilnahmefrist	—	30 Tage	30 Tage
Teilnahmefrist bei Dringlichkeit	—	15 Tage	15 Tage
Angebotsfrist	35 Tage	30 Tage	30 Tage
Angebotsfrist bei elektronischer Übermittlung	30 Tage	25 Tage	25 Tage
Angebotsfrist bei Dringlichkeit	15 Tage	10 Tage	10 Tage

6.2.6   Wettbewerblicher Dialog

Der wettbewerbliche Dialog ist in § 18 VgV geregelt. Er bietet sich in Fällen an, in denen öffentliche Auftraggeber nicht in der Lage sind, die Mittel zur Befriedigung ihres Bedarfs zu definieren oder zu beurteilen, was der Markt an technischen, finanziellen oder rechtlichen Lösungen zu bieten hat. Diese Situation kann insbesondere bei innovativen Projekten, bei der Realisierung großer, integrierter Verkehrsinfrastrukturprojekte oder großer Computer-Netzwerke oder bei Projekten mit einer komplexen, strukturierten Finanzierung eintreten.[42]

---

42 Erwägungsgrund 42 der Richtlinie 2014/24/EU.

6.2.7 Innovationspartnerschaft

Die Innovationspartnerschaft findet sich in § 19 VgV. Sie kann zur Anwendung kommen, wenn der Bedarf an der Entwicklung eines innovativen Produkts beziehungsweise einer innovativen Dienstleistung und dem anschließenden Erwerb dieses Produkts beziehungsweise dieser Dienstleistung nicht durch bereits auf dem Markt verfügbare Lösungen befriedigt werden kann. Die Innovationspartnerschaft soll es öffentlichen Auftraggebern ermöglichen, eine langfristige Innovationspartnerschaft für die Entwicklung und den anschließenden Kauf neuer, innovativer Waren, Dienstleistungen zu begründen.[43]

Bild 21: *Übersicht über die Verfahrensarten*

6.2.8 Besonderheiten bei sozialen und anderen besonderen Dienstleistungen

Für die Beschaffung von sozialen und anderen besonderen Dienstleistungen gelten Sonderregelungen in den §§ 64 ff. VgV. Dem Auftraggeber stehen nicht nur das

---

43 Erwägungsgrund 49 der Richtlinie 2014/24/EU.

offenen und das nicht offene Verfahren zur Wahl zur Verfügung, sondern auch die Verhandlungsvergabe mit Teilnahmewettbewerb, § 65 Abs. 1 VgV. Die Zulässigkeit des Verhandlungsverfahrens ohne Teilnahmewettbewerb richtet sich nach der allgemeinen Vorschrift des § 14 Absatz 4 VgV.

Auch für die Fristen gelten Besonderheiten: Die Mindestfristen der §§ 15 bis 19 VgV gelten nicht. Der Auftraggeber kann die Fristen frei bestimmen, solange sie angemessen sind.

6.2.9   Besonderheiten bei Sektorenauftraggebern

Für Sektorenauftraggeber gilt nach § 13 SektVO, dass neben dem offenen Verfahren auch das nicht offene Verfahren und das Verhandlungsverfahren mit Teilnahmewettbewerb und der Wettbewerbliche Dialog nach seiner Wahl zu Verfügung stehen. Will er Sektorenauftraggeber ein Verhandlungsverfahren ohne Teilnahmewettbewerb durchführen, muss er eine der in § 13 Abs. 2 SektVO genannten Tatbestände erfüllen.

6.2.10   Schnellcheck

Zusammenfassung: EU-weite Verfahrensarten

- Offenes Verfahren und nicht offenes Verfahren sind nach Wahl des Auftraggebers stets zulässig.
- Verhandlungsverfahren, Wettbewerblicher Dialog und Innovationspartnerschaft sind nur in Ausnahmefällen zulässig.
- Beim offenen und beim nicht offenen Verfahren sind Verhandlungen nicht zulässig.
- Beim Verhandlungsverfahren, Wettbewerblichem Dialog und Innovationspartnerschaft darf über das Angebot und den Angebotspreis verhandelt werden, nicht jedoch über Mindestanforderungen oder über die Zuschlagskriterien.
- Für den Teilnahmewettbewerb und die Angebotsphase gelten Mindestfristen, die bei Vorliegen bestimmter Voraussetzungen verlängert oder verkürzt werden können/müssen.
- Für soziale und andere besondere Dienstleistungen gelten Sonderregelungen; der Auftraggeber kann neben dem offenen und nicht offenen Verfahren auch auf das Verhandlungsverfahren mit Teilnahmewettbewerb zurückgreifen.

7   Die Eignung (Kriterien und Nachweise)

Öffentliche Aufträge dürfen nur an Unternehmen vergeben werden, die geeignet sind. Geeignet ist ein Unternehmen, wenn es fachkundig und leistungsfähig ist und keine Ausschlussgründe nach den §§ 123, 124 GWB vorliegen (§ 31 Abs. 1 UVgO, § 122 Abs. 1 GWB). Die Eignung bestimmt sich also danach, ob bei dem Unternehmen bestimmte Merkmale vorliegen (Eignungskriterien) und andere Merkmale (Ausschlussgründe) nicht erfüllt sind.

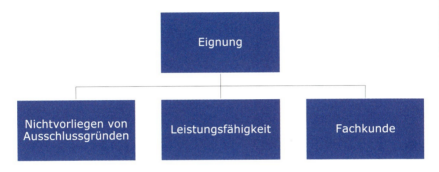

Bild 22:   *Voraussetzungen der Eignung*

Ausschlussgründe und Eignungskriterien beziehen sich allein auf die Person des Unternehmens/Bieters. Für die Angebotswertung im engeren Sinn (Prüfung der Wirtschaftlichkeit des Angebotes) sind die Zuschlagskriterien maßgebend.[44] Um die Eignung der Bieter feststellen zu können, führt der öffentliche Auftraggeber eine Eignungsprüfung nach zuvor festgelegten Eignungskriterien und anhand vom Bieter geforderter Nachweise und Erklärungen durch. Im Ergebnis trifft er eine Prognose darüber, ob der jeweilige Bieter persönlich und sachlich zur ordnungsgemäßen Erfüllung des zu vergebenden Auftrags in der Lage sein wird.

Merke:

Die Prüfung der Eignung ist eine Prognoseentscheidung.

---

44   Siehe Teil II Kapitel 8.1.

175

Die Prognoseentscheidung trifft der Auftraggeber zum Zeitpunkt der Angebotswertung oder, wenn ein Verfahren mit Teilnahmewettbewerb durchgeführt wird, vor der Aufforderung zur Angebotsabgabe.

7.1   Die Eignungskriterien

Unter Eignungskriterien versteht man Merkmale, die von den Anbietern erfüllt werden müssen, wenn sie einen Auftrag erhalten wollen. Eignungskriterien dienen nicht der Prüfung der verlangten Leistung, sondern beziehen sich auf die Unternehmen in personeller und fachlicher Hinsicht. Der Auftraggeber legt Eignungskriterien fest, die mit dem Auftragsgegenstand in Verbindung und in einem angemessenen Verhältnis stehen, § 122 GWB. Erfüllt ein Unternehmen diese Kriterien, ist es geeignet (§ 31 UVgO; § 122 Abs. 2 Satz 1 GWB.).

Die Festlegung der Eignungskriterien, die auch als Messlatte für die Qualität der Bieter (Wimmer, 2012, S. 21) oder Vorfilter[45] bezeichnet werden, bietet dem Auftraggeber die Möglichkeit neben den Zuschlagskriterien entscheidend und leitend auf den Verlauf des Vergabeverfahrens einzuwirken.

Merke:

Die Festlegung der Eignungskriterien durch den Auftraggeber ist eine wichtige verfahrensleitende Maßnahme!

§ 122 Abs. 2 Satz 2 GWB gibt die Kategorien der Eignungskriterien abschließend vor.

Das Vorliegen der Eignungskriterien überprüft der öffentliche Auftraggeber anhand von Eignungsnachweisen (§ 35 Abs. 1 UVgO; § 48 VgV.9). Welche Eignungsnachweise in welcher Form vom Bieter vorzulegen sind, legt der Auftraggeber fest.

Während im Oberschwellenbereich zu den Eignungsnachweisen in den §§ 44 – 46 VgV detaillierte Regelungen bestehen, fehlt eine solche Aufzählung im Geltungsbereich der UVgO, siehe § 33 UVgO. Der Auftraggeber scheint im Unterschwellenbereich daher freier bei der Festlegung zulässiger Eignungsnachweise zu sein. In den Erläuterungen zur Unterschwellenvergabeordnung (UVgO) heißt es gleichwohl, dass die in § 33 Abs. 1 UVgO genannten Bezugspunkte für die Eignungskriterien denen der

---

45   Fehling, in: Pünder/Schellenberg, Vergaberecht, § 97 GWB Rn. 106.

§ § 44 bis 46 VgV entsprechen (BMWi, 2017). Aus Gründen der Rechtssicherheit sollte sich der öffentliche Auftraggeber daher auch im Unterschwellenbereich an den Vorgaben der § § 44 bis 46 VgV orientieren. Eignungsnachweise sollen vorrangig durch Eigenerklärungen der Bieter erbracht werden (§ 35 Abs. 2 UVgO; § 48 Abs. 2 VgV.).

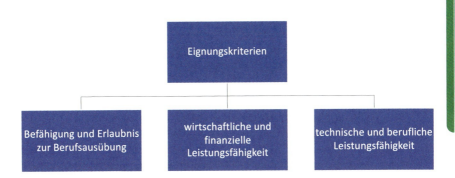

Bild 23: *Unterteilung der Eignungskriterien*

Mitunter finden sich im Supplement[46] zum Amtsblatt der Europäischen Union (dem Veröffentlichungsorgan für europaweite Ausschreibungen) zu den Eignungskriterien folgende Angaben:

Abschnitt III: Rechtliche, wirtschaftliche, finanzielle und technische Angaben
    III.1) *Teilnahmebedingungen*
        III.1.1) *Befähigung zur Berufsausübung einschließlich Auflagen hinsichtlich der Eintragung in einem Berufs- oder Handelsregister*
        III.1.2) *Wirtschaftliche und finanzielle Leistungsfähigkeit*
            Eignungskriterien gemäß Auftragsunterlagen
        III.1.3) *Technische und berufliche Leistungsfähigkeit*
            Eignungskriterien gemäß Auftragsunterlagen

Auszug aus dem TED-Anzeiger

---

46 französisch »supplément bedeutet »Ergänzung«.

Der Verweis auf »Eignungskriterien gemäß Auftragsunterlagen« in der Auftragsbekanntmachung verstößt gegen §§ 35 Abs. 1 UVgO, 48 Abs. 1 VgV. Ebenso wie die Eignungskriterien sind auch die Eignungsnachweise in der Auftragsbekanntmachung oder in der Aufforderung zur Angebotsabgabe anzugeben. In welcher Form die Angabe zu erfolgen hat, ist in der vergaberechtlichen Rechtsprechung aber nicht einheitlich geklärt. Während die Vergabekammer (VK) Südbayern eine Verlinkung in der Bekanntmachung auf die Auftragsunterlagen, in denen die Eignungskriterien enthalten sind, als ausreichend erachtet (VK Südbayern, Z3-3-3194-1-30-06/17), fordert die VK Nordbayern, dass sich in einem online zugänglichen Bekanntmachungstext ein Link befindet, über den man unmittelbar das Formblatt mit den geforderten Eignungskriterien und Nachweisen öffnen und ausdrucken kann (VK Nordbayern, SG21-Beschluss_3194-3-1). Die Vergabekammer des Bundes sieht eine Verlinkung hingegen als nicht ausreichend an (VK Bund, VK 2-96/17).

Merke:

Das ausführliche Benennen der Eignungskriterien und Eignungsnachweise in der Auftragsbekanntmachung erhöht die Rechtssicherheit!

Unterlässt der öffentliche Auftraggeber die Angabe von Eignungskriterien und/oder Nachweisen fehlt die Grundlage für eine Eignungsprüfung (Heiermann/Summa/Zeiss, 2016, § 122 Rdnr. 54.1). Ein Angebotsausschluss wegen fehlender Nachweise kommt dann nicht in Betracht (VK Nordbayern, SG21-Beschluss_3194-3-11).

7.2   Befähigung und Erlaubnis zur Berufsausübung

Diese Anforderung ist erfüllt, wenn der Bieter nachweisen kann, dass er in einem Berufs- oder Handelsregister eingetragen oder ihm auf andere Weise die Berufsausübung erlaubt ist. Nachweise zur Befähigung und Erlaubnis zur Berufsausführung können zum Beispiel Auszüge aus:

- dem Handelsregister,
- der Handwerksrolle
- dem Vereinsregister,
- dem Partnerschaftsregister und
- den Mitgliederverzeichnissen der Berufskammern der Länder sein.

7.3 Wirtschaftliche und finanzielle Leistungsfähigkeit

Diese ist gegeben, wenn ein Unternehmen über ausreichende Finanzmittel verfügt. Es muss damit in der Lage sein, Verpflichtungen gegenüber Dritten nachzukommen.[47]

Verfügt ein Unternehmen nicht über ausreichend Finanzmittel, ist es als Bieter nicht geeignet. Um dazu eine Aussage treffen zu können, können vom Auftraggeber als Nachweise Bilanzen und Umsätze der Bieter oder auch Versicherungen in bestimmten Höhen verlangt werden (vgl. § 45 VgV). Darüber hinaus ist auch die Anforderung weiterer anderer Informationen möglich. Die in § 45 VgV enthaltene Aufzählung ist nicht abschließend.

7.4 Technische und berufliche Leistungsfähigkeit

Hier prüft der Auftraggeber, ob der Bieter über ausreichend Fachkunde, Effizienz, Erfahrung, Verlässlichkeit und die erforderlichen Mittel verfügt, um den Auftrag mit der angemessenen Qualität auszuführen.[48]

Unter technischer und beruflicher Leistungsfähigkeit können auch umweltbezogenen Eignungskriterien oder Anforderungen an die Qualitätskontrolle, Qualitätssicherung respektive Qualitätssicherungssysteme fallen. Als Nachweise kommen in Betracht:

- Referenzen,
- Beschreibung der technischen Ausrüstung,
- Angabe von Umweltmanagementmaßnahmen.

Merke:

Die Aufzählung in § 46 VgV ist abschließend, d. h. andere Unterlagen/Nachweise, als die genannten, darf der Auftraggeber nicht fordern!

---

47 Vgl. OLG Düsseldorf, Beschluss vom 9.6.2004 – VII-Verg 11/04; VK Baden-Württemberg, Beschluss vom 9.4.2013 – 1 VK 08/13.
48 Vgl. § 97 Abs. 3 GWB und § 46 Abs. 1 S. 1 VgV.

7.5   Einheitliche Europäische Eigenerklärung

Die Einheitliche Europäische Eigenerklärung ist ein Standardformular, das von der Europäischen Kommission zur Verfügung gestellt wurde. Dieses kann zum vorläufigen Beleg der Eignung und des Nichtvorliegens von Ausschlussgründen dienen (§ 35 Abs. 3 UVgO; § 50 VgV). Es besteht aber vom Auftraggeber nicht die Pflicht, es zu verwenden. Er kann unabhängig davon auch eigene Formulare verwenden.

7.6   Verhältnismäßigkeit von Eignungskriterien

> **Beispiel 1 nach OLG Düsseldorf, Beschluss vom 07.02.2018 - VII-Verg 55/16:**
> Die Stadt Thalburg an der Ohm schrieb den Abschluss von Dienstleistungsverträgen zur Bereitstellung von Notärztinnen und Notärzten für ihren kommunalen Rettungsdienst aus. In den Vergabeunterlagen hieß es »Die Facharztkompetenz »FA Orthopädie und Unfallchirurgie« erfüllt die Qualitätsanforderungen für den Notarztdienst der Stadt Thalburg an der Ohm nicht.« Diese Vorgabe beruhte auf zahlreichen negativen Erfahrungen der Stadt in den Vorjahren (zum Teil mit tödlichen Folgen). Ist diese Eignungsanforderung zulässig?

Die Eignungskriterien (§ 122 Abs.1 S. 2 GWB) dürfen nicht unabhängig vom Auftragsgegenstand und willkürlich in ihrer Ausprägung definiert werden. Sie müssen vielmehr auf den Auftragswert abgestimmt sein und in einem angemessenen Verhältnis stehen (§ 33 Abs. 1 UVgO; § 122 Abs. 4 Satz 1 GWB). Grundsätzlich kann festgehalten werden, dass alle Kriterien zweckgerichtet, zumutbar und verhältnismäßig sein müssen. In diesem Sinne hat das OLG Düsseldorf entschieden, dass der generelle Ausschluss von Ärzten für Orthopädie und Unfallchirurgie zwar zum Auftragsgegenstand in Verbindung stehe, aber unverhältnismäßig sei. Das Gebot der Verhältnismäßigkeit (§ 97 Abs. 1 Satz 2 GWB) fordere, dass vor einem generellen Ausschluss einer bestimmten Ärztegruppe vom Rettungswesen eine Einzelfallprüfung vom öffentlichen Auftraggeber vorgenommen werde. Dafür sei die Vergabestelle mit den dafür notwendigen personellen und sachlichen Mitteln auszustatten (OLG Düsseldorf, VII-Verg 55/1616).

Auch bspw. die Mindestbilanzforderung eines Unternehmens muss im Verhältnis zum Auftragswert stehen und darf keinesfalls in überzogener Höhe gefordert werden. So kann zum Beispiel der Kauf eines Fahrzeuges mit einem Kaufpreis im hohen sechsstelligen bis niedrig siebenstelligen Bereich nicht die Einforderung einer Mindestbilanz im Milliardenbereich rechtfertigen (Vgl. § 45 Abs. 2 S. 1 VgV).

> **Beispiel 2:**
> Die Stadt Thalburg an der Ohm schrieb die Wartung von CFK-Druckluftflaschen aus, die mit Atemschutzgeräten verwendet werden. Gefordert waren in der Ausschreibung Referenzen aus dem Bereich Wartung von Druckluftflaschen und Umsatzangaben aus den letzten drei Geschäftsjahren. Die Referenzen sollten in Form einer Liste der in den letzten drei vergangenen Kalenderjahren erbrachten Leistungen beigelegt werden. Das Angebot des Unternehmens A, das erst seit 18 Monaten auf dem Markt war, erhielt den Zuschlag. Bieter B meint, dass dies nicht zulässig sei, weil A noch nicht 3 Jahre bestanden habe. Hat B Recht?

Nach § 46 Abs. 3 Nr. 1 VgV kann der öffentliche Auftraggeber Referenzen fordern, die in den letzten höchstens drei Kalenderjahren vor Einleitung des Vergabeverfahrens erbracht wurden. Die Forderung nach einer entsprechenden Liste bedeutet aber nicht, dass ein Unternehmen schon mindestens drei Jahre auf dem Markt bestanden haben muss. Das Wort »höchstens« untersagt dem Auftraggeber nur, Referenzen zu verlangen, die über diesen Zeitpunkt hinausgehen. So kann auch ein junges Unternehmen versuchen, den öffentlichen Auftraggeber mit einer Liste von Leistungen beispielsweise aus den letzten 18 Monaten davon zu überzeugen, dass eine hinreichende Erfahrung vorhanden ist (VK Sachsen, 1/SVK/030-16). Liegen diese Voraussetzungen vor, ist, wie in Beispiel 2, die Zuschlagserteilung rechtmäßig.

In diesem Sinne bestimmen auch § 35 Abs. 5 UVgO und § 45 Abs. 4 VgV, dass ein Bewerber oder Bieter, der aus einem berechtigten Grund die geforderten Unterlagen nicht beibringen kann, seine wirtschaftliche und finanzielle Leistungsfähigkeit durch Vorlage anderer, vom öffentlichen Auftraggeber als geeignet angesehener Unterlagen belegen kann.[49]

7.7   Die Ausschlussgründe

Über die Ausschlussgründe der §§ 123 und 124 GWB soll sichergestellt werden, dass nur solche Unternehmen den Zuschlag erhalten, die Recht und Gesetz in der Vergangenheit eingehalten haben und bei denen gesetzestreues Verhalten auch in Zukunft zu erwarten ist.

---

49 BTDrs. 18/6281, Seite 101.

7.8   Zwingende Ausschlussgründe

§ 123 GWB nennt Gründe, bei deren Vorliegen ein Unternehmen vom Verfahren auszuschließen ist, ohne dass dem Auftraggeber ein Ermessensspielraum zusteht (zwingende Ausschlussgründe).

Ein solch zwingender Ausschlussgrund ist u. a. gegeben, wenn sich eine Person, die für das Unternehmen in leitender Stellung tätig ist (§ 123 Abs. 3 GWB), wegen Verstoßes gegen die in § 123 Abs.1 GWB genannten Straftatbestände strafbar gemacht hat. Dazu gehören bspw. die Bildung krimineller Vereinigungen, Geldwäsche, Subventionsbetrug und Bestechung.

Auch das Nichtzahlen von Steuern, Abgaben oder Sozialversicherungsbeiträgen ist, sofern dies durch rechtskräftige Gerichts- oder bestandskräftige Verwaltungsentscheidung festgestellt wurde, ein zwingender Ausschlussgrund. Immerhin kann der Bieter den Ausschluss dadurch verhindern, dass er ausstehende Zahlungen vornimmt (§ 123 Abs. 4 Satz 2 GWB).

§ 123 Abs. 5 GWB nennt weitere Ausnahmetatbestände:

Beispiel 3:

In der einwohnerstarken Stadt Thalburg an der Ohm ist eine schwere Form der Grippe aufgetreten, die hoch ansteckend ist. Allein die Firma X hat dafür einen patentierten Impfstoff entwickelt. Der Geschäftsführer der Firma X ist bereits mehrfach wegen Geldwäsche rechtskräftig verurteilt worden. Kann die Stadt Thalburg an der Ohm trotzdem mit der Firma X einen Vertrag über die Lieferung des Impfstoffes schließen?

Von einem Ausschluss kann trotz Vorliegen zwingender Ausschlussgründe abgesehen werden, wenn »zwingende Gründe des öffentlichen Interesses« eine Auftragsvergabe unumgänglich machen (§ 123 Abs. 5 GWB). Das ist bspw. dann gegeben, wenn, wie im Beispiel 3, dringend benötigte Impfstoffe nur von einem einzigen Unternehmen beschafft werden können (Erwägungsgrund 100 Richtlinie 2014/24/EU). Eine weitere Ausnahme vom zwingenden Ausschluss liegt im Fall der sog. Selbstreinigung vor (dazu s. u. Beispiel 6). Der zulässige Höchstzeitraum für Ausschlüsse beträgt bei den zwingenden Ausschlussgründen fünf Jahre ab rechtskräftiger Verurteilung (§ 126 GWB).

7.9 Fakultative Ausschlussgründe

Sofern ein Ausschlussgrund nach § 124 GWB in der Person des Bieters vorliegt, kann dieser nach einer Ermessensentscheidung des öffentlichen Auftraggebers ausgeschlossen werden (fakultativer Ausschlussgrund). Als fakultative Ausschlussgründe werden Verstöße gegen geltende umwelt-, sozial- oder arbeitsrechtliche Verpflichtungen genannt sowie hinreichende Anhaltspunkte für wettbewerbsbeschränkende Absprachen oder schwere Verfehlungen des Unternehmens im Rahmen seiner beruflichen Tätigkeit.

> **Beispiel 4:**
> Die Stadt Thalburg an der Ohm hatte mit dem Unternehmen U einen Vertrag über die Reinigung der Rettungsdienstwäsche der Berufsfeuerwehr geschlossen. Während der Vertragslaufzeit kam es zu erheblichen Beschädigungen der Wäsche und anderen fortwährenden Mängeln in der Leistungsausübung. Wegen der Schlechtleistungen kürzte die Stadt Thalburg an der Ohm die Rechnungen des U bzw. zahlte gar nicht. Als die Reinigung europaweit neu ausgeschrieben wurde, gab auch U ein Angebot ab. Die Stadt Thalburg an der Ohm schloss U vom Verfahren aus. Zu Recht?

Wie bereits erwähnt, ist die Prüfung der Eignung eine Prognoseentscheidung. Diese erfolgt aufgrund des in der Vergangenheit liegenden Geschäftsgebarens des Bieters. Dabei muss der Auftraggeber auch das frühere Vertragsverhalten eines Unternehmens berücksichtigen, um dessen Eignung es geht. Dies gilt insbesondere dann, wenn es sich um Erfahrungen des Auftraggebers mit dem Bewerber wegen des gleichen Auftrages handelt (OLG Düsseldorf, VII-Verg 65/08). Dieser Grundsatz findet sich in § 124 Abs. 1 Nr. 7 GWB wieder, wonach öffentliche Auftraggeber unter Berücksichtigung des Grundsatzes der Verhältnismäßigkeit ein Unternehmen von der Teilnahme ausschließen können, wenn eine wesentliche Anforderung bei der Ausführung eines früheren Auftrags erheblich oder fortdauernd mangelhaft erfüllt wurde und dies zu einer Kündigung oder vergleichbaren Rechtsfolge geführt hat. Eine der Kündigung »vergleichbare Rechtsfolge« liegt, wie im Beispiel vor, wenn Rechnungen aufgrund Schlechtleistungen gekürzt wurden (VK Bund, VK 2 – 86/17).

> **Beispiel 5:**
> Siehe Beispiel 4, nur sind wegen der Schlechtleistungen keine Sanktionen erfolgt. Weder die Rechnung wurde gekürzt noch eine Kündigung ausgesprochen. Die erneute Ausschreibung erfolgt auch nur national. Kann die Stadt Thalburg an der Ohm den U trotzdem ausschließen?

Anders als im Oberschwellenbereich sind die Anforderungen für einen Ausschluss unterhalb des EU-Schwellenwertes geringer. Nach § 31 Abs. 2 UVgO ist eine mangelhafte Vertragserfüllung ausreichend. Einer Kündigung oder vergleichbaren Rechtsfolge bedarf es hier nicht.

Merke:

Negative Vorerfahrungen des Auftraggebers können einen Ausschlussgrund darstellen!

Der zulässige Höchstzeitraum für Ausschlüsse beträgt bei den fakultativen Ausschlussgründen drei Jahre ab dem betreffenden Ereignis.

7.10   Selbstreinigung

Beispiel 6:
Die Stadt Thalburg an der Ohm schreibt die Lieferung eines Feuerwehrfahrzeugs aus. Das Unternehmen I, das am sog. Feuerwehrkartell beteiligt war[50], gibt ein Angebot ab. Dem Angebot beigefügt ist ein Nachweis darüber, dass I durch das Kartell bedingte Schäden ausgeglichen, an der Schadensaufklärung mitgewirkt und umfangreiche Maßnahmen zur Vermeidung weiteren Fehlverhaltens getroffen hat. M schließt das Unternehmen wegen § 124 Abs. 1 Nr. 4 GWB (wettbewerbsbeschränkende Absprachen) aus. Darf M das?

Unter Selbstreinigung versteht man Maßnahmen, die ein Unternehmen ergreift, um seine Integrität wiederherzustellen und eine Begehung von Straftaten oder schweres Fehlverhalten in der Zukunft zu verhindern.[51] Liegt ein fakultativer oder zwingender Ausschlussgrund vor, wird das Unternehmen nicht vom Vergabeverfahren ausgeschlossen, wenn es ausreichende Selbstreinigungsmaßnahmen durchgeführt hat.

Wie bereits in Kapitel 6.1.3.1 angemerkt, ist die Eignungsprüfung eine Prognoseentscheidung und auf diese hat die nachgewiesene Wiederherstellung der Zuver-

---

50 Im Jahr 2011 hatte das Bundeskartellamt das Feuerwehrkartell aufgedeckt, an dem mehrere namhafte Hersteller von Feuerwehrfahrzeugen beteiligt waren.
51 BT-Drs. 18/6281, Seite 107.

lässigkeit natürlich einen positiven Einfluss. Im beschriebenen Beispiel erfolgte der Ausschluss daher zu Unrecht.

7.11 Kein Mehr an Eignung?

Bereits im Jahr 1998 entschied der Bundesgerichtshof, dass nach Bejahung der generellen Eignung der in die engere Wahl gekommenen Bieter ein »Mehr an Eignung« eines Bieters nicht als entscheidendes Kriterium für den Zuschlag zu seinen Gunsten berücksichtigt werden dürfe (BGH, X ZR 109/96). Diese Entscheidung ging als der Grundsatz »Kein Mehr an Eignung«[52] in die vergaberechtliche Geschichte ein. Mit ihm ist das vergaberechtliche Verbot gemeint, die Eignung eines Bieters bei der Zuschlagsentscheidung zu berücksichtigen. Dieses Verbot resultiert daraus, dass Eignungsmerkmale, anders als Angebotsmerkmale, einer Qualitätsbewertung nicht zugänglich sind (OLG Düsseldorf, VII-Verg 37/15). Entweder liegt die Eignung vor oder sie liegt nicht vor. Besondere Fähigkeiten des Bieters dürfen nach diesem Grundsatz bei der Zuschlagsentscheidung nicht berücksichtigt werden. Daraus folgte, dass Eignungs- und Zuschlagskriterien streng voneinander getrennt werden mussten.

Durch die § § 43 Abs. 2 Nr. 2 UVgO und 58 Abs. 2 Nr. 2 VgV wird das ehemals strikte Gebot der Trennung von Eignungs- und Zuschlagskriterien allerdings aufgeweicht. Die Auftraggeber dürfen danach u.a. die Qualifikation und Erfahrung des mit der Auftragsausführung betrauten Personals bei der Zuschlagsentscheidung berücksichtigen, wenn dies Einfluss auf das Niveau der Auftragsausführung haben kann.[53]

»Kein Mehr an Eignung« bedeutet im Übrigen aber nicht, dass Eignungsmerkmale im Rahmen der Eignungsprüfung nicht bewertet bzw. gewichtet werden dürfen. So kann der Auftraggeber bei Verfahren mit vorangehendem Teilnahmewettbewerb eine Reduzierung der geeigneten Bewerber auf mindestens drei (§ 36 Abs. 2 UVgO; § 51 Abs. 2 VgV) bzw. fünf (§ 51 Abs. 2 VgV (beim nicht offenen Verfahren)) vornehmen und dafür die Eignungskriterien entsprechend gewichten. Die Auswahl aus sämtlichen geeigneten Bewerbern auf drei bzw. fünf für das weitere Verfahren erfolgt dann aus denjenigen, die die höchsten Punktzahlen aufweisen oder durch Ausschluss derjenigen, die eine vorgegebene Mindestpunktzahl nicht erreichen.

---

52 s. auch EuGH, Urteil vom 12.11.2009 – Rs. C-199/07.
53 s. Erwägungsgrund (94) der Richtlinie 2014/18/EG: Bespiele sind geistig-schöpferische Dienstleistungen, Beratungstätigkeiten, Architektenleistungen.

Merke:

Die Gewichtung von Eignungskriterien ist bei Verfahren mit Teilnahmewettbewerb zulässig!

Eine Gewichtung der Eignungskriterien kann durch Vorgabe einer Bewertungsmatrix erfolgen:

Tabelle 19: *Beispiel einer Bewertungsmatrix*

Eignungskriterien	Gewichtung	Punkte			
		0	**1**	**2**	**3**
Wirtschaftliche und finanzielle Leistungsfähigkeit					
Durchschnitt der Umsätze der letzten drei abgeschlossenen Geschäftsjahre	20 %	Weniger als 1 Mio. €	Zwischen 1 und 1,5 Mio. €	Zwischen 1,5 und 2 Mio. €	Ab 2 Mio. €
Höhe der Haftpflichtversicherung	20 %	Weniger als 3 Mio. €	Zwischen 2 und 3 Mio. €	Zwischen 3 und 4 Mio. €	Mehr als 4 Mio. €
Technische und berufliche Leistungsfähigkeit					
Anzahl der Referenzen	30 %	keine	1	2	3
Berufserfahrung des Projektleiters	30 %	Weniger als 5 Jahre	5-6 Jahre	6-7 Jahre	Mehr als 7 Jahre

Nur im Ausnahmenfall, nämlich bei der Vergabe von Architekten-/Ingenieurleistungen ist es möglich, den Kreis der geeigneten Bewerber durch ein Losverfahren einzugrenzen (s. § 75 Abs. 6 VgV). Für die übrigen Vergaben verlangt § 51 Abs. 1 VgV, § 36 Abs. 1 UVgO dass in der Bekanntmachung die objektiven Eignungskriterien genannt werden, nach denen die Anzahl der Bewerberbegrenzt wird.

7.12 Schnellcheck

> **Zusammenfassung: Eignungskriterien**
>
> - Die Eignung bestimmt sich danach, ob bestimmte Merkmale vorliegen (Eignungskriterien) und andere Merkmale (Ausschlussgründe) nicht erfüllt sind.
> - Die Eignung bezieht sich nur auf die Person des Unternehmers, nicht auf die Leistung!
> - Die Prüfung der Eignung ist eine Prognoseentscheidung.
> - Es wird nach zwingenden Ausschlussgründen (§ 123 GWB) und fakultativen Ausschlussgründen (§ 124 GWB) unterschieden
> - Negative Vorerfahrungen des Auftraggebers können einen Ausschlussgrund darstellen!
> - Die Festlegung der Eignungskriterien durch den Auftraggeber ist eine wichtige verfahrensleitende Maßnahme!
> - Das ausführliche Benennen der Eignungskriterien und Eignungsnachweise in der Auftragsbekanntmachung erhöht die Rechtssicherheit!
> - Die Gewichtung von Eignungskriterien ist bei Verfahren mit Teilnahmewettbewerb zulässig!

8 Zuschlagskriterien

Der Gesetzgeber verlangt, dass öffentliche Auftraggeber immer an die Unternehmen respektive Bieter einen Auftrag vergeben, die auch das wirtschaftlichste Angebot eingereicht haben. Um jedoch überhaupt eine Aussage über die Wirtschaftlichkeit eines Angebots treffen zu können, ist es neben der Methodenauswahl zur Wertung zunächst erforderlich Zuschlagskriterien zu definieren (§ 127 Abs. 1 GWB). Zuschlagskriterien bilden die Grundlage für die Auswahlentscheidung des Auftraggebers. Kriterien für die Auswahl können sein:

- Wie soll ein Fahrzeug zum Beispiel motorisiert sein?
- Welche Nennrettungshöhe soll eine Drehleiter erreichen?
- Welche Normen sollen erfüllt werden?

Hier ist zu beachten, dass die Zuschlagskriterien auch im direkten Zusammenhang mit dem Auftragsgegenstand stehen. Die Zuschlagskriterien müssen sich nicht ausschließlich nur auf einen bestimmten Zeitpunkt der Leistung beziehen, sondern könnten auch auf Prozesse ausgedehnt werden (§ 127 Abs. 3 GWB). Im konkreten

Beispiel kann beim Bau eines Fahrzeuges eine gute Kriterienformulierung die Antworten auf folgende Fragen geben:

- Wie und wo wird das Fahrzeug ausgeliefert?
- Wo liegen welche Servicewerkstätten?
- Soll der Hersteller das Fahrzeug zur Entsorgung zurücknehmen?
- usw.

Zuschlagskriterien müssen grundsätzlich so formuliert sein, dass sie präzise und eindeutig sind (OLG Brandenburg, Verg W 17/11; VK Bund, VK 3-45/12; VK Südbayern, Z 3-3-3194-1-09-03/11; VK Nordbayern, 21.VK- 3194-38/10; VK Sachsen, 1/SVK/059-09). Sie müssen überprüfbar sein und anhand ihrer Formulierung muss eine willkürliche Zuschlagserteilung ausgeschlossen werden können (§ 127 Abs. 4).

Sie sind in der Auftragsbekanntmachung, spätestens jedoch in den Vergabeunterlagen zu nennen (vgl. § 127 Abs. 5.). Nach ihrer Bekanntgabe dürfen sie nicht mehr erweitert oder verändert werden (vgl. EuGH, Rs. C-331/04 (ATI EAC), Rn. 32; VK Baden-Württemberg, 1 VK 69/10).

Merke:

Zuschlagskriterien müssen, präzise, eindeutig und überprüfbar sein!

Der Gesetzgeber führt zwar in § 127 GWB eine Aufzählung an Zuschlagskriterien an, sagt aber zugleich auch, dass diese nicht abschließend ist. Somit ist der Auftraggeber der »Herr des Verfahrens« und er kann die Kriterien im eigenen Ermessen festlegen.[54]

8.1 Unterscheidung und Abgrenzung von Eignungs- und Zuschlagskriterien

Die Zuschlagskriterien sind von den Eignungskriterien abzugrenzen, sie dürfen nicht vermischt werden.[55] Eignungskriterien sind bieterbezogen wohin gegen die Zuschlagskriterien ausschließlich zur Ermittlung des wirtschaftlichsten Angebotes herangezogen werden dürfen (EuGH, Rs. C-532/06; Rs. C-532/06 (Lianakis)); sie sind

---

54 Vgl. Gesetzesbegründung, BT-Drs. 18/6281, 138.
55 Vgl. OLG Hagen, Beschluss v. 12.11.2009 –C-199/07; BGH, Urteil v. 15.4.2008 – X ZR 129/06

angebotsbezogen. Qualifikationen von Personal sind im Allgemeinen eher im Bereich der Eignungskriterien zuzuordnen. Sie können Zuschlagskriterien sein, wenn die Qualität des eingesetzten Personals erheblichen Einfluss auf das Niveau der Auftragsausführung haben kann, § 58 Abs. 1 Nr. 2 VgV und § 43 Abs. 2 Nr. 2 UVgO. Dies ist zum Beispiel bei Ausschreibungen von Rettungsdienst- oder Krankentransportleistungen der Fall. Allerdings gilt es auch hier streng zu differenzieren, was eignungsbezogen und was auftragsbezogen ist. Die Kriterien der Personenanzahl von »verfügbaren Personal bei Großschadenslagen« oder die »Personalausfallsicherheit« sind als Zuschlagskriterium zulässig.[56] Die allgemeine Verfügbarkeit oder die örtliche Präsenz hingegen nicht (OLG Düsseldorf, VII-Verg 16/11).

Insbesondere die Prüfung der Erfahrung und Qualifikation des Personals kann durch vorgelegte Referenzen und Information über den Status von Fachkräften durchgeführt werden. Zum Beispiel ist bei der Ausschreibung von Digitalfunk-Ein- und Umbauten je nach Gerätehersteller eine Zertifizierung durch den Gerätehersteller erforderlich. Der Nachweis, dass der Bieter die Einbauten durch einen zertifizierten Einbaupartner oder durch eigenes zertifiziertes Personal durchführen lässt, dient der Überprüfung der Qualifikation im engeren Sinne (§ 46 Abs. 3 Nr. 1 und Nr. 2 VgV und Art. 58 Abs. 4 RL 2014/24/EU) und ist ein Zuschlagskriterium. Allerdings darf hier nur die fachliche Eignung überprüft werden, nicht die Art und Weise wie ein Auftrag erfüllt wird und welche organisatorischen Arbeitsformen zum Endergebnis führen (EuGH, Rs. C-601/13 (Ambisig)).

Merke:

Die Eignungsprüfung umfasst ausschließlich die allg. Fachkompetenz des Bieters, nicht die Prüfung der angebotenen Leistung!

8.2 Ausschlusskriterien

Aufgrund der Bestimmungsfreiheit des Auftraggebers besteht die Möglichkeit die Zuschlagskriterien im eigenen Ermessen weiter zu differenzieren. So können die Kriterien zum Beispiel als Mindestleistungskriterien festgelegt werden. Das bedeutet, das die Eigenschaften, die dieses Kriterium definiert als Mindestleistung anzusehen ist und somit in jedem Kriterium erfüllt sein muss. Die Nichterfüllung auch nur eines Min-

---

56 Vgl. OLG Düsseldorf, Beschluss v. 7.3.2012 – VII-Verg 82/11; OLG Düsseldorf, Beschluss v. 19.6.2013 – VII-Verg 4/13

destleistungskriteriums führt automatisch zum Ausschluss aus dem Vergabeverfahren oder zum »Knockout«. Deshalb können diese Kriterien auch als Ausschlusskriterium oder auch als KO-Kriterium bezeichnet werden.

Es steht dem Auftraggeber frei, was er genau als Mindestleistung definiert. Es sollte aber im Sinne der Vergabe ein Kriterium sein, welches auch erfüllt werden kann. Mindestleistungskriterien sind immer als solche zu kennzeichnen und klar zu beschreiben. Sie können zum Beispiel in Ja-Nein-Aussagen enden oder in Abfrage von Mindestmaßen oder Mindestgrößen.

8.3 Formbeispiele für Ausschlusskriterien

Der Auftraggeber kann die Form der Darstellung der Ausschlusskriterien frei bestimmen. Es bestehen die Möglichkeiten die Ausschlusskriterien in Listenform zu bringen, sie an den Anfang der Leistungsbeschreibung zu stellen oder mit thematischem Bezug in die Leistungsbeschreibung einzuarbeiten. Sie sind fester Bestandteil des Gesamtangebots und werden mit Abgabe des Angebots und der Gesamtunterschrift/mit Absenden in einem elektronischen Portal anerkannt.

Die nachfolgenden Beispiele sollen als Formbeispiele dienen und enthalten Kriterien unterschiedlicher Anwendungsfelder.

Tabelle 20: *Formbeispiel 1 – Ausschlusskriterien als separierte Auflistung ohne Werteabfrage*

Ausschlusskriterien
Hinweis:
Die nachfolgenden Kriterien sind Ausschlusskriterien. Mit Angebotsabgabe verpflichtet sich der Auftragnehmer diese anzuerkennen. Das Nichterfüllen eines dieser Kriterien führt zum Ausschluss aus dem Vergabeverfahren.

Lfd.	Kriterium
1	Das fertig aufgebaute Fahrzeug muss eine Mindestgeschwindigkeit von 90 km/h auf ebener Strecke erreichen. Eine Geschwindigkeitstoleranz von 5 % ist zulässig. Ein Prüfprotokoll ist beizufügen.
2	Das fertig aufgebaute Fahrzeug darf eine max. Höchstgeschwindigkeit von 100 km/h nicht überschreiten. Eine Geschwindigkeitstoleranz von 5 % ist zulässig. Ein Prüfprotokoll ist beizufügen.
3	Die Lackierung des Fahrzeuges hat in reinweiß RAL 9010, einschließlich vorderem Stoßfänger zu erfolgen. Die Lackierung des Rahmens und der Räder hat in schwarz RAL 9005 zu erfolgen.

Tabelle 20: Formbeispiel 1 – Ausschlusskriterien als separierte Auflistung ohne Werteabfrage – Fortsetzung

Lfd.	Kriterium
4	An der Spitze des unteren Leiterteils der Drehleiter ist eine Lastöse mit einer Lastaufnahmemöglichkeit von mindestens zwei Tonnen vorzusehen.
5	Im Korb der Drehleiter sind zwei Schutzkontakt-Steckdosen 230V (blau) mit der Schutzklasse IP67,68 vorzusehen.
Die vorgenannten Kriterien werden als Bestandteil des Auftrages anerkannt.	

Tabelle 21: Formbeispiel 2 – Mindestleistungskriterien als separierte Auflistung mit Werteabfrage (Ausschlusskriterien)

Ausschlusskriterien		
Hinweis: Die nachfolgenden Kriterien sind Ausschlusskriterien. Mit Angebotsabgabe verpflichtet sich der Auftragnehmer diese anzuerkennen. Das Nichterfüllen eines dieser Kriterien führt zum Ausschluss aus dem Vergabeverfahren.		

Lfd.	Kriterium	Erfüllt	Wert
1	Die Drehleiter muss eine bei einer Nennausladung von 12 m eine Nennrettungshöhe von mindestens 23 m erreichen. Die faktische Rettungshöhe bei Nennausladung ist mit einer Dezimalstelle anzugeben.	Ja	24,7 m
2	Für die Antennenverkabelung sind Hochfrequenzkabel mit einem Durchgangs-Dämpfungswert von < 22 dB je 100 m Länge zu verwenden und > 70 dB Schirmdämpfung bei 400 MHz zu verwenden. Die faktischen Werte des Kabels sind anzugeben.	Ja	Durchgangsdämpfungswert: 18 dB/100 m Schirmdämpfung bei 400 MHz 82 dB
3	Das Antwort-Zeitverhalten des Einsatzleitsystems für einen Einsatz mit 15 Einsatzmitteln und 15 auszulösenden Kontaktaktionen darf nach initialer Auslösung der Alarmierung drei Sekunden nicht überschreiten. Der faktische Wert ist mit einer Dezimalstelle in Sekunden anzugeben.	Ja	2,2 Sekunden
Die vorgenannten Kriterien werden als Bestandteil des Auftrages anerkannt.			

II.

Neben der Möglichkeit die Ausschlusskriterien zu separieren, besteht auch die Möglichkeit diese an thematisch geeigneter Stelle im Leistungsverzeichnis darzustellen. Hier ist jedoch besonderes Augenmerk auf die Kennzeichnung dieser Kriterien als Mindestleistungskriterium (Ausschlusskriterium/KO-Kriterium) zu legen.

Tabelle 22: *Formbeispiel 3: Mindestleistungskriterien im Leistungsverzeichnis integriert (Leistungsbeschreibung einer Drehleiter)*

Leistungsbeschreibung einer Drehleiter Anforderung an den Aufbau				
Lfd. Nr.	**Artikel / Leistung / Gegenstand**	**Anzahl**	**Einzelpreis (netto)**	**Gesamtpreis (netto)**
1	Lieferung und Montage einer Batterielagerung der Fahrzeugbatterien im Geräteraum 1 oder 2, gut zugänglich (fest montiert auf Gestell oder teilmobil auf Auszug) sowie mit einer säurefesten Wanne aus Edelstahl versehen. Einbauvariante (fest und freizugänglich oder auf Auszug und dadurch zugänglich): _____	1	500,-	500,-
2	Lieferung und Montage zusätzlicher Umfeldbeleuchtungskörper bestehend aus LED-Leuchten verteilt an den Fahrzeugseiten und am Heck sowie am Fahrerhaus und an der Front. Mindestens 200 Lux in 2 m Entfernung. Angabe der Lichtstärke in lux in 2 m Entfernung: _____ lux	6	100,-	600,-
3	Bei Ausfall des Dieselmotors muss ein Notbetrieb über eine hydraulische Sicherheitseinrichtung erfolgen. Diese muss über eine elektrische Energieversorgung des mitgeführten und am Drehkranz installierten Stromaggregates sichergestellt sein.	1	2.500,-	2.500,-
4	...			

In diesem Formbeispiel muss Pos. 3 so angeboten werden, wie es beschrieben ist. Bei Pos. 1 und 2 hingegen führt es nicht zum Angebotsausschluss, wenn der Bieter sich innerhalb des Variantenbereichs oder den Mindestanforderungen erfüllt.

Bild 24: *Drehleiter DLAK 23/12 Berufsfeuerwehr Mülheim an der Ruhr*

8.4 Wertungskriterien

Unter Wertungskriterien werden Kriterien verstanden, die anhand von differenzierbaren Wertungseinheiten und aufgrund der durch den Auftraggeber festgelegten Gewichtung zu einer individuellen Wertung kommen können. Wertungskriterien können in beliebig viele Kategorien und Unterkriterien unterteilt und abgestuft werden. Dabei dienen die Kategorien der genaueren Beschreibung und Unterscheidung der Kriterien. Dabei sind ebenfalls die allgemeinen Vergabegrundsätze zu beachten (§ 97 Abs. 1 und Abs. 2 GWB). Wertungskriterien werden durch ein freiwählbares, aber den Vergabegrundsätzen entsprechendes Wertungssystem bewertet. Anders als bei den Mindestleistungskriterien droht bei Nichterfüllung der Kriterien nicht zwangsläufig der Ausschluss, sondern dieses Kriterium wird demnach im ungünstigsten Fall für den Bieter mit »Null« Punkten gewertet. Das Angebot erhält somit unter Umständen ein schlechteres wirtschaftliches Gesamtergebnis.

> **Merke:**
>
> Wertungskriterium = Beschreibung der funktionalen Eigenschaft + Wertungspara-
> meter!

8.5 Allgemeine Kriterien

Oftmals ist es ratsam für eine Kaufentscheidung entsprechende Informationen vorliegen zu haben, die ein größeren Verständnisrahmen schaffen. Dabei geht es weniger um die wertenden Eigenschaften als mehr darum zu verstehen, wie der Bieter
was umsetzt. Dies ist insbesondere dann von Interesse, wenn es bei der Auftragsumsetzung um den Einbau vergleichbarer und relativ wertgleicher Produkte geht, die
aber für die Gesamterfüllung der Auftragsleistung eher eine untergeordnete Rolle
spielen, aber von Interesse sein können, wenn es darum geht die fachlich korrekte
Umsetzung zu prüfen. Diese Kriterien dienen also mehr dem allgemeinen Verständnis
als der Wertung an sich und somit ausschließlich nachrichtlichen und informatori-
schen Zwecken.

Bild 25: *Unterteilung der Kriterien im Vergabeverfahren*

8.6 Bestimmung von Zuschlagskriterien

Wie bereits beschrieben, verfügt der Auftraggeber über die Möglichkeit die Kriterien
unter Einhaltung der Vergabegrundsätze selbst festzulegen. Neben der Auswahl der
Eigenschaften der Zuschlagskriterien (Gewichtung etc.) lassen sie sich des Weiteren

in diverse Kategorien unterteilen. Grundsätzlich verlangt der Gesetzgeber mit dem GWB § 97 Abs. 1 die Grundsätze der Wirtschaftlichkeit und mit GWB § 127 Abs. 1 den Zuschlag im Rahmen eines Vergabeverfahrens dem wirtschaftlichsten Angebot zu erteilen.

§ 97 GWB Grundsätze der Vergabe – Auszüge:

(1) Öffentliche Aufträge und Konzessionen werden im Wettbewerb und im Wege transparenter Verfahren vergeben. Dabei werden die Grundsätze der Wirtschaftlichkeit und der Verhältnismäßigkeit gewahrt.

…

(3) Bei der Vergabe werden Aspekte der Qualität und der Innovation sowie soziale und umweltbezogene Aspekte nach Maßgabe dieses Teils berücksichtigt.

§ 127 GWB – Zuschlag:

(1) Der Zuschlag wird auf das wirtschaftlichste Angebot erteilt. Grundlage dafür ist eine Bewertung des öffentlichen Auftraggebers, ob und inwieweit das Angebot die vorgegebenen Zuschlagskriterien erfüllt. Das wirtschaftlichste Angebot bestimmt sich nach dem besten Preis-Leistungs-Verhältnis. Zu dessen Ermittlung können neben dem Preis oder den Kosten auch qualitative, umweltbezogene oder soziale Aspekte berücksichtigt werden.

Somit ist klar, dass nicht ausschließlich der Preis, sondern auch die Leistung nach dem besten Verhältnis berücksichtigt werden soll (§ 127 Abs.1 GWB). Dazu sind jedoch weitere Kriterien erforderlich. Dies können detailreiche leistungsspezifische Kriterien oder auch allgemeine eher unbestimmte Kriterien sein, die in ihrer Eigenart als Hauptkriterien gewertet werden können und im Regelfall zur genaueren Definition genauer differenziert werden müssen.

Die Vergabevorschriften nennen nicht abschließend einige Beispiele für Hauptkriterien. Auszugsweise (§ 58 Abs. 2 S. 2 VgV):

- Qualität,
- Preis,
- technischer Wert,
- Ästhetik,
- Zweckmäßigkeit,
- Zugänglichkeiten,
- Design für alle,
- Umwelteigenschaften,
- Innovative Eigenschaften,

- Lebenszyklus- und Betriebskosten,
- Rentabilität,
- Kundendienst und technische Hilfe,
- Lieferzeitpunkt und Lieferungs- oder Ausführungsfrist,
- Organisation, Qualifikation und Erfahrung des mit der Ausführung des Auftrags betrauten Personals.

§ 58 VgV:
Bei der Entscheidung über den Zuschlag berücksichtigen die Auftraggeber verschiedene durch den Auftragsgegenstand gerechtfertigte Kriterien, beispielsweise Qualität, Preis, technischer Wert, Ästhetik, Zweckmäßigkeit, Umwelteigenschaften, Betriebskosten, Lebenszykluskosten, Rentabilität, Kundendienst und technische Hilfe, Lieferzeitpunkt und Lieferungs- oder Ausführungsfrist.

§ 43 Abs. 2 UVgO:
Die Ermittlung des wirtschaftlichsten Angebots erfolgt auf der Grundlage des besten Preis-Leistungs-Verhältnisses. Neben dem Preis oder den Kosten können auch qualitative, umweltbezogene oder soziale Zuschlagskriterien berücksichtigt werden, insbesondere:
1. die Qualität, einschließlich des technischen Werts, Ästhetik, Zweckmäßigkeit, Zugänglichkeit der Leistung insbesondere für Menschen mit Behinderungen, ihrer Übereinstimmung mit Anforderungen des »Designs für Alle«, soziale, umweltbezogene und innovative Eigenschaften sowie Vertriebs- und Handelsbedingungen,
2. die Organisation, Qualifikation und Erfahrung des mit der Ausführung des Auftrags betrauten Personals, wenn die Qualität des eingesetzten Personals erheblichen Einfluss auf das Niveau der Auftragsausführung haben kann, oder
3. die Verfügbarkeit von Kundendienst und technischer Hilfe sowie Lieferbedingungen wie Liefertermin, Lieferverfahren sowie Liefer- oder Ausführungsfristen.

Auf einige ausgewählte, für die Beschaffer von BOS relevanten Kriterien wird im Folgenden genauer eingegangen.

8.7   Qualität

Insbesondere die Qualität ist mit Änderung des GWB ein noch sehr junges Kriterium, obwohl es im Vorfeld durch die Rechtsprechung (OLG Düsseldorf, VII-Verg 68/11) anerkannt war. Mit Einführung dieses Kriteriums als Zuschlagskriterium soll laut

Richtlinie der EU (2014/24) der öffentliche Auftraggeber ermutigt werden seinen Bedürfnissen entsprechende Qualität auszuschreiben und somit zu erhalten.[57]

Dies können qualitätssichernde Standards und somit technische Spezifikationen sein oder auch Anforderungen qualitativer Art an das ausführende Personal (§ 58 Abs. 2 S. 2 Nr. 2 VgV).

> **§ 58 VgV Auszug - Zuschlag und Zuschlagskriterien**
>
> (2) Die Ermittlung des wirtschaftlichsten Angebots erfolgt auf der Grundlage des besten Preis-Leistungs-Verhältnisses. Neben dem Preis oder den Kosten können auch qualitative, umweltbezogene oder soziale Zuschlagskriterien berücksichtigt werden, insbesondere:
>
> 1. die Qualität, einschließlich des technischen Werts, Ästhetik, Zweckmäßigkeit, Zugänglichkeit der Leistung insbesondere für Menschen mit Behinderungen, ihrer Übereinstimmung mit Anforderungen des »Designs für Alle«, soziale, umweltbezogene und innovative Eigenschaften sowie Vertriebs- und Handelsbedingungen,
>
> 2. die Organisation, Qualifikation und Erfahrung des mit der Ausführung des Auftrags betrauten Personals, wenn die Qualität des eingesetzten Personals erheblichen Einfluss auf das Niveau der Auftragsausführung haben kann, oder
>
> 3. die Verfügbarkeit von Kundendienst und technischer Hilfe sowie Lieferbedingungen wie Liefertermin, Lieferverfahren sowie Liefer- oder Ausführungsfristen.
>
> Der öffentliche Auftraggeber kann auch Festpreise oder Festkosten vorgeben, sodass das wirtschaftlichste Angebot ausschließlich nach qualitativen, umweltbezogenen oder sozialen Zuschlagskriterien nach Satz 1 bestimmt wird.
>
> …

Hintergrund ist dabei die Überlegung, dass die Qualität des Personals auch gleichzeitig die Qualität des Produktes maßgeblich beeinflussen kann.

Hauptkriterien müssen zur weiteren Verwendung immer auftragsspezifisch definiert werden. So ist zum Beispiel die Qualität oder der technische Wert zunächst ein unbestimmter Begriff. Diesen ohne weitere Differenzierung im Rahmen einer Ausschreibung zu verwenden, würde es den Bietern nicht möglich machen ein kalkulierbares Angebot abzugeben. Somit können die Hauptkriterien ohne genaue Differenzierung nicht verwendet werden (OLG Düsseldorf, VII-Verg 68/11).

---

57   Vgl. Erwägungsgründe 92 in RL 2014/24/EU.

Tabelle 23: *Beispiel für eine genauere Differenzierung von einem Hauptkriterium:*

Hauptkriterium: »Technischer Wert«
zu erreichende Gesamtpunktzahl: 1000

Lfd.	Kriterium	Max. Punktzahl	Erreichte Punktzahl
1	Die Ausführung aller Sicherungen soll als KFZ-Sicherungsautomaten erfolgen. Sind in Ausnahmefällen Feinsicherungen erforderlich, müssen für den Einbau in eine Unterverteilung geeignete Sicherungshalter verwendet werden. Die Ausführungsart soll bei Angebotsabgabe aufgezeigt werden.	300	200
2	Alle Sicherungen sind eindeutig und dauerhaft zu beschriften. Bei einer Nummerierung ist eine wasserfeste (laminierte) Legende am Deckel der Unterverteilung anzubringen. Die Legende referenziert die eingebauten Sicherungen (mit Angabe der Stromstärke und ggf. Charakteristik!) und die angeschlossenen Verbraucher. Die Art der Umsetzung ist mit Referenzbildern bei Angebotsabgabe aufzuzeigen.	400	200
3	Sämtliche Schalter und Taster, die zusätzlich zum Fahrgestell verbaut werden, als auch einige Sonderfunktionen des Fahrgestells sollen über eine einheitliche Bedienkonsole verbaut werden. An alle verwendeten Schalter oder Taster werden die folgenden Anforderungen gestellt: ▪ gravierte Kennzeichnung der geschalteten Funktion mit eindeutiger Symbolik oder im Klartext (Schriftgröße ca. 3-5 mm, Tastengröße min. 10*13 mm) ▪ Ausstattung mit einer Auffindebeleuchtung. Diese ist bei eingeschaltetem Fahrlicht und im ausgeschalteten Zustand aktiv. Die Farbe ist für jede Taste individuell einstellbar und vom Auftraggeber vorgegeben. ▪ Bei geschalteter Funktion ist mit einer Kontrollleuchte die Einschaltung zu signalisieren.	400	400
	Summe	1000	800

8.8 Preis

Allgemein betrachtet ist der Preis das am wahrscheinlich weitesten verbreitete Zuschlagskriterium. So ergab eine Studie der Autoren an einer exemplarischen Auswertung EU-weiter Ausschreibungen von Drehleiterfahrzeugen im Zeitraum 06.03.2012 – 24.01.2017, dass bei 66,85 % der 374 ausgewerteten Ausschreibung der Preis das einzige Zuschlagskriterium war. Somit kommt diesem Kriterium bei Auftragsvergaben ein bedeutendes Maß an Aufmerksamkeit zu (Müller-Wrede, 2017).

Der Preis als Messgröße ist eine eindeutige rationelle Messgröße und bedarf inhaltlich keiner weiteren Erläuterung. Die Wertung und sein Gewicht jedoch stellt einen bedeutungsvollen Aspekt dar. Damit soll zum Ausdruck kommen, dass nicht automatisch der preislich günstigste Anbieter auch somit der Gewinner des Verfahrens werden muss. Es gilt zu prüfen, inwiefern sich das abgegebenen Angebot im marktüblichen Preisniveau befindet.

Das marktüblichen Preisniveau oder auch der Marktpreis genannt, ist der im Verkehr übliche Preis für eine marktgängige Leistung (§ 1 Abs.1, § 4 Abs.1 VO PR30/53). Sollte ein Angebotspreis deutlich unter dem nächst günstigsten Angebotspreis, muss dafür eine objektiv nachvollziehbare Begründung für den Preisunterschied erkennbar sein. Sollte sich das nicht aus den Angebotsunterlagen erschließen, so ist dem Bieter nach § 60 VgV/§ 44 UVgO Gelegenheit zur Erläuterung geben.[58] Im Anschluss an die Auswertung der Vergabeunterlagen und ggf. der Erläuterungen kann die Vergabestelle festlegen, ob sie das Angebot aus dem Vergabeverfahren ausschließt oder nicht. Sie muss allerdings dabei berücksichtigen, dass bei einer mangelhaften Auftragsdurchführung, die auf einem zu niedrigen Angebotspreis beruht und erkennbar hätte sein können, ein Ermessensfehler vorliegt.

Der Preis kann grundsätzlich als alleiniges Zuschlagskriterium zur Anwendung kommen. Dies ergibt sich aus § 127 Abs. 1 S. 4 GWB. Hier erwähnt der Gesetzgeber, dass zur Ermittlung des wirtschaftlichsten Angebotes neben dem Preis oder den Kosten auch qualitative, umweltbezogene oder soziale Aspekte berücksichtigt werden können, d. h. nicht müssen (§ 35 Abs. 2 Satz 3 VgV).

---

58 Vgl. EuGH, Urteil v. 27.11.2001 – Verb. Rs. C-285/99 und C-286/99 (Lombardini), Rn. 43 ff

§ 127 (1) GWB - Zuschlag:

Der Zuschlag wird auf das wirtschaftlichste Angebot erteilt. Grundlage dafür ist eine Bewertung des öffentlichen Auftraggebers, ob und inwieweit das Angebot die vorgegebenen Zuschlagskriterien erfüllt. Das wirtschaftlichste Angebot bestimmt sich nach dem besten Preis-Leistungs-Verhältnis. Zu dessen Ermittlung können neben dem Preis oder den Kosten auch qualitative, umweltbezogene oder soziale Aspekte berücksichtigt werden.

Die Verwendung des Preises als alleiniges Zuschlagskriterium wird auch als Niedrigpreisvergabe bezeichnet. Bei dieser Vergabeart ist jedoch zu beachten, dass sich die Niedrigpreisvergabe immer auf den Gesamtpreis bezieht.

Es gibt aber auch Ausnahmen, in denen eine Niedrigpreisvergabe nicht zulässig ist. Dies ist z. B. bei Innovationspartnerschaften der Fall (§ 19 Abs.7 S. 2 VgV). Ebenso bei Architekten- oder Ingenieurleistungen. Diese sollen ausdrücklich im Leistungswettbewerb vergeben werden (§ 76 Abs.1 S. 1 VgV). Wird der Preis als Zuschlagskriterium betrachtet, so sind die Kosten einer Leistung ebenfalls zu betrachten. Preis und Kosten sind keine Synonyme. Sie unterscheiden sich. Der Preis bezieht sich im Wesentlichen auf die reinen Anschaffungspreise. Die Kosten gehen über die Anschaffung hinaus und beinhalten weitere Ausgaben, die für die Unterhaltung des Produktes erforderlich sind, z. B. Wartung, Inspektion, Unterhaltung, Betriebskosten, Lebenszykluskosten.

Unter Lebenszykluskosten sind alle Kosten zu subsummieren, die über die gesamte Lebensdauer eines Produktes entstehen (§ 59 Abs. 2 S. 3 VgV). Das schließt nicht nur die Herstellung mit ein, sondern auch die Entsorgung eines Produktes und andere Faktoren.

Art. 2 Abs. 1 Nr. 20 RL 2014/24/EU

»Lebenszyklus« alle aufeinander folgenden und/oder miteinander verbundenen Stadien, einschließlich der durchzuführenden Forschung und Entwicklung, der Produktion, des Handels und der damit verbundenen Bedingungen, des Transports, der Nutzung und Wartung, während der Lebensdauer einer Ware oder eines Bauwerks oder während der Erbringung einer Dienstleistung, angefangen von der Beschaffung der Rohstoffe oder Erzeugung von Ressourcen bis hin zu Entsorgung, Aufräumarbeiten und Beendigung der Dienstleistung oder Nutzung.

Merke:

Preis und Kosten sind keine Synonyme! Die Kosten enthalten neben weiteren Faktoren immer den Preis!

Unabhängig davon, ob der Preis im Rahmen einer Niedrigpreisvergabe oder die Kosten im Rahmen einer Niedrigkostenvergabe als Zuschlagskriterien Verwendung finden, ist der öffentliche Auftraggeber gehalten wirtschaftlich und sparsam mit seinen Haushaltsmitteln umzugehen. Das führt wiederum zu dem Schluss, dass bei Angeboten mit gleicher Gesamtwertung dann abschließend immer der niedrigere Preis den Zuschlag erhält (BGH, X ZR 30/98).

Unter dem Aspekt Preis als Zuschlagskriterium kann auch das Kriterium »Skonto« Betrachtung finden (VK Schleswig-Holstein, VK-SH 02/12). Skonto ist eine Zahlungsvergünstigung zur Einhaltung einer Zahlungsfrist. Das Skonto darf den Angebotspreis an sich nicht verändern (OLG München, Verg 13/07), kann aber in der gesamtwirtschaftlichen Betrachtung eine Rolle spielen. Hier ist zu beachten, dass die Skontohinweise im Rahmen der Vergabeunterlagen genannt und anerkannt worden sind.

8.9   Technische Spezifikation oder technischer Wert

Je nach Auftragsgegenstand kann die Definition von »technischen Spezifikationen« oder »technischen Werten« erforderlich oder zumindest sinnvoll sein. Im engeren Sinne sind damit die technischen Merkmale der Bauleistung, Dienstleistung oder Lieferung gemeint und können Aspekte der Funktionalität und Zweckmäßigkeit umfassen. Sie dienen somit ebenfalls der Steigerung der Qualität bei öffentlichen Auftragsvergaben.

Der »technische Wert« und die »technische Spezifikation« sind themengleich, obgleich sie nicht identisch sind. Die Spezifikationen sind eine sehr genaue Beschreibung der technischen Eigenarten und Kriterien, die in der Auftragsumsetzung erfüllt werden müssen. Dies können z. B. vorgegebene Einbaupositionen von technischen Komponenten oder definierte Grenzwerte für Sicherheitsabschaltungen sein. Sie sind europarechtgeprägt und hinreichend genau zu konkretisieren[59] und in den Auftragsunterlagen darzulegen.

Der Gesetzgeber sieht die Definition der technischen Spezifikation bei öffentlichen Bauaufträgen in der Gesamtheit der Punkte, die insbesondere in den Auftragsunterlagen enthaltenen technischen Beschreibungen, in denen die erforderlichen Eigenschaften eines Werkstoffs, eines Produkts oder einer Lieferung definiert sind,

---

59   Vgl. Art. 42 Abs. 1 i. V. m. Anhang VII RL 2014/24/EU.

damit dieser/diese den vom öffentlichen Auftraggeber beabsichtigten Zweck erfüllt.[60]

Für öffentliche Lieferaufträge und auch Dienstleistungen definiert er die technischen Spezifikationen als Spezifikation, die in einem Schriftstück enthalten ist, das Merkmale für ein Produkt oder eine Dienstleistung vorschreibt, wie Qualitätsstufen, Umwelt und Klimaleistungsstufen, »Design für alle« (einschließlich des Zugangs von Menschen mit Behinderungen) und Konformitätsbewertung, Leistung, Vorgaben für Gebrauchstauglichkeit, Sicherheit oder Abmessungen des Produkts, einschließlich der Vorschriften über Verkaufsbezeichnung, Terminologie, Symbole, Prüfungen und Prüfverfahren, Verpackung, Kennzeichnung und Beschriftung, Gebrauchsanleitungen, Produktionsprozesse und Methoden in jeder Phase des Lebenszyklus der Lieferung oder der Dienstleistung sowie über Konformitätsbewertungsverfahren.[61]

Eine Spezifikation soll gemäß RL 2014/24/EU Nr. 1 Anhang VII die Merkmale in einem Schriftstück enthalten und listet diese wie folgt auf:

- Qualitätsstufen,
- Umwelt- und Klimaleistungsstufen,
- »Design für alle« (einschließlich des Zugangs von Menschen mit Behinderungen) und Konformitätsbewertung,
- Leistung,
- Vorgaben für Gebrauchstauglichkeit,
- Sicherheit oder Abmessungen des Produkts, einschließlich der Vorschriften über Verkaufsbezeichnung,
- Terminologie,
- Symbole,
- Prüfungen und Prüfverfahren,
- Verpackung,
- Kennzeichnung und Beschriftung,
- Gebrauchsanleitungen,
- Produktionsprozesse und Methoden in jeder Phase des Lebenszyklus der Lieferung oder der Dienstleistung sowie über Konformitätsbewertungsverfahren.

Darüber hinaus können existierende technische Spezifikationen genannt werden, wie z. B.:

---

60 Vgl. Nr. 1 Anhang VII RL 2014/24/EU.
61 Vgl. Nr. 1 Anhang VII RL 2014/24/EU.

- Normen,
- Richtlinien,
- Zulassungsverfahren,
- ISO-Zertifizierungen,
- Technische Regelwerke,
- Anerkannte Regeln der Technik.

Sie müssen jedoch von der EU festgelegt oder anerkannt worden sein (OLG München, Verg 12/05; OLG Düsseldorf, VII-Verg 56/04) und mit dem Produkt oder dem Produktionsprozess in wesentlicher Verbindung stehen (EuGH, C-368/10). Grundsätzlich soll damit erreicht werden, dass der Auftraggeber keine produktspezifischen Anforderungen unbegründet in der Intensität verwendet, dass im Ergebnis nur ein bestimmter Bieter den endgültigen Zuschlag erhält. Der Zuschlag in Bezug auf technische Spezifikationen muss demnach auch auf der Grundlage objektiver Kriterien im effektiven Wettbewerb erfolgen.[62]

Der technische Wert hingegen ist hier etwas freier und gestattet dem Auftragnehmer mehr Spielraum. Er wird durch den Auftraggeber frei definiert und kann funktionale Aspekte wie z. B. Funktionalität, Kompatibilität, Material, Verarbeitung oder wahrnehmbaren Eigenschaften enthalten (VK Bund, VK 3-59/08).[63] Im Rahmen von Dienstleistungen können dies die Ausführungsart, die eingesetzte Technik oder die Erreichung eines bestimmten Zweckerfüllungsgrades sein.

8.10   Lebenszyklus- und Betriebskosten

Unter Lebenszykluskosten werden im Allgemeinen all die Kosten subsummiert, die mit einem Produkt oder einer Dienstleistung in Verbindung stehen und in unmittelbaren Zusammenhang der Lebenszyklusphasen stehen (Hunkeler et al. (2008). Die Lebenszyklusphasen können im Einzelnen folgende Bereiche umfassen:
- Forschung und Entwicklung,
- industrielle Entwicklung,

---

62 Erwägungsgrund 67 RL 2014/23/EU; Erwägungsgrund 90 RL 2014/24/EU; Erwägungsgrund 95 RL 2014/25/EU..

63 vgl. auch (Roth, 2011, S. 75) für das Beispiel der Fassadengestaltung: »Material- und Farbauswahl, Lichtdurchlässigkeit, Anbindung an städtebauliche Umgebung«.

- Herstellung,
- Reparatur,
- Modernisierung,
- Änderung,
- Instandhaltung,
- Logistik,
- Schulung,
- Erprobung,
- Rücknahme und
- Beseitigung (Art. 1 Nr. 26 RL 2009/81/EG).

Allgemein können die wesentlichen Kosten wie folgt unterschieden werden (§ 59 Abs. 2 VgV):

- Anschaffungskosten,
- Nutzungskosten,
- Wartungskosten,
- Kosten am Ende der Nutzungsdauer (z. B. Entsorgung),
- Kosten für externe Effekte (z. B. Umweltbelastung).

Bei den Kosten am Ende der Nutzungsdauer kann dies insbesondere Prozesse der Rohstoffgewinnung, Bereitstellung oder Entsorgung der Leistung betreffen, aber (insbesondere bei Warenlieferungen) z. B. auch den Handel mit ihr betreffen.[64]

§ 59 VgV - Berechnung von Lebenszykluskosten

(1) Der öffentliche Auftraggeber kann vorgeben, dass das Zuschlagskriterium »Kosten« auf der Grundlage der Lebenszykluskosten der Leistung berechnet wird.
(2) Der öffentliche Auftraggeber gibt die Methode zur Berechnung der Lebenszykluskosten und die zur Berechnung vom Unternehmen zu übermittelnden Informationen in der Auftragsbekanntmachung oder den Vergabeunterlagen an. Die Berechnungsmethode kann umfassen

1. die Anschaffungskosten,
2. die Nutzungskosten, insbesondere den Verbrauch von Energie und anderen Ressourcen,
3. die Wartungskosten,

---

64   Vgl. Gesetzesbegründung des Bundestags Drucksache 18/6281 Seite 112 § 127 zu Absatz 3.

4. Kosten am Ende der Nutzungsdauer, insbesondere die Abholungs-, Entsorgungs- oder Recyclingkosten oder
5. Kosten, die durch die externen Effekte der Umweltbelastung entstehen, die mit der Leistung während ihres Lebenszyklus in Verbindung stehen, sofern ihr Geldwert nach Absatz 3 bestimmt und geprüft werden kann; solche Kosten können Kosten der Emission von Treibhausgasen und anderen Schadstoffen sowie sonstige Kosten für die Eindämmung des Klimawandels umfassen.

(...)

Zur Berechnung der Lebenszykluskosten können in der Regel dynamische Verfahren der Investitionsrechnung herangezogen werden. Hier werden die Kosten in Bezug auf ihren Entstehungszeitpunkt und mit Hilfe von Zinsfaktoren miteinander verglichen. Beispielhaft sind hier die Kapitalwertmethode und die Annuitätenmethode zu erwähnen. Die Kapitalwertmethode ermittelt den Gesamtwert einer Investition (Kapitalwert) und unterteilt ihn in die einzelnen Kostenkategorien (Lebenszyklusphasen) (Walther, 2004). Die Annuitätenmethode arbeitet ebenfalls mit dem Kapitalwert (Walther, 2004). Sie unterteilt den Gesamtwert mit Hilfe von Zinszahlungen jedoch dann in jährliche Zahlungen, den sog. Annuitäten, und unterteilt diese dann ebenfalls in die Lebenszyklusphasen.

Unter Lebenszykluskosten werden auch die Betriebskosten erfasst. Die Betriebskosten sind die Kosten, die für den Betrieb einer Sache erforderlich sind. Dies können Treibstoffe oder Schmiermittel sein oder allgemeine Energiekosten und Verbrauchsmaterialien inkl. der Wartungskosten. Zur Berechnung der Lebenszykluskosten finden sich im Internet diverse Arbeitshilfen. Besonders zu erwähnen sind die Arbeitshilfen, die das Öko-Institut e. V. im Auftrag des Umweltbundesamtes im Rahmen des Projektes »Nationale Umsetzung der neuen EU-Beschaffungs-Richtlinien« entwickelt hat. Diese können auf der Homepage des Umweltbundesamtes heruntergeladen und genutzt werden (Umwelt Bundesamt, 2017).

Trotz dieser Hilfen werden Berechnungen für Lebenszykluskosten von ca. 50 % der Vergabestellen in Deutschland nicht angewandt (KOINNO, 2016[1]).

Als Grund wurde von den Befragten angegeben, dass sie sich unsicher seien und Angst davor hätten, Fehler zu machen, die ihre Beschaffungsentscheidung angreifbar machen würden. Insbesondere bei innovativen Beschaffungsmaßnahmen dient die Lebenszyklusberechnung jedoch gleichzeitig als Wirtschaftlichkeitsnachweis und ist unverzichtbar (KOINNO, 2016[2]).

II.

Das Bundesministerium für Wirtschaft und Energie hat dazu ebenfalls einen Lebens-zyklus-Tool-Picker herausgegeben, der für einige Produktarten bereits vorgefertigte Werkzeuge zur Lebenszyklusermittlung bereitstellt (KOINNO, 2016[2]).

Anhang 3: Berechnungshilfe zur Berechnung der Lebenszykluskosten bei strombetriebenen Geräten

	Angebot 1		Angebot 2		Angebot 3		Angebot 4		Angebot 5		Angebot 6	
Hersteller/ Produkt												
Angebotspreis												
Beschaffungspreis pro Produkt [Euro/Produkt]	500,00	€	500,00	€	500,00	€	500,00	€	0,00	€	0,00	€
Nutzungszeit												
Lebensdauer [Jahre]	5	a	5	a	5	a	5	a	5	a	5	a
Durchschnittliche Nutzungszeit pro Jahr [Stunden/Jahr]	1.000	h/a	1.000	h/a	1.000	h/a	1.000	h/a	1.000	h/a	1.000	h/a
Gesamte Nutzungszeit [Stunden]	5000	h	5000	h	5000	h	5000	h	5000	h	5000	h
Stromkosten												
Strompreis [Euro/kWh]	0,26	€	0,26	€	0,26	€	0,26	€	0,26	€	0,26	€
Strombedarf [Watt]	300	W	200	W	250	W	150	W	0	W	0	W
Energiepreissteigerung pro Jahr [%]	2%		2%		2%		2%		2%		2%	
Strombedarf je Jahr [kWh/Jahr]	300,0	kWh/a	200,0	kWh/a	250,0	kWh/a	150,0	kWh/a	0,0	kWh/a	0,0	kWh/a
Stromkosten gesamt	410,91	€	273,94	€	342,43	€	205,46	€	0,00	€	0,00	€
Abzinsung												
Diskontsatz [%]	4%		4%		4%		4%		4%		4%	
Lebenszykluskosten gesamt	879,90	€	753,27	€	816,59	€	689,95	€	0,00	€	0,00	€

Hinweis:
Füllen Sie bitte die gelben Zellen aus. Weiße Zellen werden automatisch berechnet.
Das Ergebnis sind die Lebenszykluskosten eines zu beschaffenden Produkts über die angegebene Lebensdauer.

Bild 26:   *Lebenszyklus-Tool-Picker - Elektrogeräte*

8.11   Umwelteigenschaften

Grundsätzlich ist es möglich umweltbezogene Kriterien in den Ausschreibungsun-terlagen abzufragen oder als entsprechende Zuschlagskriterien festzusetzen. Die Grundlage dafür bietet § 97 Abs. 3 GWB. Sein Inhalt bezieht sich auf eine nachhaltige, energieeffiziente und ressourcenschonende Beschaffung[65] mit dem Ziel die Vorgaben aus dem »EU-2030-Klima- und Energierahmen«[66] einzuhalten. Somit sollen um-weltbezogene Aspekte bei der Ausschreibung von Liefer-, Dienst- und Bauleistungen Berücksichtigung finden. Die Aspekte können sich auf das Produkt, den Produkti-onsprozess oder auf Klimaleistungsstufen beziehen (Art. 36 Abs. 1 RL 2014/23/EU).

---

65 Gesetzesbegründung, BT-Drs. 18/6281, 68, 82; auch Haak, NZBau 2015, 11 (13).
66 Mitteilung der Kommission an das Europäische Parlament, den Rat, den Europäischen Wirtschafts-und Sozialausschuss und den Ausschuss der Regionen: »Ein Rahmen für die Klima- und Ener-giepolitik im Zeitraum 2020–2030« SWD (2017) 15 final.

Zudem sollen bei energieverbrauchsrelevanten Liefer-, Dienst- oder Bauleistungen Anforderungen an die Energieeffizienz durch den Auftraggeber gestellt werden und die Bieter sollen Angaben zum Energieverbrauch liefern.[67]

8.12 Kundendienst und Service

Kundendienst und Service kann ein leistungsbezogenes Zuschlagskriterium darstellen. Dabei können die Qualität, Organisation, Qualifikation, Erfahrung sowie Verfügbarkeit des Kundendienstes aber auch des mit der Leistung beauftragten Personals erfragt und bewertet werden. Die Verfügbarkeit kann sowohl an zeitliche Parameter als auch an entfernungstechnische Parameter geknüpft werden, insbesondere dann, wenn zu Servicezwecken der Auftragsgegenstand zum Hersteller oder der kundendienstleistenden Stelle transportiert werden muss.

8.13 Lieferzeitpunkt und Lieferungs- oder Ausführungsfrist

Lieferzeiten haben insbesondere bei veränderten Wirtschaftslagen ein enormes Gewicht. Während bei entspannten Marktwirtschaftslagen Lieferzeiten von wenigen Monaten die Regel sind, können beim gleichen Auftragsgegenstand in angespannten Wirtschaftslagen schnell ein bis zwei Jahre vergehen. Hier empfiehlt sich eine präzise Marktrecherche, da die Anbieter bei zu knapp kalkulierten oder festgeschriebenen Lieferzeiten und gut gefüllten Auftragsbüchern keine Angebote abgeben werden. Nach einer entsprechenden Erkundung kann ein marktüblicher Wert für Lieferzeiten durchaus ein Zuschlagskriterium ergeben, dessen Vergleich und seine Aufnahme in die Leistungsbewertung sich lohnen können.

---

67 Gesetzesbegründung, BT-Dr. 18/6281, 82; zu den einzelnen Produktgruppen und dem Stand der Verabschiedung von Durchführungsmaßnahmen für die Ökodesign-Richtlinie (2009/125/EG) und die Energieverbrauchskennzeichnungs-Richtlinie (210/30/EG) vgl. Umwelt Bundesamt, 2018.

8.14   Schnellcheck

Zusammenfassung – Kriterien zur Bieterprüfung und Angebotsbewertung:

Zuschlagskriterien müssen so formuliert sein, dass sie präzise, eindeutig und überprüfbar sind. Eine willkürliche Zuschlagserteilung muss ausgeschlossen sein. Sie sind in der Auftragsbekanntmachung, spätestens jedoch in den Vergabeunterlagen, zu nennen. Nach ihrer Bekanntgabe dürfen sie nicht mehr erweitert oder verändert werden.[68]
Sie werden unterschieden in:
- Wertungskriterien und
- Allgemeine Kriterien / Informationskriterien.

Bei einer Eignungsprüfung wird ausschließlich die allg. Fachkompetenz des Bieters, nicht aber die angebotene Leistung geprüft!
Ein Wertungskriterium besteht aus einer Beschreibung der funktionalen Eigenschaft und den entsprechenden Wertungsparametern.
Beispiele für Hauptkriterien können sein:
- Qualität,
- Preis,
- technischer Wert,
- Ästhetik,
- Zweckmäßigkeit,
- Umwelteigenschaften,
- Lebenszyklus- und Betriebskosten,
- Rentabilität,
- Kundendienst und technische Hilfe,
- Lieferzeitpunkt und Lieferungs- oder Ausführungsfrist.

9   Nebenangebote

Bei der Vorbereitung des Vergabeverfahrens entscheidet der Auftraggeber, ob er Nebenangebote zulassen will oder nicht (§ 25 UVgO und § 35 VgV). Was unter »Nebenangebot« zu verstehen ist, erklären die vergaberechtlichen Vorschriften nicht. In der Richtlinie 2014/24/EU wird statt »Nebenangebot« der Begriff »Variante« ge-

---

68 Vgl. EuGH, Urteil v. 24.11.2005 – Rs. C-331/04 (ATI EAC), Rn. 32; VK Baden-Württemberg, Beschluss v. 10.1.2011 – 1 VK 69/10.

braucht. Allgemein wird von einem Nebenangebot gesprochen, wenn das Angebot eine andere als die ausgeschriebene Leistung enthält. Dagegen beinhaltet das Hauptangebot vollständig die ausgeschriebene Leistung.

> **Merke:**
>
> Ein Nebenangebot liegt vor, wenn der Bieter vom vorgegebenen Leistungsverzeichnis abweicht bzw. eine andere Ausführung der ausgeschriebenen Leistung vorschlägt.

Das Ziel von Nebenangeboten ist die Erschließung wettbewerblichen Potentials: Die Zulassung von Nebenangeboten soll das unternehmerische Potential der Bieter dadurch erschließen, dass der Auftraggeber Alternativlösungen vorgeschlagen bekommt, die er selbst nicht hätte ausarbeiten können, weil seine Mitarbeiter naturgemäß nicht in allen Bereichen über so weitreichende Fachkunde wie die Bieter verfügen (BGH, X ZR 55/10).

Nebenangebote sind in unterschiedlichen Varianten möglich; sie können in technischer, wirtschaftlicher, oder rechtlicher Hinsicht vom Hauptangebot abweichen (OLG Jena, 9 Verg 7/09).

9.1   Zulassung von Nebenangeboten

Der Auftraggeber hat die Wahl, ob und in welcher Hinsicht er Nebenangebote zulassen will. Bei der Entscheidung über die Zulassung sollte er bedenken, dass dies mit Mehraufwand verbunden ist. Er muss einerseits Mindestanforderungen definieren[69]; andererseits kann auch die Wertung der Nebenangebote zusätzlichen Aufwand bedeuten: Zwar erlaubt § 35 Abs. 2 Satz 3 VgV ausdrücklich, dass Nebenangebote auch zugelassen oder vorgeschrieben werden können, wenn der Preis oder die Kosten das alleinige Zuschlagskriterium sind. Dabei ist aber zu beachten, dass Nebenangebote nur dann nach dem Preis als einzigem Zuschlagskriterium gewertet werden können, wenn durch eine entsprechende Festlegung von Mindestanforderungen sichergestellt ist, dass die Angebote qualitativ soweit vergleichbar sind, dass der Zuschlag auf das Angebot mit dem besten Preis-Leistungsverhältnis erteilt werden kann. Es ist mit dem

---

69   Dazu nachfolgend Kapitel 6.1.1.

vergaberechtlichen Gleichbehandlungsgrundsatz nicht vereinbar, wenn wesentlich ungleiche Angebote willkürlich gleich, nämlich nach dem einzigen Kriterium des niedrigsten Preises, das keine Qualitätsunterschiede abbilden kann, gewertet würden (VK Südbayern, Z3-3-3194-1-50-12/16).

Demgegenüber stehen die Vorteile von Nebenangeboten – Zugriff auf unternehmerisches Spezialwissen – die freilich nur dann sinnvoll sind, wenn der Auftraggeber keine Standardbeschaffungen durchführt.

Tabelle 24: *Vor- und Nachteile der Zulassung von Nebenangeboten*

Vorteile von Nebenangeboten	Nachteile von Nebenangeboten
Nutzung des Spezialwissens und Potentials der Bieter	Notwendigkeit der Festlegung von Mindestanforderungen[70]
Beschaffung kann ggf. wirtschaftlicher erfolgen als vom Auftraggeber geplant	Höherer Aufwand bei der Prüfung und Wertung der Angebote
	Eignen sich nicht für Standardbeschaffungen

Zulassung von Nebenangeboten bei EU-Vergabeverfahren, § 35 VgV

Die Zulassung von Nebenangeboten im Oberschwellenvergaberecht richtet sich nach § 35 VgV. Danach sind Nebenangebote ausdrücklich durch den Auftraggeber zuzulassen oder auch vorzuschreiben, sie müssen mit dem Auftragsgegenstand in Verbindung stehen und der Auftraggeber hat Mindestanforderungen zu benennen. Die Zuschlagskriterien sind so festzulegen, dass sie sowohl auf Hauptangebote als auch auf Nebenangebote anwendbar sind. Der öffentliche Auftraggeber muss ferner vorgeben, auf welche Art und Weise Nebenangebote einzureichen sind. Dabei kann er insbesondere vorschreiben, dass Nebenangebote nur zugelassen sind, sofern auch ein Hauptangebot eingereicht wird.

Mindestanforderungen an Nebenangebote

Die Festlegung von eindeutigen und aussagekräftigen Mindestanforderungen wird in der Praxis häufig als schwierig empfunden. Soll der Preis das alleinige Zuschlagskri-

---

70 Im Oberschwellenvergaberecht ist dies zwingend.

terium sein, steigt die Anforderung an die Festsetzung von Mindestanforderungen: Sie müssen ausreichend detailliert, transparent und widerspruchsfrei sein (VK Südbayern, Z3-3-3194-1-12-03/17).

Andererseits müssen die für Nebenangebote vorzugebenden Mindestanforderungen nicht alle Details der Ausführung erfassen, sondern dürfen Spielraum für eine hinreichend große Variationsbreite in der Ausarbeitung von Alternativvorschlägen lassen und sich darauf beschränken, den Bietern, abgesehen von technischen Spezifikationen, in allgemeiner Form den Standard und die wesentlichen Merkmale zu vermitteln, die eine Alternativausführung aufweisen muss (BR-Drucksache 87/16; Begründung zu § 35 VgV). Mögliche Mindestanforderungen sind sachlich-technische Vorgaben durch Bezugnahme auf benannte Regelwerke (OLG Brandenburg, Verg W 10/08) oder ministerielle Runderlasse, wenn durch die Bezugnahme für den Bieter deutlich ist, welche dort genannten Mindestleistung er erfüllen muss (OLG Düsseldorf, VII-Verg 106/04).

Merke:

Sind keine Mindestanforderungen an Nebenangebote genannt oder erfüllen diese die Voraussetzungen nicht, können sämtliche Nebenangebote nicht gewertet werden.

Zuschlagskriterien bei Nebenangeboten

Nach dem Wortlaut des § 35 Abs. 2 Satz 3 VgV können Nebenangebote auch zugelassen oder vorgeschrieben werden, wenn der Preis oder die Kosten das alleinige Zuschlagskriterium sind. Dies gilt aber nicht uneingeschränkt:

Die dem Ziel der Erschließung des wettbewerblichen Potentials entsprechend und damit vergaberechtskonforme Wertung von Nebenangeboten, die den vorgegebenen Mindestanforderungen genügen, ist durch Festlegung aussagekräftiger, auf den jeweiligen Auftragsgegenstand und den mit ihm zu deckenden Bedarf zugeschnittener Zuschlagskriterien zu gewährleisten. Sie müssen ermöglichen, das Qualitätsniveau von Nebenangeboten und ihren technischen-funktionellen und sonstigen sachlichen Wert über die Mindestanforderungen hinaus nachvollziehbar und überprüfbar mit dem für die Hauptangebote nach dem Amtsvorschlag vorausgesetzten Standard zu vergleichen. Auf dieser Basis kann das wirtschaftlichste Angebot ermittelt und dabei gegebenenfalls auch eingeschätzt werden, ob ein preislich günstigeres Nebenangebot mit einem solchen Abstand hinter der Qualität eines dem Amtsvorschlag entsprechenden Hauptangebots zurückbleibt, dass es nicht als das wirtschaftlichste Angebot bewertet werden kann (BGH, X ZB 15/13).

Mögliche Zuschlagskriterien können sich auf die Folgekosten der ausgeschriebenen Leistung beziehen oder diese berücksichtigen, wenn der Inhalt des Nebenangebotes über die Qualität des »Amtsentwurfs« hinausgeht.

Zulassung von Nebenangeboten bei nationalen Vergabeverfahren, § 25 UVgO

Die Anforderungen an Nebenangebote im Anwendungsbereich der UVgO weichen von den in § 35 VgV genannten ab. Nach § 25 UVgO, der im Wesentlichen § 35 Abs. 1 VgV nachgebildet ist, allerdings mit dem Unterschied, dass der Auftraggeber die Vorlage von Nebenangeboten nicht vorschreiben darf, muss der Auftraggeber Nebenangebote ausdrücklich zulassen. Auf eine Verpflichtung zur Benennung von Mindestanforderungen wurde allerdings bewusst verzichtet und stattdessen allgemein in § 25 Satz 4 UVgO auf die Einhaltung der Grundsätze der Transparenz und Gleichbehandlung hinzuweisen.

Aus § 42 Abs. 2 UVgO folgt, dass der Auftraggeber Mindestanforderungen vorgeben darf; in diesem Fall aber Nebenangebote, die die Mindestanforderungen nicht erfüllen, ausschließen muss.

Insgesamt stehen dem Auftraggeber aber in Bezug auf Nebenangebote, sofern sie zugelassen werden sollen, größere Handlungsspielräume zu.

9.2   Schnellcheck

Zusammenfassung Nebenangebote:

- Ein Nebenangebot liegt vor, wenn der Angebotsinhalt von der ausgeschriebenen Leistung abweicht.
- Nebenangebote müssen vom Auftraggeber ausdrücklich zugelassen werden.
- Bei Vergabeverfahren über dem EU-Schwellenwert muss der Auftraggeber Mindestanforderungen für Nebenangebote benennen.
- Die Zuschlagskriterien müssen sowohl auf Hauptangebote als auch auf Nebenangebote anwendbar sein.
- Der Preis als alleiniges Zuschlagskriterium bei Zulassung von Nebenangeboten ist möglich.
- Bei Vergabeverfahren unterhalb des EU-Schwellenwertes müssen Mindestanforderungen nicht vorgegeben werden.

10   Dokumentation zum Verfahrensbeginn

Vergabeverfahren sind von Beginn an fortlaufend zu dokumentieren. Der Gesetzgeber verlangt dies in Textform nach § 126b des Bürgerlichen Gesetzbuchs. Es müssen die einzelnen Stufen des Verfahrens, die einzelnen Maßnahmen sowie die Begründung der einzelnen Entscheidungen festgehalten werden. Die Dokumentation sowie die Angebote, Teilnahmeanträge und ihre Anlagen sind mindestens für drei Jahre ab dem Tag des Zuschlags aufzubewahren. Anderweitige Vorschriften zur Aufbewahrung bleiben unberührt (§ 6 UVgO). Folgende Informationen müssen enthalten sein:

- den Namen und die Anschrift des öffentlichen Auftraggebers sowie Gegenstand und Wert des Auftrags, der Rahmenvereinbarung oder des dynamischen Beschaffungssystems,
- die Namen der berücksichtigten Bewerber oder Bieter und die Gründe für ihre Auswahl,
- die nicht berücksichtigten Angebote und Teilnahmeanträge sowie die Namen der nicht berücksichtigten Bewerber oder Bieter und die Gründe für ihre Nichtberücksichtigung,
- die Gründe für die Ablehnung von Angeboten, die für ungewöhnlich niedrig befunden wurden,
- den Namen des erfolgreichen Bieters und die Gründe für die Auswahl seines Angebots sowie, falls bekannt, den Anteil am Auftrag oder an der Rahmenvereinbarung, den der Zuschlagsempfänger an Dritte weiterzugeben beabsichtigt, und gegebenenfalls, soweit zu jenem Zeitpunkt bekannt, die Namen der Unterauftragnehmer des Hauptauftragnehmers,
- bei Verhandlungsverfahren und wettbewerblichen Dialogen die in § 14 Absatz 3 VgV genannten Umstände, die die Anwendung dieser Verfahren rechtfertigen,
- bei Verhandlungsverfahren ohne vorherigen Teilnahmewettbewerb die in § 14 Absatz 4 VgV genannten Umstände, die die Anwendung dieses Verfahrens rechtfertigen,
- gegebenenfalls die Gründe, aus denen der öffentliche Auftraggeber auf die Vergabe eines Auftrags, den Abschluss einer Rahmenvereinbarung oder die Einrichtung eines dynamischen Beschaffungssystems verzichtet hat,
- gegebenenfalls die Gründe, aus denen andere als elektronische Mittel für die Einreichung der Angebote verwendet wurden,
- gegebenenfalls Angaben zu aufgedeckten Interessenkonflikten und getroffenen Abhilfemaßnahmen,

II.

213

- gegebenenfalls die Gründe, aufgrund derer mehrere Teil- oder Fachlose zusammen vergeben wurden, und
- gegebenenfalls die Gründe für die Nichtangabe der Gewichtung von Zuschlagskriterien (§ 8 Abs. 2 VgV).

Zusätzlich können noch länderspezifische und kommunalspezifische Vorgaben gelten, die bestimmte Informationen für die Dokumentation erfordern. Beispielhaft kann ein Vermerk für eine Beschaffung aus folgenden Teilen bestehen:

- allgemeine Angaben,
- bei vorläufiger Haushaltsführung eine Begründung nach Gemeindeordnung oder Kommunalverfassung,
- Angaben zu Kosten,
- Wahl der Vergabeart,
- Begründung für Produktvorgaben,
- Finanz- und Haushaltsangaben,
- Maßnahmen nach geltenden Länderrechten (z. B. Korruptionsbekämpfungsgesetz NRW),
- Einbindung anderer Ämter und Stellen,
- Postweg und Kenntnisgang im eigenen Haus,
- Angaben zum Verfasser und Verantwortlichen.

In den einzelnen Unterpunkten werden dann konkrete Angaben zur Beschaffung getätigt, die eine jederzeitige Nachprüfung ermöglichen.

10.1   Allgemeine Angaben

Im Allgemeinen Teil erfolgt eine kurze Hinführung und Einleitung zur Beschaffungsabsicht. Ziel soll sein, dass eine nicht mit dem Beschaffungsvorgang vertraute Person ohne spezifische technische Fachkenntnisse auch Jahre später noch diesen Vergabevorgang und von seiner Entstehung an nachvollziehen und prüfen kann. Es empfiehlt sich daher die Darstellung der Beschaffungsgründe und Angaben über die Art der Beschaffung (Neubeschaffung oder Ersatzbeschaffung). Bei Ersatzbeschaffungen können auch Angaben über Alter und Zustand der zu ersetzenden Gerätschaften oder Fahrzeuge hilfreich sein. Die folgenden Formulierungsbeispiele (kursiv hervorgehoben) können vergleichend hinzugezogen werden.

Beispielhafte Formulierung für die Beschaffung eines Abrollbehälters Gefahrgut:

Die Feuerwehr hat als eine ihrer wichtigsten Aufgaben die Rettung von Personen und Tieren sowie den Schutz von Sachwerten durchzuführen. Hierfür müssen je nach Einsatzsituation unterschiedliche Gerätschaften und Fahrzeuge vorgehalten werden.

Der bei der Feuerwehr Thalburg an der Ohm vorgehaltene Abrollbehälter Gefahrgut wird für den Transport und die Lagerung der einsatztaktischen Gerätschaften bei Unfällen mit gefährlichen Stoffen und Gütern eingesetzt. Auf dem Abrollbehälter Gefahrgut sind vornehmlich nicht funkenreißende Gerätschaften sowie Elektrogeräte für die Ex-Zone 0 verlastet. Auf dem Abrollbehälter werden zu den Einsatzgeräten für Gefahrgutunfälle die Gerätschaften für den Einsatz mit radioaktiven Stoffen, wie zum Beispiel Schutzanzüge und Messgeräte, gelagert.

Der Abrollbehälter Gefahrgut ist 29 Jahre alt. Bedingt durch den harten Einsatz bei der Feuerwehr und seinem Verwendungszweck ist der Aufbaurahmen und der Hilfsrahmen entsprechend verschlissen und von Korrosion befallen. Die Geräteraumverschlüsse sind teilweise an der Verschleißgrenze, so dass eine Gefährdung von Personen durch unvorhersehbares Öffnen einzelner Geräteraumverschlüsse während der Alarmfahrt und durch herausfallende Einsatzgeräte nicht auszuschließen ist. Des Weiteren schützen die Geräteraumverschlüsse nicht mehr gegen das Eindringen von Spritzwasser. Durch das Eindringen von Spritzwasser sind die Einsatzgeräte einer erhöhten Korrosion ausgesetzt und die Einsatzbereitschaft ist nicht mehr gewährleistet. Durch den Kontakt mit ätzenden Flüssigkeiten ist die Inneneinrichtung wie Bleche, Auszüge und Halterungen für die Einsatzgeräte stark oxidiert und verschlissen. Die verlasteten Einsatzgeräte sind durch den Kontakt mit ätzenden Flüssigkeiten angegriffen und verbraucht. Der derzeitige Abrollbehälter Gefahrgut muss aufgrund seines Alters und technischen Zustands ersatzbeschafft werden.

Diese Verfügung bezieht sich auf die Vergabe der Lieferleistung des Abrollbehälters mit Auf- und Ausbau zu einem Sonderbau der Feuerwehr in einem Gesamtlos (hier Los 1) und der Beladung (hier Los 2).

Für die Beschaffung zweier Tanklöschfahrzeuge können die allgemeinen Angaben wie folgt aussehen:

Die Feuerwehr hat per Gesetz (BHKG) als eine ihrer wichtigsten Aufgaben die Rettung von Personen und die Bekämpfung von Schadensfeuern und Unglücksfällen durchzuführen. Zu diesem Zweck hält sie für eine Reihe von vielfältigen Unglücksfällen Einsatzfahrzeuge vor. Tanklöschfahrzeuge sind Fahrzeuge zur Wasserversorgung oder für die selbstständige Brandbekämpfung kleinerer Brände. Der Rückbau von Trinkwasserversorgungsleitungen aus Gründen gestiegener Hygieneanforde-

II.

rungen führt in gleichem Maße zu Problemen bei der Löschwasserversorgung. Tanklöschfahrzeuge haben einen großen Löschwassertank und sind ein Mittel fehlende oder nicht leistungsfähige Löschwasserversorgungen zu überbrücken. Als besondere Ausstattungsmerkmale sind neben der Normbeladung eine Beleuchtungseinheit, Stromerzeuger mind. 8 kVA, Tauchpumpe, Motorkettensäge vorhanden. Für die Feuerwehr werden insgesamt zwei Fahrzeuge vom Typ TLF 16 oder TLF 3000 als taktische Reserve und Sonderfahrzeug für die Waldbrandbekämpfung (geländegängig) vorgehalten. Die Abschreibungs- und Wiederbeschaffungszeit beträgt 15 Jahre.

Im Rahmen dieser gesetzlichen Erfüllungspflicht und aufgrund der Einhaltung der Festlegungen des gültigen vom Rat der Stadt beschlossenen Brandschutzbedarfsplans, ist für die Stadt Thalburg an der Ohm die Ersatzbeschaffung zweier TLF geplant. Das derzeitige Fahrzeug muss aufgrund seines Alters von 21 und 22 Jahren und seines schlechten technischen Zustands, Motorgeräusche und Getriebeverschleiß, ersatzbeschafft werden. Im vorliegenden Fall ist dies das TLF 16-1 mit dem amtlichen Kennzeichen THA – 2066 und das TLF 16-2 mit dem amtlichen Kennzeichen THA – 2099. Diese Verfügung bezieht sich auf die Vergabe der Lieferleistung des Fahrgestells und des Ausbaus des Fahrzeugs zu einem Sonderfahrzeug der Feuerwehr.

Für die Beschaffung eines Rettungswagens können die allgemeinen Angaben wie folgt aussehen:

Die Stadt Thalburg an der Ohm ist gemäß dem Gesetz über den Rettungsdienst sowie die Notfallrettung und den Krankentransport durch Unternehmen (Rettungsgesetz NRW – RettG NRW) – hier § 6 – als Träger des Rettungsdienstes verpflichtet, die bedarfsgerechte und flächendeckende Versorgung der Bevölkerung mit Leistungen der Notfallrettung einschließlich der notärztlichen Versorgung im Rettungsdienst und des Krankentransports sicherzustellen. Beide Aufgabenbereiche bilden eine medizinisch-organisatorische Einheit der Gesundheitsvorsorge und Gefahrenabwehr.

Im Rahmen dieser Erfüllungspflicht der gesetzlichen Anforderung ist für die Stadt Thalburg an der Ohm ein Rettungsdienstbedarfsplan erstellt worden, der durch den Rat der Stadt beschlossen wurde. Dieser Bedarfsplan legt unter anderem die erforderliche Zahl und das maximale Alter der Fahrzeuge an Fahrzeugen fest. Drei der Fahrzeuge müssen aufgrund des Alters und technischen Zustands ersatzbeschafft werden.

10.2   Angaben nach Haushaltsrecht

Je nach Bundesland und geltendem Kommunalrecht sind weitere Angaben erforderlich, insbesondere wenn sich die Haushaltssituation der Gemeinde in einem gewissen finanziellen Status (z. B. Nothaushalt) befindet. In den einzelnen Bundesländern, wie z. B. in NRW, können somit besondere Begründungen erforderlich sein, wie z. B. für einen Abrollbehälter Gefahrgut:

Die Gemeinde und somit die Feuerwehr hat gemäß § 3 BHKG (Gesetz über den Brandschutz, der Hilfeleistung und des Katastrophenschutzes) NRW die Aufgabe eine leistungsfähige Feuerwehr sicherzustellen.

Auf Grund von aktuellen Vorschriften, z. B Änderung der ATEX Norm, der DIN 14405, 14555 Teil 12, 14427 und 14424, müssen Einsatzgeräte ersetzt und zusätzliche Geräte verlastet werden. Für die zusätzlichen Gerätschaften ist der benötigte Platzbedarf nicht vorhanden. Aufgrund seines Zustands lassen sich keine Umbauarbeiten mehr realisieren. Eine Reparatur wurde nach in Augenscheinnahme von Fachfirmen abgelehnt. Auf Grund der vorgenannten Zustandsbeschreibung ist ein wirtschaftlicher und zuverlässiger Einsatz bei Gefahrgutunfällen nicht mehr gewährleistet.

Aus diesen Gründen ist die Maßnahme nach GO NRW § 82 unabweisbar.

Bild 27:   *Bild eines aufgesattelten Abrollbehälters der Feuerwehr Thalburg an der Ohm*

Für die Beschaffung zweier Tanklöschfahrzeuge kann die Begründung wie folgt aussehen:

Die Gemeinde und somit die Feuerwehr hat gemäß § 3 BHKG (Gesetz über den Brandschutz, der Hilfeleistung und des Katastrophenschutzes) die Aufgabe eine leistungsfähige Feuerwehr sicherzustellen. Die beiden Fahrzeuge sind Ersatzbeschaffungen des alten TLF 16-2 mit Erstzulassung von 9/1997 und des alten TLF 16-1 mit Erstzulassung von 12/1996. Der Zustand der Fahrzeuge übersteigt, aufgrund des Einsatzes als Feuerwehrfahrzeug, die dem Alter und der Laufleistung entsprechenden Abnutzungserscheinungen. Somit ist der Allgemeinzustand entsprechend schlecht. Die Hinter- und Vorderachsen des Allradfahrgestells sind verschlissen. Sie verlieren Öl. Die Lenkung ist entsprechend ausgeschlagen. Am Motor ist ein starker Leistungsabfall zu beobachten. Es ist abzusehen, dass in naher Zukunft kostenintensive Reparaturen notwendig wären, die aufgrund des Fahrzeugalters unwirtschaftlich wären. Hinzu kommt, dass dieser Fahrzeugtyp vom Hersteller nicht mehr gebaut wird. Die Fahrzeuge sind insbesondere nicht mehr im Einsatzdienst mit der notwendigen Ausfallsicherheit zu betreiben. Die Ersatzbeschaffungen sind insofern dringend notwendig. Aufgrund der wirtschaftlichen Defekte der beiden TLF ist eine Ersatzbeschaffung erforderlich und nach § 82 GO NRW unabweisbar, da sonst den Festlegungen im Brandschutzbedarfsplan nicht nachgekommen werden kann.

Für die Beschaffung dreier Rettungswagen kann die Begründung wie folgt aussehen:

Die Gemeinde und somit die Feuerwehr hat gemäß RettG NRW § 6 die Aufgabe des Rettungsdienstes übernommen. Sie muss demnach den Rettungsdienst und die Notfallrettung für die Bevölkerung der Gemeinde sicherstellen. Gemäß § 12 Abs. 2 RettG NRW wurde im Rettungsdienstbedarfsplan u. a. die Anzahl der Rettungswagen und die Abschreibezeiträume (sieben Jahre) festgelegt und durch den Rat der Stadt Thalburg an der Ohm beschlossen.

Die Fahrzeuge sind Ersatzbeschaffung für die o. g. RTWs. Die Fahrzeuge werden zum Zeitpunkt der Aussonderung über neun Jahre alt sein und haben die Rettungsdienstbedarfsplan festgelegte Abschreibungszeit bis dato überschritten. Die Zustände der Fahrzeuge übersteigen, aufgrund des Einsatzes als Rettungsfahrzeug, die dem Alter und der Laufleistung entsprechende Zustände, z. B. starke Korrosion, geringe Motorkompression. Somit ist der Allgemeinzustand entsprechend schlecht. Nach Abschluss der Ausbauarbeiten Funk und Beklebung können die Inbetriebnahmen der Fahrzeuge erfolgen. Die Ersatzbeschaffungen sind insofern dringend erforderlich und nach GO NRW § 82 unabweisbar.

Bild 28a und b: *Heck- und Frontansicht RTW Berufsfeuerwehr Mülheim an der Ruhr*

10.3 Angaben zu Kosten

Im Rahmen der Vorbereitung einer Ersatzbeschaffung wird der Auftragswert geschätzt.[71] Das kann im Idealfall durch eine gezielte Marktrecherche erfolgen, ist aber nicht zwingend erforderlich. Die ermittelten Schätzungen werden dann im Rahmen einer Haushaltsplanung für die entsprechenden Jahre als Finanzmittel eingestellt. Je nach Umfang der Maßnahme sind so für die bevorstehende Vergabe die geschätzten Kosten anzugeben. Je nach zu beschaffendem Gegenstand und Verfahrensart sind das nicht zwangsläufig die Gesamtmittel einer Finanzstelle, sondern können sich auf verschiedenen Beschaffungsvorgänge verteilen. Daher ist es maßgeblich zu wissen, über welche Finanzmittelhöhe in welchem Finanzbereich (investiv oder konsumtiv) der Beschaffungsvorgang durchgeführt werden soll.

Beispiel: *Für die geplanten Maßnahmen entstehen geschätzte Gesamtkosten (Abrollbehälter, Aufbau und Beladung) in Höhe von 300.000,– € im investiven Bereich. Die Kosten wurden im Rahmen einer Marktrecherche ermittelt.*

10.4 Wahl der Vergabeart

Je nach Art des zu beschaffenden Gegenstandes oder Leistung und je nach Wertgrenze ergeben sich die entsprechenden Verfahrensarten. Im Rahmen der Doku-

---

71 Vgl. Kapitel 5.

mentation ist es unerlässlich, die beabsichtigte Verfahrensart anzuzeigen. Sinnvoll kann es sein, die Verfügung im Anschluss den entsprechenden Rechnungsprüfungsstellen zur Kenntnis zu geben. Das gibt der Vergabestelle Verfahrenssicherheit und beugt späteren Mängelberichten durch die nun vorher beteiligten Prüfer vor.

Der EU-Schwellenwert von zurzeit 214.000 wird bei dieser Auftragsvergabe überschritten. Es sind in diesem Fall gemäß § 2 Abs. 1 und § 4 Abs. 1 VgV die europaweiten Bestimmungen des zweiten Abschnitts der Vergabe- und Vertragsordnung für Leistungen zu beachten.

Es ist vorgesehen, die Vergabe gemäß § 15 VgV in einem offenem Verfahren europaweit auszuschreiben. Siehe auch Anlage Auftragsbekanntmachung EU, die Bestandteil dieser Verfügung ist.

Ein Beispiel für eine Vergabe unterhalb des Schwellenwertes kann lauten:
Der EU-Schwellenwert von zurzeit 214.000,- (netto) wird bei dieser Auftragsvergabe nicht erreicht. Gemäß Runderlass des Ministeriums für Inneres und Kommunales NRW – 304-48.07.01/01-169/18 v. 28.08.2018 Abs 5.1 soll bei Aufträgen über Liefer- und Dienstleistungen unterhalb der EU-Schwellenwerte die Unterschwellenvergabeordnung in der jeweils geltenden Fassung angewendet werden. Es ist in diesem Fall die Unterschwellenvergabeverordnung UVgO zu beachten. Es ist vorgesehen die Vergabe gemäß § 8 Absatz 4 Ziffer 17 der UVgO im Wege der Verhandlungsvergabe ohne Teilnahmewettbewerb durchzuführen. Gemäß Abs 6.1 o. g. RdErl. des Ministeriums ist eine Verhandlungsvergabe bis zu einem geschätzten Auftragswert von 100.000 € netto möglich.

Die Ausschreibung (Fahrgestell, Ausbau Funk und Beklebung) für das Fahrzeug wird in folgende Lose aufgeteilt:

Los 1 Fahrgestell: *43.500 €*
Los 2 Ausbau hier Funk: *22.500 €*
Los 3 Ausbau hier Beklebung: *5.000 €*

Der Zuschlag für die Lose 1 und 2 erfolgt auf das wirtschaftlichste Angebot (der Preis ist nicht das einzige Zuschlagskriterium). Die Gewichtung der Hauptkriterien kann den Tabellen 25 und 26, die Gewichtung der Unterkriterien kann dem LV direkt entnommen werden. Als Bewertungsmethode wird der Analytische Hierarchieprozess angewandt. Die Konsistenzratio wird nach der Saaty-Methode berechnet. LV-Positionen in denen Richtwerte stehen, werden nach gewichteten Punktwerten bewertet. Der angegebene Richtwert dient der Orientierung. Der Bieter hat seine Werte in den entsprechenden Positionen einzutragen. Angaben, die besser/größer sind als der Richtwert, erreichen mehr Punkte in der Bewertung. Angaben die schlechter/kleiner sind als der Richtwert, erlangen weniger Punkte in der Bewertung. LV-Positionen bei denen die Wertungsrichtung reziprok ist, werden besonders gekennzeichnet. Die Gewichtungspunkte der LV-Position werden in der Spalte Wertungskriterium als Prozentwert ausgewiesen. Der Begriff »Grenzwert« ist als obere und und/oder untere Schranke zu verstehen. Es bedeutet, dass dieser je nach Angabe in der LV-Position nicht über- oder unterschritten werden darf. Ist ein Grenzwert nur in einer Richtung beschränkt, so darf der Wert des Bieters beliebig in die andere Richtung verlaufen. Diese ist auch gleichzeitig die positive Wertungslinie für die Punktewertung.

Tabelle 25:

Los 1 Fahrgestell:	
Kriterien	**Gewicht in Prozent**
Ausstattung	10,90 %
Motorleistung	6,20 %
Gewicht	4,40 %
Maße	13,80 %
Preis	29,10 %
Lieferzeit/Service	35,60 %
Prüfsumme	100,00 %

Tabelle 26:

Los 2 Ausbau hier Funk:	
Kriterien	**Gewicht in Prozent**
Innenausbau	6,50 %
Elektronik	19,60 %
Kommunikation	19,50 %
Lieferzeit/Service	18,30 %
Preis	36,10 %
Prüfsumme	100,00 %

Los 3 Ausbau hier Beklebung
Der Zuschlag erfolgt auf das wirtschaftlichste Angebot. Der Preis ist das alleinige Zuschlagskriterium.

10.5 Angaben zu Leitfabrikaten

Das Verwenden von Leitfabrikaten kann in begründeten Fällen sinnvoll oder sogar unabdingbar sein. Aus der Begründung muss zu entnehmen sein, dass die Produktvorgabe notwendig ist, um einen unverhältnismäßig hohen finanziellen Aufwand und unverhältnismäßig hohe Schwierigkeiten bei der Integration, Gebrauch, Betrieb oder Wartung zu vermeiden.

Beispielhaft seien hier Beschaffungen von Atemschutzgeräten zu nennen. Hier ist es im Regelfall aus wirtschaftlichen Gründen erforderlich, dass Feuerwehren sich auf einen bereits vorhandenen Herstellertyp bei nachfolgenden Beschaffungen festlegen und somit ihre Atemschutzwerkstätten auf die Prüfung dieser Geräte ausgerichtet haben. Da hier viele herstellerspezifische Werkstattgeräte sowie Software benötigt werden, ist eine Verwendung verschiedener Atemschutzgerätehersteller wirtschaftlich nicht sinnvoll. Somit kann in diesem Beispiel begründet werden, warum ein spezifischer Gerätetyp eines bestimmten Herstellers zur Beschaffung ausgeschrieben wird.

Ein weiterer Fall liegt vor, wenn die Art der Leistung oder der Gegenstand nicht eindeutig und erschöpfend beschrieben werden kann. Dann darf auf sogenannte Leitfabrikate mit dem unerlässlichen Zusatz »oder gleichwertig« verwiesen werden.

Da es sich um eine Ausnahme vom Grundsatz der Produktneutralität handelt, ist eine Begründung erforderlich, die der Verfügung des Beschaffungsvorganges hinzuzufügen ist:

Gemäß der Vorgabe der §§ 121 GWB, 31 VgV und 23 UVgO ist die Leistung eindeutig und erschöpfend zu beschreiben. Bei bestimmten Erzeugnissen, bei denen dies nicht durch verkehrsübliche Bezeichnungen möglich ist, ist gem. § 31 Abs. 6 VgV und § 23 Abs. 5 UVgO der Zusatz »oder gleichwertig« zu verwenden. Eine Produktvorgabe ohne Zusatz ist zulässig, wenn ein sachlicher Grund vorliegt. In der nachfolgenden Leistungsbeschreibung ist dies bei folgenden Positionen mit angeführter Begründung gegeben.

LV-Pos. 17 Anforderung an Steuerungs- und Regelungselektronik sowie Schalter und Taster:

Aufgrund des Grundsatzes »Einheitliche Bedienbarkeit reduziert Stressfaktoren, die zu Unfällen führen können« ist bei der Funktionalität und Bedienung von Sonder-

einbauten die Einheitlichkeit erforderlich. Dies vermeidet neben der Unfallgefahr in Stresssituation auch den erheblichen Schulungsaufwand auf neue Technik, die aufgrund der Marktvielfalt nicht mehr vermittelbar wäre. Hinzu kommen technische Individuallösungen, die speziell für die Feuerwehr Thalburg an der Ohm entwickelt wurden, und auch die Tatsache, dass die komplexe und schnelle Entwicklung der Fahrzeugtechnik gerade im elektronischen Bereich die Steuerung von Zusatzeinbauten und Sondertechniken mittels analoger Steuerungsverfahren nicht mehr möglich machen. Alle Fahrzeuge werden aktuell ausschließlich mit CAN-Bus-Technik ausgestattet. Die Hersteller geben nur vereinzelt Schnittstellen zu ihren Systemen frei. Ein Zugang zu diesem CAN-Bus-System ist aber zwingend erforderlich, um ein homogenes Gesamtsystem zu schaffen, welches als inhärente Eigenschaft eines Sonderfahrzeuges von Feuerwehr- und Rettungsdienst zu sehen ist. Da auch die zusätzlich erforderlichen Sondertechniken häufig nur noch mit CAN-Bus-Systemen arbeiten, ist ein höhergestelltes Steuerungssystem erforderlich, welches die Eigenschaft hat sowohl mit der Fahrzeugtechnik als auch mit den Subtechniken der Zusatzeinbauten zu kommunizieren und diese zu steuern, z. B. Übergabe von Telemetriedaten an den Unfalldatenschreiber. Hierzu sind anwenderspezifische Entwicklungen erforderlich. Diese Funktionalität korreliert mit dem Nutzerverhalten. Somit sind individuelle auf den Nutzer abgestimmte Programmprozeduren erforderlich. Aus diesem Grund sind Systeme zur Bedienung von Sondereinbauten und Energieversorgung der Fa. EDSC (Vertrieb über ZOLG-Systemtechnik) zu verbauen. Die Produktvorgabe wurde im Rahmen einer grundlegenden Markterkundung ermittelt und ist dadurch durch den Auftragsgegenstand gerechtfertigt.

Bild 29: *EDSC-Bustechnik und Kommunikationsgeräte in einem ELW der BF Mülheim an der Ruhr*

LV-Pos. 21 Stromeinspeisung:

Die Feuerwachen der Feuerwehr Thalburg an der Ohm sind flächendeckend an allen Fahrzeugstellplätzen mit Stromeinspeisesystemen der Produkte »Rettbox®« und »Neutrik« für Fahrzeuge ausgestattet worden. Aufgrund der Flexibilität und Einheitlichkeit sind auch nachfolgende Beschaffung mit den Systemen »Rettbox®« und »Neutrik« durchzuführen (red. Anmerkung: hier müssen die technischen Notwendigkeiten und Erfordernisse detailliert und standortspezifisch ausführlich aufgeführt werden). Gleiches gilt für fahrzeuginterne Ladesysteme (hier Leitfabrikat Votronic), die mit der Gebäudeperipherie verbunden werden müssen. Sie verfügen über herstellerspezifische Schnittstellen (CAN-Bus) auf die spezifische Adaptionsprotokolle entwickelt werden müssen. Dieser Grundsatzentscheidung müssen Fahrzeugbeschaffungen folgen, um keine doppelten Energie und Ladesysteme aufbauen zu müssen, da dies mit einem unverhältnismäßig hohen finanziellen Aufwand verbunden wäre (red. Anmerkung: hier müssen die technischen Notwendigkeiten und Erfordernisse detailliert und standortspezifisch ausführlich aufgeführt werden). Die Produktvorgabe ist dadurch durch den Auftragsgegenstand gerechtfertigt.

Bild 30: *Ansicht an die Komplexität der Energieversorgung am Beispiel eines KdoW (VW Tiguan) der Berufsfeuerwehr Mülheim an der Ruhr*

LV-Pos. 33 Sondersignalanlage:

Alle Fahrzeuge der Feuerwehr sind mit Sondersignalanlagen der »Fa. Standby« oder der »Fa. Hänsch« ausgestattet. Aufgrund der Vorgabe »Einheitliche Bedienbarkeit reduziert Stressfaktoren, die zu Unfällen führen können« muss bei der Funktionalität und Bedienung von Sondereinbauten das Ziel der Einheitlichkeit verfolgt werden. Dies reduziert neben der Unfallgefahr in Stresssituation auch den erheblichen Schulungsaufwand auf neue Technik, die aufgrund der Marktvielfalt nicht mehr vermittelbar wäre. Aus diesem Grund sind Sondersignalanlagen der »Fa. Standby« oder der »Fa. Hänsch« zu verbauen, da diese Systeme eine einheitliche Bedienung und Vermischung untereinander zulassen.

LV-Pos. BEK.1 – BEK.11 Beklebung:

Hier erfolgt die Benennung der Leitfabrikate »Fa. 3M« und »Fa. Reflexite«. Die Eigenschaften dieser Kleber kann aus folgenden Gründen (red. Anmerkung: hier müssen die technischen Notwendigkeiten und Erfordernisse detailliert und standortspezifisch ausführlich aufgeführt werden) nicht hinreichend genau beschrieben werden, so dass hier die Produktvorgabe erforderlich ist, um den Auftragsgegenstand in seinen Eigenschaften zu bezeichnen.

Bild 31: *Darstellung der vielfältigen Fahrzeugbeklebung bei Rettungsdienstfahrzeugen*

Sämtliche LV-Pos. Vom Typ Beladung:

Die im Rahmen der LV-Position benannten Hersteller sind Hersteller, die aufgrund einer ausführlichen Marktrecherche und Grundsatzentscheidung festgelegt wurden – da diese Produkte flächendeckend zum Einsatz kommen. Die Festlegung auf bestimmte Typen oder Hersteller erfolgt aus wirtschaftlichen Gründen, da (red. Anmerkung: hier müssen die technischen Notwendigkeiten und Erfordernisse detailliert und standortspezifisch ausführlich aufgeführt werden) nicht ausreichend genau beschrieben werden können. Hier finden Anschaffungskosten, Unterhaltskosten, Ausbildungskosten des Personals, Ausbildungskosten für Sachkundige zur Prüfung der gesetzlichen vorgeschriebenen Unfallverhütungsvorschriften im Rahmen der Eigenüberwachung und Kosten der Vorhaltung für bestimmte subsytematische Versorgungsysteme, wie z. B. Ladestationen, Prüfstationen, Programmierstationen usw. Berücksichtigung.

LV-Pos. KD. Datenfunksystem:

Die Feuerwehr Thalburg an der Ohm hat ein mobiles, durch den Einsatzleitrechner der Feuerwehr Thalburg an der Ohm unterstütztes, Navigations- und Datensystem für die Fahrzeuge des Brandschutz- und Rettungsdienstes beschafft. Dieses wurde im Rahmen einer Ausschreibung als das wirtschaftlichste System ausgewählt. Ein Parallelbetrieb mehrerer Flottenmanagementsysteme ist hoch unwirtschaftlich, da mehrere Schnittstellen zu Einsatzleit- und Subsystemen unterhalten werden müssen. Durch den Einbau eines solchen Systems – hier Convexis Rescuetrack – wird die Einhaltung der Hilfsfristen bei Brand und Hilfeleistungseinsätzen sowie die Verkürzung von Einsatzdispositionszeiten unterstützt (Einsatz der Brandschutzfahrzeuge als First Responder). Weiterhin ermöglicht das System eine Übersicht der eingesetzten Kräfte sowie ein BOS-Routing, welches aktuelle Straßensperrungen, Durchfahrtshöhen sowie die Tragfähigkeit von Brücken berücksichtigt. Durch die vorgenannte Funktion werden die gesetzlich vorgeschriebenen Hilfsfristen optimiert. Mit dem bidirektionalen Datenaustausch können Daten vom Fahrzeug zum Einsatzleitrechner geschickt werden. Daraus ergibt sich der aktuelle Standort des Einsatzmittels. So kann immer, wie gesetzlich vorgeschrieben, das nahe gelegene Einsatzmittel disponiert und zur Einsatzstelle geschickt werden. Dies alles ist nur mit einem homogenen System realisierbar – hierzu zählen unter anderem das vertraglich zugesicherte Technikzubehör:

> *Firma Convexis Rescuetrack*
> *Firma …*

LV-Pos. K. Funksystem:

Die in den LV-Positionen genannten Hersteller sind das optimierte und korrelierte Ergebnis der von der Feuerwehr Thalburg an der Ohm durchgeführten Vergabeverfahrens im Bereich des Hochfrequenzmarktes. Auf diese Produkte wurden weitere Produktparameter, wie z. B. Energieversorgungssystem und Pegelverhalten sowie Interferenzbereiche von Spannungswandlern, abgestimmt. Eine Abweichung von diesen Produktkonstellationen hätte unverhältnismäßig hohe Laboruntersuchungskosten zu EMV-Verträglichkeiten und Machbarkeitsaussagen zur Folge (red. Anmerkung: hier müssen die technischen Notwendigkeiten und Erfordernisse detailliert und standortspezifisch ausführlich aufgeführt werden).

Bild 32: *Spezialisten der Funk- und KFZ-Technik der Berufsfeuerwehr Mülheim an der Ruhr bei der Fehlersuche mit einem Funkmessplatz an einem KdoW.*

II.

LV-Pos. BEL. Anforderung an die Beleuchtung:

Die Fahrzeuge von Feuerwehr und Rettungsdienst gelten als Arbeitsplätze. Deshalb sind hier die »Technischen Regeln für Arbeitsstätten« (ASR A3.4) zu berücksichtigen.

Hieraus resultiert für Beleuchtungen eine mittlere Beleuchtungsstärke im Umgebungsbereich eines Arbeitsplatzes und am Arbeitsplatz selbst, die in der Leistungsbeschreibung oder den Vorbemerkungen angegeben werden. In Folge dessen sind Beleuchtungskörper mit hoher Lichtleistung erforderlich. Aufgrund der komplexen Energiebilanzen von Sonderfahrzeugen müssen diese möglichst geringe Stromaufnahmen aufweisen. Deshalb kommen nur Beleuchtungskörper auf LED-Technik in Betracht.

Ferner dürfen Flimmern oder Pulsation nicht zu Unfallgefahren (z. B. durch stroboskopischen Effekt) oder Ermüdungen führen. Dies kann durch elektronische Treiber und Steuergeräte verhindert werden. Bezogen auf das homogene Gesamtsystem der Fahrzeugelektronik werden hier Beleuchtungskörper erforderlich, die ebenfalls CAN-Bus-fähig sind.

Da bereits schwerpunktmäßig ein übergeordnetes CAN-Bus-System in diesen Fahrzeugen verbaut wird, ist aus wirtschaftlichen Gründen eine Beleuchtungstechnik zu wählen, die mit diesem CAN-Bus-System betrieben werden kann. Eine Installation eines auf anderer Technik basierenden Beleuchtungssystems, welches dann über Dritttechniken kommunikationstechnisch zum übergeordneten Steuersystem ertüchtigt werden muss, erfordert einen unverhältnismäßig hohen finanziellen Aufwand. Hierzu zählen auch folgende Produkte:

227

1. *Firma EDSC-ZOLG-Systemtechnik,*

2. *Firma …*

Bild 33:   *EDSC-Bus-System für einen Rettungswagen von ZOLG-Systemtechnik*

LV-Pos. WA.10 Dosieranlage:

Auf Grundlage des Rettungsdienstgesetztes (RettG) ist die Stadt Thalburg an der Ohm der Träger des Rettungsdienstes. Im Rahmen des Rettungsdienstbedarfsplans (8. Fortschreibung), der vom Rat der Stadt beschlossen wurde, ist auch der Hygieneplan gemäß Infektionsschutzgesetz § 36 IFSG, TRBA 250 eingeführt. In Absprache mit dem Amt 53, Gesundheitsamt, ist der Hygieneplan für die Feuerwehr und den Rettungs-dienst, im Jahr 2015 fortgeschrieben worden. Nach diesem Plan werden alle Fahr-zeuge, Geräte, Medizinprodukte und Schutzausrüstungen des gesamten öffentlichen Rettungsdienstes gereinigt und desinfiziert.

Im Hygieneplan ist auch festgelegt welche Wasch-, Desinfektions- und Pfle-gemittel genutzt werden müssen – hier: Ecolab Turbo Emulsion Future, Ecolab Usona, Ecolab Saprit protect plus, Ecolab Ozonit. Hierfür existieren bereits Rah-menverträge für die Abnahme der Produkte und Wartungsverträge für die regel-mäßigen Überprüfungen, die in den oben beschriebenen Vorschriften festgelegt sind.

Darüber hinaus ist es aufgrund von (red. Anmerkung: hier müssen die technischen Notwendigkeiten und Erfordernisse detailliert und standortspezifisch ausführlich aufgeführt werden) erforderlich, die Verbrauchsprodukte und Dosiereinrichtungen der Feuerwehr Thalburg an der Ohm auf einen Hersteller zu beschränken. Dies unterbindet die sonst hohen Schwierigkeiten bei der Integration, Gebrauch, Betrieb und Wartung der Dosiereinrichtungen und Produkte, da die staatlich anerkannten Desinfektoren auf diese Produkte zertifiziert und ständig geschult werden müssten.

Sonstige Leitfabrikate:

Der Grundsatz, dass der Auftraggeber die Verdingungsunterlagen so eindeutig und erschöpfend zu gestalten haben, dass sie eine einwandfreie Preisermittlung ermöglichen bzw. die Bieter die Preise exakt ermitteln können, findet seine Grenze im Prinzip der Verhältnismäßigkeit. Die Pflicht des Auftraggebers, alle kalkulationsrelevanten Parameter zu ermitteln und zusammenzustellen und damit über den genauen Leistungsgegenstand und -umfang vor Erstellung der Leistungsbeschreibung aufzuklären, unterliegt daher der Grenze des Mach- und Zumutbaren.

Die Pflicht mit zumutbarem finanziellem Aufwand die kalkulationsrelevanten Grundlagen der Leistungsbeschreibung zu ermitteln endet für den Auftraggeber dort, wo eine in allen Punkten eindeutige Leistungsbeschreibung nur mit unverhältnismäßigem Kostenaufwand möglich wäre (vgl. VK Lüneburg, VgK-73/2010). In allen Leistungspositionen, in denen die Beschreibung der Eigenschaften nicht mit verhältnismäßigem Aufwand möglich ist, muss der Zusatz »oder gleichwertig« erfolgen.

10.6   Finanz- und Haushaltsangeben

In Kapitel 5 wurde bereits auf die Höhe der Kosten eingegangen. Insbesondere für die Finanzbuchhaltung sind im weiteren Verfahren Angaben über die Finanzpositionen und Finanzstellen wichtig. Sie müssen je nach kommunaler Festlegung die Haushaltmittel entsprechend festlegen oder nach Freigabe der Rechnung den Rechnungsbetrag buchungstechnisch anweisen, damit der Auftragnehmer nach erfolgter Leistung die ihm zustehenden Finanzmittel erhält:

Für diese Maßnahme sind im Haushalt folgende Mittel geplant und freigegeben:

Kostenart:	Investive Kosten
Maßnahme:	Ersatzbeschaffung eines Abrollbehälters Gefahrgut

Finanzposition: *783 100*
Finanzstelle: *PN 0220099832*
Betreff: *Beschaffung AB Gefahrgut*
Betrag: *100.000 €*

und

Kostenart: *Investive Kosten*
Maßnahme: *Ersatzbeschaffung eines Abrollbehälters Gefahrgut*
Finanzposition: *783 400*
Finanzstelle: *PN 0220099832*
Betreff: *Beschaffung AB Gefahrgut*
Betrag: *200.000 €*

(Erläuterung: Zu Grunde gelegt wird ein Auftragswert in Höhe von ca. 300.000 € inkl. MwSt. für den Kauf, den Ausbau und die Beladung eines Abrollbehälters Gefahrgut. Der Auftragswert wurde im Rahmen einer Marktrecherche und Preisabfrage ermittelt.)

10.7   Maßnahmen nach geltenden Länderrechten

Je nach Bundesland können länderrechtliche Vorgaben zum Tragen kommen. So gelten für Beschaffungen in NRW Vorgaben des Tariftreue- und Vergabegesetz des Landes Nordrhein-Westfalen (TVgG NRW), hier kommt § 2 zur Anwendung.

Ein weiteres Beispiel ist das Gesetz zur Verbesserung der Korruptionsbekämpfung und zur Errichtung und Führung eines Vergaberegisters in Nordrhein-Westfalen (Korruptionsbekämpfungsgesetz - KorruptionsbG). Dieses findet bei Überschreitung von Wertgrenzen in Höhe von 25.000 € Anwendung. Die Berücksichtigung solcher Vorgaben sollten auch im Beschaffungsvorgang vermerkt werden:

Bei Beschaffungen sind neben den einschlägigen Vorgaben der UVgO ab einer Wertgrenze von mehr als 25.000 € (netto) in der Praxis der § 2 des ab 22.3.2018 geltenden Tariftreue- und Vergabegesetzes NRW (TVgG NRW) zu beachten. Dies bedeutet konkret:

- *Gemäß § 2 (6) TVgG NRW sind Auftragnehmer ab einem Auftragswert von mehr als 25.000 € (netto) vertraglich zur Einhaltung von Mindestlohn und allgemein verbindlich erklärten Tarifverträgen zu verpflichten sowie Kontroll- und Kündigungsrechte für den Auftraggeber nebst Vertragsstrafen zu vereinbaren.*

- *Aufgrund einer Auftragswerthöhe von über 25.000 € (netto) ist eine Berücksichtigung erforderlich. Die besonderen Vertragsbedingungen des
Landes Nordrhein-Westfalen zur Einhaltung des Tariftreue- und Vergabegesetzes Nordrhein-Westfalen (BVB Tariftreue- und Vergabegesetz Nordrhein-Westfalen) werden neben der AGB (städtischen Liefer-Zahlungsbe-
dingungen sowie der VOL/B) zum Vertragsgegenstand gemacht.*

10.8 Einbindung anderer Ämter und Stellen

Sofern erforderlich, durch kommunale Richtlinien und Dienstanweisungen geregelt
oder auch weil es in der Sache begründet ist, kann die Einbindung weiterer Ämter
erforderlich oder empfehlenswert sein. So sollten insbesondere Vertragsangele-
genheiten von Rechtsämtern begleitet werden. Auch können Vergabeverfahren,
die von ihrem Ablauf her nicht alltäglich sind oder eine bestimmte Wertgrenze
überschreiten, vom zuständigen Rechnungsprüfungsamt unterstützt werden. Die
Begleitung durch externe Ämter kann den Vergabestellen Rechtssicherheit bringen.

10.9 Angaben zum Verfasser und Verantwortlichen

Beschaffungsvorgänge ab einer bestimmten Größenordnung sollten immer nach dem
Vier-Augenprinzip erfolgen. Auch das Durchlaufen unterschiedlicher Verantwor-
tungsstufen beugt einem Fehlerfall vor.

Der Verfasser der Verfügung unterschreibt zuerst. Dann folgen die Unterzeichner
in Zunahme ihrer Verantwortung.

11 Vergabeunterlagen

Die Vergabeunterlagen müssen alle Angaben umfassen, die erforderlich sind, um den
Bewerbern oder Bietern eine Entscheidung zur Teilnahme am Vergabeverfahren zu
ermöglichen, § 21 UVgO und § 29 VgV. Sie bestehen in der Regel aus einem Anschreiben, Bewerbungsbedingungen und den Vertragsunterlagen.

11.1   Anschreiben

Das Anschreiben beinhaltet die Aufforderung zur Angebotsabgabe oder zur Abgabe von Teilnahmeanträgen sowie Begleitschreiben für die Abgabe von den Bewerbern bzw. Bietern angeforderten Unterlagen.

In dem Anschreiben werden Bieter und Bewerber über den Ablauf des Vergabeverfahrens informiert und zur Abgabe eines Angebotes oder Teilnahmeantrags aufgefordert. Das Anschreiben enthält ebenfalls Informationen, welche Unterlagen vom Bieter gefordert werden.

Eine Formulierung für ein Anschreiben kann wie folgt aussehen:

	Amt für Brandschutz und Rettungsdienst
	Gebäude: Hauptfeuerwache
	Eingang: Thalburgstr. 112
	Auskunft: Herr Meier
	Zimmer: A 112

Stadtverwaltung – Postfach 12 34 56 – 12345 Thalburg an der Ohm

Fa.
Fahrzeugwerke Thalburg AG
Thalburgstr. 224
12345 Thalburg an der Ohm

Online:
info@feuerwehr.thalburg.de
www.thalburg.de

Öffentliche Verkehrsmittel:
Bahn: 102 Thalburgbahn

Ihr(e) Zeichen: / Ihr Schreiben vom:

Datum:	**10.01.2019**
Aktenzeichen	**Tha-20.10**

Offenes Verfahren über die Lieferung von zwei Tanklöschfahrzeuge (TLF 3000) nach (DIN 14530-22 Löschfahrzeuge Teil 22: Tanklöschfahrzeuge)

Sehr geehrte Damen und Herren,

die Berufsfeuerwehr Thalburg an der Ohm beabsichtigt, im offenen Verfahren den Lieferauftrag über zwei TLF 3000 Einsatzfahrzeuge (DIN 14530-22 Löschfahrzeuge Teil 22: Tanklöschfahrzeuge) gemäß anliegender Leistungsbeschreibungen zu vergeben. Die Gesamtleistung ist in mehrere Lose aufgeteilt:
Los 1: Fahrgestell
Los 2: Ausbau
Los 3: Beladung

Ihr Angebot kann sich erstrecken auf mehrere Lose oder ein Los.

Falls Sie an dem Auftrag interessiert sind, bitte ich Sie, mir bis zum 07.02.2019 (bis 13:00 Uhr) entsprechende Angebote, mit Preisangaben (netto, ohne Mehrwertsteuer), Angaben über Skonto und etwaige Rabatte, als PDF-Datei über die Internet-Seite, von der Sie die Verdingungsunterlagen bekommen haben, hochzuladen. Die Angebote sind in deutscher Sprache, mit Datum und Firmenstempel zu versehen.

Die Übersendung der Ausschreibungsunterlagen ist nur auf dem elektronischen Wege möglich.

Zugesandte Angebote in Papierform können keine Berücksichtigung mehr finden. Angebote, die aus Gründen, die der Bieter zu vertreten hat, verspätet eingehen, werden nicht berücksichtigt. Auch Angebote, deren verspäteter Eingang nachweislich durch die Umstände verursacht wird, die außer Schuld der Bieter liegen, können nur nach den Regelungen des § 57 VgV berücksichtigt werden.

Änderungen und Ergänzungen an den Vergabeunterlagen sind unzulässig. Nebenangebote/Änderungsvorschläge sind ebenfalls nicht zugelassen.

Bietergemeinschaften und Nachunternehmer sind grundsätzlich zugelassen. Bei Bietergemeinschaften, die nicht rechtsfähige Gesellschaften des Bürgerlichen Rechts darstellen, sind die Mitglieder im Anschreiben zum Angebot zu benennen und das Angebot muss von allen Mitgliedern rechtsverbindlich unterschrieben werden. Eines der Mitglieder ist darüber hinaus als bevollmächtigter Vertreter/Vertreterin für den Abschluss und die Durchführung des Vertrages zu benennen und gegenüber dem Auftraggeber nachweislich zu legitimieren.

Ich verweise auf das seit dem 22.03.2018 neu in Kraft getretene Tariftreue- und Vergabegesetz des Landes Nordrhein-Westfalen (TVgG-NRW). Die besonderen Vertragsbedingungen Tariftreue/ Mindestentlohnung, die unter den Punkten 1 und 2 Rechte zur Kontrolle der Verpflichtungen und Sanktionen bei Verstößen gegen diese Verpflichtungen vorsehen, sind als Anlage beigefügt.[72]

Etwaige Änderungen, Berichtigungen zum Angebot sind als solche zu kennzeichnen und ebenfalls nur noch auf dem elektronischen Wege unter Bezugnahme auf diese Ausschreibung bis zum vorgenannten Abgabetermin als PDF-Datei hochzuladen.

Die Bindefrist, bis zu deren Ablauf Sie sich an Ihr Angebot gebunden halten müssen, endet mit dem 30.08.2019. Der Zuschlag wird schriftlich mitgeteilt. Unverbindliche Angebote bzw. solche, die als freibleibend gekennzeichnet sind oder Angebote mit einer kürzeren Bindefrist werden nicht berücksichtigt. Nicht berücksichtigte Bieter

---

72 Kann je nach Bundesland unterschiedlich sein (hier ist für NRW geltende Regelung aufgeführt)

werden mindestens 10 Tage vor dem beabsichtigten Zuschlagstermin per FAX benachrichtigt.

Die Ausschreibung ergänzende oder berichtigende Angaben werden den Bietern auf der Vergabeplattform der Stadt Thalburg an der Ohm gleichlautend mitgeteilt. Registrierte Bieter werden zusätzlich per E-Mail informiert:

Bitte beachten Sie, dass aus Gründen der Chancengleichheit und des Transparenzgebotes Bieterrückfragen zu diesem Wettbewerb ausschließlich nur bis zum 14.02.2019 bis 13:00 Uhr gestellt werden können. Die Beantwortung verspätet eingehender Bieterfragen, die nach Ablauf dieser Frist zugehen, behält die Stadt Thalburg an der Ohm sich vor. Bitte richten Sie evtl. Bieterrückfragen an folgende Mailadresse:

technik@feuerwehr.thalburg.de

oder nutzen Sie für das Verfassen von Bieterrückfragen, bei Kommentaren, bei der Abgabe von Angeboten o. ä. bitte nach Anmeldung oder Registrierung das Vergabeportal der Stadt Thalburg an der Ohm.

Ich weise ausdrücklich darauf hin, dass Bieterrückfragen nicht telefonisch entgegengenommen und auch nicht in der Form beantwortet werden können. Für die Erstellung eines Angebotes wird keine Vergütung gewährt. Bitte beachten Sie, dass die Vertragsunterlagen nur zur Erstellung des Angebotes verwendet werden; jede Veröffentlichung (auch auszugsweise) ist ohne die ausdrückliche Genehmigung der vorgenannten Vergabestelle nicht statthaft.

Der Preis ist nicht das einzige Zuschlagskriterium; alle Kriterien sind nur in den Beschaffungsunterlagen aufgeführt.

Gemäß § 55 Abs. 2 Satz 2 VgV sind Bieter bei der Öffnung der Angebote nicht zugelassen.

Die Allgemeinen Vertragsbedingungen für die Ausführung von Leistungen (VOL/ B 2003) werden Bestandteil des Vertrages. Es gelten folgende Vertragsbedingungen:

- VOL /B 2003

- *Besonderen Vertragsbedingungen des Landes Nordrhein-Westfalen zur Erfüllung der Verpflichtungen zur Tariftreue und Mindestentlohnung nach dem Tariftreue- und Vergabegesetz Nordrhein-Westfalen (BVB TVgG - NRW).*[73]

- Lieferungs- und Zahlungsbedingungen der Stadt Thalburg an der Ohm.

Anderweitige Allgemeine Geschäftsbedingungen werden nicht anerkannt. Hiervon ausgenommen sind urheberrechtlich geschützte Lizenzbestimmungen eines Softwareherstellers.

---

73 Gilt nur für NRW; in den übrigen Bundesländern gelten andere Vorschriften

Proben und Muster müssen als zum Angebot gehörig gekennzeichnet sein. Proben und Muster zu Angeboten, die nicht berücksichtigt worden sind, werden den Bewerbern auf Wunsch zurückgesandt. Der Bieter trägt die Transport- oder Portokosten, wenn diese die normalen Portokosten übersteigen. Im Falle einer Zuschlagserteilung bleiben Proben und Muster bis zum Vertragsablauf im Besitz des Auftraggebers. Mit freundlichen Grüßen

(Meier - Sachbearbeiter)

11.2 Bewerbungsbedingungen

Die Bewerbungsbedingungen beschreiben die Einzelheiten der Verfahrensdurchführung. Wie auch das Anschreiben enthalten die Bewerbungsbedingungen Informationen zum Vergabeverfahren und nicht zum Auftragsgegenstand. Sofern nicht bereits in der Auftragsbekanntmachung genannt, sind in den Bewerbungsbedingungen die Eignungs- und Zuschlagskriterien anzugeben.

Wesentliche Inhalte der Bewerbungsbedingungen
Die wesentlichen Inhalte der Bewerbungsbedingungen können sein:
- Angaben zur Vergabestelle,
- Teilnahme- und Angebotsfrist sowie Bindefrist,
- Hinweise zu möglichen Preisabsprachen,
- Angaben zur Form der Angebote,
- Informationen zu Änderungen, Ergänzungen und Rücknahme von abgebebenen Angeboten,
- Zulassung von Nebenangeboten,
- Hinweise zu Bietergemeinschaften,
- Eignungskriterien (sofern nicht in der Auftragsbekanntmachung genannt),
- Zuschlagskriterien (sofern nicht in der Auftragsbekanntmachung genannt).

Hinweise zur Angebotserstellung
Hinweise zu Art und Weise der Angebotserstellung und der Abgabe der Vergabeunterlagen respektive der Angebote gehören ebenfalls zu den Bewerbungsbedingungen. Dazu zählen Angaben über die Angebotssprache, wenn der Auftraggeber nicht möchte, dass im Rahmen von EU-Ausschreibungen alle Angebote in unterschiedlichen Landessprachen eingehen:

Angebote sind ausschließlich unter Verwendung der beigefügten Vordrucke und in deutscher Sprache abzugeben. Dies dient der größtmöglichen Rechtssicherheit für alle am Verfahren Beteiligten und der zweifelsfreien Vergleichbarkeit der abgegebenen Angebote. Angebote, die nicht auf den vorgegebenen Vordrucken abgegeben werden, werden gemäß § 38 und § 42 UVgO vom Vergabeverfahren ausgeschlossen.

Sofern Nebenangebote nicht zugelassen werden sollen, muss ein entsprechender Hinweis erfolgen:

Änderungsvorschläge und/oder Nebenangebote sind nicht zugelassen.

Hinweise zu Fristen und Preisabsprachen

Hinweise zu Fristen und Preisabsprachen sind ein wichtiger Bestandteil der Vergabeunterlagen und dürfen in keinen Unterlagen fehlen. Sie enthalten Angaben über Konventionalstrafen, die zum Tragen kommen können, wenn die ausgeschriebene Leistung nicht zum vereinbarten Liefertermin zur Verfügung steht. Es sollten auch Strafen bei nachweisbaren Preisabsprachen festgesetzt werden:

Die Lieferfrist beträgt den angegeben Zeitraum aus der Position im Leistungsverzeichnis nach Auftragseingang. Bei einer Fristüberschreitung, die der Auftragnehmer zu vertreten hat, kann eine Konventionalstrafe in Höhe von 0,075 % der Auftragssumme pro Kalendertag, jedoch insgesamt 5 % der Auftragssumme, in Rechnung gestellt werden.

Bei nachgewiesener Preisabsprache unter Beteiligung des Auftragnehmers, werden 15 % der Auftragssumme zurückgefordert.

11.3   Vertragsunterlagen

Im Unterschied zu Anschreiben und Bewerbungsbedingungen, die Einzelheiten des Vergabeverfahrens beinhalten, enthalten die Vertragsunterlagen Hinweise und Informationen zum Auftragsgegenstand und zu den auftragsbezogenen vertraglichen Bedingungen.

11.3.1   Einbezug der VOL/B

Nach § 21 Abs. 2 UVgO und § 29 Abs. 2 VgV soll bzw. ist in der Regel die VOL/B zum Vertragsbestandteil zu machen. Die VOL/B, Vergabe- und Vertragsordnung für Leistungen, Teil B, enthält allgemeine Vertragsbedingungen für Dienst- und Lieferleistungen. Sie gilt auch bei Vergaben nach der UVgO.

Merke:

Die VOL/B ist in der Regel in den Vertrag einzubeziehen.

11.3.2   Allgemeine Vorbemerkungen

Die folgenden Punkte sind exemplarische Formulierungen für allgemeine Vorbemerkungen, die im Rahmen von Fahrzeugbeschaffungen zur Anwendung kommen können.[74] In ähnlicher Form können Sie für alle anderen Vergaben und Vergabeziele verwandt werden. Hier bedarf es allerdings eine Anpassung auf den Auftragsgegenstand und ggf. auf die Vergabeart.

So können z. B. weiterführende allgemeingültige Vorbemerkungen definiert werden, die allerdings nur auf eine spezifische Gruppe von Beschaffungsgegenständen zielt. Das können sein:

- Rettungswagen,
- Notarzteinsatzfahrzeuge,
- Löschfahrzeuge,
- Einsatzleitwagen,
- Stromaggregate,
- Atemschutzgeräte,
- Medizinische Geräte,
- Dozentenleistungen usw.

Die folgenden Beispielformulierungen stellen die geltenden Rechtsgrundlagen in NRW dar. Diese können sich je nach Bundesland anderes darstellen.

Als möglicher Titel für die allgemeinen Vorbemerkungen kann die Formulierung »Allgemeine Vorbemerkungen zur Leistungsbeschreibung oder Beschaffung« stehen. Sofern eine losweise Vergabe vorgesehen ist, sollte der wichtige Hinweis: »Diese Vorbemerkungen gelten für alle Lose« im Titel nicht fehlen.

Allgemeine Vorbemerkungen können grob in folgende Bereich aufgegliedert werden:

- Hinweise zu Freigaben, Abnahmen und der Dokumentation
- Hinweise zu Normen und Richtlinien

---

74 Adaptiert von der Feuerwehr Mülheim an der Ruhr.

- Hinweise zu Qualifizierungen und Zertifizierungen
- Hinweise zu Fahrgestellen oder anderen Losen
- Hinweise zu elektrischen Ein- und Ausbauten
- Hinweise zu sonstigen Themen

11.3.3   Hinweise zu den Angebotspreisen und Ersatzteillieferung

Um eine Preisstabilität über den relativ lange teilweise Monate andauernden Verga-bezeitraum zu gewährleisten, ist aus kalkulatorischen Gründen das Festschreiben von Angebotspreisen sinnvoll. Insbesondere, wenn das spätere Angebot nahe an den Haushaltsmittelgrenzen liegt:

Die Angebotspreise sind Festpreise für den Ausführungszeitraum und müssen alle Nebenkosten enthalten.

Wird ein Produkt ausgeschrieben, das im Regelfall über mehrere Jahre zum Einsatz kommen soll, so kann insbesondere die Sicherstellung der Laufzeitsicherheit ein Ausschreibungsaspekt sein. Dem kann der Auftraggeber gerecht werden, indem er die Lieferbarkeit des ausgeschriebenen Produktes oder deren Ersatzteile für einen bestimmten Zeitraum festlegt. So ist denkbar, dass Ersatzteile für bestimmte techni-sche Bauteile über Jahre hinweg verfügbar sein sollen. Dem Auftraggeber muss al-lerdings bewusst sein, dass je nach Auftragsgegenstand und Wahl des Zeitraums dies im Rahmen der Angebotskalkulation zu entsprechend hohen Kosten führen kann. Ist für ihn absehbar, dass hier über einen »normalen Zeitraum« von wenigen Jahren hinausgehende Liefersicherheit ausgeschrieben werden soll, dann sollte dies in einer eigenen Leistungsposition in der Leistungsbeschreibung dargestellt werden. Diese Kriterien können später im Rahmen von Punktleistungsbewertungen sehr gut be-wertet werden.

Angabe zum Thema Sicherstellung der Ersatzeillieferung: Alle ausgeschriebenen Positionen müssen mindestens fünf Jahre lieferbar sein. Gleiches gilt für Ersatzteil-lieferungen. Sie müssen ebenfalls mindestens fünf Jahre lieferbar sein.

11.3.4   Hinweise zu Freigaben, Abnahmen und der Dokumentation

Im Rahmen der Produkterstellung und Leistungserbringung kommt jeder Auf-traggeber zu gegebener Zeit an den Punkt, dass er Leistungen oder Produkte von ihrer Ausführungsplanung her freigeben oder je nach Grad der Fertigstellung abnehmen muss. Abschließend benötigt er für den sicheren Betrieb über die gerechnete Laufzeit hinweg eine entsprechende Dokumentation, die ihm insbesondere die spätere Instandhaltung und Reparatur erlaubt, wenn die vereinbarten Garantie- und ggf. Kulanz-Zeiträume abgelaufen sind. Anforderungen an die Dokumentation sind allgemeingültig und sollten unabhängig vom Vergabeziel standardisiert werden. Beispielformulierung:

Aufbauzeichnungen und eine detaillierte Auftragsbestätigung sind vom Auftragnehmer vor Beginn des Fahrzeugaufbaus zur Freigabe durch den Auftraggeber vorzulegen.

Sollten darüber hinaus Gerätschaften oder Produkte verbaut werden, die der Auftraggeber beistellt, ist zur Vermeidung zusätzlicher Kosten dem Auftragnehmer anzuzeigen, dass er für die Abholung oder den Versandt dieser Gerätschaften zu sorgen hat. Welche das im Einzelnen sind, kann er für seine Kalkulation dem späteren Leistungsverzeichnis entnehmen:

Der Einbau der Beladungsgegenstände und der technischen Gerätschaften ist durch Installationspläne inkl. aller Kabelwege, inkl. Kabelbeschriftung und Farben (z. B. Standard Farbbelegung FMS Verkabelung usw.), nach Vorgabe der Feuerwehr Thalburg an der Ohm zu dokumentieren. EMV-Nachweise der Hersteller sind beizufügen. Alle Gerätschaften und Beladungsgegenstände, die vom Auftraggeber beigestellt werden, sind am Standort des Auftraggebers, Feuerwehr Thalburg an der Ohm in Thalburg an der Ohm, abzuholen.

Besprechungen zur Verifizierung der Leistungserbringung sind unentbehrlich bei komplexeren Vergabezielen, wie z. B. der Bau von Fahrzeugen, von Gebäuden oder der Einführung von komplexen technischen Systemen, wie z. B. eine Patientendatenerfassung oder ein Flottenmanagementsystem. Hier ist es ratsam eine erste Projektskizze des Auftraggebers als Besprechungsgrundlage hinzuziehen

Konstruktionsbesprechung:

Im Rahmen der Auftragsfreigabe wird eine Konstruktionsbesprechung mit dem Auftragnehmer durchgeführt. Hierbei ist spätestens die erste Aufbauzeichnung zur endgültigen Genehmigung vorzulegen. Ist die Lieferleistung ausschließlich Beladung, kann diese Position in Absprachen mit dem Auftraggeber entfallen.

Im weiteren Verlauf erfolgen Baubesprechungen bei denen Details besprochen werden. Hier werden unter Berücksichtigung von technischen Merkmalen wie Größe, Gewicht und taktischem Einsatzwert die Verlastungspositionen und funktionale Umsetzungsfragen erörtert. Auch mögliche Probleme, die bei der Umsetzung entstehen, sind Gegenstand dieser Gespräche, in denen häufig auch Diskussionen über die Machbarkeit geführt werden.

Da bis zur Abnahme einer Auftragsleistung mehrere Monate, teilweise bis zu zwei Jahre, vergehen können, ist es sinnvoll die Anforderungen zu den Prüffristen festzulegen. So sollten ausgeschriebene Beladungsgegenstände, bei denen Ablaufdaten der Hersteller vorgegeben sind, so gewählt werden, dass die Frist mit dem Tag der Abnahme beginnt. Zu solchen Gegenständen können z. B. zählen:

- Feuerlöscher
- Atemluftflaschen
- Treibstoffkanister
- Sicherheitstechnische Ausrüstung
- Sprungretter
- Hydraulische Gerätschaften usw.

Erste Baubesprechung:

Vor Beginn der Bauausführung wird eine Baubesprechung mit dem Auftragnehmer durchgeführt. Spätestens in diesem Rahmen muss die vollständige Verlastung aller Beladungsgegenstände festgelegt werden. Grundlage hierfür sind detaillierte Aufbauzeichnungen mit Eintragung aller Gerätelagerungen. Ist die Lieferleistung ausschließlich Beladung, so dient diese Besprechung, um mögliche Fragen zur Lieferoptionen zu stellen. Prüfpflichtige Ausrüstung und Geräte entsprechen den Fristen nach DGUV G 305-002 Prüfgrundsätze für Ausrüstung und Geräte der Feuerwehr, ansonsten müssen die Herstellerprüffristen explizit erwähnt und dokumentiert werden.

Prüfpflichtige Ausrüstung und Geräte, die Aussonderungsfristen unterliegen, dürfen bei der Abnahme nicht älter als drei Monate sein (z. B. Trennscheiben nach 36 Monaten oder Atemluftflaschen usw.).

Zur Vorbereitung einer Baubesprechung sollten im Vorfeld dem Auftraggeber erste technische Informationen bereitgestellt werden. Hier muss er definieren, welche ihm vorliegen sollen:

Der Auftragnehmer verpflichtet sich bis spätesten zehn Werktage vor der (ersten) Baubesprechung folgende Daten in elektronischer Form (MS - Excel oder CSV Datei) zu liefern:

Angaben zu jedem anzuschließenden Verbraucher über:

- *Art und Typ des Verbrauchers*
- *Anzahl der Verbraucher*
- *Nennleistung (W), ersatzweise Nennstrom (A)*
- *Nennspannung (V)*
- *Betriebsspannungsquelle (KFZ-Batterie oder Zusatzbatterie)*

Nicht jede Baubesprechung verläuft zielführend und nicht jeder Auftragnehmer ist zu jedem Zeitpunkt kundenorientiert in der Projektabwicklung tätig. Nicht selten sind Auftragnehmer mit der Auftragslage und ggf. der Masse an Aufträgen von Dritten überfordert. Dies kann ggf. erfordern, dass es zu weiteren Baubesprechungen kommen kann. Hier sollte dann deutlich die Übernahme dieser Kosten (in der Regel Reisekosten) kommuniziert werden.

Weitere Baubesprechungen:
Der Auftraggeber behält sich vor, aus gegebenem und begründetem Anlass eine zusätzliche Baubesprechung einzuberufen, insbesondere wenn Grundlegende Punkte in den Besprechungen nicht erörtert werden konnten oder erforderliche Planungsunterlagen nicht vollständig waren. Die Kosten hierfür trägt der Auftraggeber.

Sofern alle wesentlichen Detailfragen geklärt wurden, startet der Auftraggeber die Projektumsetzung. Zu einem produktionstaktischen Datum, welches der Auftraggeber festlegen kann, sollte eine sogenannte Rohbauabnahme erfolgen. Hier hat der Auftraggeber die Möglichkeit, den Grad der Umsetzung und insbesondere grundlegende Umsetzungsarten zu beurteilen. Hierzu zählen insbesondere die Verlegung der Kabelwege oder die Umsetzung von Geräteräumen. Fallen dem Auftraggeber zu diesem Zeitpunkt Änderungswünsche oder nicht seinem Leistungsprofil entsprechende Qualitätsdefizite auf, so können sie noch angebracht oder behoben werden.

Rohbauabnahme
Der Auftraggeber führt mindestens eine Rohbauabnahme und bei Bedarf weitere Zwischenabnahmen durch. Zur Durchführung der Rohbauabnahme ist die Erfüllung folgender Voraussetzungen erforderlich, sofern diese im Projekt vorhanden sind:

- *Aufbau und Fahrgestell/Chassis oder Grundrahmen bei Abrollbehältern sind fest miteinander verbunden.*
- *Pumpe, fest eingebaute Aggregate und Löschmitteltanks sind montiert.*
- *Innenausbau und Gerätelagerungen sind im Rohbauzustand.*
- *Alle relevanten Kabelstränge sind verlegt, teilweise angeschlossen und noch nicht abgedeckt. Kabelwege, die nicht mehr einsehbar sind müssen durch Fotoaufnahmen dokumentiert sein und sind dem Auftraggeber zuzustellen.*
- *Ist die Lieferleistung des Fahrgestells ebenfalls Teil des Auftrags des Auftragnehmers, so ist zur Übergabeabnahme der Gesamtauftraggeber hinzuzuziehen. Ist die Lieferleistung ausschließlich Beladung, kann diese Position in Absprachen mit dem Auftraggeber entfallen.*

II.

Im Rahmen der Abnahmen werden zu diesem Zeitpunkt durchgeführte Leistungen auf

- *Erfüllung des Leistungsverzeichnisses,*
- *Mängelfreiheit und*
- *die Durchführung und Funktionsüberprüfung mit anschließender Abnahme der Kommunikationstechnik im Bereich des Digitalfunks der BDBOS mit TEA2 und BSI-Card/BOS-SW*

überprüft.

Ist die Leistung aus Sicht der Auftragnehmer erbracht, erfolgt ein Termin für die Endabnahme der ausgeschriebenen Leistung. Damit der Auftraggeber diese fachgerecht durchführen kann, sollte er definieren, was er vorzufinden wünscht.

Endabnahme:
Der Auftraggeber führt eine Endabnahme durch. Im Rahmen der Abnahme werden zu diesem Zeitpunkt durchgeführte Leistungen auf

- *Erfüllung des Leistungsverzeichnisses,*
- *Mängelfreiheit und*
- *die Durchführung und Funktionsüberprüfung mit anschließender Abnahme der Kommunikationstechnik im Bereich des Digitalfunks der BDBOS mit TEA2 und BSI-Card/BOS-SW*

überprüft.

Zur Durchführung der Endabnahme ist die Erfüllung folgender Voraussetzungen erforderlich, sofern diese im Projekt vorhanden sind:

- *Aufbau und Fahrgestell/Chassis oder Grundrahmen bei Abrollbehältern sind fest miteinander verbunden.*
- *Pumpe, fest eingebaute Aggregate und Löschmitteltanks sind funktionsfähig.*
- *Innenausbau und Gerätelagerungen sind im fertigen Zustand.*
- *Alle relevanten Kabelstränge sind verlegt, angeschlossen und abgedeckt. Alle Kabelwege, die nicht mehr einsehbar sind, sind durch Fotoaufnahmen dokumentiert.*
- *Fahrzeugabnahme nach StVZO und EG-FGV mit Eintragung der fahrzeugspezifischen Veränderungen in der Zulassungsbescheinigung Teil II liegt vor.*
- *Dokumentationen aus der Rohbauabnahme liegen vor.*

- *Dokumentationen der Ablieferungsinspektion des Fahrgestellherstellers liegen vor.*
- *Dokumentation der Abnahme durch die Qualitätssicherung des Auftragnehmers liegt vor.*
- *Sofern durch den Auftraggeber gefordert: Fahrzeugabnahme durch das Technische Kompetenzzentrum (TK) des Landes NRW beim Auftragnehmer. Die Terminabstimmung ist durch den Auftragnehmer vorzunehmen, die Beauftragung des TK erfolgt durch den Auftraggeber. Das Fahrzeug wird nur im mängelfreien Zustand übernommen.*
- *Bei der Lieferung von Beladungen ist die Endabnahme die Warenkontrolle und Funktionskontrolle beim Auftragnehmer des Loses »Ausbau« i. d. R. Los 1.*

Der Auftragnehmer ermöglicht im Zuge der Abnahme einen vollständigen Verschränkungstest im Rahmen der technischen Möglichkeiten des Fahrgestells im Beisein der abnehmenden Mitarbeiter des Auftraggebers.

Der Auftragnehmer ermöglicht im Zuge der Abnahme das Wiegen (VA/HA; li/ re) des einsatzbereiten und vollständig beladenen Fahrzeuges/Abrollbehälters auf einer dafür geeigneten und zugelassenen, geeichten Waage am Firmensitz oder in unmittelbarer Nähe im Beisein der abnehmenden Mitarbeiter des Auftraggebers.

Für die Planungssicherheit des Auftragnehmers sollte der Auftraggeber die geplante Dauer der Besprechungen mitteilen. Insbesondere bei komplexen Projekten können hier schnell mehrere Tage zusammenkommen.

Umfang von Baubesprechungen und Abnahmen:
Der Umfang bzw. die Dauer von Baubesprechungen und Abnahmeterminen hängt in erheblichem Maß von der Komplexität des Auftrages ab. In der Regel wird folgender Zeitbedarf veranschlagt:

- *Baubesprechung = mind. 1 Tag*
- *Zwischenabnahme / Rohbauabnahme = mind. 2 Tage + Endabnahme = mind. 3 Tage*

Die Angaben beziehen sich auf den Ausbau eines Fahrzeuges oder Abrollbehälters. Bei Vergabe höherer Stückzahlen ist die Anzahl der Tage entsprechend linear zu erhöhen. Darüber hinaus können sich die Abnahmen verlängern, wenn die festgestellten Mängel den Abnahmeverlauf behindern. Evtl. anfallende Kosten gehen zu Lasten des Auftragsnehmers.

Ein Punkt, der bei Vergabeprojekten häufig Gegenstand der Diskussion wird, sind die Übernahme der Reisekosten. Wann muss der Auftragnehmer welche Art der Kosten übernehmen, wann trägt diese der Auftraggeber. Hier sollte der Auftraggeber klare Vorgaben machen, um späteren Diskussionen vorzubeugen, z. B.:

Der Auftragnehmer trägt die Kosten für Verpflegung und (falls erforderlich, Entfernung >100 km zum Heimatstandort) Übernachtung für jeweils fünf Mitarbeiter der Feuerwehr Thalburg an der Ohm für Besprechungen, Baubesprechungen und Abnahmen. Die Kosten für eine zumutbare Anreise per Dienstfahrzeug, sofern der Besprechungs- und Abnahmeort in Deutschland liegt, trägt grundsätzlich der Auftraggeber.

Ähnlich wie bei den Baubesprechungen, kann auch eine Endabnahme nicht zielführend bewertet und ggf. sogar abgebrochen werden. Auch hier entstehen Kosten, die grundsätzlich der Auftragnehmer tragen sollte. Beispielformulierung:

Sollten im Rahmen von Abnahmen festgestellt werden, dass das Fahrzeug oder der Abrollbehälter noch nicht den erforderlichen Fertigstellungsgrad aufweist oder erhebliche Mängel bzw. Abweichungen zum Leistungsverzeichnis bestehen, behält sich der Auftraggeber vor diese abzubrechen. Die Wiederholung der Abnahme erfolgt in vollem Umfang zu Lasten des Auftragnehmers.

Die abschließende Dokumentation sollte zu einem großen Teil zur Endabnahme vorliegen:

Der Auftragnehmer stellt entsprechend des Baufortschrittes die vollständige Dokumentation zu Zwischen- bzw. Endabnahmeprüfungen bereit. Wenigstens eine Ausgabe dieser Dokumente muss in DIN A4 Aktenordner(n) mit ausgefülltem Inhaltsverzeichnis abgeheftet zum Zeitpunkt der Durchführung der Prüfungen vorliegen.

Die Ausgabeart der Dokumentation, ob digital oder als analoge Printversion, ist Wahl des Auftraggebers. Hier kann er beliebige Vorgaben machen:

Zusätzlich werden dem Auftraggeber spätestens zehn Werktage nach der schriftlich bestätigten mangelfreien Übergabe des Fahrzeugs alle ggf. aktualisierten Dokumente vierfach in ausgedruckter Form wie oben beschrieben und zusätzlich als Daten USB oder CD/DVD (Formate: PDF - druckbar) zur Verfügung gestellt.

Grundsätzlich ist es ratsam Anforderungen an die Dokumentation vorzugeben. Insbesondere, wenn Produkte aus anderen Ländern verbaut werden, von denen keine deutschen Bedienungsanleitungen vorliegen. Aber auch Anforderungen an die Pläne und weitere Dokumente sollten je nach persönlicher Präferenz des Auftraggebers definiert werden. Allerdings sei auch angemerkt, dass der Punkt »Dokumentation« und seine Umsetzung bei den Auftragnehmern häufig zu Bemängelung führt. Hier wird insbesondere zum Projektabschluss nicht mehr die Qualität erbracht, die erbracht werden sollte.

Den Auftraggebern sollte auch bewusst sein, dass in diesen Leistungspositionen ein erheblicher Anteil an Aufwand stecken kann, insbesondere wenn z. B. Bedienungsanleitungen Dritter ins Deutsche übersetzt werden müssen oder Bedienungsanleitungen digitalisiert werden sollen. Hier ist es ratsam genau zu überprüfen, welche Leistungsaspekte in welcher Form benötigt werden. Sinnvoll kann jedoch insbesondere der Punkt »Erstellung einer Gefährdungsbeurteilung sein«, denn nicht jeder Auftraggeber kann die Erstellung dieser bis zur Inbetriebnahme des Produktes sicherstellen.

Die Dokumentation in deutscher Sprache enthält alle Unterlagen die Auskunft zu Konstruktion, Betriebseinschränkungen, Funktionsweise und Fehlerbehebung geben. Die Dokumentation ist jeweils nach den unten aufgeführten Themen zu separieren und darf durch eigenes oder beauftragtes fremdes Fachpersonal benutzt werden. Dieses beinhaltet auch, dass sämtliche Unterlagen in Papier- und digitaler Form für diesen Zweck benutzt werden dürfen.

Anleitungen (für Zusammenbau, Installation, Zusammensetzung, Wartung, Instandhaltung nach DIN 31051, Gebrauchsdauer)

1. *dreifach als Papierform sortiert und beschriftet in Farbdruck im DIN A4 Ordner inkl. Inhaltsverzeichnis und Ordnerrückenschild nach Vorgaben beschriftet.*
2. *zweifach mindestens als PDF oder Word-Format per USB-Stick oder CD/ DVD-ROM zu liefern. Die Dateistruktur und Sortierung hat der gleichen wie die in der Papierform zu entsprechen.*

Aufbaupläne mit Eintragung der vollständigen Fahrzeugbeladung und Eintragungen aller verwendeter Bauteile, Baugruppen und der Leitungsführung aller IuK-Anlagen, mit eindeutiger Wiedergabe der räumlichen Lage vorzugsweise differenziert für:

- *Funkanlagen, Energieversorgung und Warnanlagen.
  Allgemeine Zeichnungen verschiedener Aufbauvarianten werden nicht akzeptiert!*
- *Tabellarische Auflistung der vollständigen Fahrzeugbeladung.*
- *Tabellarische Wartungsanweisungen inkl. Materialliste, Geräte- und Ersatzteillisten, Bestellliste bzw. Artikelnummer (des Herstellers) und Einbauort mit Verweis auf die Fotos in der Fotodokumentation etc.) für wiederkehrende Prüfungen, Zulassungen.*

II.

- *Komplette Fotodokumentation aller Ein und Umbaumaßnahmen sowie aller elektrischen Teile, Sicherungen in der Sicherungs-/Relaiskästen etc. die im Fahrzeug/ Abrollbehälter verbaut wurden.*
- *Eine Liste der in der fahrzeugseitigen Schnittstelle oder externen Schnittstelle hinterlegten, zum Abgriff bereitgestellten Parameter.*
- *Stromlauf- und Klemmpläne inkl. Messprotokolle (nach DIN VDE), Steckerbelegung aller relevanten Stecker (z. B. Nato-Stecker, Funkübergabesteckverbindungen usw.).*
- *Dokumentation durchgeführter Parametrierungen an CAN-Bus bzw. PSM und Funktionsabläufe.*
- *Messprotokolle die (bezogen auf die zum Betrieb im Fahrzeug vorgesehenen Funkgeräte) folgende Werte enthalten sollen:*
    - *Das gemessene Stehwellenverhältnis (VSWR) im Sendebetrieb,*
    - *die abgehende und die reflektierte HF-Leistung jedes Funkgerät,*
    - *die Seriennummern der eingebauten Baugruppen der Funkanlagen,*
    - *die abgestrahlte Sendeleistung (EIRP)*
    - *Maß der Entkopplung der aufgebauten Funkgeräte in dB.*
- *Erklärungen der Hersteller und des Auftragnehmers über die Konformität mit:*
    - *EMVG,*
    - *ETSI,*
    - *Kraftfahrzeugrichtlinie,*
    - *Auf- bzw. Einbauvorschriften des KFZ – Herstellers für EUB*
    - *DIN,*
    - *VDE, sonstige Mess- und Prüfprotokolle wie VDE 0100-ff / VDE 0701/702,*
    - *Meterwellenfunkrichtlinie,*
    - *Aufbauvorschriften der Hersteller der verbauten Komponenten,*
    - *ggf. Konformität mit weiteren allgemein anerkannten Regeln der Technik, soweit relevant und angewendet. Konformitätserklärungen müssen unter expliziter Nennung der eingehaltenen Vorschriften und angewandten technischen Regeln erfolgen. Allgemeine Dokumente werden nicht akzeptiert!*
- *Eine abschließende Gewichtsbilanz mit Achslastverteilung mit Wiegekarte (Gesamtgewicht, Vorder-, Hinterachslast, linke und rechte Seite).*
- *Eine abschließende Aufstellung aller Energieverbraucher,*
- *sämtliche Garantieunterlagen.*

Gebrauchsanleitungen (EN 82079-1 - die Benutzung des Gerätes):

1. *Vierfach als Papierform sortiert und beschriftet in Farbdruck im DIN A4 Ordner inkl. Inhaltsverzeichnis und Ordnerrückenschild nach Vorgaben beschriftet.*

2. *Zweifach mindestens als PDF oder Word-Format per USB-Stick oder CD/ DVD-ROM zu liefern. Die Dateistruktur und Sortierung hat der Papierform zu entsprechen.*

Zulassungen und Permeationsdaten bei Einsatzgeräten und Schutzausrüstungen für den ABC-Einsatz.

Schulungsunterlagen:

1. *Vierfach als Papierform sortiert und beschriftet in Farbdruck im DIN A4 Ordner inkl. Inhaltsverzeichnis und Ordnerrückenschild nach Vorgaben beschriftet.*

2. *Zweifach mindestens als PDF oder Word-Format per USB-Stick oder CD/ DVD-ROM zu liefern. Die Dateistruktur und Sortierung hat der Papierform zu entsprechen.*

Gefährdungsbeurteilung nach Arbeitsschutzgesetz und Betriebssicherheitsverordnung inkl. Betriebsanweisung nach Gefahrstoffverordnung und Maschinen und Arbeitsmittel u. a.

1. *Vierfach als Papierform sortiert und beschriftet in Farbdruck im DIN A4 Ordner inkl. Inhaltsverzeichnis und Ordnerrückenschild nach Vorgaben beschriftet.*

2. *Zweifach mindestens als PDF oder Word-Format per USB-Stick oder CD/ DVD-ROM zu liefern. Die Dateistruktur und Sortierung hat der Papierform zu entsprechen.*

Je nach Ausstattung können bei Fahrzeugen unterschiedlich viele technische Systeme und somit elektrische Verbraucher zum Einsatz kommen. Diese haben Einfluss auf die Energiebilanz des Fahrzeuges. Um zu vermeiden, dass ein Einsatzfahrzeug mangels Energie zum Erliegen kommt, muss sichergestellt sein, dass ihm mehr Energie (Ladung) zugeführt wird, als es im Fahrbetrieb oder an der Einsatzstelle ohne Stromeinspeisung verbraucht. Insbesondere zur Fehlersuche ist es von hohem Informationswert, wenn dem Fehlersuchenden bekannt ist, was das Fahrzeug in welcher Situation normalerweise an Energie verbrauchen würde. Erkannte Abweichungen hiervon können die Fehlersuche beschleunigen. Somit ist die Forderung nach einer Energiebilanz mit folgenden Inhalt zu empfehlen:

Folgende Unterlagen sind beizufügen:

Für das gesamte Fahrzeug und die verbaute Technik ist eine ausführliche Leistungs- und Energiebilanz (entsprechend der Muster- Energiebilanz eines Feuerwehrfahrzeuges entsprechend des Arbeitskreis »Energiebilanz« im NA 031-04-06 AA) zu erstellen. In der Energiebilanz sind das reine Fahrgestell mit allen Verbrauchern (Abblend-, Nebellicht, Lüftung, Klima etc.), die gesamte technische Zusatzbeladung (Sondersignalanlage, Ladegeräte, Blaulicht, Funk, Akkulampen, Beleuchtung etc.), mit den einzelnen Verbrauchern im ungünstigsten Betriebszustand (höchste Leistungsaufnahme) zu betrachten und detailliert aufzuschlüsseln. Hierbei ist besonders die Lichtmaschinenleistung im kritischen Leerlaufbereich zu betrachten. Die Leistung- und Energiebilanz muss folgende Betriebszustände beschreiben und aufgeschlüsselt enthalten:

1. *Anfahrt zur Einsatzstelle*
2. *Stand an der Einsatzstelle mit laufendem Motor (Leerlaufdrehzahl!)*
3. *Stand an der Einsatzstelle mit stehendem Motor*
4. *Stand an der Einsatzstelle im Betrieb mit allen eingeschalteten Verbrauchern*
5. *Stand in der Fahrzeughalle mit Netzanschluss 230V*

Die Abnahme von Feuerwehrfahrzeugen und die damit verbundene Einhaltung von Vorgaben, wie z. B. Normen, Richtlinien und andere vertraglich geregelten Absprachen, können insbesondere bei geringer Durchführungsanzahl eine Herausforderung für Feuerwehren darstellen. Insbesondere wenn dort kein Personal vorhanden ist, welches sich fachlich mit den stetig wachsenden Anforderungen und technischen Veränderungen auseinandersetzen kann. Es empfiehlt sich insbesondere für die Abnahme, aber auch bereits bei der Erstellung der Leistungsunterlagen, fachliche Expertise hinzuzuziehen. Hier gibt es verschiedene Möglichkeiten:

- **Einbindung kollegialer Hilfe und Unterstützung von Fachkollegen**
  Diese können zum einen Hilfsbereite größerer Berufsfeuerwehren sein, die eine eigene technische Abteilung und eigenständige Werkstätten haben. Sie verfügen im Regelfall über einen entsprechenden Durchsatz an Fahrzeugen, Ausschreibungen und Erfahrungswerten im Umgang mit Wartung und Reparaturen. Aber auch hauptamtliche Wachen oder kleine Berufsfeuerwehren können über exzellente Fachkräfte verfügen, bei denen sich ggf. Unterstützung bei der Erstellung von Leistungsverzeichnissen und Fahrzeugabnahmen erwirken lässt.

- **Einbindung einer Landeseinrichtung:**
  Je nach Bundesland bieten ggf. Landeseinrichtungen einen Unterstüt-
  zungsservice an. Ein Dienstleistungsmerkmal, dass in NRW vom Institut der
  Feuerwehr angeboten wird, ist die Einbindung des Technischen Kompetenzzentrums. Hier stellen die TK-Prüfer ihre umfangreichen Erfahrungen
  durch den Austausch mit Feuerwehren und Prüfdiensten für eine Betreuung von Projekten zur Verfügung und unterstützen bei Abnahmen vor Ort.
- **Einbindung von privatwirtschaftlichen Beratern**
  Am Markt gibt es die Möglichkeit sich diverser Beraterfirmen zu bedienen.
  Sie bieten breite Dienstmöglichkeiten bei der Unterstützung und Durchführung von Projekten je nach erteiltem Auftrag an. Die Leistungen sind
  kostenpflichtig und die Kosten sollten bei der Budgetplanung mit einkal-
  kuliert werden.

Bei Bedarf kann somit ein Hinweis aufgenommen werden:

*Es hat eine Abnahme durch z. B.: das Technische Kompetenzzentrum (TK) des
Landes NRW zu erfolgen. Evtl. anfallende Kosten sind durch den Auftragnehmer zu
tragen. Die Terminabstimmung erfolgt durch den Auftragnehmer. Das Fahrzeug wird
nur in mangelfreiem Zustand übernommen. Sollte eine Nachprüfung durch das TK
notwendig sein, sind die entstehenden Kosten durch den Auftragnehmer zu tragen.*

11.3.5 Hinweise auf Normen und Richtlinien

Normen und Richtlinien können als grundlegende Regelwerke Verwendung finden.
Sie unterscheiden sich in länderspezifische und europäische Normen. Während die
europäischen Normen nur allgemeine Rahmenbedingungen und grundlegende Si-
cherheitsanforderungen regeln, spezifizieren die Normen der Länder die Anforderungen und legen technische und funktionale Anforderungen fest. Je nach Art der
Formulierung in den Leistungsbeschreibungen oder anderen zu den Vergabeunterlagen gehörenden Dokumenten und Vorbemerkungen kann der Bieter verpflichtet
werden, diese Normen und andere genannte Richtlinien zu erfüllen. Es obliegt dem
Auftraggeber als Herr des Verfahrens zu entscheiden, ob er diese Vorgabe definiert
oder nicht. Bei Verwendung von Fördermitteln können hier allerdings besondere
Vorgaben der Fördermittelgeber eine Rolle spielen. Diese sind somit zu berücksichtigen. Es ist jedoch grundsätzlich möglich von Normen abzuweichen. Teilweise werden
diese Möglichkeiten in den Normen selbst formuliert. So finden sich in diversen
Normen, wie z. B. DIN SPEC 14507-2, DIN 14530, DIN 14555 etc. Hinweise dazu, dass

II.

unter Voraussetzung von definierten Bedingungen Alternativsysteme zu den zitierten Geräten oder Einrichtungen verwendet werden dürfen:

»Alternativsysteme dürfen verwendet werden, sofern bei Verwendung von anderen als den zitierten Geräten und Einrichtungen unter Berücksichtigung der Schutzziele der angestrebte technische Einsatzwert, die Sicherheit und die Gebrauchstauglichkeit sichergestellt ist.«
(DIN SPEC 14507-2 – 5.1.1)

Je nach Leistungserbringung können somit verschiedenen Normen zur Anwendung kommen, an die sich ein Auftragnehmer halten soll. Am Beispiel für ein Tanklöschfahrzeug könnten folgende Hinweise Verwendung finden:

- *DIN 14530-22 (2011-04) und E-A2 von 2018-12 Löschfahrzeuge Teil 22: Tanklöschfahrzeuge TLF 3000*
- *DIN 14502 Allgemeine Anforderungen Feuerwehrfahrzeuge (Teile Teil 1, 2 und 3)*
- *DIN 1846 Feuerwehr Fahrzeuge Teil 1, 2 und 3*
- *»Zulassung und Normung von Fahrzeugen des Rettungsdienstes sowie deren Farbgebung« nach dem Runderlass des Ministeriums für Arbeit, Gesundheit und Soziales vom 9. Januar 2018*
- *Technische Richtlinie BOS (TR BOS)*
- *EMV Richtlinien 2006/28 EG (KFZ Richtlinie) und 2014/30 EU, DIN EN 61000-6 Teile 1 bis 4, EMVG in aktueller Fassung*
- *Qualitätsanforderung gemäß ISO 9001 und 9002*
- *Straßenverkehrszulassungsordnung StVZO*
- *Vorschriften über elektrischen Anlagen VDE-/DIN-Normen*
- *Unfallverhütungsvorschrift UVV Feuerwehr GUV-V C53*
- *Unfallverhütungsvorschrift UVV Fahrzeuge DGUV Vorschrift 70*

Alle sonstigen relevanten bzw. sinnvoll anwendbaren, anerkannten Regeln der Technik sind grundsätzlich einzuhalten. Abweichungen davon sind nur in Absprache mit dem Auftraggeber möglich.

Für ein Notarzteinsatzfahrzeug kann stattdessen folgender Passus zur Anwendung kommen:
   Die Vorgaben der DIN 75079 und DIN 14502 Teil 1, 2 und 3 und »Zulassung und Normung von Fahrzeugen des Rettungsdienstes sowie deren Farbgebung« nach dem Runderlass des Ministeriums für Arbeit, Gesundheit und Soziales vom 9. Januar 2018

sind grundsätzlich einzuhalten. Abweichungen davon sind nur in Absprache mit dem Auftraggeber möglich.

Je nach Fahrzeug (hier Tanklöschfahrzeug mit Truppbesatzung) ist auf die Besatzungsstärke einzugehen, da sie Einfluss auf das spätere Gesamtgewicht des Fahrzeuges hat.

Das fertig ausgebaute, voll ausgerüstete und beladene Fahrzeug (Beladung gemäß Leistungsbeschreibung) muss mindestens drei Personen inkl. Fahrer befördern können. Abweichend von der Norm wird das Personengewicht auf 95 kg festgesetzt.

11.3.6 Hinweise zu Qualifizierungen und Zertifizierungen

Je nach Grundsatzentscheidung zur Wahl von digitalen Funkgeräten kann die Forderung nach zertifizierten Ausbauqualifikationen gerechtfertigt sein. Dann können solche Formulierungen zu Anwendung kommen:

Der Auftragnehmer sichert zu, dass er ein qualifizierter »Herstellername«-Ausbau- und Montagepartner ist oder kann den Nachweis erbringen, dass er an einer »Herstellername«-Ausbaupartner-Schulung teilgenommen hat.

11.3.7 Hinweise zum Fahrgestellen oder anderen Losen

Sofern bei Fahrzeugen kein Gesamtlos gebildet worden ist und Fahrgestell und Aufbau voneinander getrennt vergeben worden sind, kann der Hinweis zu Ergebnissen des anderen Loses erforderlich sein.

Der Aufbau und Ausbau erfolgt auf dem Ergebnis des Los 1. Das heißt, die Konfiguration des Fahrgestelles ist nach Angebotseröffnung und Auswertung vom Los 1 verfügbar.

Eine ggf. erforderliche Überführung des Fahrgestells sollte eindeutig einem Los zugeschrieben werden.

Es ist zu berücksichtigen, dass das Fahrgestell / Fahrzeug vom Auftragnehmer abzuholen (zu überführen) ist, sofern keine direkte Auslieferung vom Fahrzeughersteller an den Auftragnehmer erfolgen kann. Die Überführungskennzeichen und die Versicherung gehen zu Lasten des Auftragnehmers. Der Fahrgestelleingang ist vom Auftragnehmer an den Auftraggeber per Lieferschein (E-Mail als PDF-Dokument) mitzuteilen.

11.3.8   Hinweise zu elektrischen Ein- und Ausbauten

Der Aspekt elektrische Bauteile nimmt insbesondere in der heutigen Zeit eine zentrale Bedeutung ein. Fahrzeugtechniken werden ausschließlich bestehend aus CAN-BUS-Systemen hergestellt. Auch in viele Einsatzgeräte werden immer mehr elektrische Programmabläufe integriert, die den Bedienkomfort steigern oder den taktischen Einsatzwert effizienter gestalten sollen. Hier lässt es sich nicht vermeiden, dass Systeme parallel zueinander verbaut werden, dessen gegenseitige Einflussnahme im laufenden Betrieb geprüft und einem Fehlerverhalten vorgebeugt werden muss.

Alle angelieferten oder zu liefernden Geräte müssen grundsätzlich funktionsfähig verkabelt und angeschlossen werden. Notwendiges Kabelmaterial, das nicht im Lieferumfang der Geräte enthalten ist, muss ergänzt und eingebaut werden. Kabelverlegungen haben stör- und scheuerfrei zu erfolgen. Die Befestigung der Kabel hat in Bündeln oder Trassen zu erfolgen.

Sollten vorkonfektionierte Kabel der einzelnen Gerätehersteller verwendet werden und diese von ihrer Kabellänge her nicht ausreichend lang sein, so sind diese in Absprache mit dem Gerätehersteller zu verlängern.

Insbesondere bei den IUK-Anlagen, können elektromagnetische Unverträglichkeiten entstehen, die ggf. Einfluss auf sicherheitstechnische Einrichtungen des Fahrzeuges, wie z. B. Airbags haben können. Hier können Erkenntnisse aus EMV-Screenings erlangt werden. Sinn und Zweck des Screenings ist die Sicherstellung eines störungsfreien Funk-(4m/2m/70cm) und Datenverkehrs unter Berücksichtigung der verbauten IUK- und Rechner- bzw. CAN Bustechniken (Lang, 2008).

Hier sollten zum Schutz des Auftraggebers Vorgaben gemacht werden:

Beim Einbau der elektrischen informations- und kommunikationstechnischen Ausrüstung dürfen nur solche Komponenten (elektronische Unterbaugruppen EUB nach DIN EN 50498 – VDE 0879-498 –), verwendet werden, die dem Gesetz über die elektromagnetische Verträglichkeit von Geräten (EMVG) entsprechen.

Beschriftungen sind in Anbetracht der wachsenden Hersteller- und Anbieterzahl ein immer größer werdendes Thema. Insbesondere die Technisierung von vielen Produkten und die vielfältigen Steuerungsmöglichkeiten immer neuerer Technologien stellt den Anwender später häufig vor hohe Lernansprüchen. Viele Hersteller haben ihr eigenes Bediensystem mit eigenen Symbolen, um sich nicht zuletzt vom Markt unterscheiden und abheben zu können. Diese Unterscheidungsmerkmale führen jedoch im Alltag zu dem Problem, dass ein Bediener bei fünf unterschiedlichen Fahrzeugen auch fünf unterschiedliche Symbolsprachen beherrschen muss, damit er das System im Einsatz fehlerfrei bedienen kann.

Insbesondere hier besteht die Möglichkeit, dass der Auftraggeber entlastend eingreifen kann, in dem er für sich Symbole und Beschriftungen aber auch Farbkodierungen vorgibt. Dies kann auf Basis einer Norm geschehen oder auch selbst erstellt sein. Es sollte allerdings einheitlich und herstellerübergreifend sein.

Es ist für jede Funktion und Kennzeichnungen ein eigenes aussagekräftiges und beschreibendes Symbol nach DIN CEN/TS 15989 Fw-Fahrzeuge und -geräte, Graphische Symbole für Bedien- und Anzeigenelemente sowie für Kennzeichnungen in der deutschen Fassung zu verwenden. Ein Sammelsymbol für alle Taster ist nicht zulässig. Symbole und Beschriftungen der Schalter müssen im Dunkeln lesbar sein. Dies ist vorzugsweise durch eine direkte Hintergrundbeleuchtung der Schalter zu realisieren oder sofern die Beschriftung der Schalter dadurch dennoch nicht lesbar ist durch eine indirekte blendfreie Beleuchtung.

Farbgebung zur Anzeige des Betriebszustandes und für zusätzlich zur KFZ-Elektrik eingebrachte Kontrollleuchten:

- *Grün = zeigt einen normalen Betriebszustand an*
- *Gelb = zeigt einen Zustand außerhalb der üblichen Betriebsgrenzwerte oder einen bevorstehenden gefährlichen Betriebszustand an*
- *Rot = zeigt einen Ausfall, schwerwiegende Fehlfunktion oder einen gefährlichen Betriebszustand mit sofort notwendiger Beachtung an*
- *Blau = Sondersignalanlage*

Durch einen gewissen Anteil der Bevölkerung an Farbenblindheit, sollte ein Farbkennzeichnung immer als weitere Information dienen.

Die Definition des Begriffes IuK-Anlagen kann über das normale und gewöhnliche Verständnis des Anwenders schnell hinausgehen. Insbesondere vor dem Hintergrund der technischen Auswirkungen auf dritte Baugruppen und dessen Störquellen, wie z. B. Blaulichtanlagen sind Festlegungen, was unter diesem Begriff zu verstehen ist und welche Anforderungen an den damit verbundenen Einbau einhergehen, sinnvoll.

Die IuK-Anlage im Sinne dieser Leistungsbeschreibung ist eine in sich eigenständige zu einem Zweck errichtete Zusammenschaltung verschiedener Komponenten. Zum Beispiel:

- *Funkanlage: Funkgerät, Funkhörer, Antenne*
- *Warnanlage: Blaulichter, Bedienteil, Lautsprecher, Verstärker*
- *Radio: Empfangsgerät, Lautsprecher*
- *Spezielle Kommunikationsgeräte: Fax, Telefon, Datenfunk*

Eine Reparatur soll auch nach Jahren ohne große Recherchearbeit möglichst schnell erfolgen können. Dazu können bestimmte Voraussetzungen geschaffen werden. Reparaturen kann durch bestimmte Qualitätsvorgaben auch vorgebeugt werden.

Die Geräte der Informations-, Energieversorgungs- und Kommunikationstechnik sollen servicefreundlich in den Aufbau integriert werden. Kabel sind scheuerfrei und mit Fixierungen (z. B. Kabelbinder) zu verlegen. Kabelbäume sind zu beschriften! Die Beschriftung hat in Blockschrift auf Kabelbinder mit fester Kabelfahne zu erfolgen. Die Beschriftung muss dauerhaft und UV-beständig sein.

Insbesondere die Fahrzeugtechnik im BOS-Bereich ist ein Zusammenspiel hoch komplexer unterschiedlicher Systeme. Diese bringen Störungspotential mit, welches durch bestimmte Vorkehrungen minimiert werden kann. Diese sollten dem Auftragnehmer mitgeteilt werden:

Die Zusammenschaltung von IuK-Anlagen erfordert besondere Vorkehrungen zur Vermeidung von Störungen. Die Zusammenschaltung verschiedener IuK-Anlagen muss mit galvanischer Trennung und mit Impedanzanpassung, z. B. durch NF- Überträger, Optokoppler oder andere geeignete Bauteile / Baugruppen zur Unterdrückung von störenden Einflüssen unterschiedlicher Anlagen oder leitungsgeführten Störungen erfolgen.

Separate Bauteile können entfallen, wenn der schriftliche Nachweis (Erklärung, Aufbauanleitung, Bedienungshandbuch, Schaltplan usw. des Herstellers) erbracht wird, dass von je zwei verschalteten Anlagen wenigstens eine über entsprechend leistungsfähige Bauteile / Baugruppen verfügt und Störungen dauerhaft sicher ausgeschlossen sind.

Insbesondere bei Fahrzeugen zum Zweck der Einsatzführung und -leitung kann die Abführung der Gerätewärme aufgrund der Vielzahl der vorhandenen Systeme zu einer anspruchsvollen Aufgabe werden. Ggf. reicht eine normale Lüftungstechnik nicht mehr aus und es sind Klimaanlagen zu verbauen. Hier sollten Höchsttemperaturen definiert werden:

Die Belüftung und Kühlung der verbauten technischen Komponenten ist besonders zu beachten. Insbesondere die Geräte der Informations-, Energieversorgungs- und Kommunikationstechnik entwickeln zum Teil erhebliche Abwärme bzw. stellen hohe Anforderungen an die maximale Umgebungstemperatur. Im Betrieb darf die Temperatur innerhalb der Informationstechnischen Komponenten 35°C nicht überschreiten. Es sind ggf. besondere Maßnahmen zur Kühlung zu treffen. Diese müssen auch funktionieren, wenn das Fahrzeug einsatzbereit in einer Fahrzeughalle steht und eingespeist wird.

Elektrische Bauteile sind zu Wartungszwecken so zu installieren, dass sie schnell erreichbar sind. Hier divergieren die Auffassungen von Auftragnehmern und Auftraggebern. Insbesondere bei Platzmangel werden auch Einbauorte genutzt, die später schwer zugänglich sind oder bei denen zunächst andere Komponenten vorher demontiert werden müssen. Solche Situationen sind zu vermeiden:

Bild 34: *Blick in einen vollausgestatteten Funkraum eines ELW 1 der Berufsfeuerwehr Mülheim an der Ruhr*

II.

Grundsätzlich sind alle Einbauteile, insbesondere technische Komponenten im Dachbereich durch Revisionsöffnungen, zugänglich zu halten. Die elektrische Anlage, die dem Fahrgestell neben der serienmäßigen Ausstattung hinzugefügt wird, ist in einer einzigen separaten Unterverteilung im Fahrerhaus oder bei Abrollbehältern nach Absprache zu integrieren. Für Bedienung und Servicezwecke ist die Unterverteilung ohne den Ausbau von Bauteilen zu realisieren und ohne die Benutzung von Werkzeugen von Bedienungsseite und Montageseite voll zugänglich zu gestalten.

Fahrzeugsicherungen oder Maßnahmen zur Vermeidung von Kurzschlüssen sind insbesondere ein sicherheitstechnischer Aspekt und notwendig. Der Ausfall eines Systems, z. B. die Ladesysteme von Handscheinwerfern oder Funkgeräten sollte dem Maschinisten angezeigt werden. Eine Feststellung des Ausfalls Geräteentnahme eines bereits leeren Einsatzgerätes ist nicht zielführend. Um solche Situationen zu vermeiden, können entsprechende Anforderungen formuliert werden:

Störungen und die Auslösung von Sicherungen, welche die Zusatzausstattung des Fahrgestells oder des Aufbaus betreffen, müssen optisch und akustisch an der Unterverteilung im Fahrerraum oder bei Abrollbehältern nach Absprache als Sammelmeldung signalisiert werden. Die akustische Signalisierung muss bis zum nächsten Einschalten der Zündung ausgeschaltet werden können. Die optische Signalisierung hat bis zur Fehlerbehebung konstant zu leuchten.

Alle Relais, Sicherungen und Steck- oder Datendosen sowie Bedienelemente (Schalter/Taster) der elektrischen Ausrüstung sind eindeutig und dauerhaft und UV-beständig zu beschriften.

Wie in der Hausinstallation üblich, können auch im KFZ-Bereich Sicherungsautomaten installiert werden. Das erspart das Mitführen von Ersatzsicherungen, dessen

Handhabung gerade in stressigen Einsatzsituationen eine Herausforderung für die Einsatzkräfte darstellt.

Bedarfsposition:

Es sollen, wenn vom Hersteller freigegeben und technisch sinnvoll Sicherungsauto-maten verbaut werden. Fliegende Sicherungen in Kabeln sind grundsätzlich zu ver-meiden! Ist darüber hinaus der Einbau von Fein- und Schmelzsicherungen erforderlich, ist ein Reservesatz in einer Kunststoffbox mit der Beschriftung »Reservesicherungen« zu liefern und im Handschuhfach zu verlasten.

Bild 35: *Einbau von Sicherungsau-tomaten in einem ELW der Be-rufsfeuerwehr Mülheim an der Ruhr*

In der heutigen Zeit werden immer mehr computergestützte Steuerungssysteme in den Fahrzeugen verbaut. Einige von ihnen bedürfen im Laufe ihrer Betriebszeit ggf. ein Update ihres Betriebssystems oder können eine Störung ihres Betriebssystems hervor-rufen. Hier können zu Wartungsarbeiten oder aber zur Fehlerbehebung im Einsatzfall ein Neustart dieser Systeme durch einen Spannungsreset erforderlich werden. Um hier das Ziehen von Sicherungselementen oder das Schalten von Sicherungsautomaten, die für regelmäßiges Schalten nicht konzipiert wurden, zu vermeiden, können entsprechende Schalter installiert werden. Dies erleichtert dem wartungspersonal oder aber auch den Einsatzkräften mühseliges Suchen und stellt einen höheren Bedienkomfort dar.

Ist für eine spätere Programmierung von programmierbaren Bauteilen ein Span-nungsreset erforderlich und lässt sich dieser nicht mittel Schalter am Gerät durch-führen, so ist ein geeigneter Schalter an einer leichterreichbaren Stelle in der Nähe der

Programmierschnittstelle des betreffenden Gerätes zu verbauen und zu Kennzeichnen. Ein versehentliches Betätigen des Schalters muss vermieden werden.

Der Verbau sämtlicher Systeme hat insbesondere im Fahrgastraum mit erhöhter Sicherheit zu erfolgen. Diese Anforderungen für die Sicherheit der Einsatzkräfte sollte durch besondere Hinweise in den Vergabeunterlagen zur Geltung kommen.

Alle Teile der für den Betrieb der verbauten Technik benötigten, beweglichen Einzelteile (nicht abschließend: Hör-Sprech-Garnituren, Funkhörer usw.) sind für den Fahrbetrieb gegen Verrutschen zu sichern, bzw. in entsprechenden Halterungen zu lagern. Die Sicherung in den Halterungen soll in der Art erfolgen, dass die Geräte dort auch bei einem Unfall verbleiben. Sie dürfen keine zusätzliche Gefahr durch Umherfliegen darstellen.

Nicht selten sind zur späteren Konfiguration von technischen Systemen, wie z. B die Pflege von Telefonbüchern in Telefonanlagen oder anderen Systemen zusätzliche Software oder ggf. auch Hardware (Dongle, Schnittstellenkabel, spezielle Tabletts usw.) erforderlich. Da die Auswahl der Technik je nach Gestaltung der Leistungsbeschreibung im Ermessen des Auftragnehmers liegt, kann der Auftraggeber hier selbst nicht vorplanen und muss ggf. mit Vorgaben des Auftragnehmers umgehen. Um zusätzliche Mehrkosten zu vermeiden, kann eine Abhilfe darstellen, die erforderlichen Arbeitsmittel zur späteren Wartung der technischen Systeme durch den Auftragnehmer mitliefern zu lassen. Dazu bedarf es allerdings eines entsprechenden Hinweises:

Die für die Einrichtung / Programmierung von Leistungsmerkmalen oder Konfigurationen erforderlichen Hard- und Softwarekomponenten der zu integrierenden IuK-Anlagen, inkl. der für die Einrichtung und Administration erforderlichen Lizenzen, Benutzerkennungen und Passörter sind, sofern nicht explizit ausgeschlossen, Bestandteil der jeweiligen Position des Leistungsverzeichnisses und inkl. aller erforderlichen Datenblätter und Handbücher zu liefern. Die durch den Auftragnehmer zu erfolgende Erstkonfiguration ist schriftlich und als Datensatz zu dokumentieren und dem Auftraggeber bei der Auslieferung zu übergeben.

Das Agieren in Einsatzfahrzeugen unter Einsatzbedingungen kann einen Stressfaktor darstellen. Insbesondere bei Alarmfahrten stellt die Kommunikation im Fahrzeug oder über Funk eine Herausforderung aller Beteiligten dar. Hier sollte durch den Auftraggeber besonderes Augenmerk auf eine gute akustische Auslegung des Umfelds gelegt werden. Rückkopplungen im Funkverkehr bei Verwendung von Zusatzlautsprechern oder weiteren Sprechstellen im Fahrzeug sollte vermieden oder auch der Einsatz der Sondersignalanlage sollte besonders beleuchtet werden. Die Vorgaben von max. Geräuschpegeln kann sinnvoll sein, jedoch ist zu beachten, dass aufgrund der Windschutzscheibe und anderen unveränderlichen Karosseriekomponenten der Schalleinfang und somit ein bestimmter Geräuschpegel unvermeidbar ist. Hier sollte bei der Auswahl des Geräuschpegels und die Formulierung zu seiner Einhaltung nicht dazu führen, dass kein Anbieter ein Angebot abgibt, weil dieses Leistungskriterium nicht erfüllt werden kann. Formulierung wie »… soll nicht überschreiten…« sind empfehlenswert. Sie sagen aus: »wenn es eine technische/bauliche Möglichkeit gibt, den Geräuschpegel nicht zu überschreiten, so ist sie auch umzusetzen«.

Durch die Art des Ein- und Aufbaues der Sondersignalanlage, insbesondere der Lautsprecher, ist sicherzustellen, dass beim Betrieb der Anlage weder Rückkopplungen bei Durchsagen (geschlossene Fenster), noch zu starke Innengeräusche durch den Betrieb der Sondersignalanlage erfolgen. Das Abhören und Verfolgen des Funkverkehrs muss auch auf einer Alarmfahrt ohne Probleme möglich sein, es soll nur ein max. Geräuschpegel von 85 dB(A) im Führerhaus erreicht werden. Auch die Integration bereits verbauter Radios sollte nicht ausgenommen werden. Beim Drücken sämtlicher Sprechtasten und/oder Freisprecheinrichtungen für die digitalen und analogen Funksysteme oder Durchsageeinrichtungen muss sich das integrierte Radio über die Mute-Funktion automatisch stumm schalten und es dürfen keine Rückkopplungen entstehen.

11.3.9 Hinweise zu sonstigen Themen

Es gibt über die spezifischen technischen Hinweise hinaus noch weitere Aspekte. Grundsätzlich stellen sich diese und auch viele andere Aspekte als selbstverständliches Qualitätsbild eines soliden Produktes dar. Leider ist daraus kein Anspruch abzuleiten, wenn es nicht deutlich in der Leistungsbeschreibung oder in den Anlagen zur Leistungsbeschreibung formuliert worden ist. Daher folgen hier sonstige wichtige Hinweise:

Zum Zeitpunkt der Auslieferung muss das Fahrzeug der StVZO, dem neuesten Stand der Technik und den aktuellen Unfallverhütungsvorschriften entsprechen. Es verfügt über eine TÜV-Abnahme nach StVZO. Auf notwendige Ausnahmegenehmigungen ist bei der Angebotsabgabe hinzuweisen.

Gewährleistungsansprüche im gewerblichen Bereich liegen im Regelfall bei einem Jahr. Soll dieser Zeitraum länger gewählt werden, ist dies dem Auftragnehmer anzuzeigen, weil es Einfluss auf seine Kalkulation hat:

Auf die Aus-, Einbauten und Lieferleistung ist eine Garantie von zwei Jahren ab dem Tag der Fahrzeugabnahme zu erbringen. Anfallende Garantiereparaturen sind im Rahmen eines Serviceeinsatzes am Standort der Hauptfeuerwache Thalburg an der Ohm in Thalburg an der Ohm, durchzuführen. Ausnahmen sind in Absprachen mit dem Auftraggeber möglich.

Die sichere Verlastung von technischen Systemen insbesondere im Fahrgastbereich wurde bereits im Kapitel 11.3.8 »Hinweise zu elektrischen Ein- und Ausbauten« erwähnt. Dieser Aspekt gilt natürlich auch für Geräteräume. Hier ist auch auf eine sichere Entnahme der Gerätschaften zu achten. Scharfe Kanten, mangelhaft durchgeführte Entgratungsarbeiten oder schlechtes Auffinden von Gerätschaften aufgrund fehlender Beschriftung stellen ein Sicherheitsrisiko dar.

Sämtliche Beladung und Ausrüstung ist unfallsicher zu lagern und zu sichern. Grundsätzlich dürfen für Einbauten nur splitterfreie Materialien verwendet werden. Die Beladung ist in Form eines Beladeplans zu dokumentieren. Sämtliche Beladung ist in unmittelbarer Nähe ihres Beladungsortes zu beschriften (Text und Normsymbol/in Absprache ggf. auch Foto).

Das Design und die Beklebung von Fahrzeugen haben einen hohen Identifikationswert für die Feuerwehr. Eine vorherige Freigabe des endgültigen Beklebungsbildes unter Berücksichtigung der persönlichen Belange der Feuerwehr ist sehr zu empfehlen:

Die Beklebung muss gemäß den Anforderungen der Auftraggeber an die Folienbeklebung von Einsatzfahrzeugen in Absprache mit dem Auftraggeber erfolgen. Hierzu hat der Auftragnehmer eine aussagefähige Skizze oder Zeichnung vor Beginn der Beklebung zu fertigen und abzustimmen.

Insbesondere bei der losweisen Vergabe oder aber beim Einbau von besonderen technischen Systemen, die der Auftragnehmer nicht selber herstellt und als Drittleistung einkaufen muss, bedarf es im Regelfall Absprachen mit Zulieferern. Diese Absprachen können bei den Beteiligten zu Kosten führen, die der Auftragnehmer einkalkulieren muss.

Sind für den Ausbau Detailabsprachen zwischen Fahrgestellhersteller oder Zulieferern und Ausbaufirma erforderlich, erfolgen diese in Verantwortung und auf Kosten des Auftragnehmers.

Für den späteren Reparatur- und Wartungsfall kann die Forderung nach einem nahegelegenen Servicestandort, insbesondere für das Fahrgestell, gerechtfertigt sein. Im Regelfall kooperieren die Auftragnehmer mit sogenannten Vertragswerkstätten und Servicepartnern. Hier ist es ratsam einen zumutbaren Entfernungsradius zum nächsten Servicestandort zu definieren:

Der Auftragnehmer hat einen Servicestandort in einem Umkreis von 50 km um die Hauptfeuerwache Thalburg an der Ohm sicherzustellen oder zu gewährleisten, dass er anfallende Reparaturen im Rahmen eines Serviceeinsatzes am Standort der Hauptfeuerwache Thalburg an der Ohm, durchführen kann.

Insbesondere für die spätere Gewichtsbilanz spielen je nach Anzahl auch gefüllte Reservekanister eine Rolle. Diese sollten insbesondere zur Endabnahme gefüllt sein.

Sämtliche Kraftstoffbehälter der im Fahrzeug, Aufbau oder Abrollbehälter verlasteten und verbrennerkraftstoff-betriebenen Gerätschaften oder festverbauten Einrichtungen (auch Fahrzeugtank oder Reservekanister) sind mit dem dafür vorgesehenem Kraftstoff zur Übergabe zu füllen.

Bei mehreren Fahrzeugen am Standort und wechselnden Fahrern sind Informationen über die Fahrzeugabmessungen im mittelbaren Sichtbereich für den Fahrer erforderlich und sollten eine Erwähnung finden.

Bei selbstständig angetriebenen Fahrzeugen ist im Sichtfeld des Fahrers (vorzugsweise oben links Windschutzscheibe) gemäß Vorlage des Auftraggebers eine Beschriftung mit den Fahrzeugdaten (Länge, Breite, Gewicht, Watfähigkeit) anzubringen. Das Sichtfeld des Fahrers darf nicht eingeschränkt werden.

Insbesondere bei Personalmangel oder kleineren Standorten kann die Überführung des fertigen Fahrzeuges zum Standort eine zusätzliche Belastung darstellen. Sollte dies nicht gewünscht sein, kann eine solche Forderung auch in einem Leistungsverzeichnis eine passende Formulierung finden:

Die Überführung des Fahrzeuges oder Abrollbehälters erfolgt auf Kosten des Auftragnehmers und ist zum Standort des Auftraggebers, Hauptfeuerwache Thalburg an der Ohm in Thalburg an der Ohm, zu bringen. Ausnahmen sind in Absprachen mit dem Auftraggeber möglich.

Zur Indienstnahme des Fahrzeuges gehört eine vorherige Schulung des Einsatzpersonals. Diese kann durch den Auftragnehmer erfolgen oder durch eigenes Personal. Es ist jedoch mindestens eine Schulung für sog. Multiplikatoren erforderlich, die das Wissen an die eigenen Einsatzkräfte insbesondere über die Laufzeit eines Fahrzeuges am Standort weitergeben können. Diese Schulungsmaßnahmen sind als Standardleistungen zu erfassen:

Im Zuge der Endabnahme erfolgt eine detaillierte Einweisung in die Bedienung und Instandhaltung nach DIN 31051 des Fahrzeuges, Beladungsgegenstände und der technischen Gerätschaften

Darüber hinaus ist eine

- *Multiplikatorenschulung für zwölf Personen und*
- *eine UVV-Schulung für fünf Personen*

am Standort des Auftraggebers innerhalb von vier Wochen nach erfolgter Endabnahme durchzuführen.

Als Empfehlung ist auszusprechen, dass jegliche Vertragshinweise zu unterschreiben sind. Dies macht in späteren Baubesprechungen und Diskussionen auch deutlich, dass der Auftragnehmer diese Bedingungen anerkannt hat und sie die Auftragsleistung darstellen:

Die vorgenannten Vorbemerkungen werden als Bestandteil des Auftrages anerkannt.

Es folgt ein Auszug aus einer exemplarischen Seite der allgemeinen Vorbemerkungen:

Feuerwehr Thalburg an der Ohm
Allgemeine Vorbemerkungen und Anforderungen für ein Vergabeverfahren
Gültig für alle Lose! –

Lfd. Nr.:	Hinweise zur Angebotserstellung
A.1	Angebote sind ausschließlich unter Verwendung der beigefügten Vordrucke und in deutscher Sprache abzugeben. Dies dient der größtmöglichen Rechtssicherheit für alle am Verfahren Beteiligten und der zweifelsfreien Vergleichbarkeit der abgegebenen Angebote. Angebote, die nicht auf den vorgegebenen Vordrucken abgegeben werden, werden gemäß § 38 und § 42 UVgO vom Vergabeverfahren ausgeschlossen.
A.2	Änderungsvorschläge und/oder Nebenangebote sind nicht zugelassen.
	Hinweise zu Fristen und Preisabsprachen
A.3	Die Lieferfrist beträgt den angegeben Zeitraum aus der Position im Leistungsverzeichnis nach Auftragseingang. Bei einer Fristüberschreitung, die der Auftragnehmer zu vertreten hat, kann eine Konventionalstrafe in Höhe von 0,075 % der Auftragssumme pro Kalendertag, jedoch insgesamt 5 % der Auftragssumme, in Rechnung gestellt werden.
A.4	Sämtliche Beladung und Ausrüstung ist unfallsicher zu lagern und zu sichern. Grundsätzlich dürfen für Einbauten nur splitterfreie Materialien verwendet werden. Die Beladung ist in Form eines Beladeplans zu dokumentieren. Sämtliche Beladung ist in unmittelbarer Nähe ihres Beladungsortes zu beschriften (Text und Normsymbol/in Absprache ggf. auch Foto).
	Hinweise zu sonstigen Themen
A.5	Sämtliche Beladung und Ausrüstung ist unfallsicher zu lagern und zu sichern. Grundsätzlich dürfen für Einbauten nur splitterfreie Materialien verwendet werden. Die Beladung ist in Form eines Beladeplans zu dokumentieren. Sämtliche Beladung ist in unmittelbarer Nähe ihres Beladungsortes zu beschriften (Text und Normsymbol/in Absprache ggf. auch Foto).

II.

Lfd. Nr.:	**Hinweise zu sonstigen Themen**
A.6	Im Zuge der Endabnahme erfolgt eine detaillierte Einweisung in die Bedienung und Instandhaltung nach DIN 31051 des Fahrzeuges, Beladungsgegenstände und der technischen Gerätschaften Darüber hinaus ist eine - Multiplikatorenschulung für 12 Personen und - eine UVV-Schulung für 5 Personen am Standort des Auftraggebers innerhalb von 4 Wochen nach erfolgter Endabnahme durchzuführen.

Die vorgenannten Vorbemerkungen werden als Bestandteil des Auftrages anerkannt.

....

(Ort) (Datum)   (Unterschrift, Firmenstempel)

11.4   Schnellcheck

Zusammenfassung – Vergabeunterlagen:

Vergabeunterlagen bestehen aus
- Anschreiben,
- Bewerbungsbedingungen und den
- Vertragsunterlagen.

Anschreiben enthalten:
- Ablaufinformationen zum Vergabeverfahren (Termine, Fristen, Kontaktadressen, usw.),
- Aufforderungen an Bieter zur Abgabe eines Angebotes oder Teilnahmeantrages,
- Informationen über die vom Bieter geforderten Unterlagen.

Bewerbungsbedingungen enthalten:
- Angaben zur Vergabestelle,
- Teilnahme- und Angebotsfrist sowie Bindefrist,
- Hinweise zu möglichen Preisabsprachen,
- Angaben zur Form der Angebote,
- Informationen zu Änderungen, Ergänzungen und Rücknahme von abgebebenen Angeboten,

- Zulassung von Nebenangeboten,
- Hinweise zu Bietergemeinschaften,
- Eignungskriterien (sofern nicht in der Auftragsbekanntmachung genannt),
- Zuschlagskriterien (sofern nicht in der Auftragsbekanntmachung genannt).

Vertragsunterlagen enthalten:
- Ggf. Einbezug von VOL/B,
- Allgemeine Vorbemerkungen,
- Hinweise zur Angebotspreisen,
- Hinweise zu Freigaben, Abnahmen und der Dokumentation,
- Hinweise zu Normen und Richtlinien,
- Hinweise zu Qualifizierungen und Zertifizierungen,
- Hinweise zu Fahrgestellen oder anderen Losen,
- Hinweise zu elektrischen Ein- und Ausbauten,
- Hinweise zu sonstigen Themen.

II.

III. Durchführung des Vergabeverfahrens

1 Beginn des Vergabeverfahrens – Veröffentlichen der Beschaffungsabsicht (Auftragsbekanntmachung)

Hat der Auftraggeber die Vorbereitung des Vergabeverfahrens beendet und die Vergabeunterlagen fertig gestellt, gibt er seine Absicht, eine Lieferung oder Leistung zu beschaffen, öffentlich bekannt.

1.1 Nationale Vergabeverfahren: öffentliche Ausschreibung, beschränkte Ausschreibung mit Teilnahmewettbewerb, Verhandlungsvergabe mit Teilnahmewettbewerb, §§ 30 ff UVgO

Seine Absicht, einen Auftrag vergeben zu wollen, teilt der öffentliche Auftraggeber in einer Auftragsbekanntmachung mit, § 27 UVgO. Diese Auftragsbekanntmachung ist bei den Verfahrensarten erforderlich, bei denen eine unbeschränkte Zahl von Unternehmen angesprochen werden soll: die öffentliche Ausschreibung, die beschränkte Ausschreibung mit Teilnahmewettbewerb und die Verhandlungsvergabe mit Teilnahmewettbewerb. Mit der Auftragsbekanntmachung beginnt bei diesen Verfahrensarten das Vergabeverfahren.

Merke:

Mit der Auftragsbekanntmachung beginnt das Vergabeverfahren!

Bei der beschränkten Ausschreibung und der Verhandlungsvergabe jeweils ohne Teilnahmewettbewerb werden Unternehmen vom Auftraggeber direkt angesprochen; eine Auftragsbekanntmachung bei diesen Verfahren erfolgt nicht. Das Vergabeverfahren beginnt hier mit der Aufforderung zur Angebotsabgabe.

1.1.1 Inhalt der Auftragsbekanntmachung

Die Auftragsbekanntmachung muss alle Informationen enthalten, die interessierte Unternehmen benötigen, um zu entscheiden, ob sie sich an dem Vergabeverfahren beteiligen wollen. Welchen Inhalt die Auftragsbekanntmachung mindestens haben muss, ergibt sich aus § 29 UVgO. Die Reihenfolge der Inhalte orientiert sich an § 29 UVgO, die Inhalte, die pflichtig sind, sind hervorgehoben:

- **Bezeichnung und Anschrift des öffentlichen Auftraggebers,**
- **Verfahrensart,**
- **Form der Teilnahmeanträge oder Angebote,**
- Im Einzelfall und falls erforderlich: Maßnahmen zum Schutz der Vertraulichkeit,
- **Art und Umfang der Leistung, Ort der Leistungserbringung,**
- **Bei Losbildung: Anzahl, Größe und Art der Lose,**
- Zulassung von Nebenangeboten, wenn vorgesehen,
- Angabe der Ausführungsfrist, wenn vorgesehen,
- **Elektronische Adresse, unter der die Vergabeunterlagen abgerufen werden können oder Name und Anschrift der Stelle, die die Vergabeunterlagen abgibt,**
- **Angabe der Teilnahme, Angebots- und Bindefrist,**
- Höhe der Sicherheitsleistungen, wenn gefordert,
- Wesentliche Zahlungsbedingungen, wenn vorgesehen (Regelfall: VOL/B),
- **Angabe der einzureichenden Eignungsnachweise,**
- **Angabe der Zuschlagskriterien**
- sowie **Angabe der Eignungskriterien**, § 33 Abs. 1 UVgO.

Die UVgO sieht darüber hinaus weitere Angaben vor, die entweder in der Auftragsbekanntmachung oder in den Vergabeunterlagen enthalten sein müssen:

- Bei Verhandlungsvergaben: Vorbehalt des Auftraggebers, den Zuschlag ohne vorherige Verhandlungen zu erteilen, § 12 Ab. 4 Satz 2 UVgO.
- Bei Unteraufträgen: Aufforderung, Unterauftragnehmer zu benennen.
- Nachfordern von Unterlagen: Angabe, dass keine Unterlagen nachgefordert werden, § 41 Abs. 3 UVgO.
- Zu den Zuschlagskriterien: Angabe der Gewichtung der einzelnen Zuschlagskriterien.
- Bei Vergabe von verteidigungs-/sicherheitsspezifischen Aufträgen: Festlegung der Anforderungen an die Versorgungssicherheit.

III.

Eine Auftragsbekanntmachung im nationalen Bereich kann der Auftraggeber, sofern es keine spezifischen Vorgaben gibt, nach eigenen Vorstellungen mit den genannten Mindestinhalten gestalten. Verbindliche Standardformulare, wie sie bei europaweiten Ausschreibungen vorgesehen sind, gibt es für den nationalen Bereich nicht.

Möglich sind Bekanntmachungen in Form von Fließtexten:[75]

Öffentliche Ausschreibung der Lieferleistung eines Multifunktionalen Universalanhängers für die Berufsfeuerwehr der Stadt Thalburg an der Ohm

Die Stadt Thalburg an der Ohm, Thalburgstr. 112 in 12345 Thalburg an der Ohm **(1)**, schreibt hiermit auf Grundlage des § 9 UVgO die Lieferleistung von einem multifunktionalen Universalanhänger (30t) **(5)** für die Berufsfeuerwehr öffentlich **(2)** aus. Leistungsort ist 12345 Thalburg an der Ohm **(5)**. Die Lieferung hat bis zum 30.06.2020 zu erfolgen.
Die Vergabeunterlagen stehen für einen uneingeschränkten und vollständigen direkten Zugang gebührenfrei unter https://www.evergabe.Thalburg.de zur Verfügung. **(9)**

Angebote sind in deutscher Sprache abzufassen und bis zum Öffnungstermin ausschließlich elektronisch in Textform zu übermitteln. **(3)**
Es wird erwartet, dass der Bieter bereits über Erfahrungen mit der Lieferung eines Universalanhängers verfügt.
Mit dem Angebot sind folgende Eignungsnachweise einzureichen **(13)**:
Zuverlässigkeit:

- Eigenerklärung über den Ausschluss von Unzuverlässigkeitsgründen nach §§ 123 und 124 Gesetz gegen Wettbewerbsbeschränkungen (GWB)

Wirtschaftliche, finanzielle Leistungsfähigkeit

- Eigenerklärung über den Gesamtumsatz sowie den Umsatz mit vergleichbaren Leistungen der letzten drei Geschäftsjahre des Bieters

Technische und berufliche Leistungsfähigkeit

- Referenzangaben des Bieters zu vergleichbaren abgeschlossenen und noch laufenden Leistungen aus den letzten drei Kalenderjahren

Die Angebotsfrist **(10)** läuft am Donnerstag, den 29.12.2019 um 13:00 Uhr ab. Die Bindefrist **(10)** endet mit dem 31.01.2020.
Zuschlagskriterium ist allein der Preis. **(14)**

Es gelten die »Allgemeinen Liefer- und Zahlungsbedingungen der Stadt Thalburg an der Ohm«. **(12)**

---

75   Die Ziffern in Fettdruck beziehen sich auf die Nrn. des § 28 Abs. 2 UVgO.

Thalburg an der Ohm, 01.12.2019
Stadt Thalburg an der Ohm
Die Bürgermeisterin

Oder in Listenform:

Lieferauftrag

1. **Zur Angebotsabgabe auffordernde Stelle, zuschlagerteilende Stelle**
   Stadt Thalburg an der Ohm, Thalburgstr. 112 in 12345 Thalburg an der Ohm
2. **Verfahrensart:**
   Öffentliche Ausschreibung nach § 9 UVgO.
3. **Form der Angebote**
   Elektronisch in Textform.
4. **Maßnahmen zum Schutz der Vertraulichkeit**
   Nicht einschlägig
5. **Art und Umfang der Leistung, Ort der Leistungserbringung**
   Lieferung eines multifunktionalen Universalanhängers (30t) nach 12345 Thalburg an der Ohm
6. **Lose**
   keine
7. **Nebenangebote**
   Nebenangebote sind nicht zugelassen.
8. **Ausführungsfrist**
   Die Lieferung hat bis spätestens 30.06.2020 zu erfolgen.
9. **Elektronische Adresse für den Abruf der Vergabeunterlagen**
   https://www.evergabe.Thalburg.de
10. **Fristen**
    Ablauf der Angebotsfrist: 29.12.2019, 13 Uhr
    Ablauf der Bindefrist: 31.01.2020
11. **Sicherheitsleistungen**
    Keine.
12. **Wesentliche Zahlungsbedingungen**
    Es gelten die »Allgemeinen Liefer- und Zahlungsbedingungen der Stadt Thalburg an der Ohm«.
    Eignungsnachweise und -kriterien
    Zuverlässigkeit:
    Eigenerklärung über den Ausschluss von Unzuverlässigkeitsgründen nach § § 123 und 124 Gesetz gegen Wettbewerbsbeschränkungen (GWB)
    Wirtschaftliche, finanzielle Leistungsfähigkeit
    Eigenerklärung über den Gesamtumsatz sowie den Umsatz mit vergleichbaren Leistungen der letzten drei Geschäftsjahre des Bieters
    Technische und berufliche Leistungsfähigkeit

III.

Referenzangaben des Bieters zu vergleichbaren abgeschlossenen und noch laufenden Leistungen aus den letzten drei Kalenderjahren

Zuschlagskriterien

Preis

Thalburg an der Ohm, 01.12.2019

Stadt Thalburg an der Ohm

Die Bürgermeisterin

1.1.2   Ort der Auftragsbekanntmachung

Die Auftragsbekanntmachung muss auf den Internetseiten des Auftraggebers oder auf Internetportalen veröffentlicht werden. Sie müssen über die Suchfunktion des Internetportals www.bund.de ermittelt werden können, § 28 Abs. 1 Satz 1 und Satz 3 UVgO. Öffentliche Auftraggeber sollten daher ihre Internetseiten mit der Suchfunktion von www.bund.de verknüpfen oder vor Veröffentlichung auf Internetportalen prüfen, ob von dort eine Suche über www.bund.de gegeben ist.

Merke:

Die Auftragsbekanntmachung muss über die Suchfunktion auf www.bund.de **ermittelt werden können.**

Zusätzlich kann die Auftragsbekanntmachung auch in Tageszeitungen, amtlichen Veröffentlichungsblättern oder Fachzeitschriften veröffentlicht werden.

1.1.3   Beschafferprofil, § 30 Abs. 2 UVgO

Nach § 30 Abs. 2 UVgO kann der Auftraggeber im Internet zusätzlich ein Beschafferprofil einrichten. Das Profil kann Angaben über geplante oder laufende Vergabeverfahren, über vergebene Aufträge oder aufgehobene Vergabeverfahren sowie alle sonstigen für die Auftragsvergabe relevanten Informationen wie zum Beispiel Kontaktstelle, Anschrift, E-Mail-Adresse, Telefon und Telefaxnummer des Auftraggebers enthalten. Anders als im Bereich oberhalb des EU-Schwellenwertes, wo eine Vorinformation im Beschafferprofil die Möglichkeit einer Verkürzung der Angebotsfristen schafft, hat die Einrichtung eines Beschafferprofils unterhalb des EU-Schwellenwertes keine Auswirkungen auf Fristen oder Vergabeverfahren.

Tabelle 27: *Checkliste Auftragsbekanntmachung bei öffentlicher Ausschreibung und Verfahren mit Teilnahmewettbewerb:*

Inhalt[76]	Auftragsbe-kanntmachung	Vergabe-unterlagen	Nicht einschlägig
Auftraggeber	☐		
Verfahrensart	☐		
Form der Angebote/Teilnahmeanträge	☐		
Maßnahmen zum Schutz der Vertraulichkeit	☐		☐
Art, Umfang der Leistung; Ort	☐		
Anzahl, Größe, Art der Lose	☐		☐
Zulassung von Nebenangeboten	☐		☐
Ausführungsfrist	☐		☐
Elektronische Adresse der Vergabeunterlagen	☐		
Teilnahme-, Angebots-, Bindefrist	☐		
Höhe der Sicherheitsleistung	☐		☐
Zahlungsbedingungen	☐		
Eignungsnachweise	☐		
Zuschlagskriterien	☐		
Eignungskriterien	☐		
Bei Verhandlungsvergabe: Vorbehalt, nicht zu verhandeln	☐	☐	
Bei Unteraufträgen: Aufforderung, Unterauftragnehmer zu benennen.	☐	☐	
Nachfordern von Unterlagen: Angabe, dass keine Unterlagen nachgefordert werden, § 41 Abs. 3 UVgO	☐	☐	

---

76 In jeder Zeile sollte mindestens ein Häkchen gesetzt werden.

Tabelle 27: *Checkliste Auftragsbekanntmachung bei öffentlicher Ausschreibung und Verfahren mit Teilnahmewettbewerb: – Fortsetzung*

Inhalt	Auftragsbe-kanntmachung	Vergabe-unterlagen	Nicht einschlägig
Zu den Zuschlagskriterien: Angabe der Gewichtung der einzelnen Zuschlagskriterien	☐	☐	
Bei Vergabe von verteidigungs-/sicherheitsspezifischen Aufträgen: Anforderung an die Versorgungssicherheit (s. § 8 Abs. 2 Nr. 1 VSVgV)	☐	☐	

1.1.4   Bereitstellen der Vergabeunterlagen, 29 UVgO

In der Auftragsbekanntmachung hat der Auftraggeber eine elektronische Adresse anzugeben, unter der die Vergabeunterlagen abgerufen werden können. § 29 Abs. 1 UVgO bestimmt dazu, dass der Abruf unentgeltlich, uneingeschränkt, vollständig und direkt möglich sein muss.

Unentgeltlich
Ist gegeben, wenn kein an den Vergabeunterlagen Interessierter für das Auffinden, den Empfang und das Anzeigen von Vergabeunterlagen einem öffentlichen Auftraggeber oder einem Unternehmen ein Entgelt entrichten muss.[77]

Uneingeschränkt und direkt
Uneingeschränkt und direkt abrufbar sind die Vergabeunterlagen dann, wenn die Bekanntmachung mit der angegebenen Internetadresse einen eindeutig und vollständig beschriebenen medienbruchfreien elektronischen Weg zu den Vergabeunterlagen enthält. Die angegebene Internetadresse muss potenziell erreichbar sein und die Vergabeunterlagen enthalten.[78] Das Lesen von Auftragsbekanntmachungen und das Abrufen von Vergabeunterlagen muss interessierten

---

77   Amtliche Erläuterungen zu § 29 UVgO i. V. m. Begründung VgV zu § 41 VgV.
78   Begründung zu § 41 VgV.

Bürgern oder interessierten Unternehmen ohne vorherige Registrierung möglich sein.

> **Beispiel:**
> Die Stadt Thalburg an der Ohm hat die Lieferung einer Statistiksoftware ausgeschrieben. Die Vergabeunterlagen sind über eine Internetadresse zum Abruf bereitgestellt worden. Die Möglichkeit einer Registrierung bestand für interessierte Unternehmen. Während des Verfahrens stellt die Stadt Thalburg an der Ohm Fehler in den Vergabeunterlagen fest, die korrigiert werden. Über die Korrektur werden die registrierten Unternehmen informiert; es erfolgt außerdem eine Korrektur auf der Internetseite der Stadt Thalburg an der Ohm. Nach Ablauf der Angebotsfrist geht das Angebot des Unternehmens U ein, dass nach den Zuschlagskriterien das wirtschaftlichste ist. Das Angebot von U berücksichtigt aber die Änderungen an den Vergabeunterlagen nicht; von den Änderungen weiß U auch nichts. Muss U der Zuschlag erteilt werden?

Ruft ein potentieller Bieter Vergabeunterlagen ab, ohne zu sich registrieren zu lassen, hat der öffentliche Auftraggeber keine Informationen über diesen Bieter und dessen Interesse an den Vergabeunterlagen. Insofern ist es dem Auftraggeber nicht möglich, diesen Bieter mittels direkter Ansprache über erfolgte Änderungen zu informieren. Die öffentlichen Auftraggeber müssen daher zwar Änderungen allen Interessierten direkt und uneingeschränkt verfügbar machen. Sie müssen aber nicht dafür sorgen, dass sie tatsächlich zur Kenntnis genommen werden[79]. Nicht registrierte Unternehmen sind daher verpflichtet, selbständig und eigenverantwortlich Information über etwaige Änderung der Vergabeunterlagen oder die Bereitstellung zusätzlicher Informationen, z. B. durch Antworten des öffentlichen Auftraggebers auf Bieterfragen, zu erlangen. Angebote, in denen wegen fehlender Registrierung Informationen nicht berücksichtigt wurden und deshalb den (geänderten) Ausschreibungsbedingungen nicht entsprechen, sind also auszuschließen.

Merke:

Die Auftragsbekanntmachung sollte einen Hinweis auf die möglichen Folgen (Angebotsausschluss) einer nicht erfolgten Registrierung enthalten!

---

79 Begründung zu § 41 VgV

Ist eine Übermittlung der Vergabeunterlagen auf elektronischem Weg aus technischen Gründen nicht möglich, kann der Auftraggeber sie auch auf anderem Weg übermitteln, § 29 Abs. 2 UVgO.

1.1.5   Bekanntmachung von vergebenen Aufträgen, § 30 UVgO

Bei Vergabeverfahren, bei denen eine Auftragsbekanntmachung nach § 27 UVgO nicht erfolgt, also bei einer beschränkten Ausschreibung ohne Teilnahmewettbewerb oder einer Verhandlungsvergabe ohne Teilnahmewettbewerb hat der Auftraggeber vergebene Aufträge mit einem Auftragswert ab 25.000 € für die Dauer von drei Monaten auf seiner Internetseite oder auf Internetportalen ex post zu informieren, § 30 UVgO:

Tabelle 28: *Muster einer Vergabebekanntmachung*

Name, Anschrift des Auftraggebers/der Beschaffungsstelle	Name des beauftragten Unternehmens[80]	Verfahrensart	Art und Umfang der Leistung	Zeitraum der Leistungserbringung
Stadt Thalburg an der Ohm, Wasserstr. 1, 11211 Thalburg an der Ohm an der Ohm	Drehli GmbH	Verhandlungsvergabe ohne Teilnahmewettbewerb	1 Drehleiterfahrzeug	23.05.2019
s. o.	Wassermarsch GmbH & Co.KG	beschränkte Ausschreibung ohne Teilnahmewettbewerb		04.06.2019

---

80 Bei natürlichen Personen ist vorab die Einwilligung einzuholen oder der Name zu anonymisieren, § 30 Abs. 1 Nr. 2 UVgO.

Der Auftraggeber kann auf die Bekanntmachung einzelner Angaben verzichten, wenn eine Veröffentlichung öffentliche Interessen oder die des Unternehmens beeinträchtigen würde (§ 30 Abs. 2 UVgO).

In Verfahren, die nicht in den Anwendungsbereich des § 30 UVgO fallen, also die öffentliche Ausschreibung, die beschränkte Ausschreibung mit Teilnahmewettbewerb und die Verhandlungsvergabe mit Teilnahmewettbewerb, werden die jeweiligen Bewerber und Bieter vom Auftraggeber unverzüglich über den Abschluss einer Rahmenvereinbarung oder die erfolgte Zuschlagserteilung informiert[81].

Zusammenfassung – Schnellcheck: Auftragsbekanntmachung im Unterschwellenbereich

- Mit der Auftragsbekanntmachung beginnt das Vergabeverfahren.
- Eine Auftragsbekanntmachung ist erforderlich bei der öffentlichen Ausschreibung und bei Verfahren mit Teilnahmewettbewerb.
- Der Mindestinhalt der Auftragsbekanntmachung ist durch die UVgO vorgegeben.
- Die Auftragsbekanntmachung muss über die Suchfunktion auf www.bund.de ermittelt werden können.
- Über vergebene Aufträge ab 25.000 € ist zu informieren.

1.2 Vergabeverfahren oberhalb des EU-Schwellenwertes: Offenes Verfahren, nicht offenes Verfahren, Verhandlungsverfahren mit Teilnahmewettbewerb

Erreicht der geschätzte Auftragswert den EU-Schwellenwert oder liegt darüber, richten sich Form und Inhalte der Auftragsbekanntmachung nach den §§ 37 ff. VgV. Anders als im Geltungsbereich der UVgO wird die Auftragsbekanntmachung im Oberschwellenbereich nach vorgegebenem einheitlichem Muster erstellt. Dieses Muster findet sich im Anhang II der Durchführungsverordnung (EU) 2015/1986 (2015).

---

81 S. dazu Kapitel X.

1.2.1   Inhalt der Auftragsbekanntmachung

Der Inhalt der Auftragsbekanntmachung ergibt sich aus dem nachfolgend abgedruckten Muster nach Anhang II der vorgenannten Durchführungsverordnung. Es handelt sich um das Standardformular 2.

Abschnitt I: Öffentlicher Auftraggeber	**Auftragsbekanntmachung** Richtlinie 2014/24/EU

I.1) Name und Adressen (*alle für das Verfahren verantwortlichen öffentlichen Auftraggeber angeben*)

Offizielle Bezeichnung:			Nationale Identifikationsnummer:
Postanschrift:			
Ort:	NUTS-Code:	Postleitzahl:	Land:
Kontaktstelle(n):			Telefon:
E-Mail:			Fax:
Internet-Adresse(n) Hauptadresse *(URL)* Adresse des Beschafferprofils: *(URL)*			

I.2) Gemeinsame Beschaffung

☐ Der Auftrag betrifft eine gemeinsame Beschaffung
  Im Falle einer gemeinsamen Beschaffung, an der verschiedene Länder beteiligt sind – geltendes nationales Beschaffungsrecht
☐ Der Auftrag wird von einer zentralen Beschaffungsstelle vergeben

I.3) Kommunikation

○ Die Auftragsunterlagen stehen für einen uneingeschränkten und vollständigen direkten Zugang gebührenfrei zur Verfügung unter: *(URL)*
○ Der Zugang zu den Auftragsunterlagen ist eingeschränkt. Weitere Auskünfte sind erhältlich unter: *(URL)*

weitere Auskünfte erteilen/erteilt
○ die oben genannten Kontaktstellen
○ folgende Kontaktstelle: *(weitere Anschrift angeben)*

Angebote oder Teilnahmeanträge sind einzureichen
☐ elektronisch via: *(URL)*
○ die oben genannten Kontaktstellen
○ an folgende Anschrift: *(weitere Anschrift angeben)*

☐ Im Rahmen der elektronischen Kommunikation ist die Verwendung von Instrumenten und Vorrichtungen erforderlich, die nicht allgemein verfügbar sind. Ein uneingeschränkter und vollständiger Zugang zu diesen Instrumenten und Vorrichtungen ist gebührenfrei möglich unter: *(URL)*

Bild 36:   ***Auszug Standardformular 2[82]***

---

82 Bitte beachten Sie, dass das Original für die Abbildung leicht umgewandelt/vereinfacht wurde. Weiterführende Infos und Online-Formulare finden Sie unter: http://simap.ted.europa.eu.

Nicht alle Angaben sind verpflichtend zu machen; welche Angaben pflichtig sind, ist an einem roten Sternchen im Titel und rot unterlegtem Eingabefeld innerhalb des Online-Eingabe-Formulars zu erkennen.

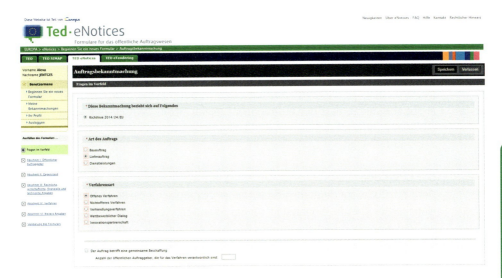

Bild 37: *Pflicht- und Freiwillige Angaben*

Das Musterformular ist überwiegend selbsterklärend. Nur einige Angaben bedürfen näherer Erläuterung:

Der NUTS-Code

Der NUTS[83]-Code, auf Deutsch »Nomenklatur der Gebietseinheiten für die Statistik«, bildet den rechtlichen Rahmen für die regionale Klassifizierung und soll die Erhebung, Erstellung und Verbreitung harmonisierter Regionalstatistiken in der Union ermöglichen.[84]

---

83 **N**omenclature des **u**nités **t**erritoriales **s**tatistiques
84 VERORDNUNG (EU) Nr. 31/2011 DER KOMMISSION vom 17. Januar 2011 zur Änderung der Anhänge der Verordnung (EG) Nr. 1059/2003 des Europäischen Parlaments und des Rates über die Schaffung einer gemeinsamen Klassifikation der Gebietseinheiten für die Statistik (NUTS)

Der NUTS-Code besteht in der Regel aus zwei Buchstaben und drei nachfolgenden Ziffern bzw. Buchstaben. Die ersten beiden Buchstaben stehen für das jeweilige EU-Mitgliedsland; für Deutschland lauten sie »DE«.

Die erste Ziffer/Buchstabe (NUTS 1) hinter »DE« steht für das Bundesland. Baden-Württemberg trägt die »1«, Niedersachsen die »9«. Mangels weiterer Ziffern trägt das folgende Bundesland Nordrhein-Westfalen den Buchstaben »A«, das alphabetisch letzte Bundesland Thüringen den Buchstaben »G«. Die zweite Ziffer (NUTS 2) steht – mit einigen Ausnahmen – für Regierungsbezirke. Länder wie Thüringen oder Schleswig-Holstein werden nicht weiter unterteilt. Die dritte Ziffer/Buchstabe (NUTS 3) steht für die Kreise oder kreisfreien Städte. Aus dem NUTS-Code DEA16 ergibt sich damit, dass der Auftraggeber seinen Sitz in Deutschland (»DE«), Bundesland Nordrhein-Westfalen (»A«), Regierungsbezirk Düsseldorf (»1«) Mülheim an der Ruhr (»6«) hat.

Der CPV-Code

Der CPV -Code, auf Deutsch »Gemeinsames Vokabular für die Beschaffung« soll ein einheitliches Klassifikationssystem für das öffentliche Beschaffungswesen schaffen, um den jeweiligen Gegenstand des Beschaffungsauftrags einheitlich zu beschreiben.

Der öffentliche Auftraggeber ist gehalten, den Code zu finden, der so präzise wie möglich dem Beschaffungsvorhaben entspricht. Der Titel der Auftragsbekanntmachung soll aus einem einzigen CPV-Code bestehen:

- Der CPV-Code ist neunstellig, an letzter Stelle steht eine Prüfziffer.
- Die ersten beiden Ziffern bezeichnen die Abteilungen.
- Die ersten drei Ziffern bezeichnen die Gruppen.
- Die ersten vier Ziffern bezeichnen die Klassen und
- die ersten fünf Ziffern bezeichnen die Kategorien.
- Jede der letzten drei Ziffern entspricht einer weiteren Präzisierung innerhalb der einzelnen Kategorie.
- Eine neunte Ziffer dient zur Überprüfung der vorstehenden Ziffern.[85]

---

85 Anhang I VERORDNUNG (EG) Nr. 213/2008 DER KOMMISSION vom 28. November 2007 zur Änderung der Verordnung (EG) Nr. 2195/2002 des Europäischen Parlaments und des Rates über das Gemeinsame Vokabular für öffentliche Aufträge (CPV) und der Vergaberichtlinien des Europäischen Parlaments und des Rates 2004/17/EG und 2004/18/EG im Hinblick auf die Überarbeitung des Vokabulars

Der CPV-Code für Feuerlöschfahrzeuge lautet:

Tabelle 29: *Beispiel CPV-Code für Feuerlöschfahrzeuge*

34144100-9	Mobile Bohrtürme
34144200-0	Notfalleinsatzfahrzeuge
34144210-3	Feuerwehrfahrzeuge
34144211-0	Fahrzeuge mit Drehleiter
34144212-7	Tanklöschfahrzeuge
34144213-4	**Feuerlöschfahrzeuge**
34144220-6	Abschleppwagen
34144300-1	Mobile Brücken

Und setzt sich zusammen aus:
- Abteilung **34**: »Transportmittel und Erzeugnisse für Verkehrszwecke«;
- Gruppe 34**1**: »Kraftfahrzeuge«;
- Klasse 341**4**: »Schwerlastfahrzeuge«;
- Kategorie: 3414**4**: »Kraftfahrzeuge für besondere Zwecke«
- und der weiteren Klassifizierung 34144**210** für »Feuerwehrfahrzeuge«.

Der CPV-Code selbst lässt sich durch eine Stichwortsuche im Online-Formular ermitteln (Bild 38).

Der geschätzte Auftragswert (geschätzter Gesamtwert)

Die Angabe des geschätzten Auftragswertes ist keine Pflichtangabe. Ob ein Auftraggeber hier eine Angabe macht oder nicht, ist abhängig von den Umständen des Einzelfalls. Manche Auftraggeber fürchten, dass Bieter, die den geschätzten Auftragswert kennen, ihren Angebotspreis nach oben kalkulieren könnten. Die Angabe kann aber auch von Vorteil sein, insbesondere wenn Mittel, vor allem Fördermittel, nur in begrenztem Rahmen zur Verfügung stehen.

Teilnahmebedingungen

Unter den Teilnahmebedingungen sind die Nachweise aufzuführen, die der Auftraggeber für die Prüfung der Eignung benötigt.

III.

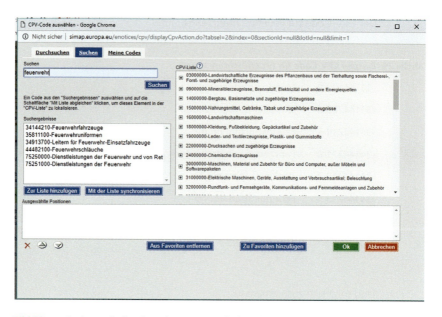

Bild 38:   *Suche nach dem korrekten CPV-Code (Quelle: SIMAP)*

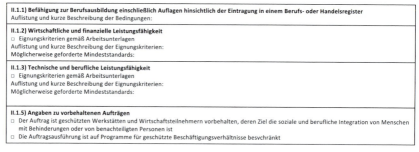

Auftragsbekanntmachung
Richtlinie 2014/24/EU

Abschnitt III: Rechtliche, wirtschaftliche, finanzielle und technische Angaben

III.1) Teilnahmebedingungen

II.1.1) Befähigung zur Berufsausbildung einschließlich Auflagen hinsichtlich der Eintragung in einem Berufs- oder Handelsregister Auflistung und kurze Beschreibung der Bedingungen:
II.1.2) Wirtschaftliche und finanzielle Leistungsfähigkeit ☐ Eignungskriterien gemäß Arbeitsunterlagen Auflistung und kurze Beschreibung der Eignungskriterien: Möglicherweise geforderte Mindeststandards:
II.1.3) Technische und berufliche Leistungsfähigkeit ☐ Eignungskriterien gemäß Arbeitsunterlagen Auflistung und kurze Beschreibung der Eignungskriterien: Möglicherweise geforderte Mindeststandards:
II.1.5) Angaben zu vorbehaltenen Aufträgen ☐ Der Auftrag ist geschützten Werkstätten und Wirtschaftsteilnehmern vorbehalten, deren Ziel die soziale und berufliche Integration von Menschen mit Behinderungen oder von benachteiligten Personen ist ☐ Die Auftragsausführung ist auf Programme für geschützte Beschäftigungsverhältnisse beschränkt

Bild 39:   *Auszug Standardformular 2 »Teilnahmebedingungen«[86]*

---

[86] Bitte beachten Sie, dass das Original für die Abbildung leicht umgewandelt/vereinfacht wurde.
Weiterführende Infos und Online-Formulare finden Sie unter: http://simap.ted.europa.eu.

Oftmals werden hier die Felder »Eignungskriterien gemäß Auftragsunterlagen« angekreuzt oder es wird ein link angegeben, der auf eine allgemeine Internetseite führt, in der mehrere Vergaben aufgelistet sind.

Beides führt dazu, dass Eignungskriterien nicht wirksam bekannt gegeben werden: Der Verweis auf die Auftragsunterlagen entspricht nicht den Anforderungen nach § 122 Abs. 4 S. 2 GWB bzw. § 48 Abs. 1 VgV, wonach die Eignungskriterien in der Auftragsbekanntmachung aufzuführen sind.

Der Wortlaut des § 124 Abs. 4 S. 2 GWB bzw. § 48 Abs. 1 VgV ist nach obergerichtlicher Rechtsprechung eindeutig. Danach sind die geforderten Eignungskriterien und/oder Nachweise bereits in der Auftragsbekanntmachung anzugeben. Auch die Vorschrift des § 41 VgV enthält keinen abweichenden Regelungsinhalt. In der Vorschrift ist nur geregelt, dass die Vergabeunterlagen unter einer elektronischen Adresse, die in der Vergabebekanntmachung zu benennen ist, bereitzustellen sind. Einen darüber hinausgehenden Regelungsinhalt besitzt diese Norm nicht, insbesondere wird nicht bestimmt, dass die Bekanntmachung bzw. die Benennung der Eignungskriterien und ihrer Nachweise durch eine Linksetzung auf die Vergabeunterlagen vorgenommen werden dürfen (OLG München, Verg 11/18).

Sinn und Zweck der Reglung der § 124 Abs. 4 S. 2 GWB bzw. § 48 Abs. 1 VgV ist, dass potentielle Bewerber/Bieter bereits aus der Auftragsbekanntmachung die in persönlicher und wirtschaftlicher Hinsicht gestellten Anforderungen ersehen können, um anhand dieser Angaben zu entscheiden, ob sie sich an der Ausschreibung beteiligen können und wollen. Nur wenn diese Angaben frei zugänglich und transparent sind, können sie diesem Zweck der Auftragsbekanntmachung gerecht werden. Auch aus der Gestaltung des Formblattes, in dem für die Eignungsanforderungen pauschal auf die Auftragsunterlagen verwiesen werden kann, ergibt sich nichts anderes. Selbst ein verpflichtend anzuwendendes Formblatt kann keine in den vergaberechtlichen Vorschriften getroffene Regelung abändern oder außer Kraft setzen.

Merke:

Bereits im Standardformular zur Auftragsbekanntmachung sind die Eignungskriterien und Eignungsnachweise aufzuführen. Der Verweis auf die Vergabeunterlagen verbietet sich trotz vorgesehener Ankreuzmöglichkeit!

Angaben zum Beschaffungsübereinkommen (GPA)

Das Beschaffungsübereinkommen »GPA« ist ein plurilaterales Abkommen im Rahmen der WTO. Das grundlegende Ziel des GPA ist der gegenseitige Marktzugang zwischen seinen Vertragsstaaten. Die Angabe zur Anwendbarkeit des Beschaffungsübereinkommens dient lediglich statistischen Zwecken und ist in der Regel mit »ja« zu beantworten. Liegt der geschätzte Auftragswert unter dem EU-Schwellenwert, will der öffentliche Auftraggeber aber gleichwohl europaweit ausschreiben, wäre die Anwendbarkeit mit »nein« zu beantworten.

Merke:

Öffentliche Aufträge, deren Auftragswert über dem EU-Schwellenwert liegt, fallen in der Regel unter das Beschaffungsübereinkommen (GPA)

Angabe der Nachprüfungsinstanz, § 37 Abs. 3 VgV

In der Auftragsbekanntmachung ist ebenfalls anzugeben, an welche Vergabekammer sich ein Unternehmen wenden kann, um etwaige Vergabeverstöße prüfen zu lassen. Die örtliche Zuständigkeit der Vergabekammer richtet sich für kommunale Auftraggeber nach deren Sitz, § 159 Abs. 3 GWB. Daneben gibt es eine Vergabekammer des Bundes.

Tabelle 30:

Sitz des Auftraggebers		Zuständige Vergabekammer
Baden-Württemberg		Vergabekammer Baden-Württemberg im Regierungspräsidium Karlsruhe Durlacher Allee 100 76137 Karlsruhe Telefon: 0721 / 926-8730 Fax: 0721 / 926-3985 E-Mail: poststelle@rpk.bwl.de
Bayern	Regierungsbezirke Oberpfalz, Oberfranken, Mittelfranken oder Unterfranken	Vergabekammer Nordbayern Bei der Regierung von Mittelfranken, Postfach 606, 91511 Ansbach, Tel. 0981/53-1277, Telefax 0981/53-1837 E-Mail: vergabekammer.nordbayern@reg-mfr.bayern.de

Tabelle 30: *– Fortsetzung*

Sitz des Auftraggebers	Zuständige Vergabekammer
Regierungsbezirken Oberbayern, Niederbayern oder Schwaben	Vergabekammer Südbayern bei der Regierung von Oberbayern, Postfach, 80534 München, Tel. 089 / 2176-2411 Fax 089 / 2176-2847 E-Mail: vergabekammer.suedbayern@reg-ob.bayern.de
Berlin	Vergabekammer des Landes Berlin Martin-Luther-Str. 105 10825 Berlin Geschäftsstelle: Tel. 0 30 - 90 13 83 16 Fax. 0 30 - 90 13 76 13 vergabekammer@senwtf.berlin.de
Brandenburg	Vergabekammer des Landes Brandenburg beim Ministerium für Wirtschaft und Energie Heinrich-Mann-Allee 107 14473 Potsdam Geschäftsstelle: Telefon: 0049 331 8661719 Telefax: 0049 331 8661652
Bremen	Vergabekammer Bremen Der Senator für Bau, Umwelt und Verkehr Straße: Ansgaritorstr. 2 Plz/Ort: 28195 Bremen Telefon: 0421/361-6704 Telefax: 0421/496-6704 Email: vergabekammer@bau.bremen.de
Hamburg Nachprüfungsverfahren nach der VgV (außer Auftragsvergabe an Architekten,	Vergabekammer bei der Finanzbehörde Große Bleichen 27 20354 Hamburg +49 40 42823-1491

III.

Tabelle 30: – *Fortsetzung*

Sitz des Auftraggebers	Zuständige Vergabekammer
Ingenieure, Stadtplaner und Bausachverständige und Kon-zVgV ohne Baukonzessionen	+49 40 42823-2020 vergabekammer@fb.hamburg.de
VOB und VgV - soweit die Auftragsvergabe an Architekten, Ingenieure, Stadtplaner und Bausachverständige betroffen ist.	Vergabekammer der Behörde für Stadtentwicklung und Wohnen Neuenfelder Straße 19 21109 Hamburg +49 40 42840-3230 +49 40 42731-0499 vergabekammer@bsw.hamburg.de
Hessen	1. und 2. Vergabekammer des Landes Hessen beim Regierungspräsidium Darmstadt, Dez. III 31.4 Straße: Wilhelminenstraße 1 – 3 (Wilhelminenhaus) Plz/Ort: 64283 Darmstadt Telefon: 06151 / 12-6601 Telefax: 06151 / 12-5816 Email: vergabekammer@rpda.hessen.de
Mecklenburg-Vorpommern	Ministerium für Wirtschaft, Arbeit und Gesundheit Mecklenburg-Vorpommern Geschäftsstelle der Vergabekammern Johannes-Stelling-Straße 14 19053 Schwerin Telefax: 0385-588 485 5817 E-Mail: vergabekammer@wm.mv-regierung.de
Niedersachsen	Vergabekammer Niedersachsen beim Nds. Ministerium für Wirtschaft, Arbeit, Verkehr und Digitalisierung Auf der Hude 2 21339 Lüneburg Fax: 04131/15-2943 E-Mail: vergabekammer@mw.niedersachsen.de

Tabelle 30:　*– Fortsetzung*

Sitz des Auftraggebers		Zuständige Vergabekammer
Nord-rhein-Westfa-len	Regierungsbezirk Köln und Düsseldorf	Vergabekammer Rheinland Zeughausstraße 2-10 50667 Köln Fax: 0221 - 147 2889 Email: VKRheinland@bezreg-koeln.nrw.de
	Regierungsbezirke Münster, Detmold und Arnsberg	Vergabekammer Westfalen Albrecht-Thaer-Straße 9 48147 Münster Fax: 0251 - 411 2165
Rheinland-Pfalz		Vergabekammer Rheinland-Pfalz Ministerium für Wirtschaft, Verkehr, Landwirtschaft und Weinbau Stiftsstraße 9, 55116 Mainz Telefon: 06131-16-2234 Fax: 06131-16-2113 E-Mail: vergabekammer.rlp@mwvlw.rlp.de
Saarland		Vergabekammern des Saarlandes beim Ministeri-um für Wirtschaft, Arbeit, Energie und Verkehr Straße: Franz-Josef-Röder-Str. 17 Plz/Ort: 66119 Saarbrücken Telefon:　0681 / 501-4994 Telefax:　0681 / 501-3506 Email: vergabekammern@wirtschaft.saarland.de Internet: http://www.saarland.de/3339.htm
Sachsen		1. Vergabekammer des Freistaates Sachsen [Land-esdirektion Sachsen] Braustraße 2 04107 Leipzig Telefon: +49 341 977-3800 Fax: +49 341 977-1049 E-Mail: post@lds.sachsen.de
Sachsen-Anhalt		Vergabekammer Sachsen-Anhalt 1. Vergabekammer beim Landesverwaltungsamt Halle Straße: Ernst-Kamieth-Str. 2 Plz/Ort: 06112 Halle/Saale Telefon:　0345 / 514-1529 Telefax:　0345 / 514-1115

III.

Tabelle 30: *– Fortsetzung*

Sitz des Auftraggebers	Zuständige Vergabekammer
	2. Vergabekammer beim Landesverwaltungsamt Halle Straße: Ernst-Kamieth-Str. 2 Plz/Ort: 06112 Halle/Saale Telefon: 0345 / 514-1536 Telefax: 0345 / 514-1115 3. Vergabekammer beim Landesverwaltungsamt Halle Straße: Ernst-Kamieth-Str. 2 Plz/Ort: 06112 Halle/Saale Telefon: 0345 / 514-1529 / 1536 Telefax: 0345 / 514-1115
Schleswig-Holstein	Vergabekammer Schleswig-Holstein beim Ministerium für Wirtschaft, Verkehr, Arbeit, Technologie und Tourismus Düsternbrooker Weg 94 24105 Kiel E-Mail: vergabekammer@wimi.landsh.de Telefon: 0431 988-4640 Fax: 0431 988-4702
Thüringen	Geschäftsstelle der Vergabekammer Telefon: 0361 57332 1254 Fax: 0361 57332 1059 E-Mail: vergabekammer@tlvwa.thueringen.de

1.2.2   Veröffentlichung der Auftragsbekanntmachung

Die Auftragsbekanntmachungen werden durch das Amt für Veröffentlichungen der Europäischen Union veröffentlicht und zwar im Supplement des Amtsblatts der Europäischen Union, genauer in der Online-Version des »Supplement zum Amtsblatt der Europäischen Union« für das europäische öffentliche Auftragswesen, dem TED (Tenders Electronic Daily).

Auftragsbekanntmachungen sind daher dem Amt für Veröffentlichungen zu übermitteln.

> **Merke:**
>
> Der Auftraggeber muss den Tag der Absendung der Auftragsbekanntmachung nachweisen können.

Der Tag der Absendung der Bekanntmachung ist deshalb von Bedeutung, weil die Angebots- und Teilnahmemindestfristen am Tag nach der Absendung der Auftragsbekanntmachung zu laufen beginnen.

Im Anschluss an die Bekanntmachung im TED kann die Veröffentlichung auf nationaler Ebene erfolgen. Dabei ist zu beachten, dass die Bekanntmachungen auf nationaler Ebene erst erfolgen dürfen, wenn entweder die Veröffentlichung durch das Amt für Veröffentlichungen der EU erfolgt ist oder 48 Stunden nach der Bestätigung über den Eingang der Bekanntmachung vergangen sind.

> **Merke:**
>
> Bevor eine Veröffentlichung auf der Internetseite des Auftraggebers oder in Internetportalen erfolgt, müssen 48 Stunden, nachdem der Eingang der Bekanntmachung durch das Amt für Veröffentlichungen der EU bestätigt wurde, abgewartet werden.

Bei der Veröffentlichung auf nationaler Ebene ist der Tag der Übermittlung der Bekanntmachung an das Amt für Veröffentlichungen der EU anzugeben. Die Veröffentlichung darf außerdem nur die Angaben enthalten, die in der übermittelten Bekanntmachung enthalten sind.

> **Merke:**
>
> Die Korrektur einer bereits veröffentlichten Bekanntmachung ist jederzeit über das Formular »Berichtigung Bekanntmachung über Änderungen oder zusätzliche Angaben« im TED möglich.

1.2.3 Beschafferprofil, § 37 Abs. 4 VgV

Wie im Geltungsbereich der UVgO besteht auch nach der VgV die Möglichkeit für öffentliche Auftraggeber ein Beschafferprofil im Internet einzurichten; eine Verpflichtung besteht nicht. Veröffentlicht werden können dort Vorinformationen nach § 38 Abs. 1 VgV, Informationen über vergebene Aufträge oder aufgehobene Vergabeverfahren oder andere für die Auftragsvergabe relevante Informationen, beispielsweise die Kontaktdaten des öffentlichen Auftraggebers[87].

1.2.4   Bereitstellen der Vergabeunterlagen, § 41 VgV

In der Auftragsbekanntmachung gibt der Auftraggeber eine elektronische Adresse an, unter der die Vergabeunterlagen unentgeltlich, uneingeschränkt, vollständig und direkt vom Tag der Veröffentlichung einer Bekanntmachung an von jedem Interessenten mithilfe elektronischer Mittel abgerufen werden können. Das Standardformular der EU sieht die Angabe einer URL, also einer Internetadresse vor. Nicht möglich ist die Angabe einer E-Mail-Adresse, bei der die Vergabeunterlagen angefordert werden können. Dies entspricht auch nicht den vorgenannten Erfordernissen.

Unentgeltlich abrufbar sind die Vergabeunterlagen dann, wenn kein an den Vergabeunterlagen Interessierter für das Auffinden, den Empfang und das Anzeigen von Vergabeunterlagen einem öffentlichen Auftraggeber oder einem Unternehmen ein Entgelt entrichten muss.

Uneingeschränkt und direkt abrufbar sind Vergabeunterlagen im Rahmen der auf elektronische Mittel gestützten öffentlichen Auftragsvergabe ausschließlich dann, wenn weder interessierte Bürger noch interessierte Unternehmen sich auf einer elektronischen Vergabeplattform mit ihrem Namen, mit einer Benutzerkennung oder mit ihrer E-Mail-Adresse registrieren müssen, bevor sie sich über bekanntgemachte öffentliche Auftragsvergaben informieren oder Vergabeunterlagen abrufen können.[88]

Die Vollständigkeit der Vergabeunterlagen richtet sich nach § 29 VgV; sie umfassen sämtliche Unterlagen, die von öffentlichen Auftraggebern erstellt werden oder auf die sie sich beziehen, um Teile des Vergabeverfahrens zu definieren. Sie umfassen alle Angaben, die erforderlich sind, um dem interessierten Unternehmen eine Entscheidung zur Teilnahme am Vergabeverfahren zu ermöglichen.[89]

Vollständig abrufbar sind die Vergabeunterlagen dann, wenn über die Internetadresse in der Bekanntmachung sämtliche Vergabeunterlagen und nicht nur Teile derselben abgerufen werden können.[90]

---

87 Begründung zu § 37 VgV
88 Begründung zu § 37 VgV
89 Begründung zu § 41 VgV
90 Begründung zu § 41 VgV

Beispiel:
Die Stadt Thalburg an der Ohm benötigt für ihre Feuerwehr eine neue Leitstelle. Ein offenes Verfahren wurde mangels eingegangener Angebote aufgehoben. Nun soll ein Verhandlungsverfahren mit Teilnahmewettbewerb durchgeführt werden. Bestandteil der Leistungsbeschreibung ist auch ein umfangreiches Vertragswerk. Die Stadt Thalburg an der Ohm möchte daher zunächst nur die Unterlagen für den Teilnahmewettbewerb elektronisch bereitstellen. Die Leistungsbeschreibung mitsamt Vertragswerk soll an die ausgesuchten Bewerber erst mit Aufforderung zur Angebotsabgabe verschickt werden. Ist das nach § 41 VgV zulässig?

---

§ 41 Abs. 1 VgV bestimmt, dass der Abruf der Vergabeunterlagen »vollständig« und uneingeschränkt erfolgen können muss. Im Falle eines Sektorenauftrags[91] hatte das OLG München (Verg. 15/16) festgestellt, aus den Begriffen »uneingeschränkt« und »vollständig« folge, dass auch in zweistufigen Vergabeverfahren bereits mit der Auftragsbekanntmachung sämtliche Vergabeunterlagen allen interessierten Unternehmen zur Verfügung zu stellen seien, jedenfalls soweit diese Unterlagen bei Auftragsbekanntmachung in einer finalisierten Form vorliegen können.

Anders hingegen entschied das OLG Düsseldorf: Das Adjektiv »vollständig« beziehe sich nicht auf die Vergabeunterlagen und damit auf den Umfang der zum Abruf bereit gestellten Unterlagen, sondern darauf, dass die vom öffentlichen Auftraggeber zum Download bereit gestellten Unterlagen vollständig abrufbar sein müssen. Sie dürfen also nicht nur teilweise elektronisch und teilweise in Papierform zugänglich sein.

Entscheidend sei, ob die Angaben »erforderlich« sind, um dem Bewerber oder Bieter eine Teilnahme an dem Vergabeverfahren zu ermöglichen. Hierbei handele es sich um eine Entscheidung im Einzelfall, die unter anderem davon abhängt, welche Verfahrensart der öffentliche Auftraggeber gewählt habe und welche Bedeutung die Angaben für die Entscheidung des Bewerbers oder Bieters haben, sich an dem Verfahren zu beteiligen.[92]

Eine gefestigte Rechtsprechung zu der Frage, welche Vergabeunterlagen bei Verfahren mit Teilnahmewettbewerb zur Verfügung zu stellen sind, gibt es also (noch) nicht.

III.

---

91 Sektorenauftrag ist ein Auftrag auf dem Gebiet der Trinkwasserversorgung, der Energieversorgung (bestehend aus den Bereichen Elektrizitäts-, Gas- und Wärmeversorgung) und des Verkehrs, § 100 GWB
92 Beschluss vom 17.10.2018 (Verg 26/18)

Praxis-Tipp

Der Auftraggeber sollte, auch bei Vergabeverfahren mit Teilnahmewettbewerb, bereits mit der Auftragsbekanntmachung sämtliche Vergabeunterlagen zum Abruf bereitstellen.

Bestehen seitens des Auftraggebers Bedenken gegen die Bereitstellung sämtlicher Unterlagen, weil bspw. Vertragswerke aufgrund des Inhaltes nicht für jedermann einsehbar sind, sollte er ausreichend dokumentieren, dass die entsprechenden Unterlagen für die interessierten Unternehmen nicht erforderlich sind, um über eine Teilnahme an dem Verfahren zu entscheiden.

Ist eine Übermittlung der Vergabeunterlagen aus technischen Gründen nicht möglich, s. § 41 Abs. 2 VgV, kann ein anderer geeigneter Weg für die Übermittlung gewählt werden. Die Angebotsfrist ist in diesem Fall um fünf Tage zu verlängern, § 42 Abs. 2 Satz 2 VgV.

1.2.5   Bekanntmachung über vergebene Aufträge

Spätestens 30 Tage nach der Erteilung eines Zuschlags hat der öffentliche Auftraggeber über ein Standardformular eine Bekanntmachung über die Ergebnisse des Vergabeverfahrens zu veröffentlichen, § 39 VgV. Die erforderlichen Inhalte der Vergabebekanntmachung ergeben sich aus dem Standardformular 3.

Wenn die Veröffentlichung einzelner Angaben öffentlichen oder berechtigten geschäftlichen Interessen eines Unternehmens schaden oder den Wettbewerb beeinträchtigen würde, besteht keine Verpflichtung zur Veröffentlichung dieser Angaben.

1.2.6   Auftragsbekanntmachung

Nach § 66 VgV ist eine Auftragsbekanntmachung bei der Vergabe sozialer Dienstleistungen im Oberschwellenbereich nicht erforderlich, wenn der öffentliche Auftraggeber auf kontinuierlicher Basis eine Vorinformation veröffentlicht, sofern die Vorinformation

1. sich speziell auf die Arten von Dienstleistungen bezieht, die Gegenstand der zu vergebenen Aufträge sind,
2. den Hinweis enthält, dass dieser Auftrag ohne gesonderte Auftragsbekanntmachung vergeben wird,
3. die interessierten Unternehmen auffordert, ihr Interesse mitzuteilen (Interessensbekundung).

<table>
<tr><td>Abschnitt I: Öffentlicher Auftraggeber</td><td>Bekanntmachung vergebener Aufträge
Ergebnisse des Vergabeverfahrens
Richtlinie 2014/24/EU</td></tr>
</table>

I.2) Gemeinsame Beschaffung

☐ Der Auftrag betrifft eine gemeinsame Beschaffung
  Im Falle einer gemeinsamen Beschaffung, an der verschiedene Länder beteiligt sind – geltendes nationales Beschaffungsrecht
☐ Der Auftrag wird von einer zentralen Beschaffungsstelle vergeben

I.4) Art des öffentlichen Auftraggebers

○ Ministerium oder sonstige zentral- oder bundesstaatliche Behörde einschließlich regionaler oder lokaler Unterabteilungen	○ Agentur/Amt auf regionaler oder lokaler Ebene
○ Agentur/Amt auf zentral- oder bundesstaatlicher Ebene	○ Einrichtung des öffentlichen Rechts
○ Regional- oder Kommunalbehörde	○ Europäische Institution/Agentur oder internationale Organisation
	○ Andere:

I.5) Haupttätigkeit(en)

○ Allgemeine öffentliche Verwaltung	○ Wohnungswesen und kommunale Einrichtungen
○ Verteidigung	○ Sozialwesen
○ Öffentliche Sicherheit und Ordnung	○ Freizeit, Kultur und Religion
○ Umwelt	○ Bildung
○ Wirtschaft und Finanzen	○ Andere Tätigkeit:
○ Gesundheit	

Bild 40: *Auszug aus dem Standardformular 3[93]*

1.2.7   Bündelung der Bekanntmachung vergebener Aufträge

Der öffentliche Auftraggeber, der einen Auftrag zur Erbringung von sozialen und anderen besonderen Dienstleistungen vergeben hat, teilt die Ergebnisse des Vergabeverfahrens mit. Er kann die Vergabebekanntmachungen quartalsweise bündeln. In diesem Fall versendet er die Zusammenstellung spätestens 30 Tage nach Quartalsende.

1.3   Schnellcheck

Zusammenfassung: Auftragsbekanntmachung im Oberschwellenbereich

- Die Auftragsbekanntmachung erfolgt über Standardformulare.
- Der Inhalt ist über die Standardformulare vorgegeben.

---

93 Bitte beachten Sie, dass das Original für die Abbildung leicht umgewandelt/vereinfacht wurde. Weiterführende Infos und Online-Formulare finden Sie unter: http://simap.ted.europa.eu.

- Erforderlich ist eine elektronische Adresse, unter der die Vergabeunterlagen unentgeltlich, uneingeschränkt, vollständig und direkt abgerufen werden können.
- Bevor eine Veröffentlichung auf der Internetseite des Auftraggebers oder in Internetportalen erfolgt, müssen 48 Stunden, nachdem der Eingang der Bekanntmachung durch das Amt für Veröffentlichungen der EU bestätigt wurde, abgewartet werden.
- Der Tag der Absendung der Auftragsbekanntmachung muss nachweisbar sein.
- Der Auftraggeber sollte über die Nachteile einer unterlassenen Registrierung interessierter Unternehmen informieren.

2 Angebotsphase

Nach Bekanntmachung des Auftrags und dem Erhalt der Vergabeunterlagen beginnen interessierte Unternehmen mit der Erstellung ihrer Angebote. Grundlage für die Erarbeitung eines Angebotes sind die Vergabeunterlagen. Diese müssen klar und verständlich sein. Aus ihnen muss für Bieter oder Bewerber eindeutig und unmissverständlich hervorgehen, was von ihnen verlangt wird (OLG Düsseldorf, VII-Verg 52/17). Trotzdem kommt es in der Praxis nicht selten vor, dass die Vergabeunterlagen und insbesondere die Leistungsbeschreibung Unklarheiten oder Fehler enthalten.

2.1 Unklarheiten in den Vergabeunterlagen

Grundsätzlich gilt, dass bei Unklarheiten in den Vergabeunterlagen der Erklärungswert nach den für die Auslegung von Willenserklärungen geltenden Grundsätzen (§ § 133, 157 BGB) zu entscheiden ist (BGH, X ZB 15/13). Dabei ist im Rahmen einer normativen Auslegung auf den objektiven Empfängerhorizont der potentiellen Bieter bzw. Bewerber, also einen abstrakten Adressatenkreis, abzustellen (BGH, X ZB 15/13). Es kommt also darauf an, wie der durchschnittliche Bieter des angesprochenen Bieterkreises sie verstehen musste oder konnte. Entscheidend ist die Verständnismöglichkeit aus der Perspektive eines verständigen und mit der ausgeschriebenen Leistung vertrauten Unternehmens, das über das für eine Angebotsabgabe erforderliche Fachwissen verfügt (BGH, VII-Verg 28/14). Maßgeblich ist damit nicht subjektive Verständnis des Auftraggebers von seiner Ausschreibung (BGH, VII ZR 179/98).

Kommen nach einer Auslegung der entsprechenden Formulierung in den Vergabe-unterlagen mehrere Verständnismöglichkeiten in Betracht oder können Unklarheiten oder Widersprüche nicht aufgelöst werden, geht dies zu Lasten des öffentlichen Auftraggebers (OLG Düsseldorf, Verg 52/17). Unerheblich ist dabei, ob Bieter sich nicht bemüht haben, die Unklarheiten der Ausschreibung durch Nachfrage zu beseitigen. Dieser Umstand kann das Ergebnis einer objektiven Auslegung der Ausschreibung nicht beeinflussen (BGH, VII ZR 194/06). Es gibt keine Auslegungsregel, wonach ein Vertrag mit einer unklaren Leistungsbeschreibung allein deshalb zu Lasten des Auftragnehmers auszulegen ist, weil dieser die Unklarheiten vor der Abgabe seines Angebots nicht aufklärt (BGH, VII ZR 194/06).

Merke:

Unklarheiten und Widersprüche in den Vergabeunterlagen gehen zu Lasten des Auftraggebers!

2.2   Fehler in den Vergabeunterlagen

Enthalten die Vergabeunterlagen Fehler und kalkuliert der Bieter auf Grundlage dieser Fehler, stellt sich oft die Frage, ob und inwieweit ein Bieter verpflichtet ist, den Auftraggeber auf Fehler hinzuweisen.

In welchem Umfang dem Bieter bei Vergabeverfahren vorvertragliche Hinweis-pflichten obliegen sollen, lässt sich nicht einfach beantworten. Eine generelle Hinweis- und Aufklärungsverpflichtung des Bieters besteht im Ausschreibungs- und Angebotsstadium aber nicht, da der Bieter die Prüfung der Verdingungsunterlagen in Vorbereitung seines eigenen Angebots nur unter kalkulatorischen Aspekten vornimmt (OLG Celle, 14 U 200/15).

Aus dem allgemeinen Gebot zu korrektem Verhalten und Rücksichtnahme bei den Vertragsverhandlungen kann eine vorvertragliche Prüfungs- und Hinweispflicht des Bieters dann unter Umständen hergeleitet werden, wenn die Verdingungsunterlagen erkanntermaßen evident fehlerhaft sind. Ein Bieter ist nur dann verpflichtet, auf Mängel der Ausschreibungsunterlagen hinzuweisen, wenn er die Ungeeignetheit der Ausschreibung vor Vertragsabschluss positiv erkennt bzw. etwaige Unstimmigkeiten und Lücken des Leistungsverzeichnisses klar auf der Hand liegen. Über die von ihm erkannten und offenkundigen Mängel der Vergabeunterlagen muss er den Auftraggeber dann aufklären, wenn diese ersichtlich ungeeignet sind, das mit dem Vertrag verfolgte Ziel zu erreichen (OLG Naumburg, 7 U 17/17).

Merke:

Im Vergabeverfahren besteht keine allgemeine Hinweispflicht des Bieters auf Mängel der Vergabeunterlagen. Er muss Mängel aber aufklären, wenn diese dazu führen, dass die Vergabeunterlagen ersichtlich ungeeignet sind, das mit dem Vertrag verfolgte Ziel zu erreichen (OLG Naumburg, 7 U 17/17).

2.3   Bieterfragen und Antworten

Auch wenn eine generelle Hinweispflicht des Bieters nicht besteht, ist es in seinem eigenen Interesse bei Unklarheiten, Widersprüchen oder Fehlern in den Vergabeunterlagen, insbesondere wenn sie kalkulationserheblich sind, aufzuklären. Auf Seiten des Bieters geschieht dies durch Bieterfragen.

Für die Übermittlung und Beantwortung von Bieterfragen darf der Auftraggeber eine Registrierung verlangen. Dies folgt im Umkehrschluss aus § 7 Abs. 3 UVgO und § 9 Abs. 3 VgV: Für den Zugang zu den Vergabeunterlagen darf zwar keine verpflichtende Registrierung verlangt werden, wohl aber für die Übermittlung und die Beantwortung etwaiger Bieterfragen (BMWi, 2017).

2.4   Form der Bieterfragen

Für die Form der Bieterfragen gelten § 7 UVgO und § 9 VgV. Danach werden für die Übermittlung von Daten elektronische Mittel verwendet. Mögliche Mittel sind insbesondere webbasierte, also über einen Internetbrowser bedienbare e-Vergabeplattformen, auf denen Bieter ihre Fragen stellen und Auftraggeber diese beantworten können. Darüber hinaus gilt nach § 7 Abs. 2 UVgO und § 9 Abs. 2 VgV, dass die Kommunikation in Vergabeverfahren mündlich erfolgen kann, es sei denn, die Vergabeunterlagen oder Angebote sind betroffen. Da bei Bieterfragen in der Regel die Vergabeunterlagen betroffen sind, scheidet eine (fern-)mündliche Kommunikation aus (BMWi, 2017).

Liegt der geschätzte Auftragswert unter 25.000 Euro oder wird eine beschränkte Ausschreibung oder eine Verhandlungsvergabe jeweils ohne Teilnahmewettbewerb durchgeführt, kann nach § 38 Abs. 4 UVgO von den Vorgaben der elektronischen Übermittlung abgewichen werden.

2.5 Frist für Bieterfragen

Der Vergabestelle steht im Sinne eines geordneten Vergabeverfahrens »als Herrin des Vergabeverfahrens« die Möglichkeit offen, klare Regeln für Bieterfragen vorzugeben (OLG Saarbrücken, 1 Verg 1/16). Der Auftraggeber kann daher und sollte für die Beantwortung von Bieterfragen eine Frist setzen. In der Praxis liegt das Fristende etwa zehn Tage vor Ablauf der Angebotsfrist.

Merke:

Auftraggeber sollten eine Frist setzen, bis zu deren Ablauf Bieterfragen gestellt werden dürfen.

Geht die Bieterfrage nach Ablauf der Frist ein, ist der Auftraggeber zu einer Beantwortung nicht verpflichtet. Handelt es sich jedoch um eine Frage, deren Antwort für die Bieter und die Angebotskalkulation wesentlich ist, sollte der Auftraggeber die Frage auch nach Fristablauf beantworten; so kann er das Risiko nicht vergleichbarer Angebote oder auch eine sonst drohende Aufhebungsnotwendigkeit vermeiden. Die Angebotsfrist kann dann im Bedarfsfall verlängert werden.

Merke:

Auftraggeber sollten sich in den Vergabeunterlagen vorbehalten, Bieterfragen, die verspätet eingehen, zu beantworten, wenn diese für die Erstellung des Angebotes wesentlich sind.

2.6 Inhalt der Bieterfragen

Der Inhalt der Bieterfrage sollte sich auf eine zusätzliche sachdienliche Information beziehen. Eine Information ist sachdienlich, wenn sie sich objektiv auf die Sache bezieht und geeignet ist, Missverständnisse auszuräumen oder Verständnisfragen zu den Vergabeunterlagen zu beantworten (Müller-Wrede, 2017).

Die Bewertung, ob es sich um eine zusätzliche oder sachdienliche Auskunft handelt, bleibt im Sinne der Gleichbehandlung der Bieter und der Transparenz des Vergabeverfahrens dem Bieter vorbehalten (VK Südbayern, Z3-3-3194-1-12-04/18).

Fragen, die nicht sachdienlich sind, weil sie zum Beispiel erkennbar darauf abzielen, den Auftraggeber zu einer Verlängerung der Angebotsfrist zu veranlassen oder

III.

deren Antwort sich klar aus den Vergabeunterlagen ergibt, müssen nicht beantwortet werden; gleiches gilt für Rechtsfragen (VK Bund, 129/16).

2.7   Antworten zu Bieterfragen

Weder die VgV noch die UVgO enthält eine konkrete Regelung zu dem Umgang mit Bieterfragen und den Antworten. Es gelten daher die allgemeinen vergaberechtlichen Grundsätze der Gleichbehandlung, Transparenz sowie der Geheimhaltung.

Alle Bieter müssen informiert werden

Der Grundsatz der Gleichbehandlung erfordert, dass ein öffentlicher Auftraggeber grundsätzlich jede zusätzliche sachdienliche Auskunft, die er einem anfragenden Bieter gibt, auch allen anderen Bietern erteilt, mithin allseitig informiert und nicht nur individuell (VK München, Z3-3-3194-1-12-04/18). Ein Auftraggeber kann allenfalls im Einzelfall eine Bieterfrage individuell beantworten, wenn sie offensichtlich ein individuelles Missverständnis des Bieters betrifft und die allseitige Beantwortung der Frage Betriebs- oder Geschäftsgeheimnisse verletzen oder die Identität des Bieters preisgeben würde (VK Sachsen, 1 / SVK / 017 – 16).

Merke:

Die Vergabestelle hat zu gewährleisten, dass alle Bieter während der Angebotsphase die gleichen Informationen erhalten.

Wenn Bieterfragen auf einer- Vergabeplattform gestellt werden können, sollten sie auch auf dieser beantwortet werden:

Los 3 Beladung Position BSF.10 (ab Seite 23)

Sehr geehrte Damen und Herren,

im Rahmen der o. g. Ausschreibung wurden sinngemäß folgende Bieterfragen gestellt.
Zu Los 3 Beladung Position BSF.10 (ab Seite 23)

Frage 1:

Nach Rücksprache mit dem Hersteller ist bei dem Stromerzeuger ENDRESS die Einspeisesteckdose in schwarz nicht mehr zulässig. Laut Hersteller wird eine weiße Steckdose verwendet mit der Codierung 1h. Bitte teilen Sie uns mit ob der Stromerzeuger mit der weißen Steckdose angeboten werden kann?

Antwort 1:

Ja!

Bild 41:   *Bieterfrage und Antwort auf einer e-Vergabeplattform*

Werden die Bieterfragen per Mail gestellt und beantwortet, ist darauf zu achten, dass für den einzelnen Bieter die konkurrierenden Bieter nicht erkennbar sind. Dies kann entweder dadurch sichergestellt werden, dass jeder Bieter eine einzelne E-Mail erhält oder der Auftraggeber nutzt die »Bcc«-Funktion und setzt dort sämtliche E-Mail-Adressen der Bieter ein.

Merke:

Auftraggeber können für den Versand der Antworten per E-Mail die Blindcopy-Funktion (BCC) nutzen!

Beantwortung der Fragen durch Externe

Nicht selten kommt es insbesondere bei komplexen Beschaffungsgegenständen vor, dass Auftraggeber externe Dienstleister oder Berater mit der Begleitung des Vergabeverfahrens beauftragen.

Dabei ist zu beachten, dass die Vergabestelle des Auftraggebers als »Herrin des Vergabeverfahrens« die ausschließliche Verantwortung für eine ordnungsgemäße Durchführung trägt. Wird die Beantwortung von Bieterfragen einem externen Berater überlassen, kann der Auftraggeber nicht kontrollieren, wie die Fragen beantwortet werden und nicht sicherstellen, dass alle Bieter gleichbehandelt werden. Externe Berater sollten daher nicht damit beauftragt werden, Fragen der Bieter direkt zu beantworten. Zu vermeiden ist ebenfalls, dass sie als Ansprechpartner für Fragen und Auskünfte in den Vergabeunterlagen benannt werden.

Merke:

Mit der Begleitung des Vergabeverfahrens extern Beauftragte sollten nicht in unmittelbarem Austausch mit den Bietern stehen.

Holschuld oder Bringschuld?

Die Antworten auf Bieterfragen müssen allen Bietern gleichlautend mitgeteilt werden.

In diesem Zusammenhang stellt sich die Frage, inwieweit der Auftraggeber im Sinne einer Bringschuld dafür Sorge tragen muss, dass die Fragen und Antworten, die auch Änderungen der Vergabeunterlagen nach sich ziehen können, alle interessierten Unternehmen erreicht oder ob es im Sinne einer Holschuld Pflicht der interessierten Unternehmen ist, sich über Änderungen und Ergänzungen zu informieren.

Bei elektronischer Durchführung eines Vergabeverfahrens sind auf einer Vergabeplattform registrierte Bieter über Änderungen an den Vergabeunterlagen zumindest

III.

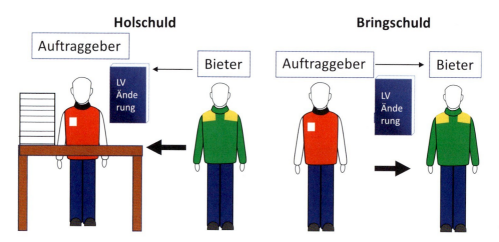

Bild 42:   *Holschuld oder Bringschuld?*

dann gesondert (aufgrund von § 9 Abs. 1 VgV regelmäßig per E-Mail) zu informieren, wenn die konkrete Gefahr besteht, dass sie Änderungen, die lediglich auf die Plattform eingestellt werden, nicht zur Kenntnis nehmen, weil sie beispielsweise bereits ihren Teilnahmeantrag oder ihr Angebot hochgeladen haben oder die Änderungsmitteilung irreführend war.

Die Begründung der Vergaberechtsmodernisierungsverordnung geht davon aus, dass eine freiwillige Registrierung den Unternehmen den Vorteil bietet, dass sie automatisch über Änderungen an den Vergabeunterlagen oder über Antworten auf Fragen zum Vergabeverfahren informiert werden. Unternehmen, die von der Möglichkeit der freiwilligen Registrierung keinen Gebrauch machen, müssen sich dagegen selbstständig informieren, ob Vergabeunterlagen zwischenzeitlich geändert wurden oder ob die öffentlichen Auftraggeber Fragen zum Vergabeverfahren beantwortet haben (Begründung der Vergaberechtsmodernisierungsverordnung BR-Drs 87/16 S. 164).[94]

---

94   Vergabekammer München, Beschluss v. 17.10.2016 – Z3-3/3194/1/36/09/16

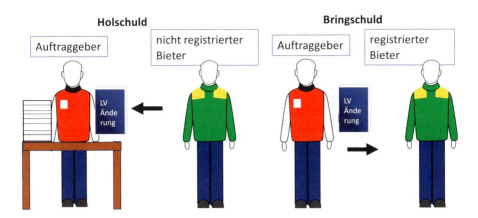

Bild 43: *Holschuld und Bringschuld registrierte und nicht registrierte Bieter*

Merke:

Bei registrierten Bietern besteht keine Holschuld durch die Bieter, sondern eine Bringschuld durch den Auftraggeber. Bei nicht registrierten Bietern besteht keine Bringschuld des Auftraggebers. Diese müssen von sich aus prüfen, ob Änderungen/Ergänzungen an den Vergabeunterlagen erfolgt sind.

2.8 Bestandteil der Vergabeunterlagen

Die Vergabeunterlagen bestehen aus allen Angaben, die erforderlich sind, um dem Bewerber oder Bieter eine Entscheidung zur Teilnahme am Vergabeverfahren zu ermöglichen. Hierunter fallen auch Antworten auf Bieteranfragen (VK Nordbayern, RMF-SG21-3194-2-15).

Merke:

Bieterfragen und Antworten sind Bestandteil der Vergabeunterlagen (VK Bund, VK 2 - 119/14).

2.9   Die Bieterrüge

In Abgrenzung zu einer Bieterfrage, die sich auf Unklarheiten und Verständnisfragen bezieht und deren Ziel eine sachdienliche Aufklärung des Auftraggebers ist, wird ein Bieter, der in dem Handeln des Auftraggebers oder in den Vergabeunterlagen eine Verstoß gegen vergaberechtliche Vorschriften sieht, eine Rüge erheben.

Regelungen zur Rüge enthält lediglich das GWB-Vergaberecht in § 160 Abs. 3 GWB. Die Unterschwellenvergabeordnung nennt den Begriff nicht.

Inhalt der Rüge

Eine Bieterfrage von einer Rüge zu unterscheiden, ist nicht immer einfach. So ist es nicht erforderlich, dass der rügende Bieter das Wort »Rüge« explizit verwendet (OLG Frankfurt, 11 Verg 15/06). Was die inhaltlichen Anforderungen an eine Rüge angeht, fordert § 160 Abs. 3 GWB auch lediglich die Angabe von Verstößen gegen Vergabevorschriften. Im Sinne der Gewährung effektiven Rechtsschutzes werden an die Rüge daher nur geringe Anforderungen gestellt (OLG Brandenburg, Verg W 13/12).

Die Rüge muss jedoch objektiv und vor allem auch gegenüber dem Auftraggeber (in der Rolle eines »verständigen Dritten«) deutlich sein und von diesem so verstanden werden, welcher Sachverhalt aus welchem Grund als Verstoß angesehen wird und dass es sich nicht nur um die Klärung etwaiger Fragen, um einen Hinweis, eine Bekundung des Unverständnisses oder der Kritik z. B. über den Inhalt der Ausschreibung oder Verfahrensabläufe und Entscheidungen o.ä. handelt, sondern dass der Bieter von der Vergabestelle erwartet und bei ihr erreichen will, dass der (vermeintliche) Verstoß behoben wird (VK Südbayern, Z3-3-3194-1-05-02/14). Der Bieter bzw. Bewerber muss den Vergabeverstoß und die Aufforderung an den öffentlichen Auftraggeber, den Verstoß abzuändern, konkret darlegen. Beide Tatsachenvorträge sind – auch bei wenig restriktiver Auslegung – unverzichtbare Bestandteile der Rüge (VK Thüringen, 250-4002-7955/2017-E-014-GTH).

Form der Rüge

Für die Form der Rüge gibt es keine Vorgaben. Sie kann deshalb schriftlich, per E-Mail, per Fax oder fernmündlich erklärt werden.

Fristen für Rügen

§ 160 Abs. 3 GWB gibt Höchstfristen vor, innerhalb derer die Rüge erfolgt sein muss.

Nach § 160 Abs. 3 Nr. 1 GWB gilt eine Höchstfrist von zehn Kalendertagen, wenn der Bieter den Verstoß gegen Vergabevorschriften erkannt hat. § 160 Abs. 3 Nr. 2 und 3 GWB bezieht sich auf Verstöße, die erkennbar sind, eine Kenntnis des Rügenden also nicht voraussetzen. In diesen Fällen sind Verstöße gegen Vergabevorschriften, die in der Bekanntmachung oder den Vergabeunterlagen erkennbar sind, bis zum Ablauf der Angebotsfrist zu rügen.

Folge der Rüge

Wesentlicher Zweck der Vorschrift des § 160 Abs. 3 GWB ist es, dass der Auftraggeber durch eine Rüge die Möglichkeit erhält, etwaige Vergaberechtsfehler zu korrigieren (VK Thüringen, 250-4002-7955/2017-E-014-GTH). Stellt der Auftraggeber fest, dass tatsächlich Verstöße gegen das Vergaberecht vorliegen, wird er der Rüge abhelfen und die Vergabeunterlagen abändern. Teilt der Auftraggeber die Auffassung des Bieters nicht, hilft er der Rüge nicht ab und teilt dies dem Bieter mit.

Nach der Mitteilung des Auftraggebers, der Rüge nicht abhelfen zu wollen, hat ein Bieter 15 Kalendertage (bzw. zehn Kalendertage nach Absendung der Information nach § 134 Abs. 2 GWB) Zeit, einen Antrag auf Einleitung eines Nachprüfungsverfahrens bei der zuständigen Vergabekammer zu stellen.

Tabelle 31: *Unterschied zwischen Rüge und Bieterfrage*

	Bieterfrage	Rüge
Norm	Nicht ausdrücklich geregelt	§ 160 Abs. 3 GWB
Zweck	Bestehende Unklarheiten sollen aufgeklärt werden	Verstöße gegen vergaberechtliche Vorschriften sollen korrigiert werden
Form	§ 7 UVGO und § 9 VgV: mündlich nicht zulässig	Keine Formvorschrift
Frist	Keine	zehn Tage ab Kenntnis; Ablauf der Angebotsfrist bei Erkennbarkeit
Inhalt	Anfrage zusätzlicher sachdienlicher Informationen	Verlangen, dass vergaberechtliche Verstöße behoben werden
Folge	Führt die Antwort auf die Bieterfrage zu einer Änderung der Vergabeunterlagen, sind alle Bieter zu informieren	Wird der Rüge abgeholfen und die Vergabeunterlagen geändert, sind alle Bieter zu informieren. Wird der Rüge nicht abgeholfen, kann der Bieter einen Antrag auf Einleitung des Nachprüfungsverfahrens stellen.

III.

2.10   Verlängerung der Angebotsfrist

Der Auftraggeber ist zu einer angemessenen Verlängerung der Angebotsfrist verpflichtet, wenn er zusätzliche wesentliche Informationen zur Verfügung stellt, § 13 Abs. 4 UVgO.

Bei EU-weiten Vergaben gilt, dass eine Pflicht zur Verlängerung der Angebotsfrist besteht, wenn zusätzliche Informationen nicht spätestens sechs Tage vor Ablauf der Angebotsfrist zur Verfügung gestellt werden; in Fällen besondere Dringlichkeit sind die Informationen vier Tage vor Fristablauf zur Verfügung zu stellen, § 20 Abs. 3 VgV.

Merke:

Es besteht eine Pflicht des Auftraggebers zur Verlängerung der Angebotsfrist, wenn den Bietern zusätzliche Informationen zur Verfügung gestellt werden.

Sind die zusätzlichen Informationen für die Erstellung des Angebotes unerheblich, braucht die Frist allerdings nicht verlängert zu werden. Das Gleiche gilt, wenn die Informationen nicht rechtzeitig angefordert wurden, vgl. § 20 Abs. 3 Nr. 1 VgV.

2.11   Übermittlung der Angebote

Die Übermittlung der Angebote erfolgt im Geltungsbereich der UVgO ab dem 1. Januar 2020 in Textform mithilfe elektronischer Mittel. Im Bereich der EU-weiten Vergabe besteht die Verpflichtung zur elektronischen Übermittlung bereits seit dem 18. Oktober 2018.

Eine elektronische Übermittlung liegt nach § 7 Abs. 1 UVgO und § 9 Abs.1 VgV vor, wenn für das Senden Geräte und Programme für die elektronische Datenübermittlung verwendet werden. Mögliche Mittel sind insbesondere webbasierte, also über einen Internetbrowser bedienbare, e-Vergabeplattformen. Eine E-Mail genügt den Anforderungen an die elektronische Übermittlung nicht.

In Ausnahmefällen kann der Auftraggeber eine andere Übermittlung zulassen; dies insbesondere, wenn physische Modelle einzureichen sind, § 38 Abs. 5 UVgO und § 53 Abs. 2 VgV, oder erhöhte Anforderungen an die Sicherheit bestehen, § 38 Abs. 7 UVgO und § 53 Abs. 4 VgV. In diesen Fällen kommt eine Übermittlung der Angebote auf dem Postweg oder direkt in Betracht. Die Angebote sind dann in Schriftform abzugeben, § 38 Abs. 9 UVgO und § 53 Abs. 6 VgV.

Exkurs: Unterschiede zwischen Schriftform und Textform

Tabelle 32:

Schriftform	Textform
§ 126 BGB	**§ 126b BGB**
Schriftliche Urkunde.	Lesbare Erklärung,
Die Urkunde muss vom Aussteller eigenhändig unterschrieben sein.	in der die Person des Erklärenden genannt ist. Entweder durch die Angabe im Kopfbogen oder im Text oder durch Unterschriftenstempel.
Die Person des Ausstellers muss erkennbar sein.	Die Erklärung ist ohne Unterschrift.
Kann durch elektronische Form (§ 126a BGB) ersetzt werden, d. h. durch qualifizierte elektronische Signatur.	Erklärung befindet sich auf einem dauerhaften Datenträger. Dauerhafte Datenträger sind: Papier, USB-Stick, Speicherkarten, Festplatten, E-Mails und Computerfax.[95]

2.12   Anwendung auf den Teilnahmewettbewerb

Für die Phase des Teilnahmewettbewerbs gelten die gleichen Grundsätze wie für die Angebotsphase. Auch während des Teilnahmewettbewerbs können Bewerber Fragen stellen, um Unklarheiten in den Teilnahmeunterlagen aufzuklären. Antworten und Hinweise sind ebenfalls allen Bewerbern gleichlautend zur Verfügung zu stellen.

---

95 Palandt/Ellenberger, § 126b Rdnr. 3

2.13   Schnellcheck

Zusammenfassung – Schnellcheck Angebotsphase:

- Unklarheiten und Widersprüche in den Vergabeunterlagen gehen zu Lasten des öffentlichen Auftraggebers.
- Es besteht keine allgemeine Hinweispflicht des Bieters auf Mängel in den Vergabeunterlagen.
- Auftraggeber sollten für das Stellen von Bieterfragen eine Frist setzen.
- Über die Antworten auf Bieterfragen sind alle Bieter zu informieren.
- Für nicht registrierte Bieter gilt eine Holschuld; sie müssen sich selbst über zusätzliche Informationen informieren.
- Bieterfragen und Antworten sind Bestandteil der Vergabeunterlagen.
- In Abgrenzung zu einer Bieterfrage erfolgt eine Rüge, wenn Verstöße gegen das Vergaberecht vermutet werden.
- Liefert der Auftraggeber zusätzliche wesentliche Informationen, ist er zur Verlängerung der Angebotsfrist verpflichtet.

3   Aufbewahrung der Angebote und Teilnahmeanträge, § 39 UVgO und § 54 VgV

Nach Fertigstellung der Angebote oder Teilnahmeanträge übermitteln die Bieter oder Bewerber ihr Angebot oder ihren Teilnahmeantrag an den Auftraggeber. Die Übermittlung der Angebote kann auf verschiedenen Wegen erfolgen, nämlich elektronisch, auf dem Postweg, direkt oder mittels Telefax, vgl. § 38 UVgO und § 53 VgV. Je nach Übermittlungsweg gibt es unterschiedliche Anforderungen an die notwendige Aufbewahrung der Angebote bis zu deren Öffnung. Geregelt sind diese in § 39 UVgO und § 54 VgV. Beide Vorschriften sind nahezu identisch. Während § 54 VgV auch Interessensbekundungen und Interessensbestätigungen[96] umfasst, gilt § 39 UVgO nur für Angebote und Teilnahmeanträge.[97]

---

96 Interessensbestätigungen fordert der Auftraggeber bei EU-weiten Vergaben mit Teilnahmewettbewerb von Unternehmen, die auf eine Vorinformation hin ihr Interesse bekundet habe. Die Interessensbestätigung ersetzt den Teilnahmeantrag, § 38 VgV. Wegen der erkennbar geringen praktischen Relevanz der Vorinformation werden im Text nur Angebote und Teilnahmeanträge erwähnt. Die Ausführungen gelten aber auch für Interessensbestätigungen.

97 Die UVgO kennt die Instrumente der *Interessensbekundungen und Interessensbestätigungen nicht*.

3.1   Zweck der Vorschriften zur Aufbewahrung

Die Vorschriften, die den öffentlichen Auftraggeber verpflichten, sollen sicherstellen, dass die Integrität der Daten und die Vertraulichkeit der ungeöffneten Angebote und der Teilnahmeanträge bis zu deren Öffnung gewährleistet ist (Art. 22 Abs. 3 EU-Richtlinie 2014/24/EU). Es soll so ausgeschlossen werden, dass Bieter Kenntnis über den Inhalt von Konkurrenzangeboten erlangen und nachträglich ihre Angebote verändern.

Die Vorgaben für die Aufbewahrung der Angebote gelten für alle Verfahrensarten und damit auch für die Verfahren, bei denen über die eingegangenen Angebote noch verhandelt wird; mithin das Verhandlungsverfahren im Anwendungsbereich der VgV und die Verhandlungsvergabe bei Ausschreibungen nach der UVgO (Müller-Wrede, 2017).

3.1.1   Aufbewahrung bei elektronischer Übermittlung

Die Übermittlung von Teilnahmeanträgen und Angeboten im Anwendungsbereich der UVgO ist seit dem 1. Januar 2020 die Regel; ab diesem Tag dürfen Angebote und Teilnahmeanträge ausschließlich elektronisch übermittelt werden, wenn kein Ausnahmefall im Sinne des § 38 Abs. 4, 5 oder 7 UVgO vorliegt. Im Bereich der Oberschwellenvergaben besteht das Erfordernis elektronischer Übermittlung bereits seit dem 18. Oktober 2018 (§ 81 VgV).

Elektronisch übermittelte Teilnahmeanträge und Angebote sind auf geeignete Weise zu kennzeichnen und verschlüsselt zu speichern, § 39 Satz 12 UVgO und § 54 Satz 1 VgV.

Elektronische Übermittlung
Eine elektronische Übermittlung liegt nach § 7 Abs. 1 UVgO und § 9 Abs.1 VgV vor, wenn für das Senden Geräte und Programme für die elektronische Datenübermittlung verwendet werden. Mögliche Mittel sind insbesondere webbasierte, also über einen Internetbrowser bedienbare, e-Vergabeplattformen. Eine E-Mail genügt den Anforderungen an die elektronische Übermittlung nicht.

Kennzeichnen und Verschlüsseln
Eine Kennzeichnung der elektronisch übermittelten Teilnahmeanträge und Angebote erfolgt über die verwendeten elektronischen Mittel, die gewährleisten müssen, dass die Uhrzeit und der Tag des Empfangs als Inhalt der Kennzeichnung genau zu bestimmen ist, § § 7 Ab. 4 UVgO in Verbindung mit § § 10-12 VgV, dort § 10 Abs. 1 Nr. 1 VgV.

Bei elektronisch einzureichenden Angeboten muss zudem durch technische Lösungen nach den Anforderungen des Auftraggebers und durch Verschlüsselung sichergestellt sein, dass die Angebote bis zur Öffnung unter Verschluss gehalten werden (OLG Karlsruhe, 15 Verg 2/17).

> **Beispiel:**
> Im Rahmen eines offenen Verfahrens fordert der Auftraggeber die Übermittlung der Angebote über seine e-Vergabeplattform. Das Unternehmen U will ein Angebot auf die Plattform übertragen, scheitert aber an eigenen technischen Problemen. Kurz bevor die Angebotsfrist abläuft, übersendet er sein Angebot per E-Mail an den Auftraggeber. Als U nach Ablauf Angebotsfrist die technischen Schwierigkeiten beseitigt hat, lädt das Unternehmen U sein Angebot zusätzlich über die Vergabeplattform hoch. Weil U das wirtschaftlichste Angebot abgegeben hat, will der Auftraggeber ihm den Zuschlag erteilen. Zu Recht?

In der Übermittlung eines Angebotes per unverschlüsselter E-Mail liegt ein Verstoß gegen die nach den §§ 39 UVgO und 54 VgV geforderte Datensicherheit. Ein unverschlüsselt eingereichtes Angebot kann daher nicht gewertet werden und ist zwingend auszuschließen (OLG Karlsruhe, 15 Verg 2/17). Auch das nach Ablauf der Angebotsfrist formgerecht abgegebene Angebot ist auszuschließen.

3.1.2   Aufbewahrung bei Übermittlung per Post oder direkt

Auf dem Postweg und direkt übermittelte Teilnahmeanträge und Angebote sind ungeöffnet zu lassen, mit Eingangsvermerk zu versehen und bis zum Zeitpunkt der Öffnung unter Verschluss zu halten, § 39 Satz 2 UVgO, § 54 Satz 2 VgV.

Ungeöffnet

Nach § 38 Abs. 8 UVgO und § 53 Abs. 5 VgV müssen auf dem Postweg oder direkt übermittelte Teilnahmeanträge und Angebote in einem verschlossenen Umschlag übermittelt werden; der Umschlag ist zu kennzeichnen. Aus der Kennzeichnung soll sich ergeben, dass es sich um einen Teilnahmeantrag oder Angebot im Rahmen eines Vergabeverfahrens handelt und der Umschlag nicht vor Ablauf der Teilnahme- oder Angebotsfrist geöffnet werden darf. Bis zur Öffnung der Angebote nach Ablauf der Angebotsfrist sind die Teilnahmeanträge und Angebote ungeöffnet zu verwahren.

> **Beispiel:**
> Die Poststelle des öffentlichen Auftraggebers öffnet am 10.09. versehentlich einen Umschlag, in dem sich ein Angebot befindet, das im Rahmen einer öffentlichen Ausschreibung abgegeben wurde. Der Umschlag trug keinen Hinweis auf das Ausschreibungsverfahren und die Angebotsfrist. Die Angebotsfrist läuft am 13.9. ab.
> Muss das Angebot bei der Angebotswertung ausgeschlossen werden?

Ein Angebot, das nicht verschlossen ist, ist auszuschließen, weil es nicht formgerecht eingegangen ist. Eine Ausnahme besteht nur dann, wenn der Bieter den nicht formgerechten Eingang nicht zu vertreten hat, s. § 42 Abs. 1 Nr. 1 UVgO und § 57 Abs. 1 Nr. 1 VgV.

Unterlässt ein Bieter die vorgeschriebene Kennzeichnung seines Angebotes und wird es deshalb vom Auftraggeber vor Ablauf der Angebotsfrist geöffnet, fällt dies in den Verantwortungsbereich des Bieters. Das Angebot ist auszuschließen. Gleiches gilt, wenn das Angebot beim Transport durch Verschulden des Postdienstleisters so beschädigt wurde, dass es als offen zu betrachten ist. Der Bieter trägt das Versendungsrisiko, so dass auch dieses Angebot auszuschließen ist (VK Baden-Württemberg, 1 VK 40/14).

Wird aber ein verschlossen eingereichtes Angebot versehentlich vom Auftraggeber geöffnet führt dies anders als beim nicht verschlossen eingereichten Angebot, nicht zwingend zum Angebotsausschluss. Wenn der öffentliche Auftraggeber seine eigene Verpflichtung die Datenintegrität zu wahren verletzt, kann dieses Fehlverhalten nicht zu Lasten des betreffenden Bieters gehen. Wird ein Angebot versehentlich geöffnet, ist dies in der Niederschrift über den Eröffnungstermin mit Zeitpunkt der Öffnung und des Wiederverschließens einschließlich der Namen der Personen, die vom Angebot Kenntnis erlangt haben, zu vermerken (VK Baden-Württemberg, 1 VK 40/14).

In diesen Fällen sei dann davon auszugehen, dass ein so geöffnetes Angebot in der Wertung verbleiben könne, wenn es sofort wieder verschlossen und die Einzelheiten hierzu dokumentiert wurden; dann sind die Datenintegrität gewahrt und Manipulationsmöglichkeiten ausgeschlossen.

> **Merke:**
> Wird ein Umschlag, der entsprechend §§ 38 Abs. 8 UVgO, 53 Abs. 5 VgV gekennzeichnet ist, versehentlich durch den Auftraggeber geöffnet, ist er umgehend wieder zu verschließen und der Vorfall zu dokumentieren; ein Angebotsausschluss erfolgt nicht, weil das Öffnen nicht vom Bieter zu vertreten ist.

Eingangsvermerk

Die auf dem Postweg oder direkt übermittelten Teilnahmeanträge und Angebote sind mit einem Eingangsvermerk zu versehen. Aus diesem sollte sich Datum und Uhrzeit ergeben; letzteres insbesondere dann, wenn für den Eingang eine Uhrzeit angegeben wurde und das Angebot oder der Teilnahmeantrag am Tag des Fristablaufs eingeht.

Verschluss

Die Teilnahmeanträge und Angebote sind unter Verschluss zu halten. Dem ist nicht Genüge getan, wenn sie in einem lediglich geschlossenen Schrank verwahrt werden. Der Schrank muss verschlossen sein (VK Baden-Württemberg, 1 VK 40/14).

3.1.3   Aufbewahrung bei Übermittlung mittels Telefax

Werden Teilnahmeanträge und Angebote mittels Telefax übermittelt, sind auch diese zu kennzeichnen und unter Verschluss zu halten. Allerdings ist es bei einer Übermittlung per Telefax kaum möglich, den Grundsatz der Vertraulichkeit zu wahren (siehe Müller-Wrede, 2017). Kennzeichnung und Verschluss erfolgen bei Übermittlung per Telefax wie bei Übermittlung auf dem Postweg oder direkt.

3.1.4   Folgen fehlerhafter Aufbewahrung

Verletzt ein Auftraggeber seine Pflicht zur ordnungsgemäßen Aufbewahrung und kommt dadurch zum Beispiel ein Angebot oder Teile davon abhanden, weil es nicht unter Verschluss gehalten wurde, kann er sich dem betroffenen Bieter gegenüber schadensersatzpflichtig machen (Müller-Wrede, 2017). Die Beweislast, dass das Angebot dem Auftraggeber zugegangen ist oder dass es vollständig war, liegt allerdings beim Bieter. Der Nachweis der Vollständigkeit wird in der Regel schwer zu führen sein (VK Bund, VK 2 – 54/03). Mit Einführung der elektronischen Vergabe dürften sich aber Fehler bei der Aufbewahrung kaum noch ergeben.

3.2   Schnellcheck

> **Zusammenfassung: Aufbewahrung der Angebote:**
> - Angebote und Teilnahmeanträge sind bei Eingang zu kennzeichnen.
> - Angebote und Teilnahmeanträge sind unter Verschluss zu halten.
> - Angebote, die auf dem Postweg oder direkt übermittelt werden, müssen ungeöffnet sein.
> - Das Risiko der Übermittlung und für den Transportweg trägt der Bieter.
> - Die Beweislast für den Zugang und die Vollständigkeit des Angebotes trägt der Bieter.

4   Öffnung der Teilnahmeanträge und Angebote

Nachdem der Auftraggeber unter Beachtung der § 39 UVgO bzw. § 54 VgV Angebote und Teilnahmeanträge bis zum Zeitpunkt der Öffnung aufbewahrt hat, findet nach Ablauf der jeweiligen Fristen die Angebotsöffnung oder Submission statt. Die Bedingungen für die Öffnung von Teilnahmeanträgen, Angeboten und Interessensbestätigungen[98] (im Anwendungsbereich der VgV) sind in den § 40 UVgO und § 55 VgV geregelt. Die genannten Vorschriften sind nahezu deckungsgleich:

Der öffentliche Auftraggeber darf Angebote und Teilnahmeanträge sowie Interessensbestätigungen erst zur Kenntnis nehmen, wenn die entsprechen Fristen, Angebotsfrist und Teilnahmefrist, abgelaufen sind. Grund für die Regelung ist die Notwendigkeit, die Integrität der Daten und die Vertraulichkeit der Angebote sowie der Teilnahmeanträge zu gewährleisten (Artikel 22 Abs. 3 Satz 2 der Richtlinie 2014/24/EU).

Wurde in Anwendung des § 12 Ab. 3 UVgO in Verbindung mit § 8 Abs. 4 Nr. 9 bis 15 nur ein Unternehmen zur Abgabe eines Angebotes aufgefordert, kann dieses Angebot mangels Wettbewerbssituation sofort nach Eingang geöffnet werden; der Ablauf der Angebotsfrist muss nicht abgewertet werden, § 40 Abs. 1 Satz 2 UVgO.

---

98 Interessensbestätigungen fordert der Auftraggeber bei EU-weiten Vergaben mit Teilnahmewettbewerb von Unternehmen, die auf eine Vorinformation hin ihr Interesse bekundet habe. Die Interessensbestätigung ersetzt den Teilnahmeantrag, § 38 VgV. Wegen der erkennbar geringen praktischen Relevanz der Vorinformation werden im Text nur Angebote und Teilnahmeanträge erwähnt. Die Ausführungen gelten aber auch für Interessensbestätigungen.

Merke:

Hat der Auftraggeber zulässigerweise nur ein Unternehmen zur Angebotsabgabe aufgefordert, kann das Angebot sofort geöffnet werden; der Ablauf der Angebotsfrist muss nicht abgewartet werden.

Die Öffnung der Angebote muss von mindestens zwei Vertretern des Auftraggebers gemeinsam an einem Termin und unverzüglich nach Ablauf der Angebotsfrist durchgeführt werden. Bieter sind bei der Angebotsöffnung nicht zugelassen, § 40 Abs. 2 UVgO, § 55 Abs. 2 VgV. Für die Öffnung von Teilnahmeanträgen gilt diese Bestimmung nicht. Daraus folgt, dass das Vier-Augen-Prinzip hier nicht zu beachten ist.

4.1   Vier-Augen-Prinzip

Die Angebotsöffnung muss von mindestens zwei Vertretern im Vier-Augen-Prinzip durchgeführt werden. Das Vier-Augen-Prinzip dient der Sicherung eines fairen und transparenten Vergabeverfahrens. Nach dem Wortlaut ist es zulässig, dass gegebenenfalls mehrere Vertreter teilnehmen. Dabei muss der Grundsatz der Vertraulichkeit aber stets gewahrt bleiben (Verordnungsbegründung zu § 55 VgV). Es ist zu beachten, dass eine Vertraulichkeit dann nicht mehr hinreichend gewährleistet werden kann, wenn eine Vielzahl von Vertretern des Auftraggebers an der Angebotsöffnung teilnehmen. Insofern sollte das Vier-Augen-Prinzip die Regel sein.

Beispiel:

Die Stadt Thalburg an der Ohm hat ein externes Büro mit der Beschaffung einer Leitstellentechnik beauftragt. Das Büro soll das Vergabeverfahren vorbereiten sowie die eingehenden Angebote öffnen und werten. Ein Mitarbeiter der Stadt nimmt an der Angebotsöffnung nicht teil. Ist das zulässig?

Die Frage, ob »Vertreter des Auftraggebers« nur ein Mitarbeiter desselben sein kann, wird in der Rechtsprechung uneinheitlich beurteilt: Die VK Südbayern vertritt die Ansicht, dass angesichts des Zwecks des § 55 Abs. 2 VgV – durch ein formalisiertes Verfahren mit Vier-Augen-Prinzip – Manipulationen bei der Angebotsöffnung erschwert werden müssen. Die Öffnung sowohl der Teilnahmeanträge als auch der Angebote dürfen daher nicht vollständig an ein externes Büro übertragen werden, sondern sind vom Auftraggeber selbst durchzuführen. An Büros übertragen werden dürfen grundsätzlich nur solche Tätigkeiten im Vergabeverfahren, bei denen der Auftraggeber das Handeln des beauftragten Büros im Nachhinein nachvollziehen und nutzbar machen kann. Das ist aber bei der Öffnung von Angeboten durch ein externes Büro nicht möglich, wenn nicht zumindest ein eigener Mitarbeiter des Auftraggebers bei der Angebotsöffnung anwesend war (VK Südbayern, Z3-3-3194-1-47-08/17).

Anders als die Vergabekammer Südbayern geht die Vergabekammer Lüneburg im Falle einer Angebotsöffnung durch externe Vertreter nur dann von einer Verletzung des § 55 Abs. 2 VgV aus, wenn zumindest die konkrete Möglichkeit besteht, dass einer der bei der Submission anwesenden Vertreter mit einem der Anbieter zusammengearbeitet haben könnte (VK Lüneburg, VgK-10/2018).

Das Oberlandesgericht Düsseldorf hatte hingegen keine Bedenken gegen eine Angebotsöffnung durch externe Vertreter: Vertreter des Auftraggebers im Sinne des § 55 Abs. 2 Satz 1 VgV könne jede von ihm hierzu ermächtigte Person sein, etwa ein Mitarbeiter oder externer Berater ebenso ein Rechtsanwalt (OLG Düsseldorf, Verg 31/18 m.w.N.).

Merke:

Aufgrund der unklaren Rechtslage sollte ein Auftraggeber die Angebotsöffnung durch eigene Mitarbeiter durchführen lassen oder eine Angebotsöffnung durch Externe durch eigene Mitarbeiter begleiten lassen.

4.2 Unverzügliche Öffnung und Kennzeichnung der Angebote

Die Öffnung der Angebote hat unverzüglich zu erfolgen. Unverzüglich wird im Bürgerlichen Gesetzbuch als »ohne schuldhaftes Zögern« definiert. Eine Angebotsöffnung, die am Tag nach dem Ablauf der Angebotsfrist erfolgt, ist jedenfalls unverzüglich (Müller-Wrede, 2017).

Die frühere Vergabeordnung für Lieferungen und Leistungen (VOL) enthielt in § 22 die Verpflichtung des Verhandlungsleiters, die Angebote nach Öffnung in allen wesentlichen Teilen einschließlich der Anlagen zu kennzeichnen. Mit der Kennzeichnung sollte verhindert werden, dass die Angebote nachträglich verändert oder ergänzt wurden (VK Arnsberg, VK 5/08). Eine entsprechende Verpflichtung findet sich in der UVgO und in der VgV nicht. Begründet ist dies vermutlich dadurch, dass bei einer elektronischen Übermittlung von Angeboten ein Austausch einzelner Seiten oder Anlagen technisch nicht möglich ist (siehe Müller-Wrede, 2017).

Gehen jedoch im Einzelfall[99] Angebote in Papierform beim Auftraggeber ein, sollten diese aus vorgenannten Gründen unmittelbar nach Öffnung gekennzeichnet werden, indem die Angebote mitsamt Unterlagen entweder gelocht oder sonst – etwa mit Handzeichen – gekennzeichnet werden.

Merke:

Angebote, die in Papierform beim Auftraggeber eingehen, sollten gekennzeichnet werden, um mögliche nachträgliche Manipulationen zu verhindern.

Eine unterlassene Kennzeichnung kann einen gravierenden Vergaberechtsverstoß darstellen, der objektiv selbst durch eine Rückversetzung des Vergabeverfahrens auf den Zeitpunkt der Angebotsöffnung ein rechtmäßiges Vergabeverfahren nicht mehr erwarten lässt, weil damit die erforderlichen Feststellungen durch den Auftraggeber nicht mehr zweifelsfrei getroffen werden können (VK Sachsen, 1/SVK/029-07).[100] Die fehlende Kennzeichnung der Angebote fällt in die Risikosphäre der Vergabestelle und kann nicht im Wege einer Beweisaufnahme nachträglich geheilt werden (VK Münster, VK 29/07).

4.3   Dokumentation

Die Öffnung der Angebote ist vom Auftraggeber zu dokumentieren.
Aus der Dokumentation sollte sich folgender Inhalt ergeben:

- die anwesenden Vertreter des Auftraggebers,
- die Anzahl der Angebote,
- die Feststellung, ob und dass die Angebote verschlossen bzw. ordnungsgemäß verschlüsselt waren,
- ggf. Name und Anschrift der Bieter (Müller-Wrede, 2017),
- die Angebotspreise,
- etwaige Preisnachlässe
- und die Anzahl etwaig eingegangener Nebenangebote.

Ein Muster zur Niederschrift über die Öffnung der Angebote kann beispielhaft wie folgt aussehen:

---

99 Zum Beispiel in den Fällen des § 38 Abs. 4 und Abs. 5 UVgO.
100 VK Sachsen, 24.05.2007, 1/SVK/029-07.

Niederschrift über die Öffnung von Angeboten gem. UVgO

I. Beschränkte Ausschreibung über

Von den zur Abgabe eines Angebotes aufgeforderte _____ Firmen haben _____ Firmen ein Angebot eingereicht. Davon sind _____ Angebote bis zu dem in der Ausschreibung festgesetzten Termin bei der Stadtverwaltung Thalburg an der Ohm eingetroffen. _____ Firma / Firmen* hat / haben* auf die Abgabe eines Angebotes mit / ohne* Angabe von Gründen verzichtet.

II. Verhandlungsvergabe ohne Teilnahmewettbewerb oder öffentliche Ausschreibung über das Fahrgestell eines Kleineinsatzfahrzeuges Logistik (KEF LOG)
An der Ausschreibung hatten sich **4** Bieter beteiligt. Davon sind **4** Angebote bis zu dem in der Ausschreibung festgesetzten Termin bei der Stadtverwaltung Thalburg an der Ohm eingetroffen.

_____

1 Angebote sind verspätet eingegangen. Bei _____ Angeboten ist die Verspätung nachweislich durch Umstände verursacht worden, die außer aller Schuld der Bewerber liegen. Diese Angebote wurden daher zugelassen (Begründung: Siehe Vorgang!). Die übrigen verspätet eingegangenen **1** Angebote konnten nicht berücksichtigt werden (Eingang bei der Stadtverwaltung am 18.02.2019. **1** Angebote konnten nicht zugelassen werden, da sie nicht ordnungsgemäß verschlossen waren / nicht unter Verwendung des den Angebotsunterlagen beigefügten Umschlages eingereicht worden sind.
* Von den nicht ordnungsgemäß oder verspätet eingegangenen Angeboten sind die Umschläge und andere Beweismittel vorhanden.

Die danach verbleibenden **2** Angebote wurden zugelassen.

Es wurde festgestellt, dass
    a) sie ordnungsgemäß verschlossen und äußerlich gekennzeichnet waren und
    b) bis zum Ablauf der Angebotsfrist bei der für den Eingang als zuständig bezeichneten Stelle eingegangen sind.

Die zugelassenen Angebote wurden geöffnet und in allen wesentlichen Teilen (einschl. der Anlagen) gekennzeichnet.

Die Ausschreibung hatte, unbeschadet der noch ausstehenden Prüfung und Auswahl der Angebote, das auf einer besonderen Anlage niedergelegte * Ergebnis:

Sonstige Angaben (ggf. in einer besonderen Anlage aufführen):

Siehe gesonderten Vergabevermerk!

_____   _____
(Unterschrift des Verhandlungsleiters)   (Mitzeichnung)
* Nichtzutreffendes streichen!

III.

Alternativ beinhaltet das Vergabehandbuch des Bundes in Formular 313 ein Muster zur Niederschrift der Angebots(er)öffnung dazu und kann als Anhaltspunkt dienen. Das Vergabehandbuch ist online zugänglich unter: https://www.absthessen.de/pdf/Lesefassung_VHB2017.pdf (Stand 27.11.2019).

4.4 Aufbewahrung der Angebote

Nach § 6 Abs. 2 UVgO sind sämtliche Teilnahmeanträge und Angebote sowie ihre Anlagen, die bei der Durchführung nationaler Vergabeverfahren eingereicht wurden, mindestens für drei Jahre ab dem Tag der Zuschlagserteilung aufzubewahren.

Die Vorschriften der Vergabeverordnung, dort § 8 Abs. 4, gehen für EU-weite Vergabeverfahren in ihrem Regelungsgehalt etwas weiter: Danach sind Angebote und Teilnahmeanträge mitsamt Anlagen bis zum Ende der Laufzeit des Vertrags oder der Rahmenvereinbarung aufzubewahren, mindestens jedoch für drei Jahre ab dem Tag der Zuschlagserteilung. Ebenfalls aufzubewahren sind Kopien aller abgeschlossenen Verträge, die bei Liefer- und Dienstleistungsaufträgen einen Auftragswert von mindestens eine Million Euro haben. Diese Regelung soll die Rückverfolgbarkeit und Transparenz von Entscheidungen in Vergabeverfahren ermöglichen, um solide Verfahren, einschließlich einer effizienten Bekämpfung von Korruption und Betrug, zu gewährleisten. Kopien von geschlossenen Verträgen mit hohem Auftragswert sollen aufbewahrt werden, um interessierten Parteien den Zugang zu diesen Dokumenten im Einklang mit den geltenden Bestimmungen über den Zugang zu Dokumenten gewähren zu können (Erwägungsgrund 126 der EU-Richtlinie 2014/24/EU).

Merke:

Angebote und Teilnahmeanträge sind mindestens drei Jahre ab Zuschlagserteilung aufzubewahren. Bei EU-weiten Vergabeverfahren endet die Aufbewahrungsfrist mit Ablauf der Verträge bzw. Rahmenvereinbarungen

4.5 Besondere Regelung für Sektorenauftraggeber

Die Sektorenverordnung enthält keine den § 40 UVgO und § 55 VgV entsprechende Norm. Es ist weder eine Öffnung im Vier-Augen-Prinzip noch eine unverzügliche Öffnung der Angebote ausdrücklich normiert. Eine gewisse Dokumentationspflicht ergibt sich aber aus § 8 SektVO, so dass ein Sektorenauftraggeber auch die Öffnung der Angebote zumindest kurz dokumentieren sollte.

Eine Pflicht zur Aufbewahrung der Angebote sieht § 8 Abs. 2 und 3 SektVO insoweit vor, als die sachdienlichen Unterlagen zu jedem Auftrag aufzubewahren sind. Gleiches gilt für Kopien aller abgeschlossenen Verträge, die im Falle von Liefer- oder Dienstleistungen mindestens einen Auftragswert von einer Million Euro haben.

4.6   Schnellcheck

Zusammenfassung: Öffnung der Teilnahmeanträge und Angebote:

- Angebote und Teilnahmeanträge dürfen erst nach Ablauf der Angebots- oder Teilnahmefrist geöffnet werden.
- Bei der Öffnung der Angebote gilt das Vier-Augen-Prinzip.
- Die Angebotsöffnung muss unverzüglich nach Ablauf der Angebotsfrist erfolgen.
- Die Öffnung der Angebote ist zu dokumentieren.
- Angebote und Teilnahmeanträge sind mindestens drei Jahre ab Zuschlagserteilung aufzubewahren.
- Bei EU-weiten Vergabeverfahren endet die Aufbewahrungsfrist mit Ablauf der Verträge bzw. Rahmenvereinbarungen.
- Die Angebotsöffnung im Sektorenbereich ist nicht formalisiert.

5   Prüfung und Wertung von Angeboten und Teilnahmeanträgen

Nachdem die Teilnahmeanträge oder Angebote geöffnet werden, beginnt der öffentliche Auftraggeber mit der Prüfung und Wertung der Anträge und Angebote. Wie die Prüfung und Wertung durchzuführen ist, ergibt sich aus den § § 41 ff. UVgO und den § § 56 ff. VgV.

Prüfung und Wertung der Angebote

Die Prüfung und Wertung der Angebote erfolgt traditionell in vier Stufen:

- **1. Stufe: Formale Prüfung**
  Prüfung auf Vollständigkeit, fachliche Richtigkeit und rechnerische Richtigkeit
- **2. Stufe: Eignungsprüfung**
  Prüfung auf Fachkunde und Leistungsfähigkeit der Bieter und das Nicht-vorliegen von Ausschlussgründen
- **3. Stufe: Prüfung der Angemessenheit der Preise**[101]
  Prüfung des Angebotspreises auf Auskömmlichkeit
- **4. Stufe: Ermittlung des wirtschaftlichsten Angebotes**
  Wertung auf bestes Preis-Leistungs-Verhältnis

1. Stufe:
Formale Prüfung

2. Stufe:
Eignungprüfung

3. Stufe:
Angemessenheit der Preise

4. Stufe:
Wirtschaftlichkeits-bewertung

Bild 44: *Die 4 Wertungsstufen bei der Angebotsprüfung*

Nur ein Angebot, dass die Prüfung auf allen vier Stufen besteht, kann den Zuschlag erhalten.

---

101 Nach dem Wortlaut der UVgO erfolgt die Ermittlung des wirtschaftlichsten Angebotes vor der Prüfung der Angemessenheit der Preise, s. § 44 Abs. 1 UVgO, der sich auf den Preis des Angebotes bezieht, auf das der Zuschlag erteilt werden soll. Daraus folgt, dass die Ermittlung des wirtschaft-lichsten Angebotes bereits erfolgt ist. Da der Wortlaut des § 60 Abs. 1 VgV die Einschränkung nicht enthält, wird hier die Prüfung der Angemessenheit der Preise auf der 3. Stufe dargestellt.

Merke:

Besteht ein Angebot die Prüfung auf nur einer Stufe nicht, erfolgt ein sofortiger Ausschluss dieses Angebotes!

Die dargestellte und grundsätzlich geltende Prüfungsreihenfolge »Eignungsprüfung vor Angebotsprüfung« (vgl. Erläuterung zu § 42 Abs. 3 VgV)[102] kann nach § 31 Abs. 4 UVgO und § 42 Abs. 3 VgV ausnahmsweise umgekehrt werden, indem bei einer öffentlichen Ausschreibung oder einem offenen Verfahren nach Entscheidung des Auftraggebers die Angebotsprüfung vor der Eignungsprüfung durchgeführt wird.

Merke:

Bei der öffentlichen Ausschreibung und dem offenen Verfahren kann die Angebotsprüfung vor der Eignungsprüfung durchgeführt werden.

Die Prüfung des Angebotes vor Prüfung der Eignung bietet sich insbesondere an, wenn eine Eignungsprüfung sehr umfangreich ist, auf den ersten Blick aber zu erkennen ist, dass zum Beispiel der Angebotspreis einiger Angebote viel zu hoch ist. In diesem Fall können diese Angebote, sofern der Preis das alleinige Zuschlagskriterium ist, sofort ausgeschlossen werden, ohne zuvor die umfangreiche Eignungsprüfung durchlaufen zu müssen.

5.1 Die 1. Stufe: Formale Prüfung

Auf der ersten Stufe erfolgt eine Prüfung der Angebote auf formale und inhaltliche Fehler, § 41 UVgO und § 56 VgV. Nach § 42 UVgO und § 57 VgV werden Angebote mit formellen Mängeln ausgeschlossen. Welche Mängel dies im Einzelnen sein können, ergibt sich aus den genannten Vorschriften. Ausschlussgründe in der formellen Angebotsprüfung sind:

---

102 Vgl. Erläuterung zu § 42 Abs. 3 VgV.

5.1.1   Angebote, die nicht form- und fristgerecht eingegangen sind, es sei denn, der Bieter hat dies nicht zu vertreten, § 42 Abs. 1 Nr. 1 UVgO, § 57 Abs. 1 Nr. 1 VgV

Angebote, die nicht form- und fristgerecht eigegangen sind, sind auszuschließen, es sei denn, der Bieter hat den nicht form- und fristgerechten Eingang nicht zu vertreten. Zu den Fallgruppen nicht form- und fristgerechter Angebote gehören insbesondere:

Angebote, die nach Ablauf der Angebotsfrist eingegangen sind

> **Beispiel:**
> Die Feuerwehr Thalburg an der Ohm hat in den Vergabeunterlagen den 1. Oktober als Ende der Angebotsfrist angegeben. Eine Uhrzeit ist nicht angegeben. Das Unternehmen U wirft – was es nachweisen kann – am 1. Oktober um 16.00 Uhr ein Angebot in den Briefkasten der Hauptfeuerwache. Erst am nächsten Tag zur üblichen Leerung um 10.00 Uhr entnimmt ein Mitarbeiter dem Postfach das Angebot. Ist das Angebot fristgerecht eingegangen?

Der Eingang einer Sendung setzt in Anlehnung an § 130 BGB grundsätzlich den Übergang in den Machtbereich des Empfängers und dessen Möglichkeit voraus, unter normalen Umständen Kenntnis erlangen zu können (VK Bund, VK 3 - 99/06). Maßgeblich für die Möglichkeit der Kenntnisnahme und damit für den Zugangszeitpunkt ist im dargestellten Fall aber nicht der Zeitpunkt der üblichen Leerung des Postfaches, sondern der Zeitpunkt des Ablaufs der Angebotsfrist, in dem das Postfach von der Feuerwehr als Auftraggeber nochmals hätte geleert werden müssen, also um 24.00 Uhr. Zwar wird bei der Zustellung in Postfächer für die Möglichkeit der Kenntnisnahme und damit für den Zugangszeitpunkt in der Regel auf den Zeitpunkt der üblichen Leerung des Postfachs abgestellt. Wenn der Postfachinhaber indes mit dem Eingang fristgebundener Sendungen rechnet bzw. rechnen muss, ist nach der Verkehrsanschauung zu erwarten, dass das Postfach neben den üblichen Leerungen auch zum Zeitpunkt des Fristablaufs geleert wird. Die Verpflichtung, Angebote auf dem ungeöffneten Umschlag mit Eingangsvermerk zu versehen (vgl. § 39 UVgO und § 54 VgV) beinhaltet auch die Verpflichtung des Auftraggebers gegenüber den Bietern, alles ihm Mögliche zu tun, um den Zeitpunkt des Eingangs der Angebote zutreffend festzuhalten (VK Bund, VK 3 - 99/06).

Praxis-Tipp

Auftraggeber sollten bei Festlegung der Angebotsfrist einen konkreten Ort und eine Uhrzeit nennen, bis zu deren Ablauf das Angebot eingegangen sein muss!

Ist der verspätete Zugang nicht vom Bieter zu vertreten, darf ein Ausschluss nicht erfolgen. Dies ist insbesondere dann der Fall, wenn ein fristgerecht eingegangenes Angebot vom Auftraggeber falsch zugeordnet oder nicht an die zuständige Stelle weitergereicht wird. Kommt das Angebot hingegen zu spät an, weil der Kurierdienst aufgrund einer Panne nicht rechtzeitig zustellt, geht dies zu Lasten des Bieters. Er trägt das Transportrisiko (VK Sachsen, 1/SVK/077-07).

Der Ausschluss eines verspätet eingegangenen Angebotes hat zwingend zu erfolgen; ein Ermessensspielraum steht dem Auftraggeber nicht zu. Dieser würde gegen das Gebot der Gleichbehandlung verstoßen und damit die subjektiven Rechte der Mitbieter verletzen, welche sich an die Formvorschriften gehalten und das Angebot rechtzeitig eingereicht haben (VK Lüneburg, VgK-29/2003).

Beispiel:
Die Stadt Thalburg an der Ohm hat die Beschaffung von Atemschutzgeräten öffentlich ausgeschrieben; Angebote sind ausschließlich elektronisch zu übermitteln. Der Bieter A lädt rechtzeitig vor Ablauf der Angebotsfrist die geforderten Unterlagen und ein Angebotsschreiben hoch, vergisst allerdings das ausgefüllte Leistungsverzeichnis. Dieses sendet er nach Ablauf der Frist nach. Ist das Angebot fristgerecht eingegangen?

Der zwingende Ausschluss von verspätet eingegangenen Angeboten gilt auch dann, wenn ein Bieter zwar sein Angebotsschreiben fristgerecht einreicht, wesentliche Bestandteile wie die ausgefüllten Verdingungsunterlagen aber fehlen oder verspätet folgen.

Angebote, denen die Unterschrift fehlt
Angebote, die nicht die vorgegebene Form erfüllen, sind auszuschließen. Hat der Auftraggeber festgelegt, dass die Angebote auf dem Postweg oder direkt zu übermitteln sind, müssen diese unterschrieben sein, § 38 Abs. 9 UVgO und § 53 Abs. 6 VgV.

Fehlt die Unterschrift auf dem Angebot, ist dieses auszuschließen. Ist die Textform vorgegeben, ist das Fehlen einer Unterschrift auf einem eingescannten Dokument unerheblich. Das Angebot muss lediglich eine lesbare Erklärung beinhalten, in der die

III.

Person des Erklärenden genannt ist. Dafür reicht beispielsweise ein Briefkopf oder ein Firmenstempel aus. Ist die Person des Erklärenden nicht erkennbar, muss ein Ausschluss erfolgen.

Merke:

Angebote, die in Textform abgegeben werden, müssen nicht unterschrieben sein.

Nicht ordnungsgemäß verschlossene Angebote

Angebote, die nicht ordnungsgemäß verschlossen sind, sind ebenfalls auszuschließen.

Beispiel:

Das Unternehmen U will bei einer Verhandlungsvergabe ein Angebot, wie vom Auftraggeber vorgegeben, über eine e-Vergabeplattform abgeben. Dabei lädt er sein Angebot fälschlicherweise in ein für die Bieterkommunikation vorgesehenes Eingabefeld, statt das Eingabefeld für die Angebotsabgabe zu nutzen. Das hat zur Folge, dass sein Angebot nicht erst nach Ablauf der Angebotsfrist eingesehen werden kann, sondern schon unmittelbar nach dem Hochladen. Ist das Angebot formgerecht übermittelt worden?

Der Auftraggeber hat Datenintegrität und Vertraulichkeit der Angebote zu gewährleisten. Entsprechend gilt nach §§ 7 Abs. 4 UVgO, 10 Abs. 1 VgV, dass bei der Verwendung elektronischer Mittel u. a. gewährleistet sein muss, keinen vorfristiger Zugriff auf die empfangenen Daten zu ermöglichen. Besteht die Gefahr, dass Dritte von dem Angebot vor Ablauf der Angebotsfrist Kenntnis nehmen können, liegt darin eine Verletzung des Geheimwettbewerbs. Dies gilt bereits, wenn nur Kenntnis der Identität oder Anzahl konkurrierender Wettbewerber erlangt werden kann.[103] Das Angebot ist in diesem Fall wegen Verletzung der Form auszuschließen.

---

103 (VK Lüneburg, VgK-50/2018) zum Ausschluss eines Teilnahmeantrags.

5.1.2   Angebote, die nicht die geforderten oder nachgeforderten Unterlagen enthalten, § 42 Abs. 1 Nr. 2 UVgO § 57 Abs. 1 Nr. 2 VgV

Angebote, die unvollständig sind, sind von der weiteren Wertung auszuschließen. In Betracht kommt hier das Fehlen von geforderten Nachweisen zur Eignung oder das Fehlen von angebotsbezogenen Unterlagen. Die Unterlagen müssen, um »fehlen« zu können, vom Auftraggeber in der Bekanntmachung, den Vergabeunterlagen oder in der Aufforderung zur Angebotsabgabe gefordert waren.

Geforderte Unterlagen

Unter den Begriff der »Unterlagen« fallen Eigenerklärungen, Angaben, Bescheinigungen oder sonstige Nachweise, § 41 Abs. 2 UVgO, § 56 Abs. 2 VgV. Unterschieden wird zwischen den unternehmensbezogenen Unterlagen und den leistungsbezogenen Unterlagen. Diese Unterscheidung wird später für das Nachfordern relevant.

Die geforderten Unterlagen fehlen, wenn sie entweder nicht vorgelegt worden sind oder formale Mängel aufweisen:

> **Beispiel:**
> Der Auftraggeber schreibt die Erarbeitung eines Leistungsverzeichnisses für eine neue Leitstelle aus und fordert als Eignungsnachweis drei vergleichbare Referenzen. Ein Bieter legt zwar drei Referenzen vor, aber nur zwei sind vergleichbar. Eine dritte Referenz fehlt daher; das Angebot ist unvollständig (OLG Düsseldorf, VII-Verg 108/11.).

Geforderte Unterlagen fehlen auch, wenn der Bieter Bedingungen an die Einsichtnahme stellt:

> **Beispiel:**
> Der Auftraggeber fordert mit dem Angebot die Vorlage einer Angebotskalkulation in einem verschlossenen Umschlag. Der Auftraggeber teilt in den Vergabeunterlagen mit, dass er berechtigt ist, ohne Anwesenheit des Bieters den Umschlag zu öffnen. Ein Bieter vermerkt jedoch auf dem Umschlag: »Öffnen nur im Beisein des Bieters«. Das Angebot ist unvollständig (OLG Düsseldorf, VII-Verg 12/10).

Nachfordern von Unterlagen

Das Fehlen von Unterlagen führt nicht unmittelbar zum Ausschluss des Angebotes. Der Auftraggeber hat die Möglichkeit, fehlende Unterlagen nachzufordern, § 41 UVgO und § 56 VgV.

Dabei ist zwischen den unternehmensbezogenen und den leistungsbezogenen Unterlagen zu unterscheiden: Unternehmensbezogene Unterlagen können nachgereicht, vervollständigt oder sogar korrigiert werden. Leistungsbezogene Unterlagen können nachgereicht und vervollständigt, aber nicht korrigiert werden; dies gilt aber nur, wenn die Unterlagen keinen Einfluss auf die Wirtschaftlichkeitsbewertung der Angebote anhand der Zuschlagskriterien haben.

Tabelle 33: *Übersicht über nachzufordernde Unterlagen*

	Nachreichen	Vervollständigen	Korrigieren
Unternehmensbezogene Unterlagen	✓	✓	✓
Leistungsbezogene Unterlagen	✓	✓	✗
Leistungsbezogene Unterlagen, die in die Angebotswertung einfließen	✗	✗	✗

Unternehmensbezogene Unterlagen sind solche, die sich mit der Person des Bieters befassen und damit Eignungsnachweise, wie

- Referenzen,
- Umsatzzahlen,
- Erklärung zum Nichtvorliegen von Ausschlussgründen nach § § 123, 124 GWB,
- und Nachweis über das Bestehen von Versicherungen.

> **Beispiel:**
> Der Auftraggeber fordert das Einreichen einer Bescheinigung des Finanzamtes, die nicht älter sein darf als drei Monate. Der Bieter B legt eine Bescheinigung vor, die bereits zwei Jahre alt ist. Das Angebot ist unvollständig, weil eine aktuelle Bescheinigung fehlt. Weil es sich um eine unternehmensbezogene Unterlage handelt, darf der Auftraggeber nachfordern (OLG München, Verg 02/18).

Leistungsbezogene Unterlagen beziehen sich auf die anzubietende Leistung; dies sind zum Beispiel Angebotskonzepte, die von den Bietern erstellt werden sollen oder Produkt- oder Herstellerangaben. Leistungsbezogene Unterlagen, die für die Angebotswertung relevant sind, beziehen sich auf die festgelegten Zuschlagskriterien. Werden die Unterlagen also benötigt um sie in die Wertung anhand der Zuschlagskriterien einzubeziehen, können sie nicht nachgefordert werden.

> **Beispiel:**
> Die Bieter sollen mit dem Angebot ein Ablaufkonzept vorlegen. Die Schlüssigkeit des Konzeptes ist neben dem Preis ein Zuschlagskriterium. Das Konzept kann nicht nachgefordert werden.

Nicht nachgefordert werden außerdem Unterlagen, die zu einer inhaltlichen Veränderung des Angebotes führen würden. Die Nachforderung ist nur dann möglich, wenn es sich um bloße Klarstellungen handelt (OLG Düsseldorf, Verg 42 / 17 OLG).

Die Unterlagen sind vom Auftraggeber unter Setzung einer angemessenen Frist nachzufordern. Werden die Unterlagen nicht fristgerecht eingereicht, ist das Angebot auszuschließen.

5.1.3   Angebote, in denen Änderungen des Bieters an seinen Eintragungen nicht zweifelsfrei sind

Änderungen an Eintragungen des Bieters sind Streichungen, Korrekturen oder Ergänzungen des ursprünglichen Angebotes (Müller-Wrede, 2017). Ändert der Bieter vor Abgabe sein Angebot ab, muss die Änderung so vorgenommen werden, dass sie eindeutig ist. Lässt eine Änderung mehrere Deutungen zu, ist das Angebot auszuschließen, weil es sonst an einer eindeutigen Vertragsgrundlage fehlt (Müller-Wrede, 2017). Auch kann ein mehrdeutiges Angebot nicht mit anderen Angeboten verglichen werden. Nicht zweifelsfreie Änderungen liegen vor, wenn der Bieter Korrekturbänder benutzt, die sich ablösen können.

Streichungen, die durch Unterpunkte zurückgenommen werden, sind ebenfalls nicht zweifelsfrei. Zweifelsfrei sind hingegen Änderungen, wenn die nicht mehr gültigen Eintragungen deutlich durchgestrichen und die verbindlich neuen Eintragungen daneben geschrieben werden (VK Schleswig-Holstein, VK-SH 31/05).

Änderungen des Bieters müssen jedoch nicht nur eindeutig sein, sie müssen auch als vom Bieter stammend erkennbar sein (VK Schleswig-Holstein, VK-SH 15/02). Die Eindeutigkeit einer Abänderung setzt voraus, dass sie den Abändernden unzweifelhaft erkennen lässt sowie den Zeitpunkt der Abänderung deutlich macht. Bei bloßen Durchstreichungen ohne namentliche Abzeichnung samt Datumsangabe ist diese Voraussetzung nicht gegeben. Änderungen des Bieters an seinen Eintragungen müssen daher zumindest mit einem Signum der ändernden Person und sollten zusätzlich mit einer Datumsangabe versehen sein (VK Schleswig-Holstein, VK-SH 31/05).

p 3M983-21 fluoreszierend und reflektierend mit ECE R 104					
nnenseiten und evtl. die Innenflächen: elb mit Typenzulassung 2 oder Chevron flourescent lime/red TPESC, Fa. Reflexite	1	1.560	1.360,-	Preis	Nein
nens auf dem Dach, Schrift nach DIN 1451 schwarz mit rbton schwarz 10, Fa. 3M	1		89,-	Preis	Nein
els farbloser flexibler Kantenschutzbeklebung.	1		59,-	Preis	Nein

RND1010 BOS Datenterminal	1	802,80€ 702,80€	802,80€ 702,80€	Preis	Nein
ng zum Einsatzleitrechner (Zielklinik, Patientendaten, im selben Einsatz (40.0260.0451)					
cueTrack Connex RND1010 BOS Datenterminal	1	125,00€	125,00€	Preis	Nein
an das RND1010 erfolgt drahtlos (41.0260.0460)	1	257,40€	257,40€	Preis	Nein
	1	796,70€	796,70€	Preis	Nein

Bild 45a und b: *Nicht zweifelsfreie Änderungen des Bieters an seinen Eintragungen (oben) und nicht zweifelsfreie Änderungen des Bieters an seinen Eintragungen (unten)*

derer möglich sein.						
ern mit 2 Aufnahmemöglichkeiten (Rohrkonstruktion, appe verschlossen. Siehe Anlage „RTW-Fachaufteilung-	1	163,73 173,30	163,57 173,30	Preis geändert 13/11	Nein	
n Klappdrehsitzes (seitliche Wand Fahrerseite) mit lau	1	914,79	914,79	Preis	Nein	
0 Tragestuhls an der Trennwand zwischen Fahrer- und	1	2.565,60	2.565,60	Preis	Nein	

Bild 46:   *Zweifelsfreie Änderungen des Bieters an seinen Eintragungen*

5.1.4 Angebote, bei denen Änderungen oder Ergänzungen an den Vergabeunterlagen vorgenommen wurden

Bieter dürfen die Vergabeunterlagen weder ändern noch ergänzen, weil sonst eine Vergleichbarkeit der Angebote nicht mehr gewährleistet ist. Angebote, die auf veränderten oder ergänzten Vergabeunterlagen beruhen, sind auszuschließen.

Mehrere Fallgruppen sind denkbar:
Der Bieter ändert handschriftlich das Leistungsverzeichnis. Ein solches Angebot ist, weil es Änderungen des Leistungsverzeichnisses enthält, auszuschließen. Dabei ist es unerheblich, ob eine Änderung zentrale oder unwesentliche Leistungspositionen betrifft und ob die Abweichung Einfluss auf das Wettbewerbsergebnis haben kann.

5.1.5 Angebote, die als unverbindlich oder freibleibend gekennzeichnet sind

In der Praxis kommt es insbesondere bei der Beschaffung von IT-Leistungen häufig vor, dass Angebote den Zusatz »freibleibend« oder »unverbindlich« enthalten:
Angebote, die im Rahmen von Vergabeverfahren abgegeben werden, müssen verbindlich sein. Wird ein Angebot als »freibleibend« oder »unverbindlich« gekennzeichnet oder findet sich ein Vorbehalt (»Das Angebote steht unter der Bedingung, dass …«) erfüllt es nicht die Anforderungen des Auftraggebers, der verbindliche und damit zuschlagsfähige Angebote erwartet. Unverbindliche Angebote können nicht gewertet werden, weil der Bieter sich nicht an seinem Angebot festhalten lassen muss. Eine Vergleichbarkeit der Angebote ist so nicht gegeben. Unverbindliche, freibleibende oder bedingte Angebote sind daher auszuschließen.

5.1.6 Angebote mit bietereigenen AGB

Ein praktisch ebenfalls häufiger Fall ist ein Angebot, das auf Grundlage der Allgemeinen Geschäftsbedingungen (AGB) des Bieters abgebeben wird. Angebote, die AGB des Bieters enthalten, wurden in der Vergangenheit ausgeschlossen, weil mit dem Einbezug eigener AGB des Bieters die Vergabeunterlagen unzulässig geändert wurden. Nach einer neuen Entscheidung des Bundesgerichtshofes vom 18.06.2019 (X ZR 86/17) gilt dies aber nicht mehr. Danach sollen bietereigene AGB keine Wirkung

III.

entfalten wenn der Auftraggeber eine »Abwehrklausel« formuliert hat, nach der bietereigene AGB keine Wirkung entfalten. Aber auch ohne »Abwehrklausel« soll ein Angebot, dem der Bieter eigene Bedingungen beifügt, in der Wertung verbleiben, wenn bei Streichung der zugefügten Bedingungen das Angebot dem maßgeblichen Inhalt der Vergabeunterlagen entspricht.

> **Beispiel:**
> Bei einer beschränkten Ausschreibung übersendet Bieter B ein Angebot; in dem Angebot heißt es »Es gelten unsere Allgemeinen Geschäftsbedingungen«. Der Auftraggeber hatte in der Vergabeunterlagen formuliert: »Allgemeine Geschäftsbedingungen (AGB) der Bieter sind ausgeschlossen. Mit der Angebotsabgabe erklärt der Bieter, dass eventuell eingereichte – etwa auf der Rückseite des Kopfbogens abgedruckte – eigene Geschäftsbedingungen und/oder Vertragsbedingungen als nicht abgegeben gelten und nicht Vertragsbestandteil werden.«
> Das Angebot verbleibt wegen der formulierten Abwehrklausel in der Wertung.

> **Merke:**
> Auftraggeber sollten in den Vergabeunterlagen deutlich darauf hinweisen, dass bietereigene Liefer-, Zahlungs- und Vertragsbedingungen nicht Vertragsbestandteil werden.

5.1.7 Angebote, die die erforderlichen wesentlichen Preisangaben nicht enthalten, § 42 Abs. 1 Nr. 5 UVgO, § 57 Abs. 1 Nr.5 VgV

Angebote, die nicht die erforderlichen Preisangaben enthalten, sind auszuschließen. Dies gilt aber nicht, wenn es sich um unwesentliche Einzelpositionen handelt, deren Einzelpreis den Gesamtpreis nicht verändern oder die Wertungsreihenfolge und den Wettbewerb nicht beeinträchtigen.

Um eine unwesentliche Einzelposition soll es sich nicht mehr handeln, wenn die Leistungsposition, bei der der Preis fehlt, knapp 6 % der geforderten Preisangaben ausmacht (OLG Brandenburg, Verg W 12/11). Auch, wenn der Betrag des fehlenden Preises mehr als 10 % des beanspruchten Gesamtentgelts ausmacht, spricht ein derartiger Prozentsatz qualitativ dagegen, eine fehlende Preisangabe als unbedeutend anzusehen (OLG Brandenburg, Verg W 12/11).

Die fehlenden Einzelpositionen dürfen außerdem entweder den Gesamtpreis nicht verändern – das ist dann der Fall, wenn der Preis im Gesamtpreis bereits berücksichtigt wurde – oder die Wertungsreihenfolge darf nicht beeinträchtigt werden. Die Wertungsreihenfolge wird dann beeinträchtigt, wenn der nachgeforderte Preis den Gesamtpreis so verändert, dass das Angebot bei der Angebotswertung einen anderen Rang erhalten würde.

Nicht zugelassene Nebenangebote

Ein Nebenangebot liegt vor, wenn Gegenstand des Angebots ein von der in den Ausschreibungsunterlagen vorgesehenen Leistung in technischer, wirtschaftlicher oder rechtlicher Hinsicht abweichender Bietervorschlag ist, d. h. der Inhalt des Angebots durch den Bieter gestaltet und nicht vom Auftraggeber vorgegeben ist (OLG Jena, 9 Verg 7/09). Der Auftraggeber kann Nebenangebote bei öffentlichen Ausschreibungen und Verfahrensarten mit Teilnahmewettbewerb bereits in der Auftragsbekanntmachung, ansonsten in den Vergabeunterlagen zulassen. Fehlt eine entsprechende Angabe, sind keine Nebenangebote zugelassen, § 25 UVgO und § 35 VgV.

Reicht ein Bieter gleichwohl ein Nebenangebot ein, obwohl der Auftraggeber diese nicht ausdrücklich zugelassen hat, ist das Nebenangebot – und nur das Nebenangebot – auszuschließen. Das Hauptangebot verbleibt in der Wertung, falls es nicht aus anderen Gründen ausgeschlossen werden muss.

Nebenangebote, die die Mindestanforderungen nicht erfüllen

Lässt der öffentliche Auftraggeber Nebenangebote zu, muss er die Mindestanforderungen für Nebenangebote definieren. Die für Nebenangebote vorzugebenden Mindestanforderungen brauchen dabei im Allgemeinen nicht alle Details der Ausführung zu erfassen, sondern dürfen Spielraum für eine hinreichend große Variationsbreite in der Ausarbeitung von Alternativvorschlägen lassen und sich darauf beschränken, den Bietern, abgesehen von technischen Spezifikationen, in allgemeinerer Form den Standard und die wesentlichen Merkmale zu vermitteln, die eine Alternativausführung aufweisen muss.

Über die Erfüllung der Mindestanforderungen hinaus müssen Nebenangebote jedoch nicht mit dem »Amtsvorschlag« gleichwertig sein (Erläuterung zu § 35 Abs. 2 VgV).

Auf der ersten Wertungsstufe ist bei einem Nebenangebot zu prüfen, ob es so gestaltet ist, dass es überhaupt prüffähig ist. Die angebotene Leistung muss eindeutig und erschöpfend beschrieben sein, so dass sich der Auftraggeber ein klares Bild über die im Rahmen des Nebenangebots vorgesehene Ausführung der Leistung machen kann. Es muss deutlich werden, welche in den Verdingungsunterlagen vorgesehene Leistungen ersetzt werden. Zu erstrecken hat sich die Prüfung auch

III.

darauf, ob infolge des Nebenangebots andere in den Verdingungsunterlagen vorgesehene Leistungen geändert werden müssen oder zusätzliche, in den Verdingungsunterlagen nicht enthaltene Leistungen erforderlich werden (OLG Brandenburg, Verg W 10/08). Erfüllt ein Nebenangebot die Mindestanforderungen nicht, ist es auszuschließen.

5.2   Die 2. Stufe: Eignungsprüfung

Erfüllt ein Angebot die formalen Voraussetzungen der 1. Wertungsstufe und wurde deshalb nicht ausgeschlossen, erreicht es die 2. Stufe der Angebotswertung und Prüfung.

Zeitpunkt der Eignungsprüfung
Auf der zweiten Stufe der Angebotsprüfung und -wertung findet die Prüfung der Eignung statt. Dies gilt jedoch nur für die öffentliche Ausschreibung und das offene Verfahren.

Bei der beschränkten Ausschreibung und der Verhandlungsvergabe im Anwendungsbereich der UVgO, dem nicht offenen Verfahren und dem Verhandlungsverfahren im Bereich der VgV erfolgt die Eignungsprüfung bereits bevor Angebote eingehen. Entweder stellt der Auftraggeber bei diesen Verfahren die Eignung durch einen vorgeschalteten Teilnahmewettbewerb fest oder wenn er auf den Teilnahmewettbewerb verzichtet, auf andere Art und Weise.

Merke:

Bei der öffentlichen Ausschreibung und beim offenen Verfahren erfolgt die Eignungsprüfung im Rahmen der Angebotsprüfung und -wertung. Bei den übrigen Verfahren erfolgt die Eignungsprüfung bevor ein Bieter zur Angebotsabgabe aufgefordert wird.

Um die Eignung der Bieter feststellen zu können, führt der öffentliche Auftraggeber eine Eignungsprüfung nach zuvor festgelegten Eignungskriterien und anhand vom Bieter geforderter Nachweise und Erklärungen durch. Im Ergebnis trifft er eine Prognose darüber, ob der jeweilige Bieter persönlich und sachlich zur ordnungsgemäßen Erfüllung des zu vergebenden Auftrags in der Lage sein wird. Der Auftraggeber wertet dafür die eingereichten Eignungsnachweise aus.

Vergleichbarkeit von Referenzen

Der in der Praxis bedeutsamste Nachweis für die technische und berufliche Leistungsfähigkeit eines Unternehmens sind Referenzen (vgl. § 46 Abs. 3 Nr. 1 VgV). Welchen Anforderungen die Referenzen genügen müssen, ergibt sich aus den vergaberechtlichen Regelungen nicht; § 46 Abs. 3 Nr.1 VgV verlangt lediglich »geeignete« Referenzen, die UVgO verwendet den Begriff der Referenz gar nicht.

Fordert der Auftraggeber nun Referenzen über vergleichbare Objekte, stellt sich die Frage, was unter »vergleichbar« zu verstehen ist.

> **Beispiel:**
> Die Vergabestelle hat den Ausbau eines Einsatzleitwagens öffentlich ausgeschrieben und als Eignungsnachweise Referenzen über vergleichbare Leistungen gefordert. Bieter B reicht nun Referenzen über den Ausbau von Einsatzleitfahrzeugen ein. Die Vergabestelle hat nun zu prüfen, ob die Referenzen tatsächlich vergleichbar sind.

Maßgebend für eine Vergleichbarkeit von Referenzprojekten ist, dass es ausreicht, wenn die erbrachten Leistungen dem Auftragsgegenstand nahekommen oder ähneln und somit einen tragfähigen Rückschluss auf die Leistungsfähigkeit des Bieters für die ausgeschriebene Leistung ermöglichen. Die erbrachten Leistungen müssen nicht mit dem Ausschreibungsgegenstand identisch sein (VK Bund, VK 2-96/17).

Dabei ist zu beachten, dass öffentliche Aufträge dem öffentlichen Auftraggeber eine möglichst kostengünstige Beschaffung ermöglichen sollen, indem die Leistung im Wettbewerb der Bieter vergeben wird. Eine zu restriktive Auslegung des Merkmals Vergleichbarkeit birgt die Gefahr in sich, dass faktisch abgeschlossene Teilmärkte entstehen (was wettbewerbsfeindlich wäre): Da ein Newcomer keine vergleichbaren Referenzen vorlegen kann, erhält er den Auftrag nicht und weil er den Auftrag nicht erhalten hat, kann er auch bei zukünftigen Ausschreibungen keine vergleichbare Referenz vorlegen (OLG München, Verg 23/12).

Der Auftraggeber sollte den Wettbewerbsgedanken berücksichtigen, wenn er die vorgelegten Referenzen auf Vergleichbarkeit prüft. Um dem Transparenzgebot zu genügen, sollten Auftraggeber außerdem bekannt geben, welchen Anforderungen die Referenzen genügen müssen (VK Karlsruhe, 1 VK 60/17).

> **Merke:**
> Auftraggeber sollten in der Auftragsbekanntmachung explizit darlegen, welche Anforderungen sie an Referenzobjekte stellen, damit den Bietern klar wird, welche Voraussetzungen sie zu erfüllen haben.

5.3   Die 3. Stufe: Angemessenheit der Preise (§ 44 Abs. 3 UVgO und § 60 Abs. 3 VgV)

Angebote, die einen im Verhältnis zur Leistung ungewöhnlich niedrigen Preis aus-weisen, können ausgeschlossen werden. Bevor ein Ausschluss erfolgen kann, ist der Auftraggeber aber zur Aufklärung verpflichtet; ein Ausschluss ohne vorherige Auf-klärung ist nicht zulässig.

Merke:

Erscheint ein Angebotspreis ungewöhnlich niedrig, besteht eine Pflicht des Auf-traggebers zur Aufklärung!

Die Regelungen über den möglichen Ausschluss von ungewöhnlich niedrigen An-geboten und die damit korrespondierende Prüfungs- und Aufklärungspflicht basieren auf dem Erfahrungswissen, dass niedrige Preise für die öffentlichen Belange von einem bestimmten Niveau an nicht mehr von Nutzen sind, sondern diese umgekehrt sogar gefährden können, weil sie das gesteigerte Risiko einer nicht einwandfreien Ausführung von Leistungen einschließlich eines Ausfalls bei der Gewährleistung oder der nicht einwandfreien Lieferung bzw. Erbringung der nachgefragten Dienstleistung und damit einer im Ergebnis unwirtschaftlichen Beschaffung bergen (BGH, X ZB 10/16).

Aufgreifschwelle

Ein unangemessen niedriges Angebot liegt vor, sobald der Unterschied zwischen dem günstigsten und dem nächstgünstigsten Angebot 20 % erreicht oder über-steigt (OLG Celle, 13 Verg 11/14; VK Bund, VK 2-148/1). Abzustellen ist dabei aber nicht auf nicht kostendeckende Einzelpreise; diese sind alleine noch kein ausrei-chender Anhaltspunkt für einen Angebotsausschluss (VK Niedersachsen, VgK-32/2015). Die Frage, ob der Preis unangemessen niedrig ist, ist auf das gesamte An-gebot zu beziehen.

Im Übrigen kann sich die Frage der Unangemessenheit eines Preises nicht nur aufgrund des signifikanten Abstandes zum nächstgünstigen Gebot im selben Ver-gabeverfahren stellen, sondern gleichermaßen etwa bei augenfälliger Abweichung von in vergleichbaren Vergabeverfahren oder sonst erfahrungsgemäß verlangten Preisen (BGH, X ZB 10/16). Liegt dann nach Ansicht des öffentlichen Auftraggebers ein ungewöhnlich niedriges Angebot vor, muss er vom Bieter Aufklärung über seine Preise verlangen. Dem Bieter muss die Möglichkeit gegeben werden, nachzuweisen, dass er in der Lage ist, die ausgeschriebene Leistung ordnungsgemäß erbringen zu können (VK Nordbayern, RMF-SG21-3194-4-5).

> **Merke:**
>
> **Liegen zwischen dem Preis des günstigsten Angebotes und dem des nächstgünstigsten 20 % oder mehr, hat eine Auskömmlichkeitsprüfung stattzufinden!**

Bei der Prüfung der Auskömmlichkeit nach Aufklärung durch den Bieter berücksichtigt der Auftraggeber

- die Wirtschaftlichkeit des Fertigungsverfahrens einer Lieferleistung oder der Erbringung der Dienstleistung,
- die gewählten technischen Lösungen oder die außergewöhnlich günstigen Bedingungen, über die das Unternehmen bei der Lieferung der Waren oder bei der Erbringung der Dienstleistung verfügt,
- die Besonderheiten der angebotenen Liefer- oder Dienstleistung,
- die Einhaltung der Verpflichtungen nach § 128 Absatz 1 des Gesetzes gegen Wettbewerbsbeschränkungen, insbesondere der für das Unternehmen geltenden umwelt-, sozial- und arbeitsrechtlichen Vorschriften, oder
- die etwaige Gewährung einer staatlichen Beihilfe an das Unternehmen.

Ergibt die Prüfung, dass das Angebot auskömmlich ist, verbleibt das Angebot in der Wertung.

III.

Unterkostenangebote

Auch die Berücksichtigung eines sog. Unterkostenangebotes, das sich also nach Prüfung als unauskömmlich herausstellt, ist möglich, wenn der Bieter mit der Gestaltung seiner Preise keine wettbewerbsgefährdenden Ziele verfolgt. Denn es besteht ein wesentlicher Unterschied zwischen einem nicht auskömmlichen Angebot (VK Nordbayern, RMF-SG21-3194-03-15) und einem unangemessen niedrigen Preis. Die fehlende Auskömmlichkeit ist nur ein Teil der Prüfung, die in der Wertung um mindestens einen der weiteren Tatbestände, nämlich die Marktverdrängungsabsicht oder die Gefährdung der Vertragserfüllung (meist durch Insolvenz) im Ausführungszeitraum zu ergänzen ist (VK Niedersachsen, VgK-32/2015). Bleiben nach der Aufklärung und Prüfung der Preise beim Auftraggeber Ungewissheiten, weil der Bieter nicht zufriedenstellend aufklären konnte, ist das Angebot auszuschließen.

5.4   Die 4. Stufe: Wirtschaftlichkeitsprüfung

In der vierten Stufe wird das Angebot auf Wirtschaftlichkeit geprüft. Je nach dem im Vorfeld vom Auftraggeber festgelegten Zuschlagskriterien sind hierfür entsprechende Bewertungsmethoden erforderlich, die z. B. eine Leistungsbewertung nach dem besten Preis-Leistungsverhältnis ermöglichen. Die Bewertungsmethode, die der Auftraggeber im Vorfeld dazu definiert und veröffentlicht hat, ist zwingend anzuwenden. Eine Abweichung im Nachhinein ist nicht zulässig. Die Entscheidung über das wirtschaftlichste Angebot ist in der Vergabeakte zu dokumentieren. Grundlage der Dokumentation kann eine Bewertungsmatrix mit einem Punktsystem sein. Ggf. sind textliche ergänzende Begründungen im Einzelfall notwendig, wenn die Bewertungsmatrix nicht aussagekräftig genug ist. Es gibt verschiedenste Varianten von Bewertungsmethoden, die zur Auswahl des wirtschaftlichsten Angebotes herangezogen werden können. Einige von ihnen sind für Auftraggeber und Auftragnehmer irreführend und suggerieren lediglich das wirtschaftlichste Angebot zu ermitteln. Eine Vorstellung und Bewertung diverser Methoden erfolgt in Kapitel IV (BGH, X ZB 10/16).

5.5   Prüfung und Wertung von Teilnahmeanträgen

Die Prüfung von Teilnahmeanträgen erfolgt auf zwei Stufen. Auf der ersten Stufe erfolgt die formale Prüfung auf form- und fristgerechten Eingang sowie auf Vollständigkeit. Die Vorschriften des § 42 UVgO und des § 57 VgV gelten für Teilnahmeanträge entsprechend.[104] Auch im Teilnahmewettbewerb können fehlende Unterlagen nachgefordert werden, § 41 UVgO und § 56 VgV. Teilnahmeanträge, die formal mangelhaft sind, werden ausgeschlossen.

Auf der zweiten Stufe erfolgt die Prüfung der Eignung anhand der zuvor bekannt gegebenen Eignungskriterien und der geforderten Eignungsnachweise. Stellt sich ein Bewerber nach der Prüfung als ungeeignet heraus, ist er vom weiteren Verfahren auszuschließen, vgl. § 42 Abs. 1 UVgO und § 57 Abs. 1 VgV.

---

104 S. Kapitel 5 Ziffer 1.

5.6 Schnellcheck

Zusammenfassung

- Die Prüfung und Wertung der Angebote erfolgt auf vier Stufen.
- Ein Angebot kann nur dann den Zuschlag erhalten, wenn es die Prüfung auf allen vier Stufen besteht.
- Auf der ersten Stufe findet eine Prüfung auf formale und inhaltliche Fehler statt.
- Auf der zweiten Stufe erfolgt die Eignungsprüfung.
- Auf der dritten Stufe wird die Angemessenheit der Preise geprüft.
- Auf der vierten Stufe erfolgt die Wirtschaftlichkeitsprüfung anhand der Zuschlagskriterien.
- Die Prüfung des Angebotes kann vor der Prüfung der Eignung durchgeführt werden.
- Die Eignungsprüfung findet nur bei der öffentlichen Ausschreibung und dem offenen Verfahren im Rahmen der Angebotsprüfung statt. Bei den übrigen Verfahrensarten erfolgt sie vor Angebotsaufforderung.

III.

IV. Wertungsmethoden und Bewertungsmatrix

1 Wertungsmethoden

Eine Ausschreibung kann sowohl einfache also auch komplexe Anforderung an die Zuschlagskriterien stellen. Während Ausschreibungen mit dem alleinigen Zuschlagskriterium »Preis« anhand z. B. des Gesamtpreises einfach und schnell zu bewerten sind, sind Ausschreibungen, bei denen mehrere Zuschlagskriterien die maximale Wirtschaftlichkeit darstellen sollen, ohne eine entsprechende Herangehensweise kaum rechtssicher auszuwerten. Insbesondere wenn mehrere Kriterien in einem bestimmten Verhältnis den Zuschlag bilden sollen, ist eine Auswertung ohne eine Bewertungsmethode nicht mehr möglich. Dabei ist die Transparenz und auch die Verfahrenssicherheit der Methode zu berücksichtigen.

Es gibt verschiedenartige Herangehensweisen zur Ermittlung des wirtschaftlichsten Angebotes mit mehreren Kriterien. Das wirtschaftlichste Angebot soll das beste Preis-Leistungs-Verhältnis darstellen.[105] Dabei sollen wirtschaftliche Aspekte Berücksichtigung, wie z. B. Preis, Kosten, Leistung usw., finden. Seit Beginn der Diskussion um die »richtige« Bewertungsmethode zur Ermittlung des wirtschaftlichsten Angebotes entstanden auch diverse Methodenansätze.

Bei näherer Betrachtung dieser Methoden wurden im Laufe der Zeit die Stärken und Schwächen herausgearbeitet. Einige Methoden wurden sogar als unbrauchbar und rechtsunsicher bewertet (Schneider, 2002). Dieses Ergebnis erhält der Betrachter aber erst nach genauerem Auseinandersetzen mit den Bewertungsverfahren und die Untauglichkeit ist auf den ersten Blick häufig nicht sofort dem Anwender ersichtlich.

Im folgenden Kapitel sollen die gängigsten Methoden vorgestellt und erläutert werden. Dabei werden bewusst auch die ungeeigneten Methoden einbezogen, die bei Unwissenheit über die Gefahren dennoch zunächst als geeignete Methode vom Anwender eingestuft werden können. Bei diesen Methoden wird intensiv auf die Gefahren und Fehler hingewiesen. Ziel dieses Kapitels ist es, dem Leser eine

---

105 (VK Hessen, 69d-VK-48/2011); (VK Hamburg, VgK FB 3/02); Gesetzesbegründung, VgRÄG, BT-Drs. 13/9340, 14.

Übersicht über die Bewertungsmethoden, auch der ungeeigneten Methoden, zu vermitteln.

1.1 Einfache Wertungsmethoden

Einfache Wertungsmethoden beschränken sich auf lediglich ein Kriterium. Der Anbieter, der in diesem Kriterium die beste Bewertung erhält, erhält auch den Zuschlag. Im Regelfall wird bei dieser Art der Wertungsmethode der Preis als das alleinige Zuschlagskriterium definiert. Denkbar wären aber auch andere Kriterien wie Leistung oder Lieferzeit.

1.1.1 Preismethode

Die Preismethode ist die wohl gängigste und zunächst einfachste Bewertungsmethode im Bereich der Auswertungsmethoden. Sie besteht nur aus einem einzigen Bewertungskriterium, dem Preis. Diese Methode setzt ein sehr detailliert beschriebenes Leistungsverzeichnis voraus, sofern keine Nebenangebote zugelassen werden. Insbesondere vor dem Hintergrund, dass der Anbieter keine Produktvarianten in die Bewertung einbringen kann, muss genau beschrieben sein, wie die ausgeschriebene Leistung ausgestaltet sein soll. Das Vergaberecht spricht hier von einer hinreichend genau und allgemein verständlichen Beschreibung des Auftragsgegenstandes (vgl. § 31 Abs. 6 VgV). Der Bieter hat nur die Möglichkeit die vom Auftraggeber ausgeschriebene Leistung anzubieten. Dies kann im Ausnahmefall ein spezifisches Produkt sein, jedoch bekanntlich nur dann, wenn eine Produktvorgabe zulässig ist. Im Regelfall ist die Leistung allgemein und funktional zu beschreiben, sodass Produktbezeichnungen, wenn überhaupt nur mit dem Zusatz »oder gleichwertig« als sogenannte Leitfabrikate zulässig sind. Die Schwierigkeit besteht für den Auftragnehmer darin, in eben diesen Regelfällen Formulierungen und Beschreibungen zu erstellen, die für den Anbieter eine kalkulationsfähige Angebotsgrundlage darstellen und gleichzeitig die qualitativen Ansprüche des Auftraggebers sichern. Dies erfordert ein sehr umfassende Marktrecherche und tiefe Kenntnisse der verschiedenen herstellerspezifischen Produkteigenschaften. Leistungspositionen sollten somit möglichst allumfassend und präzise formuliert sein.

Am Beispiel eines technischen Bauteils soll verdeutlicht werden, welche Formulierung bei der reinen Preismethode ungeeignet und wie eine geeignete Formulierung aussehen kann. Grundlage soll ein Bauteil zur Filterung von Frequenzen im Kommunikationsbereich des Digitalfunks sein, ein sogenannter »Hochpassfilter«.

IV.

Beispiel eines ungeeigneten Leistungsbeschreibungstext:

Hochpassfilter (Digitalfunk)

Lieferung und betriebsbereite Montage eines Hochpassfilters für alle Antennen. Bei mehreren Digitalfunkgeräten muss zwischen den einzelnen Antennen eine Entkopplung gewährleistet sein.

Hier ist nicht klar formuliert welche Anforderungen an das Bauteil gesetzt werden und welche Dämpfung vom Auftragnehmer für die Entkopplung gewährleistet werden soll. Das bedeutet, dass der Bieter hier einen großen Interpretationsspielraum bei der Auswahl der Filter hat. Da keine Grenzwerte formuliert sind, kann er ein sehr preisgünstiges Produkt anbieten. Durch die fehlenden Vorgaben seitens des Auftraggebers kann dies im Endergebnis dazu führen, das der Auftrag zwar rechtskonform ausgeführt wird, aber das endgültige Produkt, z. B. ein Fahrzeug mit Funkausstattung im Einsatzalltag anfällig für Funkstörungen sein kann. Denn eine störungsfreie Abnahme der Kommunikationseinrichtung unter Laborbedingungen beim Hersteller ähnelt in der Regel nie den realen Einsatzbedingungen beim Auftraggeber. Regressansprüche sind aufgrund der knappen und wenig aussagekräftigen Formulierung des o. g. Beispieltextes kaum erfolgsversprechend. Hinzu kommt die fehlende Möglichkeit der Vergleichbarkeit.

Ein geeigneter Leistungsbeschreibungstext kann hingegen wie folgendermaßen aussehen:

Hochpassfilter (Digitalfunk)

Lieferung und betriebsbereite Montage eines Hochpassfilters für alle Antennen. Bei mehreren Digitalfunkgeräte muss zwischen den einzelnen Antennen eine Entkopplung von 30 dB gewährleistet sein.

Folgende technische Eigenschaften müssen erfüllt werden:

Durchlassbereich:	*380 - 1000MHz*
Max. Eingangsleistung:	*35W*
Einfügeverlust:	*<0,5dB typ. <0,4dB*
SWR:	*<1,41*
Dämpfung Sperrbereich:	*dc – 174 > 60dB*
Impedanz:	*Nom. 50 Ohm*
Temp. Bereich:	*-30°C bis +60°C*
Anschlüsse:	*FME-male*
Abmessung:	*ca. 50 x 50 x 50 mm*
Gewicht:	*50g -100g*
Produkttyp (informativ):	_____

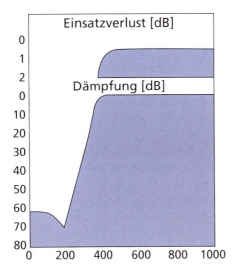

Bild 47: *Einsatzverlust*

Bei dieser Formulierung ist klar beschrieben, welche Eigenschaften der Auftraggeber bei der Umsetzung fordert. Er gibt klare Mindestwerte oder Schrankenbereiche vor, in denen sich die Produkte, die der Bieter anbieten darf, bewegen dürfen. Bei dieser Art der Formulierung ist es jedoch wichtig, dass der Auftraggeber nicht ohne sachliche Rechtfertigung ein Produktdatenblatt seines Produktfavoriten als Vorlage nimmt und die Werte identisch in das Leistungsverzeichnis überträgt. Sie sollten so gewählt sein, dass die technischen Kriterien des Auftraggebers erfüllt werden und dennoch möglichst viele Produkte angeboten werden können. Wird der Eindruck erweckt, dass trotz allgemeinbeschreibender Formulierung nur ein Produkt zur Auswahl kommen kann, weil z. B. keine Wertebereiche formuliert wurden, sondern exakte Werte eines Produktes aus einem technischen Datenblatt ohne nachvollziehbare Begründung, dann kann dies einen wettbewerbswidrigen Tatbestand darstellen (vgl. Kapitel 4.3).

IV.

Eine Formulierung, die ähnlich sicher, wie der o. g. Beispieltext ist, jedoch deutlich einfacher in seiner Erstellung zeigt das nachfolgende Beispiel:

Hochpassfilter (Digitalfunk)

Lieferung und betriebsbereite Montage eines Hochpassfilters vom Typ »4711 der Firma Funk-Mustermann« oder gleichwertig für alle Antennen. Bei mehreren Digitalfunkgeräte muss zwischen den einzelnen Antennen eine Entkopplung von 30 dB gewährleistet sein.

Produkttyp (informativ): _____

Diese Formulierung beinhaltet ein Referenzprodukt oder Leitfabrikat im Text. Eine solche Formulierung ist nur in Ausnahmefällen möglich. Diese Ausnahme ist nur dann gegeben, wenn der Auftraggeber nicht in der Lage ist, die Produkteigenschaften hinreichend genau und allgemein verständlich zu beschreiben. Ehe dies jedoch gegeben ist, bedarf es ebenfalls einer umfangreichen Marktrecherche und einer entsprechenden Begründung. Bei Verwendung von Leitfabrikaten im Leistungsverzeichnis ist immer der Zusatz »oder gleichwertig« zu verwenden. Nur in Ausnahmefällen kann auf diesen Zusatz verzichtet werden, wenn klar ist, dass die geforderten Eigenschaften begründbar sind und nur ein Hersteller dieses Produkt so liefern kann.

Merke:

Leistungspositionen müssen ausführlich, hinreichend genau und allgemeinverständlich formuliert werden. Nur in begründeten Ausnahmefällen ist die Vorgabe von Leitfabrikaten mit dem Zusatz »oder gleichwertig« möglich!

Diese Leistungspositionen können dann je nach Eigenschaft des Kriteriums als Ausschluss- oder Zuschlagskriterium mit einem Preis versehen werden.

Der Auftraggeber summiert die Preise aller Positionen, die er beabsichtigt zu beauftragen. Er definiert sozusagen den Wertungspreis. Anhand dieser Positionen sucht er den preislich günstigsten Anbieter. Das bedeutet, dass bei einer Entscheidung sowohl die mit einem Preis ausgezeichneten Ausschluss- und Zuschlagskriterien als auch die ggf. optional zusätzlich zu beauftragenden Bedarfspositionen oder Alternativpositionen in die Preissummenbildung mit einfließen müssen. Dieses Verfahren eignet sich gut für die Darstellung und Bewertung von konsumtiven Kosten, wie z. B. die Betriebs- und Wartungskosten. So können neben dem investiven Anschaffungspreis auch die konsumtiven Unterhaltungskosten bewertet werden.

Das folgende Beispiel soll verdeutlichen, welche Auswirkungen die Definition des Wertungspreises haben kann:

Es wird angenommen, dass ein Fahrzeug beschafft werden soll. Zur Verdeutlichung werden hier nur vier exemplarische Leistungspositionen ausgewählt. Auf eine allumfassende detaillierte Beschreibung innerhalb der Positionen wird aus Gründen der Übersichtlichkeit verzichtet.

Der Auftraggeber plant die Anschaffung eines Nutzfahrzeuges (einfacher Kastenwagen). Er möchte sich bestimmte Alternativpositionen bei der Kaufentscheidung offenhalten. Deshalb werden drei Leistungspositionen alternativ abgefragt, jedoch mit dem Hinweis, dass der Bieter in der Lage sein muss diese Optionen anbieten zu können.

Im Rahmen der Ausschreibung geben vier Bieter ein Angebot ab und werden zugelassen. Das Ergebnis sieht wie folgt aus:

Tabelle 34:

Hinweis:
Alle Kriterien sind Ausschlusskriterien und müssen vom Bieter angeboten werden. Preise sind Nettopreise.

Pos.	Beschreibung	Preis Bieter 1	Preis Bieter 2	Preis Bieter 3	Preis Bieter 4
1	Nutzfahrzeug geschlossener Kastenwagen mit einem zul. Gesamtgewicht von 3,5t. Fahrgastraum ist ausgestattet mit 2 Sitzplätzen (Fahrer/Beifahrer). Das Fahrzeug hat im Kastenbereich zwei Flügelhecktüren und eine Schiebetür auf der Beifahrerseite. Zusätzlich hat das Fahrzeug folgenden fahrzeugspezifischen Eigenschaften….	30.000 €	40.000 €	33.000 €	49.000 €
2	Alternativ: Anhängerkupplung mit 3,0t Anhängelast	2.500 €	1.000 €	1.800 €	2.000 €
3	Alternativ: Hochdach zur Vergrößerung des Laderaums. Das Hochdach muss das Laderaumvolumen um mindestens 30 % vergrößern.	6.000 €	-	4.600 €	7.000 €

IV.

Tabelle 34: *– Fortsetzung*

Pos.	Beschreibung	Preis Bieter 1	Preis Bieter 2	Preis Bieter 3	Preis Bieter 4
4	Alternativ: Zweite Schiebetür auf der Fahrersei-te (Öffnungsbereich umfasst bei Wahl des Hochdachs nicht das Hochdach)	2.500 €	-	1.500 €	2.500 €

Erste Betrachtung:

Bei der Prüfung der Angebote fällt sofort auf, dass Bieter 2 die Leistungspositionen 3 und 4 nicht angeboten hat. Obwohl der Auftraggeber klar im Hinweis erläutert hat, dass alle (auch die optionalen Positionen) vom Bieter anzubieten sind, erfolgt hier keine Angabe. Aus diesem Grund und da es sich um wesentliche Leistungspositionen handelt, die den Gesamtpreis wesentlich beeinflussen (vgl. § 41 Abs. 3 UVgO), wird in diesem konkreten Fall der Bieter aus dem weiteren Verfahren ausgeschlossen. Somit bleiben die Bieter 1, 3 und 4 noch im Verfahren übrig.

Betrachtungsbeispiel 1:

Im weiteren Verlauf behält sich der Auftraggeber vor, neben der Beauftragung der Hauptposition 1 ebenfalls die Beauftragung der Position 2, 3 und 4 vorzunehmen. Dazu summiert er sämtliche Positionen zusammen und bildet den Gesamtpreis. Im Beispiel ergibt die Auswertung, dass der Bieter 1 mit 38.000 € das preislich günstigste Angebot abgegeben hat. Der Zuschlag müsste demnach auf das Angebot von Bieter 1 erfolgen.

Tabelle 35:

Pos.	Beschreibung	Preis Bieter 1	Preis Bieter 2	Preis Bieter 3	Preis Bieter 4
1	Fahrzeug	30.000 €	40.000 €	49.000 €	30.000 €
2	Bedarfsposition: Anhängerkupplung	1.000 €	1.000 €	1.800 €	3.000 €
3	Bedarfsposition: Hochdach	6.000 €	-	4.600 €	4.000 €
4	Bedarfsposition: Zweite Schiebetür	1.000 €	-	2.000 €	2.500 €
Gesamtsumme		**38.000 €**	**Ausschluss**	**57.400 €**	**39.500 €**

Nach Zuschlagserteilung erfolgt lediglich die Beauftragung der Position 1 und 3 durch den Auftraggeber. Demnach wäre Bieter 4 mit 34.000 € gegenüber Bieter 1 mit 36.000 € günstiger gewesen.

Betrachtungsbeispiel 2:

Auch in diesem Beispiel behält sich der Auftraggeber vor, neben der Beauftragung der Hauptposition 1 ebenfalls die Beauftragung der Positionen 2-4. Dazu summiert er alle Positionen und bildet den Gesamtpreis. Im Beispiel ergibt die Auswertung, dass der Bieter 3 mit 40.900 € das preislich günstigste Angebot abgegeben hat. Schlussendlich entscheidet sich der Auftraggeber aber nur für die Beauftragung der Bedarfsposition 3 »Hochdach«. Position 2 und 4 fallen weg. Demnach wäre eigentlich Bieter 1 günstiger gewesen. Da bei der Auswertung aber grundsätzlich alle Bedarfspositionen zu summieren sind, gewinnt Bieter 3.

Tabelle 36:

Pos.	Beschreibung	Preis Bieter 1	Preis Bieter 2	Preis Bieter 3	Preis Bieter 4
1	Fahrzeug	30.000 €	40.000 €	33.000 €	49.000 €
2	Bedarfsposition: Anhängerkupplung	2.500 €	1.000 €	1.800 €	2.000 €
3	Bedarfsposition: Hochdach	6.000 €	-	4.600 €	7.000 €
4	Bedarfsposition: Zweite Schiebetür	2.500 €	-	1.500 €	2.500 €
Gesamtsumme		**41.000 €**	**Ausschluss**	**40.900 €**	**60.500 €**

An diesen beiden Beispielen wird deutlich, dass bei unterschiedlicher Betrachtung unterschiedliche Ergebnisse zustande kommen können. Es zeigt somit auch, wie wichtig die gesamte Betrachtung der Leistungspositionen ist, denn Bedarfspostionen gehen immer in die Auswertung mit ein, unabhängig ihrer späteren Beauftragung.

Merke:

Die Preismethode ist ein einfaches Instrument zur Auswahl des geeignetsten Angebotes. Es wird nur der Preis gewertet. Es eignet sich insbesondere zur Darstellung von

IV.

Kosten (Investiv, Lebenszyklus etc.) und zur Beschaffung von marktbekannten oder normierten Produkten. Leistungspositionen sollten jedoch ausführlich, hinreichend genau und allgemein verständlich beschrieben werden. Nur in begründeten Ausnahmefällen ist die Vorgabe von Leitfabrikaten mit dem Zusatz »oder gleichwertig« möglich.

1.1.2 Kritische Betrachtung

Diese Methode hat positive und negative Aspekte, die wie folgt zusammengefasst werden:

Tabelle 37:

Positiv:	Negativ:
▪ Mathematisch einfaches Verfahren.	▪ Muss sehr detailliert beschrieben werden.
▪ Preise liegen bereits in einer einheitlichen metrischen Maßeinheit vor (€).	▪ Darf keinen Interpretationsspielraum beinhalten.
▪ Leicht nachvollziehbar und somit transparent.	
▪ Gut geeignet für einfach Beschaffungen, in denen die Auftragsleistung klar und eindeutig beschrieben werden kann (z. B. einfache allgemeinbekannte Produkte, genormte Produkte bis hin zu herstellerspezifischen Produkten, sofern begründbar).	
▪ Schnelles Verfahren in Bezug auf die Auswertung, da keine Umrechnungen in andere Wertungssysteme erfolgen muss.	

Obwohl bei dieser Methode die Vorteile überwiegen, wird sie im Bereich der Diskussion um die geeignetste Wertungsmethode im Vergaberecht häufig hinterfragt. Dies liegt darin begründet, dass das Vergaberecht vorgibt, das eine Erteilung des Zuschlages auf das wirtschaftlichste Angebot erfolgen soll. Die Wirtschaftlichkeit definiert sich allerdings nach Preis und (!) Leistung. Insbesondere die Bewertung der Leistung ist je nach Formulierung der Leistungspositionen mitunter schwer. Daher sollte diese Methode nicht das ausschließliche Standardwerkzeug bei der Zuschlagserteilung sein. Sie kann aber durchaus je nach Auftragsgegenstand im Einzelfall die geeignetste Methode darstellen.

1.2 Multikriterielle Wertungsmethoden

Ist das Ziel, das wirtschaftlichste Angebot anhand mehrerer Kriterien zu ermitteln, ist die Anwendung von multikriteriellen Entscheidungsmethoden unumgänglich. Sie sind grundlegend für Entscheidungen von Personen und werden in multiattributiven und multiobjektiven Entscheidungssystemen unterschieden (Zimmermann/Gutsche, 1991).

Während bei multiobjektiven Entscheidungssystemen die Anzahl der Alternativen nicht definiert ist, sind bei den multiattributiven Entscheidungssystemen die Alternativen bekannt und begrenzt. Letzteres trifft auf die Entscheidungsvoraussetzungen bei Vergabeprozessen zu. Beim Systemablauf der multiattributiven Entscheidungsprobleme werden dabei die Kriterien in unterschiedliche Beziehungen miteinander gesetzt. Das Ziel dieser Methoden ist es eine transparente Gesamtaussage und somit ein Ergebnis unter Berücksichtigung aller Kriterien zu formulieren.

1.2.1 Einfache Richtwertmethode

Bei der einfachen Richtwertmethode wird die Leistung und der Preis des jeweiligen Angebots in ein Verhältnis gesetzt. Hierzu bedient sich die Methode der Bildung eines einfachen Quotienten. Dieser Quotient wird auch als Kennzahl (BMI, 2018, S. 96), Bewertungszahl (vgl. Genreith, 2003) oder Zuschlagskennzahl (vgl. Bartsch, 2003) bezeichnet.

$$Z = \frac{L}{P}$$

Z = Zuschlagskennzahl für das Preis-Leistungs-Verhältnis
L = Leistungspunktzahl (Angabe in Punkten)
P = Preis (Angabe in Euro)

IV.

Das Angebot mit der höchsten Zuschlagskennzahl erhält den Zuschlag. Die Wahl, welches Leistungskriterium wie viele Punkte erhält, ist grundsätzlich dem Auftraggeber freigestellt (Leistungsbestimmungsrecht). Der Auftraggeber muss jedoch die Wertungskriterien definieren und dem Bieter transparent darlegen, wie viele Punkte bei welchen Voraussetzungen vergeben werden. Diese hat er in den Vergabeunterlagen in der Regel im Leistungsverzeichnis anzugeben.

Tabelle 38:

Hauptkriterium: »Technischer Wert« zu erreichende Gesamtpunktzahl: 1000			
Lfd. **Kriterium**	**Max. Punktzahl**	**Erreichte Punktzahl Bieter**	**Preis Bieter**
1 Die Füllzeit des Kompressorkessels der Drucklufteinrichtung der Werkstatt soll möglichst kurz sein. Dabei wird die Zeit von absoluter Leere bis zum Abschaltdruck von 8 bar bei einem Kesselvolumen von 500 l betrachtet. Die Füllzeit wird in Sekunden angegeben und ist wie folgt mit Punkten bewertet: 0 - 5 Minuten entspricht 500 Punkte 5:01 - 10 Minuten entspricht 250 Punkte 10 Minuten und mehr entspricht 0 Punkte	500		
2 Das Antwort-Zeit-Verhalten des Einsatzleitsystems soll möglichst kurz sein. Hierzu wird ein Referenzeinsatz mit 20 Einsatzmitteln zur Grundlage gelegt. Die Bewertung des Zeitverhalten erfolgt mit folgender Punktzahl: 0 – 500 ms entspricht 1.000 Punkten 501 – 1000 ms entspricht 800 Punkten 1001 – 1500 ms entspricht 600 Punkten 1501 – 2000 ms entspricht 400 Punkten 2001 und mehr entspricht 0 Punkten	1.000		
Summe	**1.500**		

Die einfache Richtwertmethode ist eine mathematisch sehr einfache Möglichkeit der wirtschaftlichen Auswertung. Sie setzt Leistung und Preis in ein einfaches Verhältnis. Sie ist weit verbreitet und ihre schnelle Nachvollziehbarkeit macht sie transparent. Eine Gewichtung zwischen Leistung und Preis ist nicht möglich. Eine Gewichtung innerhalb des Leistungsbereiches sehr wohl und sollte bei der Wahl der Punkteverteilung vom Auftraggeber berücksichtigt werden, da ihre Auswirkungen zu Rangverschiebungen führen können. Zur besseren Darstellung der Auswertung kann ein Kennzahlenfaktor Berücksichtigung finden. Bei der Wahl des Faktors ist eine

> angemessene Potenz (Größenordnung) zu wählen. Hierbei sind auf das richtige Rundungsverfahren und die Rechengenauigkeit zu achten. Für den Fall der Rang-gleichheit sind Entscheidungsregeln zu definieren.

Wahl eines Kennzahlenfaktors

Je nach Größenordnung der Punkt- und Preiswerte kann die Zuschlagskennzahl aus einer oder mehreren Nachkommastellen bestehen. Hier kann die Anwendung eines Faktors zur einfacheren Handhabung sinnvoll sein.

$$Z = \frac{L}{P} * F_Z$$

Z = Zuschlagkennzahl für das Preis-Leistungs-Verhältnis
L = Leistungspunktzahl (Angabe in Punkten)
P = Preis (Angabe in Euro)
F_Z = Kennzahlenfaktor zur Skalierung (z. B. 10.000)

Tabelle 39:

	Angebot Bieter 1	Angebot Bieter 2	Angebot Bieter 3	Angebot Bieter 4
Leistungspunkte (L)	4.300	4.250	3775	6.350
Preis (P)	200.000 €	190.000 €	175.000 €	300.000 €
Zuschlagskennzahl (Z)	0,0215	0,02236842	0,02157143	0,02116667
Faktorisierte Zuschlagskenn-zahl (Z x 10.000)	215	223	215	211
Rang	2	1	2	3

Anhand der Tabelle wird deutlich, dass das Angebot des Bieters 2 die höchste Zu-schlagskennzahl aufweist und somit in der Rangfolge auf Platz 1 der Auswertung liegt. Die Zuschlagskennzahl wurde mit dem Faktor 10.000 skaliert, um so den Un-terschied zu verdeutlichen.

Die Ausprägung des Kennzahlenfaktors kann Auswirkungen auf die Ange-botsauswertung haben. Aus der faktorisierten Zuschlagskennzahl kann am obi-gen Beispiel schnell eine Rangfolge abgeleitet werden. Wird das Beispiel jedoch mit einem Kennzahlenfaktor von 1.000 betrachtet, so ergibt sich folgende Rangfolge:

IV.

Tabelle 40:

	Angebot Bieter 1	Angebot Bieter 2	Angebot Bieter 3	Angebot Bieter 4
Leistungspunkte (L)	4.300	4.250	3775	6.350
Preis (P)	200.000 €	190.000 €	175.000 €	300.000 €
Zuschlagskennzahl (Z)	0,0215	0,02236842	0,02157143	0,02116667
Faktorisierte Zuschlagskenn-zahl (Z x 1.000)	22	22	22	21
Rang	1	1	1	2

Nach dieser Betrachtung würden die Bieter 1-3 auf den ersten Rang und der Bieter 4 auf den zweiten Rang eingestuft werden. Nach der zuvor angesprochenen Sonderfallregelung, dass bei gleicher Rangfolge der Bieter den Zuschlag erhält, der die Leistung zum günstigsten Preis angeboten hat, würde nun der Bieter 3 den Zuschlag erhalten, weil er mit 175.000 € das günstigste Angebot abgegeben hat. Im Vergleich zum obigen Beispiel erkennt der Betrachter schnell, dass die Zuschlagsentscheidung in diesem Fall falsch wäre. Die Beispiele zeigen, dass der Faktor sowie der Umgang mit Rundungswerkzeugen einen Einfluss auf das Ergebnis nehmen können.

Es empfiehlt sich daher nicht, einen pauschalen Faktor für diese Methode festzulegen. Vielmehr ist das Verhältnis des Quotienten von Leistung und Preis zu betrachten und daraus eine geeignete Größenordnung (Potenzen) für den Kennzahlenfaktor abzuleiten.

Merke:

Die Größe des Kennzahlenfaktors kann Auswirkungen auf die Angebotsauswertung haben.

Punkteverteilung im Leistungsbereich

Obwohl zwischen Leistung und Preis kein Gewichtsverhältnis vorhanden ist, da beide Kriterienbereiche zu gleichen Teilen, jeweils 50 %, in die Auswertung einfließen, so können dennoch Gewichtsverlagerungen entstehen. Bei der Wahl der Punktverteilung hat der Auftraggeber zwar wie bereits beschrieben Freiheiten, jedoch ist mit der Auswahl der Punktverteilung auch zwangsläufig eine Gewichtsverteilung verknüpft. Das heißt mit der willkürlichen Verteilung von Punkten für die einzelnen Leistungspositionen entsteht zunächst eine ebenso willkürliche Verteilung von Gewichten innerhalb der

Leistungsbewertung. Diese Verteilung kann Auswirkungen auf die Endauswertung nehmen. Zur Verdeutlichung soll folgendes einfaches fiktives Beispiel dienen:

Der Auftraggeber möchte ein Drehleiterfahrzeug für die Feuerwehr ausschreiben. Als Zuschlagskriterium definiert er folgende Richtwerte als Kriterien:

- Leiterlänge: Hier stellt sich der Auftraggeber eine Länge von 32 m vor.
- Fahrzeuggewicht: Hier stellt sich der Auftraggeber ein Gewicht von 16 t vor.
- Tankinhalt Kraftstoff: Hier stellt sich der Auftraggeber ein Volumen von 100 Liter vor.

Die Richtwerte dürfen aus Sicht des Auftraggebers gerne von den Bietern in der positiven Richtung überschritten werden. Somit darf eine Leiter auch länger als 32 m sein oder das Fahrzeug leichter als 16 t, was angesichts der zu erbringenden Rettungsleistung einen Vorteil darstellen würde und positiv bewertet werden würde. Eine Grenze gibt der Auftraggeber nicht vor. Somit kann der Bieter mit einem Mehr an Leistung auch ein Mehr an Punkten erzielen. Für die Auswertung werden die tatsächlichen Werte der Kriterien als Punkte gleichgesetzt. Somit ergibt eine Leiterlänge von 30 m eine Punktwert von 30 Punkte. Lediglich der Punktwert des Fahrzeuggewichts muss reziprok berechnet werden. Ein Fahrzeuggewicht mit 16 t geht somit mit einem Punktwert von 1/16 (0,0625) in die Auswertung ein.

Tabelle 41:

	Richtwert Auftraggeber	Bieter 1	Bieter 2	Bieter 3
Leiterlänge (m)	32	30	35	25
Fahrzeuggewicht (t)	16	0,0625	0,071428571	0,04
Tankinhalt Kraftstoff (L)	100	100	100	100
Summe	148	130,0625	135,0714286	125,04
Rang		2	1	3

An diesem Beispiel wird deutlich, dass der Bieter 2 den Zuschlag erhält. Die Entscheidung ist nachvollziehbar, weil er ein Drehleiterfahrzeug anbietet, welches mit 35 m die längste Leiter und mit 14 t auch das leichtestes Fahrzeug darstellt. Beim Tankinhalt sind alle Bieter gleich gut, somit hat der Punktwert in diesem Beispiel keinen Einfluss.

IV.

Wird im obigen Beispiel jedoch der Tankinhalt geringfügig verändert, hat dies bereits Einfluss auf die Rangfolge.

Tabelle 42:

	Richtwert Auftraggeber	Bieter 1	Bieter 2	Bieter 3
Leiterlänge (m)	32	30	35	25
Fahrzeuggewicht (t)	16	0,0625	0,071428571	0,04
Tankinhalt Kraftstoff (L)	100	90	80	100
Summe	148	120,0625	115,0714286	125,04
Rang		2	3	1

Das Beispiel zeigt, dass eine aus technischer Sicht geringfügige Änderung beim Tankinhalt bereits einen Rangwechsel zwischen dem ersten und dem dritten Rang auslösen kann. In Bezug auf das Gesamtbild wirkt die Rangfolge subjektiv falsch. Ein Drehleiterfahrzeug, welches in zwei Kriterien deutlich besser ist als das des Zuschlagsangebots muss auch in der Gesamtwertung auch deutlich besser sein! Da dies nicht der Fall ist, woran liegt das?

Es liegt an dem Verhältnis der Punkteverteilung! Durch die einfache Entscheidung die Wertunterschiede ohne Normierung und ohne Grenzwertdefinitionen direkt als Punktwerte einfließen zu lassen, entscheidet sich der Auftraggeber auch gleichzeitig für ein Gewicht. Aufgrund der einfachen Summenbildung wirken sich Kriterien mit hohen Punktwerten in voller Höhe mit einem großen Hebel auf das Gesamtergebnis aus. Im Gegenteil dazu wirken sich Kriterien mit geringen Punktwerten, wie z. B. das reziproke Verwenden des Fahrzeuggewichts, kaum aus.

Eine Abhilfe kann das Vorgeben von Punktbereichen sein, die gleichzeitig eine Überentwicklung in Einzelkriterien verhindern können. So könnten für die Kriterien folgende Punktwertebereiche vorgegeben werden. Zur Vereinfachung werden nur ganze Zahlenwerte angenommen.

Wird dieses Beispiel unter Berücksichtigung dieser neuen Punktwertbereiche erneut betrachtet, so ergibt sich eine neue Darstellung. Dazu wird jeder Wert eines Bieters für ein Kriterium mit den Wertmaßstäben in den oben genannten Tabellen verglichen. Ein Leiterlängenwert von 30m Länge ergibt nach obiger Tabellenauswertung einen Punktwert von 50 Punkten. Ein Fahrzeuggewicht von 16t ergibt null Punkte und ein Tankinhaltsvolumen von 100l ergibt einen Punktwert von 100 Punkten. Werden die

Tabelle 43:

	Richtwert Auftraggeber	Bieter 1	Bieter 2	Bieter 3
Leiterlänge (m)	32	30	35	25
Fahrzeuggewicht (t)	16	0,0625	0,071428571	0,04
Tankinhalt Kraftstoff (L)	100	90	80	100
Summe	148	120,0625	115,0714286	125,04
Rang		2	3	1

Tabelle 44:

Fahrzeug-gewicht in Tonnen	Punktwerte	Leiterlänge in Meter	Punktwerte	Kraftstoff-tankinhalt in Liter	Punktwerte
16 t und schwerer	0	24 m und weniger	0	60 l und weniger	0
15 t	25	25 m – 28 m	25	70 l	25
14 t	50	28 m – 30 m	50	80 l	50
13 t	75	30 m – 32 m	75	90 l	75
12 t und leichter	100	33 m und mehr	100	100 l und mehr	100

Punktwerte der einzelnen Kriterien summiert ergeben sie der Größe nach eine Rangfolge. Diese Rangfolge lautet in diesem Beispiel Bieter 2 vor Bieter 1 vor Bieter 3.

Wertemaxima, die im vorherigen Beispiel möglich gewesen wären, sind hier aufgrund der definierten Punktwertobergrenzen nicht möglich. Somit kann ein Bieter mit einem besonders hohen Einzelkriterium nicht alle anderen Kriterien aushebeln. Die Kontrolle bleibt somit beim Auftraggeber. Dennoch hat diese Herangehensweise auch die Gewichtungsproblematik. Werden die Punktwertmaßstäbe aus den drei Kriterientabellen nicht in der Wertungsrichtung, jedoch in ihrer Ausprägung verändert, so ergibt sich ein Rangwechsel der Ränge 1 und 2.

Es ist klar erkennbar, dass nach wie vor die Wertungsrichtung gleich geblieben ist. Die längste Leiterlänge, das geringste Gewicht und der größte Kraftstofftank erlangen jeweils die höchsten Punktwerte. Aufgrund ihrer Ausprägung definiert der

IV.

Tabelle 45:

	Werte Bieter 1	Punkte Bieter 1	Werte Bieter 2	Punkte Bieter 2	Werte Bieter 3	Punkte Bieter 3
Leiterlänge (m)	30	50	35	100	25	0
Fahrzeuggewicht (t)	16	0	14	50	25	0
Tankinhalt Kraftstoff (L)	100	100	94	75	125	100
Summe	146	150	143	225	175	100
Rang	2		1		3	

Tabelle 46:

	Werte Bieter 1	Punkte Bieter 1	Werte Bieter 2	Punkte Bieter 2	Werte Bieter 3	Punkte Bieter 3
Leiterlänge (m)	30	95	35	100	10	80
Fahrzeuggewicht (t)	16	80	14	90	25	80
Tankinhalt Kraftstoff (L)	100	100	94	75	125	100
Summe	146	275	143	265	160	260
Rang	1		2		3	

Auftraggeber jedoch Gewichte, die im Rahmen der Auswertung zu solchen extremen Veränderungen führen können.

Dieses Beispiel zeigt, dass eine Festlegung von Punktwertbereichen auch bei dieser einfachen Methode einen bedeutenden Einfluss haben kann. Eine pauschale Richtgröße für Verhältnisse gibt es nicht. Sinnvoll ist eine gleichmäßige Ausprägung der Punktwerte der einzelnen Kriterien. Es bleibt schlussendlich immer eine Einzelfallbetrachtung und Simulation der möglichen Auswirkungen bei Veränderung der Punktwertbereiche im Rahmen der Festlegung kann erste Extremverhalten zeigen und ist insbesondere beim erstmaligen Verwenden dieser Methode sinnvoll.[106]

---

106 Vgl. Kapitel Wertungsmethoden und Bewertungsmatrix 4.1.5.

> **Merke:**
> Die Festlegung der Punktwertbereiche ist eine Gewichtsdefinition, die Einfluss auf das Gesamtergebnis hat.

Regeln bei Ranggleichheit

Bei der Wahl dieser Methode sollte ebenfalls der Fall der Ranggleichheit berücksichtigt werden. Das bedeutet, wenn zwei Bieter gleichzeitig den Rang 1 erlangen, sollte dafür eine Regel existieren, wer den Zuschlag erhält. Hier bietet sich folgende Definition im Sinne der Wirtschaftlichkeit an:

»Erreichen mehr als ein Angebot den Auswertungsrang 1 so erhält das preislich günstigste Angebot den Zuschlag.«

Oder allgemeiner formuliert:

»Erreichen mehrere Angebote den gleichen Rang, so richtet sich die Rangfolge nach dem günstigsten Angebotspreis.«

Denkbar ist die gleiche Formulierung auch bezogen auf die höchste Leistungspunktzahl. Diese Regel ist wirtschaftlich nachvollziehbar, weil das Verhältnis zwischen Leistung und Preis in diesem Fall bei den erstrangigen Angeboten gleich ist.

Tabelle 47:

	Angebot Bieter 1	Angebot Bieter 2	Angebot Bieter 3	Angebot Bieter 4
Leistungspunkte (L)	2.000	10.000	3.800	4.000
Preis (P)	5.000 €	25.000 €	11.000 €	13.000 €
Zuschlagskennzahl (Z)	0,4	0,4	0,34545455	0,30769231
Faktorisierte Zuschlagskennzahl (Z x 1000)	400	400	345	308
Rang	1	1	2	3

Im obigen Beispiel wird deutlich, dass der Bieter 1 den Zuschlag erhalten würde, weil er bei gleichen Leistungs-Preis-Verhältnis um das Fünffache günstiger ist als das an-

IV.

dere Angebot von Bieter 2 auf Rang 1. Es bedeutet aber auch, dass die o. g. Regel bei Ranggleichheit auch immer dazu führt das Angebot mit der niedrigsten Qualität den Zuschlag erhält. Diese Regel kann in Zusammenhang mit dieser Wertungsmethode jedoch auch zu weiterer sonderbaren Situationen führen. Dies ist der Fall, wenn das hochpreisige Angebot nur um wenige Euro günstiger wäre als im oben genannten Beispiel. Dann sähe das Endergebnis völlig anders aus:

Tabelle 48:

	Angebot Bieter 1	Angebot Bieter 2	Angebot Bieter 3	Angebot Bieter 4
Leistungspunkte (L)	2.000	10.000	3.800	4.000
Preis (P)	5.000 €	24.900 €	11.000 €	13.000 €
Zuschlagskennzahl (Z)	0,4	0,40160643	0,34545455	0,30769231
Faktorisierte Zuschlagskennzahl (Z x 1000)	400	402	345	308
Rang	2	1	3	4

In dieser Konstellation ist Bieter 2, der fünfmal teurer ist, der Gewinner der Auswertung und erhält den Zuschlag, weil er mit seinem Angebot die höhere Zuschlagskennzahl erreicht hat, wenn auch nur knapp.

Die Ausprägung des Abstandes wird in dieser Wertungsmethode aber nicht berücksichtigt, somit ist es irrelevant wie groß der Rangunterschied ausfällt. Aus wirtschaftlicher Sicht ist dieser Unterschied aber schon fragwürdig und der Betrachter kann sich zu Recht die Frage stellen, ob dieser Unterschied oder dieses »Mehr an Leistungs-Preis-Verhältnis« das »Mehr« an Preis für den Beschaffungszweck rechtfertigt.

Kritische Betrachtung

Die einfache Richtwertmethode ist aufgrund ihrer Quotientenbildung die einfachste lineare Auswertungsmethode. Aufgrund dieser Eigenschaft ist sie leicht nachvollziehbar und transparent. Diese Eigenschaft wird vom Vergaberecht auch gefordert. Problematisch ist jedoch die Eigenart, dass bei der Quotientenbildung zwei verschiedenen Maßsysteme (Punkte und Euro-Währung) miteinander durch Division in ein Verhältnis gesetzt werden. Dies kann unter bestimmten Rahmenbedingungen zu sonderbaren Ergebnissen führen. Ein Beispiel wurde zuvor angeführt. Dennoch ist diese Methode dadurch nicht grundsätzlich als ungeeignet einzustufen. Der Anwender sollte sich über diesen Umstand aber bewusst und für solche Sonderfälle sensibel sein. Die einfache Richtwertmethode ist ein probates Mittel für Auswertung im Bereich der Beschaffung von standardisierten Produkten, die der Markt kennt, die bestenfalls genormt sind oder die aufgrund eines detaillierten Leistungsverzeichnisses interpretationsfrei beschrieben werden können. Letzteres erfordert einen hohen Arbeitsaufwand bei der Erstellung der Leistungsverzeichnisse.

1.2.2 Einfache gewichtete Richtwertmethode

Bei der einfachen Richtwertmethode wird die Leistung und der Preis des jeweiligen Angebots in ein direktes Verhältnis gesetzt. Beide Bewertungsbereiche gehen zu gleichen Teilen in die Quotientenbildung und somit in die Kennzahlenbildung mit ein. Soll dieses Verhältnis verändert werden, so kann sich der Anwender eines Gewichtungsfaktors bedienen. Hierzu können Leistung und Preis mit einem bestimmten Prozentwert versehen werden, z. B. Leistung 60 % und Preis 40 %. Anschließend erfolgt die Quotientenbildung.

$$Z = \frac{G_L * L}{G_P * P} * F_Z$$

Z = Zuschlagkennzahl für das Preis-Leistungs-Verhältnis
G_L = Gewichtungsfaktor Leistung
L = Leistungspunktzahl (Angabe in Punkten)
P = Preis (Angabe in Euro)
G_P = Gewichtungsfaktor Preis
F_Z = Kennzahlenfaktor zur Skalierung (z. B. 10.000)

Das Angebot mit der höchsten Zuschlagskennzahl erhält dann abschließend den Zuschlag.

Zur Verdeutlichung werden die bekannten Angebote mit dem Gewichtungsfaktor 70/ 30 (Leistung/Preis) gewichtet. Die Leistung soll somit mit einem höheren Gewicht versehen werden als der Preis. Die Bieter können demnach erkennen, dass dem Auftraggeber die Qualität und Leistung deutlich wichtiger ist als der Preis. Die Angebote werden nach o. g. Formel ausgewertet.

Das Einbringen eines Gewichtungsfaktors hat direkten Einfluss auf den Betrag der Zuschlagskennzahl. In diesem Beispiel erhält Bieter 2 den Zuschlag, da sein Angebot die höchste Zuschlagskennzahl erhält.

IV.

Tabelle 49:

	Angebot Bieter 1	Angebot Bieter 2	Angebot Bieter 3	Angebot Bieter 4
Leistungspunkte (L)	2.000	10.000	3.800	4.000
Gewicht Leistung	0,7	0,7	0,7	0,7
Preis (P)	5.000 €	24.900 €	11.000 €	13.000 €
Gewicht Preis	0,3	0,3	0,3	0,3
Zuschlagskennzahl (Z)	0,0840	0,0843	0,0725	0,0646
Faktorisierte Zuschlagskennzahl (Z x 1000)	84	84,3373494	72,5454545	64,6153846
Rang	2	1	3	4

Wird der Gewichtungsfaktor verändert, z. B. auf 20 % Leistung und 80 % Preis, so ändert sich auch hier die Zuschlagskennzahl deutlich. Der Bieter erkennt am Gewichtungsfaktor sofort, dass dem Auftraggeber mehr an einem günstigen Angebotspreis gelegen ist als an der Leistung des Produkts.

Tabelle 50:

	Angebot Bieter 1	Angebot Bieter 2	Angebot Bieter 3	Angebot Bieter 4
Leistungspunkte (L)	2.000	10.000	3.800	4.000
Gewicht Leistung	0,2	0,2	0,2	0,2
Preis (P)	5.000 €	24.900 €	11.000 €	13.000 €
Gewicht Preis	0,8	0,8	0,8	0,8
Zuschlagskennzahl (Z)	0,0640	0,0643	0,0553	0,0492
Faktorisierte Zuschlagskennzahl (Z x 1000)	64	64,2570281	55,2727273	49,2307692
Rang	2	1	3	4

In diesem Beispiel erhält Bieter 2 den Zuschlag, da sein Angebot die höchste Zuschlagskennzahl erhält.

Merke:

Die einfache gewichtete Richtwertmethode ist eine Erweiterung der einfachen Richtwertmethode mit einem scheinbaren Gewichtungsfaktor.

Kritische Betrachtung

Werden die letzten beiden Auswertungen verglichen und sogar noch die ursprüngliche Angebotslage aus dem Beispiel ohne Gewichtungsfaktor hinzugezogen, fällt sofort auf, dass sich zwar die Kennzahlen verändert haben, die Rangfolge aber gleich geblieben ist. Die Ausprägung des Gewichtungsfaktors als auch seine Verwendung selbst hatten keinen Einfluss auf die Rangfolge! Dieses Verhalten ist irreführend und vergaberechtlich absolut nicht empfehlenswert. Den Bietern wird durch die Darstellung des Gewichtungsfaktors augenscheinlich suggeriert, dass Teile des Angebotes unterschiedlich gewichtet werden. Faktisch hat die Gewichtung keinen Einfluss. Ein Mehr an Leistung oder Preis wird somit vom Gewichtungsfaktor nicht beeinflusst. Die Ursache für dieses Verhalten der Formel liegt in der Quotientenbildung. Der Gewichtsfaktor wird wie die ursprüngliche Zuschlagskennzahl selbst im Rahmen einer einfachen Quotientenbildung ermittelt und ergibt einen Gewichtungsfaktor der mit dem ursprünglichen Kennzahlenfaktor multipliziert wird. Dabei ist es irrelevant welche Größenordnung er hat. Er verhält sich wie der Skalierungsfaktor FZ und verändert nur die Darstellung.

Merke:

Die einfache gewichtete Richtwertmethode ist irreführend und ungeeignet!

1.2.3   Erweiterte Richtwertmethode

Die erweiterte Richtwertmethode basiert auf der einfachen Richtwertmethode und erweitert sie um einen Schwankungsbereich. So soll mehr Spielraum bei der Wahl des wahren wirtschaftlichsten Angebots gegeben werden. Der Schwankungsbereich definiert sich über die beste Zuschlagskennzahl also dem besten Verhältnis aus Leistung und Preis und einem Bereich in denen weitere Kennzahlen von Angeboten liegen dürfen, damit sie in die Auswertung mit einbezogen werden.

Die Vorgehensweise gestaltet sich folgender Maßen:

- Definition der Zuschlagskriterien, z. B.:
- günstigster Angebotspreis,

IV.

- beste Punktzahl,
- bester Wert in einem Einzelkriterium,
- Definition der Größenordnung des Schwankungsbereiches z. B. 6 % → 8 % → 10 %.

Berechnung des Kennzahlenfaktors nach der einfachen Richtwertmethode für alle Angebote (Bieter)

$$Z = \frac{L}{P} * F_Z$$

mit:

Z = Zuschlagkennzahl für das Preis-Leistungs-Verhältnis
L = Leistungspunktzahl (Angabe in Punkten)
P = Preis (Angabe in Euro)
F_Z = Kennzahlenfaktor zur Skalierung (z. B. 10.000)

Auswahl des Angebotes mit der größten Zuschlagskennzahl. Diese Zuschlagskennzahl definiert die Obergrenze des Schwankungsbereiches

$$OG = Z_{max}$$

mit:

OG = Obergrenze Schwankungsbereich (Angabe in Punkten)
Z_{max} = Zuschlagskennzahl für das Preis-Leistungs-Verhältnis

Berechnung der Untergrenze des Schwankungsbereiches. Sie berechnet sich aus der Obergrenze abzüglich 10 % (in diesem Beispiel).

$$UG = (100\% - \Delta_{Schwankung}) * OG$$

mit:

UG = Untergrenze Schwankungsbereich (Angabe in Punkten)
$\Delta_{Schwankung}$ = Schwankungsbereich in Prozent (z. B. 10 %)
OG = Obergrenze Schwankungsbereich (Angabe in Punkten)

Erneute Prüfung aller Angebotskennzahlen, ob sie Element dieses Bereiches sind. Alle Angebote, die innerhalb dieses Bereiches liegen, gehen in die Auswertung ein.

Es erfolgt die Auswahl des besten Angebotes aufgrund der vorher definierten Zuschlagskriterien, z. B. günstigster Angebotspreis oder beste Punktzahl oder bester Wert in einem Einzelkriterium.

Im folgenden Beispiel werden Angebote von fünf Bietern miteinander verglichen. Die Auswertung der Tabelle nach der einfachen Richtwertmethode zeigt, dass der Bieter 5 auf Rang 1 liegt. Nach dieser Methode würde er den Zuschlag erhalten und das Verfahren wäre beendet.

Tabelle 51:

	Bieter 1	Bieter 2	Bieter 3	Bieter 4	Bieter 5
Leistung	8000	7500	9000	11000	10200
Preis (P)	9000	9500	10500	13500	11000
Zuschlagskennzahl (Z)	0,88889	0,78947	0,85714	0,81481	0,92727
Faktorisierte Zuschlagskennzahl (Z x 1000)	889	789	857	815	927
Rang nach Zuschlagskennzahl	2	5	3	4	1

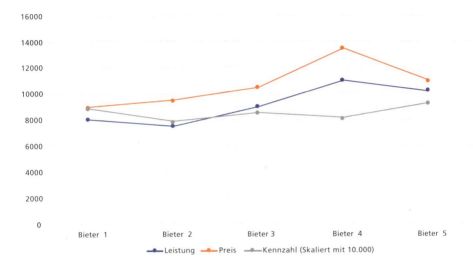

Bild 48:   *Verlauf der Zuschlagskennzahl im Verhältnis zu Preis und Leistungskurve*

Die Grafik zeigt den Verlauf der Zuschlagskennzahl im Verhältnis zu Preis und Leistungskurve. Die Zuschlagskennzahl wurde zur besseren Darstellung für diese Grafik mit dem Faktor 10.000 multipliziert. Es wird deutlich, dass die Kennzahlenkurve homogen verläuft und Bieter 5 geringfügig besser ist als Bieter 1. Lediglich die Werte Preis und Leistung liegen bei Bieter 5 deutlich über Bieter 1.

Die erweiterte Richtwertmethode legt nun auf Grundlage des führenden Angebotes einen Schwankungsbereich fest. Die Obergrenze ist die beste Zuschlagskennzahl und in diesem Beispiel der Wert 927. Von diesem Wert werden z. B. 10 %

abgezogen und so der untere Grenzwert des Schwankungsbereiches festgelegt. In diesem Beispiel liegt dieser Wert bei 835.

Tabelle 52:

	Bieter 1	Bieter 2	Bieter 3	Bieter 4	Bieter 5
Zuschlagskennzahl (1.000)	889	789	857	815	927
Obergrenze	927	927	927	927	927
Untergrenze (10 %)	835	835	835	835	835

Werden nun die Angebote erneut betrachtet, ist festzustellen, dass die Bieter 1 und 3 aufgrund ihrer Zuschlagskennzahl ebenfalls innerhalb des Schwankungsbereiches liegen. Ihre Angebote werden somit in die folgende, fortgeführte Auswertung mit einbezogen.

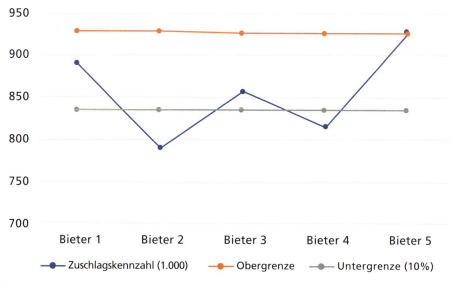

Bild 49:   *Auswertung Bieter 1 und 3 im Verhältnis zur Ober- und Untergrenze*

Nach der erweiterte Richtwertmethode wird nun das vorher definierte Zuschlagskriterium an den Angeboten überprüft. In diesem Beispiel sei dies der günstigste Angebotspreis. Dies führt zum Ergebnis, dass das Angebot des Bieters 1 nun auf Rang 1 mit 9.000 € liegt, gefolgt vom Angebot des Bieters 3 mit 10.500 € und des Bieters 5 mit 11.000 €.

Tabelle 53:

	Bieter 1	Bieter 2	Bieter 3	Bieter 4	Bieter 5
Leistung	8000	7500	9000	11000	10200
Preis	9000	9500	10500	13500	11000
Zuschlagskennzahl	0,88889	0,78947	0,85714	0,81481	0,92727
Faktorisierte Zuschlagskennzahl (1000)	889	789	857	815	927
Obergrenze			927		
Untergrenze (10 %)			835		
Rang nach Zuschlagskennzahl innerhalb Schwankungsbereich	2	ausge-schieden	3	ausge-schieden	1
Rang nach Preis innerhalb Schwankungsbereich	1	ausge-schieden	2	ausge-schieden	3

Verglichen mit dem Ergebnis der einfachen Richtwertmethode ergibt die erweiterte Richtwertmethode eine völlig andere Rangfolge.

Tabelle 54:

Rangfolge nach einfacher Richtwertmethode	Rangfolge nach erweiterter Richtwertmethode
Bieter 5	Bieter 1
Bieter 1	Bieter 3
Bieter 3	Bieter 5

Aber auch diese Rangfolge ist in diesem Beispiel konkret vom gewählten Zuschlagskriterium abhängig. Würde die Wahl auf ein anderes Zuschlagskriterium fallen, wie z. B. die erreichte Leistungspunktzahl oder einzelnen Leistungskriterien innerhalb der

IV.

Leistungsbeschreibung, so können die Ergebnisse wiederum anders ausfallen. Ein zusätzliches Steuerkriterium ist das Definieren von zusätzlichen Grenzwertkriterien, wie z. B. eine Preisobergrenze oder ein Mindestleistungspunktwert. Hierdurch können Ausreißer im Bereich der Angeboten ausgeklammert werden.

Merke:

Das Festlegen von Grenzwerten kann Ausreißerangebote verhindern. Grenzwerte können verhindern, dass extrem leistungsschwache oder extrem teure Angebote in die Auswertung einfließen.

Merke:

Die erweiterte Richtwertmethode ist mathematisch gleich der einfachen Richtwertmethode. Sie ist eine einfache Möglichkeit der wirtschaftlichen Auswertung. Sie setzt Leistung und Preis in ein einfaches Verhältnis und erweitert die Entscheidungsfindung durch einen Schwankungsbereich. Sie ist weit verbreitet und ihre schnelle Nachvollziehbarkeit macht sie transparent. Eine Gewichtung zwischen Leistung und Preis ist nicht möglich. Eine Gewichtung innerhalb des Leistungsbereiches schon und sollte bei der Wahl der Punkteverteilung vom Auftraggeber berücksichtigt werden. Die Schwankungsbereiche verhindern massive Auswirkungen durch Ausreißerangebote und wirken Rangverschiebungen entgegen. Durch die Definition von Zuschlagskriterien über den Kennzahlenfaktor hinaus erhöht dich die Effizienz bei der Auswahl des wirtschaftlichsten Angebotes. Aber auch hier sind für den Fall der Ranggleichheit weitere Entscheidungskriterien zu definieren.

Kritische Betrachtung

Die erweiterte Richtwertmethode ist aufgrund ihrer grundsätzlichen Gleichheit zur einfachen Richtwertmethode und der implizierten Quotientenbildung ebenfalls eine einfache lineare Auswertungsmethode. Ihre Eigenschaften sind somit ebenfalls ähnlich. Die erweiterte Richtwertmethode ist eine leicht nachvollziehbare, transparente Methode. Allerdings ist auch bei dieser problematisch, dass bei ihr eine Quotientenbildung stattfindet, die zwei verschiedenen Maßsysteme (Punkte und Euro-Währung) miteinander durch Division in ein Verhältnis setzt. Die extremen Auswirkungen der einfachen Richtwertmethode werden bei dieser Methode jedoch durch die Definition des Schwankungsbereiches deutlich reduziert. In Verbindung mit Grenzwerten die zusätzlich definiert werden können, wie z. B. Preisobergrenzen oder Mindest-Leistungspunktzahlen, stellt sie eine praxisorientierte und einfache Methode zur Ermittlung des wirtschaftlichsten Angebotes.

1.2.4   Erweiterte gewichtete Richtwertmethode

Die erweiterte Richtwertmethode kann theoretisch ebenfalls mit einem Gewichtungsfaktor versehen werden. Dazu wird jeweils vor den einzelnen Termen ein Gewichtungsfaktor hinzugefügt. Die Vorgehensweise gestaltet sich identisch zur erweiterten Richtwertmethode: Definition der Zuschlagskriterien, z. B.:

- günstigster Angebotspreis,
- beste Punktzahl,
- bester Wert in einem Einzelkriterium

Definition der Größenordnung des Schwankungsbereiches z. B. 6 % → 8 % → 10 %

Berechnung des Kennzahlenfaktors nach der einfachen Richtwertmethode für alle Angebote (Bieter)

$$Z = \frac{L}{P} * F_Z$$

$$Z = \frac{G_L * L}{G_P * P} * F_Z$$

mit:

Z = Zuschlagskennzahl für das Preis-Leistungs-Verhältnis
G_L = Gewichtungsfaktor Leistung
L = Leistungspunktzahl (Angabe in Punkten)
G_P = Gewichtungsfaktor Preis
P = Preis (Angabe in Euro)
F_Z = Kennzahlenfaktor zur Skalierung bei Bedarf (z. B. 10.000)

Auswahl des Angebotes mit der größten Zuschlagskennzahl. Diese Zuschlagskennzahl definiert die Obergrenze des Schwankungsbereiches

$$OG = Z_{max}$$

mit:

OG = Obergrenze Schwankungsbereich (Angabe in Punkten)
Z_{max} = Zuschlagskennzahl für das Preis-Leistungs-Verhältnis

Berechnung der Untergrenze des Schwankungsbereiches. Sie berechnet sich aus der Obergrenze abzüglich 10 % (in diesem Beispiel).

$$UG = (100\% - \Delta_{Schwankung}) * OG$$

mit:

UG   = Untergrenze Schwankungsbereich (Angabe in Punkten)
$\Delta_{Schwankung}$ = Schwankungsbereich in Prozent (z. B. 10 %)
OG   = Obergrenze Schwankungsbereich (Angabe in Punkten)

Erneute Prüfung aller Angebotskennzahlen, ob sie Element dieses Bereiches sind. Alle Angebote, die innerhalb dieses Bereiches liegen, gehen in die Auswertung ein, alle anderen scheiden aus. Es erfolgt die Auswahl des besten Angebotes aufgrund der vorher definierten Zuschlagskriterien, z. B. günstigster Angebotspreis oder beste Punktzahl oder bester Wert in einem Einzelkriterium.

Da bei dieser Variante ebenfalls wie bei der einfachen gewichteten Richtwertmethode das Gewicht in diesem Formelkonstrukt sich zu einem Skalierungsfaktor ausklammern lässt und somit keinen Einfluss auf die Rangfolge hat, wird auf die Gewichtung an dieser Stelle nicht weiter eingegangen.

Merke:

Die erweiterte gewichtete Richtwertmethode ist mathematisch gleich der erweiterten Richtwertmethode. Sie ist einfache Möglichkeit der wirtschaftlichen Auswertung. Sie setzt Leistung und Preis in ein einfaches aber gewichtetes Verhältnis.

Kritische Betrachtung

Die erweiterte gewichtete Richtwertmethode ist trotz erweiterter Gewichtungsfaktoren aufgrund ihrer einfachen Formelkonstruktion schnell nachvollziehbar und leicht anzuwenden. Die Gewichtungsfaktoren stellen bei näherer Betrachtung in diesem mathematischen Verhältnis jedoch überhaupt gar keinen gewichtenden Einfluss dar. Sie haben eine rein skalierende oder maßstabsverändernde Funktion. Durch die Anwendung der Gewichtungsfaktoren in einem reinen Quotienten und Produktverhältnis können in diesem Fall die Gewichtungsfaktoren getrennt von den Leistungs- und Preiskriterien faktorisiert werden.

$$Z = \frac{G_L}{G_P} * \frac{L}{P} * F_Z$$

Da nun für *GL* und *GP* beliebige Werte eingesetzt werden können und sie als Faktoren einheitenlos sind, stellen sie als Ergebnis der Quotientenrechnung einen gewöhnlichen Faktor dar

$$Z = \frac{G_L}{G_P} * \frac{L}{P} * F_Z$$

mit für *GL* = 80 % und *GP* = 20 % ergibt

$$Z = \frac{0,8}{0,2} * \frac{L}{P} * F_Z$$

Somit

$$Z = 0,4 * \frac{L}{P} * F_Z$$

Damit ist irrelevant, welche pseudohaften Gewichte für Leistung und Preis gewählt werden, weil sie keinen verändernden Einfluss auf die Auswertung haben.

Die Gewichtungsfaktoren suggerieren dem Anwender und dem Bieter eine Gewichtung der Leistungs- und Preiskriterien. Sie stellen aber mathematisch nichts anderes als einen Skalierungs- oder Maßstabsfaktor dar. Somit hat die Gewichtung hier keinen gewichtenden Einfluss.

Merke:

Die erweiterte gewichtete Richtwertmethode gewichtet nicht und sollte daher nicht zur Anwendung kommen!

1.2.5 Gewichtete Referenz-Richtwertmethode (Referenzwertmethode)

Die gewichtete Referenz-Richtwertmethode (BMI, 2012, S. 17 f.), vereinfacht Referenzwertmethode genannt, ist eine Variante, die Gewichtungswünsche in die Auswertung der Angebote einfließen zu lassen. Neben dieser Methode gibt es noch andere Varianten dieser Methode, die in den folgenden Kapiteln ebenfalls noch vorgestellt werden.

Wie bei der einfachen und erweiterten Richtwertmethode findet bei der Referenzwertmethode die Bildung eines Quotienten statt. Entgegen der bereits bekannten Methoden wird hier allerdings nicht die Leistung durch den Preis dividiert, sondern die Referenzwertmethode ist eine kennzahlenbasierte Methode, die ihre Teilkennzahlen aus den Leistungs- und dem Preisterm getrennt ermittelt. Hierzu werden Leistung und Preis durch einen Quotienten dividiert, der die Aufgabe hat die Terme in ein bestimmtes Werteverhältnis zu setzen und damit vergleichbar zu machen. Dieser Vorgang wird in der Mathematik als Normierung bezeichnet. Im Anschluss werden die Terme mit einem Gewicht versehen. Diese gewichteten Teilkennzahlen werden dann in ein Differenzverhältnis gesetzt und ergeben die Gesamtkennzahlen anhand derer das beste Angebot ausgewählt werden kann.

Bei der Referenzwertmethode wird die Normierung mittels eines Referenzwertes durchgeführt. Das bedeutet, dass der Auftraggeber die Werte für die Normierung festlegt, in dem er einen Wert für die Leistung und einen Wert für den Angebotspreis definiert. Die Werte basieren im Regelfall auf eine valide Schätzung.

IV.

Anschließend erfolgt die Bildung von Quotienten.

$$Z = \left(G_L * \frac{L}{L_{Referenz}} - G_P * \frac{P}{P_{Referenz}} \right) * F_Z$$

Mit:

Z	= Zuschlagskennzahl für das Preis-Leistungs-Verhältnis
G_L	= Gewichtungsfaktor Leistung
L	= Leistungspunktzahl (Angabe in Punkten)
$L_{Referenz}$	= Referenzwert für die Leistung (Angabe in Punkten)
G_P	= Gewichtungsfaktor Preis
P	= Preis (Angabe in Euro)
$P_{Referenz}$	= Referenzwert für den Preis (Angabe in Euro)
F_Z	= Kennzahlenfaktor zur Skalierung bei Bedarf (z. B. 1.000)

Die abschließende Zuschlagskennzahl Z für das Preis-Leistungsverhältnis verhält sich proportional zur Wirtschaftlichkeit wie bei der einfachen und erweiterten Richtwertmethode. Je größer die Zuschlagskennzahl, desto besser (wirtschaftlicher) ist das Angebot.

Ein wesentlicher Unterschied zu den beiden bekannten Methoden ist, dass die Zuschlagskennzahl Z in diesem Fall »einheitenlos« ist. Die Einheiten Punkte und Euro kürzen sich durch die Normierung heraus.

Die Referenzwertmethode sieht durchgeführt an einem Beispiel wie folgt aus:
- Der Auftraggeber gibt für die Auswertung folgende Werte vor:
- Gewichtungsfaktor Leistung: 0,7 oder auch 70 %
- Referenzwert für die Leistung: 4.100 Punkte
- Gewichtungsfaktor Preis: 0,3 oder auch 30 %
- Referenzwert für den Preis: 12.000 €

Tabelle 55:

	Angebot Bieter 1	Angebot Bieter 2	Angebot Bieter 3	Angebot Bieter 4
Gewicht Leistung	0,7			
Leistungspunkte (L)	3.500	3.600	3.800	4.000
Referenzwert Leistung	3.900			
Gewicht Preis	0,3			
Preis (P)	9.000 €	10.000 €	11.000 €	13.000 €
Referenzwert Preis	12.000 €			

Tabelle 55: – *Fortsetzung*

	Angebot Bieter 1	Angebot Bieter 2	Angebot Bieter 3	Angebot Bieter 4
Zuschlagskennzahl (Z)	0,4032	0,3962	0,4071	0,3929
Faktorisierte Zuschlagskennzahl (Z x 1000)	403	396	407	393
Rang	**2**	**3**	**1**	**4**

Die Auswertung ergibt, dass das Angebot 3 die höchste Zuschlagskennzahl erreicht hat und somit den Zuschlag erhält. Das Ergebnis ist plausibel, da die Leistung mit 70 % gegenüber dem Preis mit 30 % in die Auswertung eingeht.

Würde man dieses Verhältnis umdrehen, also der Leistung nur 30 % und dem Preis 70 % Gewicht beimessen, so würde Angebot 1 den ersten Rang belegen. Auch dieses Ergebnis ist in Anbetracht der Gewichtung plausibel.

Tabelle 56:

	Angebot Bieter 1	Angebot Bieter 2	Angebot Bieter 3	Angebot Bieter 4
Gewicht Leistung	0,3			
Leistungspunkte (L)	3.500	3.600	3.800	4.000
Referenzwert Leistung	3.900			
Gewicht Preis	0,7			
Preis (P)	9.000 €	10.000 €	11.000 €	13.000 €
Referenzwert Preis	12.000 €			
Zuschlagskennzahl (Z)	**-0,2558**	**-0,3064**	**-0,3494**	**-0,4506**
Faktorisierte Zuschlagskennzahl (Z x 1000)	-256	-306	-349	-451
Rang	**1**	**2**	**3**	**4**

IV.

Bei diesem Beispiel ist zu erkennen, dass die Zuschlagskennzahl bei allen Angeboten negativ dargestellt ist. Die Ursache liegt in der Subtraktion der Teilkennzahlen und soll den Betrachter nicht verunsichern. Auch hier gilt die größte Zuschlagskennzahl, also die Zuschlagskennzahl mit dem positiveren Wert (Näher zu Null) stellt das wirtschaftlichste Angebot dar.

Merke:

Die Referenzwertmethode normiert die einzelnen Terme mittels Referenzwerten, gewichtet diese und bildet die Zuschlagskennzahl aus der Subtraktion der entsprechenden Teilkennzahlen der Terme. Der Auftraggeber muss die Referenzwerte im Vorfeld festlegen. Dabei ist auf eine sorgfältige Auswahl der Größenordnung der Referenzwerte zu achten. Deutliche Abweichungen zum Minimum haben einen großen Einfluss auf das Ranking und können die Auswahl des wirtschaftlichsten Angebotes negativ beeinflussen.

Kritische Betrachtung

Die Referenzwertmethode ist eine Methode, die den Ansatz verfolgt das Gewicht von Leistung und Preis getrennt zu bewerten und nicht in einem direkten Quotientenverhältnis abzubilden. Dies kann zu den bekannten Fehlern führen, die in der einfachen gewichteten Richtwertmethode bereits beschrieben wurden. Die Methode entgegnet dem mittels der Quotientenbildung durch Referenzwerte. Sofern die Referenzwerte realistisch gewählt wurden, ist die Methode gewissenhaft anzuwenden. Problematisch wird die Anwendung dieser Methode dann, wenn es nicht möglich ist einen realistischen Referenzwert für Leistung oder Preis zu bestimmen. Insbesondere durch die Quotientenbildung entsteht hier ein mathematischer Hebel, der z. B bei der Leistung dafür sorgen kann, dass bei der Wahl von zu kleinen Referenzwerten der Quotient sehr groß wird. Das bedeutet, dass Angebote mit hoher Leistung bei Wahl eines kleinen Referenzwertes eine hohe Zuschlagskennzahl erreichen können. Das ist zwar wünschenswert, wird aber durch die Wahl eines zu geringen Referenzwertes dem Anbieter nicht suggeriert. Gleiches gilt für Angebote mit hohen Preisen bei einem niedrigen Referenzwert.

Deutlich wird dies, wenn für das o. g. Beispiel der Referenzwert für die Leistungspunkte auf 2.800 Punkte heruntergesetzt wird.

Obwohl der Referenzwert für den Preis nicht verändert wurde, erlangen die gleichen Angebote wie oben nun eine andere Rangfolge. Das Angebot 4 mit der höchsten Leistungspunktzahl, aber auch mit dem höchsten Preis, erhält nun den Zuschlag.

Tabelle 57:

	Angebot Bieter 1	Angebot Bieter 2	Angebot Bieter 3	Angebot Bieter 4
Gewicht Leistung	0,7			
Leistungspunkte (L)	3.500	3.600	3.800	4.000
Referenzwert Leistung	2.800			
Gewicht Preis	0,3			
Preis (P)	9.000 €	10.000 €	11.000 €	13.000 €
Referenzwert Preis	12.000 €			
Zuschlagskennzahl (Z)	0,6500	0,6500	0,6750	0,6750
Faktorisierte Zuschlagskennzahl (Z x 1000)	650	650	675	675
Rang	3	3	2	1

Merke:

Die Methode ist somit nicht grundsätzlich unbrauchbar, im Hinblick auf eine sorgfältige Auswahl der Referenzwerte sensibel zu betrachten.

1.2.6 Gewichtete Median-Richtwertmethode (Medianmethode)

Die gewichtete Median-Richtwertmethode, auch Medianmethode genannt, ist eine Variante, die ebenfalls mit der Quotientenbildung arbeitet. Sie ähnelt vom Aufbau her sehr der Referenzwertmethode, ist ebenfalls eine kennzahlenbasierte Methode und unterscheidet sich in der Bildung des Quotienten. Anstelle des Referenzwertes im Quotienten arbeitet sie mit dem Median für die Leistung und dem Preis. Auch bei ihr findet eine Normierung statt, um die Werte vergleichbar zu machen. Im Anschluss werden hier ebenfalls die Terme mit einem Gewicht versehen. Diese gewichteten Teilkennzahlen werden dann in ein Differenzverhältnis gesetzt und ergeben die Gesamtkennzahlen anhand derer das beste Angebot ausgewählt werden kann.

Da bei der Medianmethode der Quotient aus dem Median von Leistung und Preis der Angebote gebildet wird, muss zur Berechnung ein Zwischenschritt, nämlich die

Festlegung oder ggf. Berechnung des Medians, erfolgen. Ein Median wird auch als Zentralwert bezeichnet. Er stellt einen speziellen mittleren Wert in einem Datensatz dar. Ein Wert heißt Median, wenn mindestens 50 % aller Beobachtungswerte kleiner oder gleich und mindestens 50 % aller Beobachtungswerte größer oder gleich sind (»Median« in: Gabler Wirtschaftslexikon).

Bei einer ungeraden Anzahl an Angeboten ist der Median für Leistung oder Preis dem mittleren Angebot der nach Größe geordneten Merkmalswerte der Angebote zu entnehmen. Die Angebote werden dazu ordinal geordnet. Das bedeutet z. B. für den Median »Angebotspreis«, dass die Angebote nach ihrem Peis aufsteigend geordnet werden. Das Angebot, welches sich von seiner Lage bzw. Rangfolge genau in der Mitte befindet, stellt den Median für den Angebotspreis dar. Analog wird der Leistungsmedian gebildet.

Tabelle 58: *Angebote der Größe nach ihrer Leistung geordnet:*

Angebotsbezeichnung	Leistungspunkte	Medianwert für Leistungspunkte
Angebot 1	5.000	
Angebot 2	6.100	
Angebot 3	**7.000**	**=> 7.000 Punkte aus Angebot 3**
Angebot 4	7.500	
Angebot 5	7.800	

Tabelle 59: *Angebote der Größe nach ihrem Preis geordnet:*

Angebotsbezeichnung	Preis	Medianwert für den Angebotspreis
Angebot 3	11.500 €	
Angebot 1	13.100 €	
Angebot 2	**14.000 €**	**=> 14.000 € aus Angebot 2**
Angebot 5	15.500 €	
Angebot 4	16.800 €	

Bei einer geraden Anzahl an Angeboten ist der Median für Leistung oder Preis den beiden mittleren Angeboten der nach Größe geordneten Merkmalswerte der Angebote zu entnehmen. Dazu wird aus den Merkmalswerten der beiden mittleren Angebote der arithmetische Mittelwert für das gesuchte Merkmal, hier z. B. Leistung oder Preis, gebildet.

Tabelle 60: *Angebote der Größe nach ihrer Leistung geordnet:*

Angebotsbezeichnung	Leistungspunkte	Medianwert für Leistungspunkte
Angebot 1	5.000	
Angebot 2	6.100	
Angebot 3	**7.000**	**=> 7.250 Punkte Mittelwert aus**
Angebot 4	**7.500**	**Angebot 3 und 4**
Angebot 5	7.800	
Angebot 6	8.900	

Tabelle 61: *Angebote der Größe nach ihrem Preis geordnet:*

Angebotsbezeichnung	Preis	Medianwert für den Angebotspreis
Angebot 3	11.500 €	
Angebot 1	13.100 €	
Angebot 2	**14.000 €**	**=> 14.500 € aus Angebot 2 und 5**
Angebot 5	**15.000 €**	
Angebot 4	16.800 €	
Angebot 6	17.100 €	

Nach der Bildung des Medians erfolgt die Bildung von Quotienten.

$$Z = \left(G_L * \frac{L}{L_{Median}} - G_P * \frac{P}{P_{Median}} \right) * F_Z$$

mit:

Z	= Zuschlagskennzahl für das Preis-Leistungs-Verhältnis
G_L	= Gewichtungsfaktor Leistung
L	= Leistungspunktzahl (Angabe in Punkten)
L_{Median}	= Medianwert für die Leistung (Angabe in Punkten)
G_P	= Gewichtungsfaktor Preis
P	= Preis (Angabe in Euro)
P_{Median}	= Medianwert für den Preis (Angabe in Euro)
F_Z	= Kennzahlenfaktor zur Skalierung bei Bedarf (z. B. 1.000)

IV.

Die abschließende Zuschlagskennzahl Z für das Preis-Leistungsverhältnis verhält sich proportional zur Wirtschaftlichkeit wie bei der einfachen und erweiterten Richtwertmethode. Je größer die Zuschlagskennzahl, desto besser (wirtschaftlicher) ist das Angebot. Der wesentliche Unterschied zur Referenzwertmethode besteht nur in der Bildung des Quotienten. Die Zuschlagskennzahl Z ist in diesem Fall somit wieder »einheitenlos«. Die Einheiten Punkte und Euro kürzen sich durch die Normierung heraus.

Die Medianwertmethode sieht durchgeführt an einem Beispiel wie folgt aus:
Der Auftraggeber gibt für die Auswertung folgende Werte vor:
- Gewichtungsfaktor Leistung: 0,7 oder auch 70 %
- Gewichtungsfaktor Preis: 0,3 oder auch 30 %

Tabelle 62:

	Angebot Bieter 1	Angebot Bieter 2	Angebot Bieter 3	Angebot Bieter 4	Angebot Bieter 5
Gewicht Leistung	0,7				
Leistungspunkte (L)	3.500	3.600	3.800	4.000	4.800
Referenzwert Leistung	3.800				
Gewicht Preis	0,3				
Preis (P)	9.000 €	8.000 €	8.500 €	13.000 €	12.000 €
Referenzwert Preis	9.000 €				
Zuschlagskennzahl (Z)	0,3447	0,3965	0,4167	0,3035	0,4842
Faktorisierte Zuschlagskennzahl (Z x 1000)	345	396	417	304	484
Rang	4	3	2	5	1

Die Auswertung ergibt, dass das Angebot 5 die höchste Zuschlagskennzahl erreicht hat und somit den Zuschlag erhält. Das Ergebnis ist plausibel, da die Leistung mit 70 % gegenüber dem Preis mit 30 % in die Auswertung eingeht und das Angebot 5 nicht das teuerste Angebot ist.

Merke:

Die Medianwertmethode normiert die einzelnen Terme mittels Medianwerten, gewichtet diese und bildet die Zuschlagskennzahl aus der Subtraktion der entsprechenden Teilkennzahlen der Terme. Der Auftraggeber muss den Medianwert aus den zu wertenden Angeboten bestimmen. Danach erfolgt die Auswertung des wirtschaftlichsten Angebotes.

Angebote mit extremen Werten oder strategische Absprachen des Marktes können einen Einfluss auf die Rangfolge der Angebote haben!

Kritische Betrachtung

Die Medianwertmethode ist eine Methode, die ebenfalls wie die Richtwertmethode den Ansatz verfolgt, das Gewicht von Leistung und Preis getrennt zu bewerten und nicht in einem direkten Quotientenverhältnis abzubilden. Die Problematik liegt bei dieser Methode in der Bildung des Medianwertes, da bei seiner Bildung alle zu wertende Angebote einen direkten Einfluss auf Preis und Leistung haben. Hier besteht die Gefahr, dass Angebote mit Extremwerten die Rangfolge verändern können (Bartsch/Metzner, 2012) (Rank Reversal). Durch den Markt könnten, sofern hypothetisch ein wettbewerbsverzerrendes Verhalten unterstellt wird, durch strategische Absprachen Angebote bewusst unterstützt oder besser positioniert werden. Bartsch und Norman (2012) sprechen in einer Variante von Brautjungfer-Angeboten (Bartsch, 2012). Hier entsendet ein Bieter ein sehr teureres Angebot mit sehr geringem Leistungsumfang. Dadurch erreicht er, dass ein anderes Angebot, das sich bereits ebenfalls in der Wertung befindet, ein besseres Preis-Leistungsverhältnis erlangt als vor Absendung des Brautjungfernangebotes.

Aufgrund dieser Schwäche wird diese Methode mittlerweile nicht mehr angewandt (BMI, 2012, S. 13). Sie ist hier der Vollständigkeit halber jedoch erwähnt, weil insbesondere ein thematisch engagierter Leser früher oder später diese Methode für sich entdecken könnte ohne diese Schwächen auf den ersten Blick zu erkennen.

Merke:

Die gewichtete Median-Richtwertmethode (Medianmethode) sollte nicht zur Anwendung kommen!

IV.

1.2.7   Gewichtete Mittel-Richtwertmethode (Mittelwertmethode)

Die gewichtete Mittel-Richtwertmethode, auch Mittelwertmethode genannt, ist von ihrer Struktur her ähnlich der Medianmethode. Sie arbeitet ebenfalls mit der Quotientenbildung und ist auch eine kennzahlenbasierte Methode. Ihr wesentliches Unterscheidungsmerkmal bildet sie in der Quotientenbildung. Hier wird statt des Medians der arithmetische Mittelwert zur Normierung herangezogen. Der arithmetische Mittelwert für die Leistung und dem Preis wird aus allen zu wertenden Angeboten gebildet. Im Anschluss werden die Terme wieder mit einem Gewicht versehen. Diese gewichteten Teilkennzahlen werden dann genau wie bei der Medianmethode in ein Differenzverhältnis gesetzt und ergeben die Gesamtkennzahlen anhand derer das beste Angebot ausgewählt werden kann.

Nach der Bildung des Mittelwertes erfolgt die Bildung von Quotienten.

$$Z = \left(G_L * \frac{L}{L_{Mittelwert}} - G_P * \frac{P}{P_{Mittelwert}} \right) * F_Z$$

mit:

Z = Zuschlagskennzahl für das Preis-Leistungs-Verhältnis
G_L = Gewichtungsfaktor Leistung
L = Leistungspunktzahl (Angabe in Punkten)
$L_{Mittelwert}$ = Mittelwert für die Leistung (Angabe in Punkten)
G_P = Gewichtungsfaktor Preis
P = Preis (Angabe in Euro)
$P_{Mittelwert}$ = Mittelwert für den Preis (Angabe in Euro)
F_Z = Kennzahlenfaktor zur Skalierung bei Bedarf (z. B. 1.000)

Die abschließende Zuschlagskennzahl Z für das Preis-Leistungsverhältnis verhält sich proportional zur Wirtschaftlichkeit wie bei der einfachen und erweiterten Richtwertmethode. Je größer die Zuschlagskennzahl, desto besser (wirtschaftlicher) ist das Angebot.

Der wesentliche Unterschied zur Referenzwertmethode oder zur Medianmethode besteht nur in der Bildung des Quotienten. Die Zuschlagskennzahl Z ist in diesem Fall somit wieder »einheitenlos«. Die Einheiten Punkte und Euro kürzen sich durch die Normierung heraus.

Tabelle 63:

	Angebot Bieter 1	Angebot Bieter 2	Angebot Bieter 3	Angebot Bieter 4	Angebot Bieter 5
Gewicht Leistung			0,7		
Leistungspunkte (L)	3.500	3.600	3.800	4.000	4.800
Mittelwert Leistung			3.940		
Gewicht Preis			0,3		

Tabelle 63: *– Fortsetzung*

	Angebot Bieter 1	Angebot Bieter 2	Angebot Bieter 3	Angebot Bieter 4	Angebot Bieter 5
Preis (P)	9.000 €	8.000 €	8.500 €	13.000 €	12.000 €
Mittelwert Preis	10.100 €				
Zuschlagskennzahl (Z)	0,3545	0,4020	0,4227	0,3245	0,4964
Faktorisierte Zuschlagskennzahl (Z x 1000)	355	402	423	325	496
Rang	4	3	2	5	1

Die Auswertung ergibt, dass das Angebot 5 die höchste Zuschlagskennzahl erreicht hat und somit den Zuschlag erhält. Das Ergebnis ist plausibel, da die Leistung mit 70 % gegenüber dem Preis mit 30 % in die Auswertung eingeht uns das Angebot 5 nicht das wirtschaftlich teuerste Angebot ist.

Merke:

Die Mittelwertmethode normiert die einzelnen Terme mittels der arithmetischen Mittelwerte, gewichtet diese und bildet die Zuschlagskennzahl aus der Subtraktion der entsprechenden Teilkennzahlen der Terme. Der Auftraggeber muss den Mittelwert aus den zu wertenden Angeboten bestimmen. Danach erfolgt die Auswertung des wirtschaftlichsten Angebotes. Angebote mit extremen Werten oder strategische Absprachen des Marktes können einen Einfluss auf die Rangfolge der Angebote haben!

Kritische Betrachtung

Die Mittelwertmethode ist eine Methode, die ebenfalls wie die Richtwertmethode als auch die Medianwertmethode den Ansatz verfolgt, das Gewicht von Leistung und Preis getrennt zu bewerten und nicht in einem direkten Quotientenverhältnis abzubilden. Die Problematik liegt bei dieser Methode in der Bildung der Quotienten. Ähnlich wie bei der Medianmethode werden bei seiner Bildung alle wertenden Angebote einen direkten Einfluss auf Preis und Leistung haben.

Hier besteht somit ebenfalls die Gefahr, dass Angebote mit Extremwerten die Rangfolge verändern können (Rank Reversal). Sofern hypothetisch ein wettbewerbsverzerrendes Verhalten von Marktbewerbern unterstellt wird, könnten auch

IV.

hier durch strategische Absprachen Angebote bewusst unterstützt oder besser positioniert werden.

Aufgrund dieser Schwäche ist diese Methode mittlerweile ebenfalls nicht mehr in Verwendung und sollte auch nicht mehr zur Anwendung kommen. Sie ist hier der Vollständigkeit jedoch erwähnt, weil insbesondere durch die Ähnlichkeit zur Medianmethode ein thematisch engagierter Leser früher oder später diese Methode für sich entdecken könnte, ohne diese Schwächen auf den ersten Blick zu erkennen.

Merke:

Die gewichtete Mittel-Richtwertmethode (Mittelwertmethode) sollte nicht zur Anwendung kommen!

1.2.8   Einfache Interpolationsmethode

Bei der Einordnung von Leistungen und Preisen unterschiedlicher Angebote ist die Interpolation ein bekanntes und schnell zur Anwendung gebrachtes Werkzeug. Bei der Interpolation wird näherungsweise ein unbekannter Funktionswert, hier der Preis, an ein bekanntes System, hier die Wertungspunkteskala, angeglichen, in dem zwischen zwei bekannten Funktionswerten ermittelt wird. Die wohl bekannteste Art ist die lineare Interpolation (»Interpolation«, in: Gabler Wirtschaftslexikon).

Im Rahmen eines gewichteten Preis-Leistungsverhältnisses führt diese Methode zu folgender Formel:

$$Z = G_{Leistung} \times W_{Leistung} + G_{Preis} \times W_{Preis}$$

und mit:

$$(Wertungspunkte)_{Preis} = \left(\frac{(P_{max} - P)}{(P_{max} - P_{min})} \right) \times W_{max}$$

ergibt:

$$Z = G_{Leistung} \times W_{Leistung} + G_{Preis} \times \left(\frac{(P_{max} - P)}{(P_{max} - P_{min})} \right) \times W_{max}$$

Mit:

$G_{Leistung}$ = Gewicht für die Leistung (Faktor)
$W_{Leistung}$ = Wertungspunkte für die Leistung
G_{Preis} = Gewicht für den Preis (Faktor)
W_{Preis} = Wertungspunkte für den Preis
P_{max} = Angebot mit dem höchsten Preis
P_{min} = Angebot mit dem niedrigsten Preis
P = Angebotspreis für den die Wertungspunkte gesucht werden
W_{max} = maximal zu erreichende Wertungspunkte

Während die Gewichte für Preis und Leistung als auch die Wertungspunkte für die Leistung selbst durch den Auswerter bestimmt werden, werden die Wertungspunkte für das Preismaximum und -minimum durch die Extremwerte der Angebote zugewiesen. Somit erhält das Angebot mit dem niedrigsten Angebotspreis das Maximum der zu erreichenden Wertungspunkte für den Preis und das Angebot mit dem höchsten Angebotspreis das Minimum der Wertungspunkte.

Im Anschluss wird mittels der linearen Interpolation auf eine Wertungsskala umgerechnet. Das Ergebnis ist dann der Wertungsskala (z. B. Punkteskala) zu entnehmen und bildet gleichzeitig eine Rangfolge ab.

Verdeutlicht an einem Beispiel bedeutet dies:
Bei der Durchführung einer Ausschreibung erhält der Auftraggeber mehrere Angebote.

Tabelle 64:

	Angebot Bieter 1	Angebot Bieter 2	Angebot Bieter 3	Angebot Bieter 4	Angebot Bieter 5
Wertungspunkte für die Leistung	50	60	70	55	100
Preis	3.500 €	3.838 €	4.040 €	3.636 €	4.800 €

Er sucht sich im Rahmen der Auswertung das Angebot mit dem niedrigsten Angebotspreis heraus und das Angebot mit dem höchsten Angebotspreis. Diese beiden Angebote erhalten jeweils die höchsten und die niedrigsten Wertungspunkte für das Kriterium »Angebotspreis«. Die Werte zwischen den beiden Extremwerten müssen nun linear Interpoliert werden.

Tabelle 65:

	Angebot Bieter 1	Angebot Bieter 2	Angebot Bieter 3	Angebot Bieter 4	Angebot Bieter 5
Wertungspunkte für die Leistung	50	60	70	55	100
Preis	3.500 €	3.838 €	4.040 €	3.636 €	4.800 €
Wertungs-punkte für den Preis	100	lineare Interpolation			0

IV.

Die lineare Interpolation erfolgt für die Angebote 2-4 nach folgender Formel:

$$Z = \left(\frac{(P_{max} - P)}{(P_{max} - P_{min})} \right) \times W_{max}$$

Mit:

P_{max} = Angebot mit dem höchsten Preis
P_{min} = Angebot mit dem niedrigsten Preis
P = Angebotspreis für den die Wertungspunkte gesucht werden
W_{max} = maximal zu erreichende Wertungspunkte

Mit eingesetzten Werten aus dem Beispiel exemplarisch der Rechenweg für Angebot 2:

$$Z_{Angebot\ 2} = \left(\frac{4.800€ - 3.838€}{4.800€ - 3.500€} \right) \times 100\ Punkte$$

$$Z_{Angebot\ 2} = 74\ Punkte$$

Für alle anderen Angebote ergibt sich analog:

Tabelle 66:

	Angebot Bieter 1	Angebot Bieter 2	Angebot Bieter 3	Angebot Bieter 4	Angebot Bieter 5
Wertungspunkte für die Leistung	50	60	70	55	100
Preis	3.500 €	3.838 €	4.040 €	3.636 €	4.800 €
Wertungs-punkte für den Preis	100	74	58	90	0

Zur Ermittlung des wirtschaftlich besten Angebotes muss nun noch das Gewicht für den Preis angewandt und die Leistung mit ihrem Gewicht mit einbezogen werden. Beispielhaft für Angebot 1:

$$Z_{Angebot\ 1} = G_{Leistung} \times W_{Leistung} + G_{Preis} \times \left(\frac{P_{max} - P}{P_{max} - P_{min}} \right) \times W_{max}$$

$$Z_{Angebot\ 1} = 0{,}34 \times 50\ Punkte + 0{,}66 \times \left(\frac{4.800€ - 3.500€}{4.800€ - 3.500€} \right) \times 100\ Punkte$$

$$Z_{Angebot\ 1} = 83\ Punkte$$

Analog für alle weiteren Angebote ergibt sich folgende Auswertung:

Tabelle 67:

	Angebot Bieter 1	Angebot Bieter 2	Angebot Bieter 3	Angebot Bieter 4	Angebot Bieter 5
Wertungspunkte für die Leistung	50	60	70	55	100
Gewicht Leistung			0,34		
gewichtete Wertungspunkte für die Leistung	17	20,4	23,8	18,7	34
Preis	3.500 €	3.838 €	4.040 €	3.636 €	4.800 €
Wertungs-punkte für den Preis	100	74	58	90	0
Gewicht Preis			0,66		
gewichtete Wertungspunkte für den Preis	66	49	39	59	0
Gesamtwertungspunkte	83	69	62	78	34

Anhand der Tabelle ist zu erkennen, dass das Angebot 1 mit 83 Punkten und das Angebot 4 mit 78 Punkten die wirtschaftlich günstigsten und somit besten Angebote darstellen. Die Angebote 1 und 4 sind zudem auch noch die preisgünstigsten Angebote. Somit würde das Angebot 1 in diesem Fall den Zuschlag erhalten.

Um die Auswirkung der Gewichtung von Preis und Leistung zu erkennen, wird nun das Gewicht für diese beiden Kriterien vertauscht. Das Gewicht der Leistung wird somit von 34 % auf 66 % heraufgesetzt und das Gewicht des Preises von 66 % auf 34 % heruntergesetzt.

Das Ergebnis ist Tabelle 68 zu entnehmen:
Die Tabelle zeigt, dass auch in diesem Fall das Angebot 1 mit 67 Punkten gefolgt von Angebot 4 mit ebenfalls 67 Punkten die wirtschaftlich günstigsten und somit besten Angebote darstellen. Sie sind auch immer noch die preislich günstigsten Angebote.

IV.

Tabelle 68:

	Angebot Bieter 1	Angebot Bieter 2	Angebot Bieter 3	Angebot Bieter 4	Angebot Bieter 5
Wertungspunkte für die Leistung	50	60	70	55	100
Gewicht Leistung			0,66		
gewichtete Wertungspunkte für die Leistung	33	39,6	46,2	36,3	66
Preis	3.500 €	3.838 €	4.040 €	3.636 €	4.800 €
Wertungs-punkte für den Preis	100	74	58	90	0
Gewicht Preis			0,34		
gewichtete Wertungspunkte für den Preis	34	25	20	30	0
Gesamtwertungspunkte	**67**	**65**	**66**	**67**	**66**

 INFO

Die einfache lineare Interpolationsmethode bestimmt die Gewichte für Preis und Leistung. Die Wertungspunkte für das Preismaximum und Preisminimum werden durch die Extremwerte der Angebote definiert. Das Angebot mit dem niedrigsten Angebotspreis erhält das Maximum der zu erreichenden Wertungspunkte für den Preis und das Angebot mit dem höchsten Angebotspreis das Minimum der Wertungspunkte.

Im Anschluss wird mittels der linearen Interpolation auf eine Wertungsskala umgerechnet. Das Ergebnis ist dann der Wertungsskala (z. B. Punkteskala) zu entnehmen und bildet gleichzeitig eine Rangfolge ab.

Kritische Betrachtung

Das Beispiel zeigt, dass trotz massiver Gewichtsverschiebung eine Beeinflussung der Rangfolge nicht stattgefunden hat und der Preis die Leistung nach wie vor dominiert. Eine Änderung dieses Zustandes würde erst bei einer Leistung jenseits der 67 % Marke in diesem Beispiel eintreten. Somit suggeriert diese Methode dem Anwender einen Gewichtseffekt, der nur bei extremer Gewichtswahl und somit sehr spät eintritt.

Dies hat auch die Rechtsprechung erkannt. Das Wertungssystem »100 Punkte oder nichts«, wie es das OLG Düsseldorf in einem Fall genannt hat, hängt von Zufälligkeiten wie die Zahl der eingehenden Angebote ab und ist damit riskant und vergaberechtswidrig (OLG Düsseldorf, VII-Verg 26/13).

Merke:

Die Einfache Interpolationsmethode ist vergaberechtswidrig und sollte nicht zur Anwendung kommen!

1.2.9   Zweifache-Preisminimum-Interpolationsmethode

Eine weitere Variante der Interpolationsmethode ist die Zweifache-Preisminimum-Interpolationsmethode. Bei dieser Methodenvariante erhält das Angebot die meisten Punkte, welches den günstigsten Angebotspreis aufweisen kann. Zusätzlich wird vom Auswerter ein nicht reales (fiktives) Angebot konstruiert, dass einen doppelt so hohen Angebotspreis aufweist wie das günstigste Angebot im Bewertungsverfahren. Dieses Angebot erhält dann Null Punkte.

Nun werden alle weiteren Angebote von ihren Wertungspunkten her zwischen diesen beiden Angebotsgrenzen interpoliert. Alle Angebote, die einen höheren Angebotspreis als das fiktive Angebot mit dem doppelten des günstigsten Angebotspreises aufweisen, erhalten Null Punkte.

Im Rahmen eines gewichteten Preis-Leistungsverhältnisses führt diese Methode zu folgender Formel:

$$Z = G_{Leistung} \times W_{Leistung} + G_{Preis} \times W_{Preis}$$

und mit:

$$Wertungspunkte_{Preis} = \left(\frac{2P_{min} - P}{P_{min}} \right) \times W_{max}$$

ergibt:

$$Z = G_{Leistung} \times W_{Leistung} + G_{Preis} \times \left(\frac{2P_{min} - P}{P_{min}} \right) \times W_{max}$$

Mit:

Z = Zuschlagskennzahl für das Preis-Leistungs-Verhältnis
$G_{Leistung}$ = Gewicht für die Leistung (Faktor)
$W_{Leistung}$ = Wertungspunkte für die Leistung
G_{Preis} = Gewicht für den Preis (Faktor)
W_{Preis} = Wertungspunkte für den Preis
P_{min} = Angebot mit dem niedrigsten Preis
P = Angebotspreis für den die Wertungspunkte gesucht werden
W_{max} = maximal zu erreichende Wertungspunkte

Da diese Methode nur eine leicht veränderte Variante der einfachen linearen Interpolationsmethode darstellt, werden auch hier die Gewichte für Preis und Leistung als

IV.

auch die Wertungspunkte für die Leistung selbst durch den Auswerter bestimmt. Die Wertungspunkte für das zweifache Preisminimum und das einfache Preisminimum werden wiederum durch die Extremwerte der Angebote zugewiesen. Somit erhält das Angebot mit dem niedrigsten Angebotspreis das Maximum der zu erreichenden Wertungspunkte für den Preis und ein fiktives Angebot mit dem zweifachen Angebotspreis das Minimum der Wertungspunkte, hier Null Punkte.

Im Anschluss wird mittels der linearen Interpolation auf eine Wertungsskala zwischen diesen beiden Grenzen umgerechnet. Das Ergebnis ist dann der Wertungsskala (z. B. Punkteskala) zu entnehmen und bildet gleichzeitig eine Rangfolge ab. Alle Angebote die einen höheren als den zweifachen Angebotspreis aufweisen, erhalten ebenfalls Null Punkte.

Verdeutlicht an einem Beispiel bedeutet dies:
Bei der Durchführung einer Ausschreibung erhält der Auftraggeber mehrere Angebote.

Tabelle 69:

	Angebot Bieter 1	Angebot Bieter 2	Angebot Bieter 3	Angebot Bieter 4	Angebot Bieter 5
Wertungspunkte für die Leistung	50	60	80	55	100
Preis	3.500 €	3.838 €	4.040 €	3.636 €	7.800 €

Er sucht sich im Rahmen der Auswertung das Angebot mit dem niedrigsten Angebotspreis heraus. Dieses Angebot erhält die höchsten zu erreichenden Wertungspunkte für das Kriterium »Angebotspreis«. Dann konstruiert er ein Angebot, welches den zweifachen Angebotspreis des Angebots aufweist, das zuvor das günstigste Angebot darstellte. Die Ausprägung der Leistungspunkte spielt dabei keine Rolle, weil im Rahmen der Auswertung nur der Aspekt der Wertungspunkte für den Angebotspreis berücksichtigt werden soll.

Bezogen auf das Beispiel werden die Angebote aufsteigend nach dem Preis sortiert und stellen sich dann wie in Tabelle 70 angezeigt dar:
Anhand der Tabelle und der Sortierung fällt auf, dass das Angebot des Bieters 5 vom Angebotspreis her über dem zweifachen Angebotspreis des günstigsten Angebots liegt. Daher erhält es in der Auswertung Null Punkte (siehe Tabelle 71).

Tabelle 70:

	Angebot Bieter 1	Angebot Bieter 4	Angebot Bieter 2	Angebot Bieter 3	Fiktives Angebot	Angebot Bieter 5
Wertungs-punkte für die Leistung	50	55	60	80	X	100
Preis	3.500 €	3.636 €	3.838 €	4.040 €	2 * P$_{Angebot\ 1}$ = 7.000 €	7.800 €

Die Werte zwischen den beiden Wertgrenzen müssen nun linear interpoliert werden.

Tabelle 71:

	Angebot Bieter 1	Angebot Bieter 4	Angebot Bieter 2	Angebot Bieter 3	Fiktives Angebot	Angebot Bieter 5
Wertungs-punkte für die Leistung	50	55	60	80	X	100
Preis	3.500 €	3.636 €	3.838 €	4.040 €	2 * P$_{Angebot\ 1}$ = 7.000 €	7.800 €
Wertungs-punkte für den Preis	100	lineare Interpolation			0	0

Die lineare Interpolation für die Wertungspunkte Preis der Angebote 2-4 erfolgt nach bekannter Formel mit:

$$Wertungspunkte_{Angebotspreis} = \left(\frac{2P_{min} - P}{P_{min}} \right) \times W_{max}$$

P = Angebotspreis für den die Wertungspunkte gesucht werden
W_{max} = maximal zu erreichende Wertungspunkte

IV.

Mit eingesetzten Werten aus dem Beispiel exemplarisch der Rechenweg für Angebot 2:

$$Z_{Angebot\ 2} = \left(\frac{7.000€ - 3.838€}{3.500€}\right) \times 1.00\ Punkte$$

$$Z_{(Angebot\ 2)} = 90\ Punkte$$

Für alle anderen Angebote ergibt sich analog:

Tabelle 72:

	Angebot Bieter 1	Angebot Bieter 2	Angebot Bieter 3	Angebot Bieter 4	fiktives Angebot	Angebot Bieter 5
Wertungspunkte für die Leistung	50	60	80	55	X	100
Preis	3.500 €	3.838 €	4.040 €	3.636 €	**7.000 €**	7.800 €
Wertungs-punkte für den Preis	100	90	85	96	0	0

Zur Ermittlung des wirtschaftlich besten Angebotes muss nun noch das Gewicht für den Preis angewandt und die Leistung mit ihrem Gewicht mit einbezogen werden. Beispielhaft für Angebot 2:

$$Z = G_{Leistung} \times W_{Leistung} + G_{Preis} \times (((2P)_{min} - P)/P_{min}) \times W_{max}$$

$$Z_{(Angebot\ 2)} = 0,34 \times 20,4\ Punkte + 0,66 \times ((7.000€ - 3.838€)/3.500€)$$

$$\times 100\ Punkte$$

$$Z_{(Angebot\ 1)} = 830\ Punkte$$

Analog für alle weiteren Angebote ergibt sich folgende Auswertung:

Tabelle 73:

	Angebot Bieter 1	Angebot Bieter 2	Angebot Bieter 3	Angebot Bieter 4	fiktives Angebot	Angebot Bieter 5
Wertungspunkte für die Leistung	50	60	80	55	X	100
Gewicht Leistung			0,36			
gewichtete Wertungspunkte für die Leistung	18	21,6	28,8	19,8	X	36

Tabelle 73: – *Fortsetzung*

	Angebot Bieter 1	Angebot Bieter 2	Angebot Bieter 3	Angebot Bieter 4	fiktives Angebot	Angebot Bieter 5
Preis	3.500 €	3.838 €	4.040 €	3.636 €	**7.000 €**	7.800 €
Wertungs-punkte für den Preis	100	90	85	96	**0**	0
Gewicht Preis				0,64		
gewichtete Wer-tungs-punkte für den Preis	64	58	54	62	**0**	0
Gesamtwertungs-punkte	**82**	**79**	**83**	**81**	**0 + X**	**36**

Anhand der Tabelle ist zu erkennen, dass das Angebot 3 mit 83 Punkten das wirt-schaftlich günstigste und somit beste Angebot darstellt. Somit würde das Angebot 3 in diesem Fall den Zuschlag erhalten.

Wird die Gewichtung jedoch geringfügig um wenige Prozentpunkte verändert, ergibt sich eine andere Rangfolge. Diese kann folgender Tabelle desselben Beispiels entnommen werden:

Tabelle 74:

	Angebot Bieter 1	Angebot Bieter 2	Angebot Bieter 3	Angebot Bieter 4	fiktives Angebot	Angebot Bieter 5
Wertungspunkte für die Leistung	50	60	80	55	**X**	100
Gewicht Leistung				0,33		
gewichtete Wer-tungspunkte für die Leistung	16,5	19,8	26,4	18,15	**X**	33
Preis	3.500 €	3.838 €	4.040 €	3.636 €	**7.000 €**	7.800 €
Wertungs-punkte für den Preis	100	90	85	96	**0**	0
Gewicht Preis				0,67		

IV.

Tabelle 74: *– Fortsetzung*

	Angebot Bieter 1	Angebot Bieter 2	Angebot Bieter 3	Angebot Bieter 4	fiktives Angebot	Angebot Bieter 5
gewichtete Wer-tungs-punkte für den Preis	67	61	57	64	0	0
Gesamtwertungs-punkte	84	80	83	83	0 + X	33

Anhand der Tabelle ist zu erkennen, dass das Angebot 1 mit 84 Punkten das wirt-schaftlich günstigste und somit beste Angebot darstellt. Somit würde das Angebot 1 in diesem Fall den Zuschlag erhalten. Das Beispiel zeigt, dass in diesem Fall eine geringfügige anders gewählte Gewichtung, Veränderung um 3 %, direkt Einfluss auf die Rangfolge und das Ergebnis hat.

Die zweifache Preisminimum-Interpolationsmethode bestimmt sowohl die Gewichte für Preis und Leistung als auch die Wertungspunkte für die Leistung durch den Auswerter selbst. Die Wertungspunkte für das Preisminimum und das zweifache Preisminimum werden durch das günstigste Angebot definiert. Das Angebot mit dem niedrigsten Angebotspreis erhält das Maximum der zu erreichenden Wer-tungspunkte für den Preis und das Angebot mit dem zweifachen Angebotspreis des günstigsten Angebotes Null Wertungspunkte. Alle Angebote, die über dem zwei-fachen Preisminimumwert liegen, erhalten Null Punkte. Im Anschluss wird mittels der linearen Interpolation zwischen den Grenzen auf eine Wertungsskala umgerechnet. Das Ergebnis ist dann der Wertungsskala (z. B. Punkteskala) zu entnehmen und bildet gleichzeitig eine Rangfolge ab.

Kritische Betrachtung

Das Beispiel zeigt, dass bei dieser Interpolationsvariante eine Gewichtsveränderung unmittelbaren Einfluss auf die Rangfolge hat. Die Justierschraube »Gewichtung« ist bei dieser Variante sehr empfindlich und nur geringfügige Veränderungen haben einen direkten und massiven Einfluss auf die Rangfolge. Sie ist von ihrer Anwendung her betrachtet nicht vergaberechtswidrig und kann somit zur Anwendung kommen (u. a. OLG Düsseldorf, VII-Verg 35/14). Die Auswirkungen von Gewichten und die daraus resultierenden massiven Einflüsse auf das Endergebnis und die Rangfolge verdienen jedoch besondere Bedeutung bei der Auswahl der Gewichtsgröße.

Merke

Die Methode ist grundsätzlich vergaberechtstechnisch anwendbar. Die Gewichtung der Kriterien hat direkten Einfluss auf das Ergebnis und die Rangfolge und ist mit besonderer Vorsicht auszuwählen.

1.2.9   Variable Interpolationsmethode

Die Möglichkeit, das zweifache Preisminimum als Grenzwert für die minimale Leistungspunktzahl zu definieren, ist eine rein willkürliche Festlegung des Auftraggebers. Somit könnte der Auftraggeber auch zum Entschluss kommen einen anderen Faktor zur Definition des Leistungsminimums zu definieren. In einigen Fällen wurde bereits versucht eine Variable statt einen festen Faktor für Auswertungen zu definieren. Bei dieser Vorgehensweise wird die Variable erst nach Eingang der Angebote im Rahmen der Submission festgelegt.

Im Rahmen eines gewichteten Preis-Leistungsverhältnisses führt diese Methode zu folgender Formel:

$$Z = G_{Leistung} \times W_{Leistung} + G_{Preis} \times W_{Preis}$$

und mit:

$$(\textbf{Wertungspunkte})_{Preis} = \left(\frac{((XP)_{min} - P)}{P_{min}} \right) \times W_{max}$$

ergibt:

$$Z = G_{Leistung} \times W_{Leistung} + G_{Preis} \times \left(\frac{((XP)_{min} - P)}{P_{min}} \right) \times W_{max}$$

Z = Zuschlagskennzahl für das Preis-Leistungs-Verhältnis
$G_{Leistung}$ = Gewicht für die Leistung (Faktor)
$W_{Leistung}$ = Wertungspunkte für die Leistung
G_{Preis} = Gewicht für den Preis (Faktor)
W_{Preis} = Wertungspunkte für den Preis
P_{min} = Angebot mit dem niedrigsten Preis
P = Angebotspreis für den die Wertungspunkte gesucht werden
W_{max} = maximal zu erreichende Wertungspunkte
X = beliebiger Faktor durch den Auswerter gewählt

Die Variable Interpolationsmethode bestimmt die Gewichte für Preis und Leistung als auch die Wertungspunkte für die Leistung durch den Auswerter selbst. Die Wertungspunkte für das Preisminimum und das x-fache Preisminimum werden durch das günstigste Angebot definiert. Den Faktor X definiert der Auswerter nach Angebotseingang selbst. Das Angebot mit dem niedrigsten Angebotspreis erhält das

IV.

Maximum der zu erreichenden Wertungspunkte für den Preis und das Angebot mit dem x-fachen Angebotspreis des günstigsten Angebotes Null Wertungspunkte. Alle Angebote die über dem x-fachen Preisminimumwert liegen, erhalten Null Punkte. Im Anschluss wird mittels der linearen Interpolation zwischen den Grenzen auf eine Wertungsskala umgerechnet. Das Ergebnis ist dann der Wertungsskala (z. B. Punkteskala) zu entnehmen und bildet gleichzeitig eine Rangfolge ab.

Kritische Betrachtung

Die Wahl einer beliebigen Variable hat zur Konsequenz, dass dem Bieter nicht transparent der Wertungsprozess offenbart wird und er die Aussichtschancen seines Angebotes nicht einschätzen kann. Ferner können durch eine geschickte Auswahl der Variable durch den Auftraggeber Angebote benachteiligt oder teilweise ausgeschlossen werden. Das stellt eine unvorhersehbare negative Beeinflussung des Wertungsergebnisses dar.

Merke

Variable Interpolationsmethoden sind nicht vergaberechtskonform und damit unzulässig (VK Bund, VK 3-44/13).

1.2.10   Median-Interpolationsmethode

Die bisherigen Interpolationsmethoden haben ihre Interpolationsgrenzen über Extremwerte gebildet. Hier wurden die Maximal- und/oder Minimalwerte des Preises als Definitionsgrundlage herangezogen. Es besteht aber auch die Möglichkeit die Interpolationsgrenzen über einen Bereich um einen bekannten Wert herum zu definieren. Als eine Möglichkeit diesen bekannten Wert zu erfahren kann der Medianwert einer Kriterienreihe herangezogen werden. Die Interpolationsgrenzen ergeben sich dann über einen vom Auftraggeber willkürlich festgelegten Grenzbereich, z. B. +/- 20 %.

Der Medianwert selbst ist als Zentralwert einer geordneten (ordinalen) Zahlenreihe zu verstehen, bei der die Zahlenwerte ihrer Größe nach angeordnet sind. Der Wert, bei dem 50 % der Zahlenwerte kleiner und 50 % der Zahlenwerte größer sind, ist der Median (»Median« in: Gabler Wirtschaftslexikon).

Anhand des Beispiels wird die Bildung des Medians erklärt:
Die Bildung des Medians aus einer ungeraden Anzahl an Angeboten wird gebildet:

Tabelle 75:

Angebot Bieter 1	Angebot Bieter 2	Angebot Bieter 3	Angebot Bieter 4	Angebot Bieter 5	Angebot Bieter 6	Angebot Bieter 7
3.500 €	5.000 €	4.400 €	9.000 €	6.300 €	4.800 €	3.200 €

indem die Angebote nach ihrem Preis der Größe nach angeordnet werden.

Tabelle 76:

Angebot Bieter 7	Angebot Bieter 1	Angebot Bieter 3	Angebot Bieter 6	Angebot Bieter 2	Angebot Bieter 5	Angebot Bieter 4
3.200 €	3.500 €	4.400 €	4.800 €	5.000 €	6.300 €	9.000 €

Der Median ist nun der Wert in der Mitte der Aufzählung. In diesem Beispiel steht der Median an Rang 4 stellt das Angebot des Bieter 6 dar.

Tabelle 77:

Angebot Bieter 7	Angebot Bieter 1	Angebot Bieter 3	Angebot Bieter 6	Angebot Bieter 2	Angebot Bieter 5	Angebot Bieter 4
3.200 €	3.500 €	4.400 €	4.800 €	5.000 €	6.300 €	9.000 €
Rang 1	Rang 2	Rang 3	Rang 4 Median	Rang 5	Rang 6	Rang 7

Sollte der Median aus einer geraden Anzahl an Angeboten heraus bestimmte werden müssen, ist der Wert zwischen den beiden zentralsten Angebotswerten zu interpolieren.

An einem Beispiel verdeutlicht:
Die Bildung des Medians aus einer geraden Anzahl an Angeboten wird gebildet,

IV.

Tabelle 78:

Angebot Bieter 1	Angebot Bieter 2	Angebot Bieter 3	Angebot Bieter 4	Angebot Bieter 5	Angebot Bieter 6
3.500 €	5.000 €	4.400 €	9.000 €	6.300 €	4.800 €

indem die Angebote nach ihrem Preis der Größe nach angeordnet werden.

Tabelle 79:

Angebot Bieter 1	Angebot Bieter 3	Angebot Bieter 6	Angebot Bieter 2	Angebot Bieter 5	Angebot Bieter 4
3.500 €	4.400 €	4.800 €	5.000 €	6.300 €	9.000 €

Der Median ist nun der Wert zwischen den beiden zentralsten Angeboten der Aufzählung. In diesem Beispiel steht der Median zwischen Rang 3 und Rang 4 und berechnet sich aus dem Mittelwert der beiden Angebotspreise, hier 4.900 €.

Tabelle 80:

Angebot Bieter 1	Angebot Bieter 3	Angebot Bieter 6	Angebot Bieter 2	Angebot Bieter 5	Angebot Bieter 4
3.500 €	4.400 €	4.800 €	5.000 €	6.300 €	9.000 €
Rang 1	*Rang 2*	*Rang 3*	*Rang 4*	*Rang 5*	*Rang 6*
		Mittelwert zwischen Rang 3 und Rang 4 4.900 €			

Nach der Bestimmung des Medians wird der Grenzbereich z. B. 20 %, 30 % oder 40 % definiert. Dieser liegt im Ermessensspielraum des Auftraggebers und kann von der Art der auszuschreibenden Leistungen und der zu erwartenden Angebotsdichte abhängen.

Die Punkteverteilung erfolgt dann innerhalb des Grenzbereiches. So erhält das Angebot, das z. B. am unteren Grenzbereich liegt oder günstiger als dieser ist 100 Punkte, ein Angebot dass genau auf dem Median liegt 50 Punkte und ein Angebot, dass am oberen Grenzbereich liegt oder teurer ist 0 Punkte. Dargestellt am o. g. Beispiel und einem Grenzbereich um den Median von 20 % bedeutet dies:

Tabelle 81:

Ange-bot Bieter 1	untere Grenze	Ange-bot Bieter 3	Ange-bot Bieter 6	Median	Ange-bot Bieter 2	obere Grenze	Ange-bot Bieter 5	Ange-bot Bieter 4
3.500 €	3.920 €	4.400 €	4.800 €	4.900 €	5.000 €	5.880 €	6.300 €	9.000 €
100 Pkt	100 Pkt	76 Pkt	55 Pkt	50 Pkt	45 Pkt	0 Pkt	0 Pkt	0 Pkt

Die Formel zur Berechnung der Preispunkte lautet dazu:
$$(Wertungspunkte)_{Preis} = (P_{Median} \times (1+GB) - P_{Angebot})/(2 \times P_{Median} \times GB) \times W_{Max}$$

ergibt:

P_{Median} = Preis des Medianangebotes oder interpolierterter Median zwischen den zwei Angeboten bei ungerader Angebotsanzahl
GB = Grenzbereich in Prozent (z. B. 0,2 für 20 %)
$P_{Angebot}$ = Preis des zu ermittelnden Angebotes
W_{max} = maximal zu erreichende Wertungspunkte

Die Formel zur Berechnung der Wertungspunkte mit Gewichtung lautet:
$$Z = G_{Leistung} \times W_{Leistung} + G_{Preis} \times W_{Preis}$$
und mit:
$$(Wertungspunkte)_{Preis} = (P_{Median} \times (1+GB) - P_{Angebot})/(2 \times P_{Median} \times GB) \times W_{Max}$$

ergibt:
$$Z = G_{Leistung} \times W_{Leistung} + G_{Preis} \times (P_{Median} \times (1+GB) - P_{Angebot})/(2 \times P_{Median} \times GB) \times W_{Max}$$

Z = Zuschlagskennzahl für das Preis-Leistungs-Verhältnis
$G_{Leistung}$ = Gewicht für die Leistung (Faktor)
$W_{Leistung}$ = Wertungspunkte für die Leistung
G_{Preis} = Gewicht für den Preis (Faktor)
W_{Preis} = Wertungspunkte für den Preis
P_{Median} = Preis des Medianangebotes oder interpolierter Median zwischen den zwei Angeboten bei ungerader Angebotsanzahl
GB = Grenzbereich in Prozent (z. B. 0,2 für 20 %)
$P_{Angebot}$ = Angebotspreis für den die Wertungspunkte gesucht werden
W_{max} = maximal zu erreichende Wertungspunkte

IV.

Merke

Bei der Median-Interpolationsmethode werden sowohl die Gewichte für Preis und Leistung als auch die Wertungspunkte für die Leistung durch den Auswerter selbst bestimmt. Die Wertungspunkte für das Kriterium Preis werden durch den Median und einen prozentualen Grenzbereich definiert. Das Angebot, welches am unteren Grenzbereich des Medians liegt, erhält die volle Punktzahl. Das gilt auch für Angebote, die noch günstiger sind als der untere Grenzbereich. Der Median erhält die mittlere Punktzahl und das Angebot am oberen Grenzbereich erhält null Wertungspunkte für das Preiskriterium. Das gilt auch für Angebote, die teurer sind als der obere Grenzbereich. Im Anschluss wird mittels der linearen Interpolation zwischen den Grenzen auf eine Wertungsskala umgerechnet. Das Ergebnis ist dann der Wertungsskala (z. B. Punkteskala) zu entnehmen.

Kritische Betrachtung

Die lineare Interpolation erfolgt nur innerhalb des abgegrenzten Bereichs. Alle Angebote außerhalb des Bereiches erhalten unabhängig von ihrem Preis die volle Punktzahl oder Null Punkte. Dies kann zu Fehlinterpretationen führen, da zwischen den Angeboten mit dem günstigsten Preis und voller Punktzahl für den Preis keine Differenzierung mehr innerhalb des Preiskriteriums erfolgt. Das bedeutet, dass in diesen Fällen nur noch die Leistung oder entsprechende andere Wertungskriterien einen Einfluss auf das Endergebnis haben.

Dem hinzuzufügen ist der Sachverhalt, dass die Möglichkeit besteht, das Ergebnis bei Verwendung dieser Interpolationsmethode bewusst zu manipulieren. Dies kann erfolgen, indem der Bieter mehrere Angebote über formale andere Bieter einreicht (kriminelle Energie vorausgesetzt), die preislich sehr hoch liegen und keine Aussicht auf Zuschlagserteilung haben. Durch ihren hohen Angebotspreis erweitern sie die Ordinalskala nach oben und verschieben somit auch den Median mit seinem Grenzbereich. Das hat zur Folge, dass wiederum der untere Grenzbereich, ab dem die Angebote die volle Preispunktzahl erhalten, auch entsprechend verschoben wird und ggf. mehr Angebote die volle Preispunktzahl erhalten. Das hat dann wiederum die Konsequenz, dass bei diesen Angeboten nur noch die Leistung entscheidet und somit Angebote, die ursprünglich zu teuer aber leistungsstark waren nun wieder eine Chance auf die Zuschlagserteilung erfahren. Angebote, die keine Aussicht auf Erfolg haben, aber dennoch aus manipulativer Absicht eingereicht werden, werden auch »Brautjungfer-Angebote« (Bartsch, 2013) oder »Störangebote« (Ferber et al., 2015) genannt.

> **Merke**
>
> Die Methode kann in bestimmten Konstellationen zu falschen Interpretationen und intransparenten Ergebnissen führen. In bestimmten Fällen haben das Preiskriterium und sein Gewicht keinen Einfluss mehr auf die Auswertung. Daher ist diese Methode nicht empfehlenswert!

1.2.11   Mittelwert-Interpolationsmethode

Ähnlich wie bei den Median-Interpolationsmethoden arbeitet die Mittelwert-Interpolationsmethode mit einem prozentualen Grenzbereich. Hier wird anstelle des Medians das arithmetische Mittel als Zentralwert für den Grenzbereich definiert.

> Das arithmetische Mittel ist gleich dem Gesamtmerkmalsbetrag dividiert durch die Anzahl der Merkmalsträger (»arithmetisches Mittel« in: Gabler Wirtschaftslexikon).

Die Interpolationsgrenzen ergeben sich dann wiederum über einen vom Auftraggeber willkürlich festgelegten Grenzbereich, z. B. +/- 20 %.

Anhand des Beispiels wird die Bildung des Mittelwerts erklärt:
Die Bildung des Medians aus einer bestimmten Anzahl an Angeboten wird gebildet,

Tabelle 82:

Angebot Bieter 1	Angebot Bieter 2	Angebot Bieter 3	Angebot Bieter 4	Angebot Bieter 5	Angebot Bieter 6	Angebot Bieter 7
3.500 €	5.000 €	4.400 €	9.000 €	6.100 €	4.800 €	3.200 €

indem die Summe aller Angebotspreise gebildet wird:

Tabelle 83:

Angebot	Angebotspreis
Angebot Bieter 1	3.500 €
Angebot Bieter 2	5.000 €

IV.

389

Tabelle 83: *– Fortsetzung*

Angebot	Angebotspreis
Angebot Bieter 3	4.400 €
Angebot Bieter 4	9.000 €
Angebot Bieter 5	6.100 €
Angebot Bieter 6	4.800 €
Angebot Bieter 7	3.200 €
Summe aller Angebote	*36.000 €*

Anschließend wird diese durch die Anzahl der Angebotspreise dividiert:

Anzahl der Angebote	7

Das Ergebnis stellt den arithmetischen Mittelwert dar:

arithmetischer Mittelwert	5.143 €

Nach der Bestimmung des Mittelwerts wird der Grenzbereich z. B. 20 %, 30 % oder 40 % definiert. Dieser liegt im Ermessensspielraum des Auftraggebers und kann von der Art der auszuschreibenden Leistungen und der zu erwartenden Angebotsdichte abhängen.

Die Punkteverteilung erfolgt dann innerhalb des Grenzbereiches. So erhält das Angebot, das z. B. am unteren Grenzbereich liegt oder günstiger als dieser ist 100 Punkte, ein Angebot, das genau auf dem Mittelwert liegt 50 Punkte und ein Angebot, das am oberen Grenzbereich liegt oder teurer ist 0 Punkte. Dargestellt am o. g. Beispiel und einem Grenzbereich um den Mittelwert von 20 % bedeutet dies:

Tabelle 84:

Ang. Bieter 7	Ang. Bieter 1	untere Gren- ze	Ang. Bieter 3	Ang. Bieter 6	Ang. Bieter 2	Mittel- wert	Ang. Bieter 5	obere Gren- ze	Ang. Bieter 4
3.200 €	3.500 €	4.137 €	4.400 €	4.800 €	5.000 €	5.143 €	6.100 €	6.171 €	9.000 €
100 Pkt	100 Pkt	100 Pkt	86 Pkt	67 Pkt	58 Pkt	50 Pkt	4 Pkt	0 Pkt	0 Pkt

Die Formel zur Berechnung der Preispunkte lautet dazu:

$$(Wertungspunkte)_{Preis} = \frac{(P_{Mittelwert} \times (1 + GB) - P_{Angebot})}{(2 \times P_{Mittelwert} \times GB) \times W_{Max}}$$

ergibt:

$P_{Mittelwert}$ = Preis des arithmetischen Mittelwertes
GB = Grenzbereich in Prozent (z. B. 0,2 für 20 %)
$P_{Angebot}$ = Preis des zu ermittelnden Angebotes
W_{max} = maximal zu erreichende Wertungspunkte

Die Formel zur Berechnung der Wertungspunkte mit Gewichtung lautet dann:

$$Z = G_{Leistung} \times W_{Leistung} + G_{Preis} \times W_{Preis}$$

und mit:

$$(Wertungspunkte)_{Preis} = \frac{(P_{Mittelwert} \times (1 + GB) - P_{Angebot})}{(2 \times P_{Mittelwert} \times GB) \times W_{Max}}$$

ergibt:

$$Z = \frac{G_{Leistung} \times W_{Leistung} + G_{Preis} \times (P_{Mittelwert} \times (1 + GB) - P_{Angebot})}{(2 \times P_{Mittelwert} \times GB) \times W_{Max}}$$

Z = Zuschlagskennzahl für das Preis-Leistungs-Verhältnis
$G_{Leistung}$ = Gewicht für die Leistung (Faktor)
$W_{Leistung}$ = Wertungspunkte für die Leistung
G_{Preis} = Gewicht für den Preis (Faktor)
W_{Preis} = Wertungspunkte für den Preis
$P_{Mittelwert}$ = Preis des arithmetischen Mittelwertes
GB = Grenzbereich in Prozent (z. B. 0,2 für 20 %)
$P_{Angebot}$ = Angebotspreis für den die Wertungspunkte gesucht werden
W_{max} = maximal zu erreichende Wertungspunkte

INFO

Die Mittelwert-Interpolationsmethode bestimmt die Gewichte für Preis und Leistung und die Wertungspunkte für die Leistung durch den Auswerter selbst. Die Wertungspunkte für das Kriterium Preis werden durch den arithmetischen Mittelwert und einen prozentualen Grenzbereich definiert. Das Angebot, welches am unteren

IV.

Grenzbereich des Mittelwertes liegt, erhält die volle Punktzahl. Das gilt auch für Angebote, die noch günstiger sind als der untere Grenzbereich. Der Mittelwert erhält die mittlere Punktzahl und das Angebot am oberen Grenzbereich erhält null Wertungspunkte für das Preiskriterium. Das gilt auch für Angebote, die teurer sind als der obere Grenzbereich. Im Anschluss wird mittels der linearen Interpolation zwischen den Grenzen auf eine Wertungsskala umgerechnet. Das Ergebnis ist dann der Wertungsskala (z. B. Punkteskala) zu entnehmen.

Kritische Betrachtung

Die lineare Interpolation erfolgt, wie auch bei der Median-Interpolationsmethode, nur innerhalb des Grenzbereiches. Alle Angebote außerhalb des Bereiches erhalten unabhängig von ihrem Preis die volle Punktzahl oder Null Punkte. Dies kann zu Fehlinterpretationen führen, da zwischen den Angeboten mit dem günstigsten Preis und voller Punktzahl für den Preis keine Differenzierung mehr innerhalb des Preiskriteriums erfolgt. Das bedeutet, dass in diesen Fällen nur noch die Leistung oder entsprechende andere Wertungskriterien einen Einfluss auf das Endergebnis haben.

Dem hinzuzufügen ist der Sachverhalt, dass hier ebenfalls die Gefahr besteht, das Ergebnis bei Verwendung dieser Interpolationsmethode bewusst durch die Abgabe von Brautjungfer-Angeboten (Bartsch, 2013) zu manipulieren. Dies kann erfolgen, indem der Bieter unter anderem Namen mehrere Angebote einreicht (kriminelle Energie vorausgesetzt), die preislich sehr hoch liegen und keine Aussicht auf Zuschlagserteilung haben. Durch ihren hohen Angebotspreis erweitern sie die Skala nach oben und verschieben somit auch den Mittelwert mit seinem Grenzbereich. Das hat zur Folge, dass wiederum der untere Grenzbereich, ab dem die Angebote die volle Preispunktzahl erhalten, auch entsprechend verschoben wird und ggf. mehr Angebote die volle Preispunktzahl erhalten. Dies hat dann wiederum die Konsequenz, dass bei diesen Angeboten nur noch die Leistung entscheidet und somit Angebote, die ursprünglich zu teuer aber leistungsstark waren nun wieder eine Chance auf die Zuschlagserteilung erfahren.

Merke

Die Methode kann in bestimmten Konstellationen zu falschen Interpretationen und nicht transparenten Ergebnissen führen. In bestimmten Fällen haben das Preiskriterium und sein Gewicht keinen Einfluss mehr auf die Auswertung. Daher ist diese Methode nicht empfehlenswert!

1.2.12 UfAB-II-Formelmethode

Eine alternative Methode zu den bisher angeführten Methoden ist die UfAB-II-Formelmethode. Sie ist ebenso wie die Interpolations- oder die gewichteten Richtwertmethoden eine der häufigsten anzutreffenden Wertungsmethoden. Anders als die bisherigen Interpolationsmethoden arbeitet diese Methode nur mit dem besten Leistungspunktewert und dem niedrigsten Preispunktewert in Form von Quotientenbildung.

Die Formel zu dieser Methode lautet:

$$Z = \frac{G_L * L}{L_{max\ Angebot}} - \frac{G_P * P_{min}}{P}$$

Z	= Zuschlagskennzahl für das Preis-Leistungs-Verhältnis
G_L	= Gewichtungsfaktor Leistung
L	= Leistungspunktzahl (Angabe in Punkten)
$L_{max\ Angebot}$	= Leistungspunktewert des besten Angebotes (Angabe in Punkten)
GP	= Gewichtungsfaktor Preis
P	= Preis (Angabe in Euro)
P_{min}	= Preis des niedrigsten Angebotes (Angabe in Euro)

An einem Beispiel verdeutlicht:

Tabelle 85:

	Angebot Bieter 1	Angebot Bieter 2	Angebot Bieter 3	Angebot Bieter 4
Gewicht Leistung	0,7			
Leistungspunkte (L)	3.500	3.600	3.800	**4.000**
bester Leistungswert Leistung	**4.000**			
Gewicht Preis	0,3			
Preis (P)	**9.000 €**	10.000 €	11.000 €	13.000 €
günstiger Angebotswert	**9.000 €**			
Zuschlagskennzahl (Z)	0,9125	0,9633	1,0317	1,1333
Faktorisierte Zuschlagskennzahl (Z x 1000)	913	963	1032	1133
Rang	4	3	2	1

IV.

Im vorliegenden Beispiel erhält das Angebot 4 den Zuschlag. Es ist zwar das teuerste Angebot, es hat im Rahmen der Auswertung jedoch auch die höchste Leistungspunktzahl erhalten. Dieser logischen Schlussfolgerung ist nichts entgegenzusetzen.

Wie verhält sich jedoch diese Methode, wenn ein Angebot mit weniger Leistungspunkten und hohem Angebotspreis in die Auswertung gelangt?

Anhand des Beispiels soll dies verdeutlicht werden:

Tabelle 86:

	Angebot Bieter 1	Angebot Bieter 2	Angebot Bieter 3	Angebot Bieter 4
Gewicht Leistung	0,7			
Leistungspunkte (L)	3.500	3.600	3.800	**4.000**
bester Leistungswert Leistung	**4.000**			
Gewicht Preis	0,3			
Preis (P)	**9.000 €**	10.000 €	18.000 €	13.000 €
günstiger Angebotswert	**9.000 €**			
Zuschlagskennzahl (Z)	0,9125	0,9633	1,2650	1,1333
Faktorisierte Zuschlagskennzahl (Z x 1000)	913	963	1265	1133
Rang	4	3	1	2

In diesem Beispiel hat sich auf Basis der vorherigen Annahme im Bereich der Leistungspunktzahlen nichts verändert. Lediglich das Angebot 3 geht hier mit einem deutlichen höheren Preis ins Rennen. Im Rahmen der Gesamtauswertung erhält das Angebot 3 den Zuschlag, da es unter Berücksichtigung von Preis und Leistung die meisten Wertungspunkte erhalten hat. Das Ergebnis überrascht. Ein Angebot, das nicht die besten Leistungspunkte erbracht hat und noch dazu das teuerste Angebot darstellt, gewinnt!? Dabei ist die Methode mathematisch korrekt! Die Ursache ist in vielen Punkten begründet, die in der kritischen Betrachtung erläutert werden.

> **Merke**
>
> Die UfAB-II-Formelmethode ist eine alternative Methode zur Interpolations- oder der gewichteten Richtwertmethode. Sie arbeitet mit dem besten Leistungspunktewert und dem niedrigsten Preispunktewert in Form von Quotientenbildung.

Kritische Betrachtung

Die UfAB-II-Formelmethode ist grundsätzlich eine Methode, um Leistung und Preis in einem gewichteten Verhältnis zu betrachten. In weiten Bereichen führt sie zu plausiblen Ergebnissen. Ihr Kernproblem liegt in der Verwendung von Extremwerten in einem Quotientenverhältnis, die noch dazu addiert werden. Dies kann in bestimmten Konstellationen zu kritischen Ergebnissen führen (VK Bund, VK1-4/15.). Ein wesentlicher Aspekt ist ferner, dass die gesamte Auswertung und die grundlegende Bewertungsskala von den Werten der Angebote abhängen. Somit haben die Extremwerte der Angebote auch einen direkten Einfluss auf das Ergebnis. Das zeigt das o. g. Beispiel.

Wie bereits bei anderen Methoden dargestellt, kann ggf. bei solch extremen Angebotskonstellationen das Einführen von Ober- und Untergrenzen hilfreich sein. Die Auswahl ihrer Größe setzt jedoch immer eine Betrachtung der gesamten Wertungsparameter voraus. Somit sollte diese Methode nur mit der entsprechenden Aufmerksamkeit auf ihre Schwächen zur Anwendung kommen.

> **Merke**
>
> Die Methode kann in bestimmten Konstellationen zu falschen Interpretationen und nicht transparenten Ergebnissen führen. In bestimmten Fällen haben überteuerte Angebote einen verzerrenden Einfluss auf das Endergebnis. Das Vorgeben von Grenzwerten für Angebotspreise und Mindestleistung kann dem im Einzelfall Abhilfe schaffen. Daher ist diese Methode nur bedingt empfehlenswert!

IV.

1.3   Sonstige Methoden

Die zuvor aufgezählten Methoden waren nur ein Ausblick auf die gängigsten Varianten, die im Vergaberecht regelmäßig zur Anwendung kamen bzw. aktuell kommen. Darüber hinaus gibt es noch diverse weitere Formeln, deren mathematische Darstellung und auch exemplarische Nachvollziehbarkeit hier nicht weiter verfolgt werden, da dies ein eigenes intensives Themenfeld darstellen würde.

Ein paar wenige Formeln seien hier nur als Ausblick ohne weitere Erläuterung aufgeführt.

Aufschlagmethode (Kaden, 2013) für die höhere Gewichtung des Preises im Verhältnis zur Leistung:

$$\frac{L}{P} = \frac{L'}{P} \text{ wobei } L' = L + (AL \times L_{max})$$

Exponential-Methode (Kaden, 2013) für die höhere Gewichtung von Preis oder Leistung:

$$\frac{L}{P} = \frac{L^{(a)}}{P^{(1-a)}} \text{ mit } 1 < a < 0$$

1.4   Übersicht aller Methoden

Die dargestellt und zuvor ausführlich beschriebenen Methoden stellen nur einen Ausblick auf die gängigsten Methoden im deutschen Vergaberecht dar. Einige dieser Methoden sind im Laufe der Zeit durch die Rechtsprechung beleuchtet worden und teilweise für vergaberechtswidrig oder nur bedingt tauglich erklärt worden. Andere sind nach wie vor in Gebrauch und können zur Ermittlung des wirtschaftlichsten Angebotes herangezogen werden.

Tabelle 87:

Methode	Anwendungs-empfehlung	Formel
Preismethode	Ja	$Z = P_{Min}$
einfache Richtwert-methode	Ja	$Z = \dfrac{L}{P}$
Einfache gewichtete Richtwertmethode	nein	$Z = \dfrac{G_L * L}{G_P * P} * F_Z$
Erweiterte Richt-wertmethode (mit Schwankungsbe-reich)	Ja	$Z = \dfrac{L}{P} * F_Z$ mit $OG = Z_{max}$ mit $UG = 100\% - \Delta_{Schwankung} * OG$ und mit Entscheidungskriterium (z. B. Preis, Leistung etc.)

Tabelle 87: *– Fortsetzung*

Methode	Anwendungsempfehlung	Formel
Erweiterte gewichtete Richtwertmethode (mit Schwankungsbereich)	Nein	$Z = \dfrac{G_L * L}{G_P * P} * F_Z$ mit $OG = Z_{max}$ und $UG = 100\% - \Delta_{Schwankung} * OG$
Gewichtete Referenz-Richtwertmethode (Referenzwertmethode)	Bedingt	$Z = \left(G_L * \dfrac{L}{L_{Referenz}} - G_P * \dfrac{P}{P_{Referenz}} \right) * F_Z$
Gewichtete Median-Richtwertmethode (Medianmethode)	Nein	$Z = \left(G_L * \dfrac{L}{L_{Median}} - G_P * \dfrac{P}{P_{Median}} \right) * F_Z$
Gewichtete Mittel-Richtwertmethode (Mittelwertmethode)	Nein	$Z = \left(G_L * \dfrac{L}{L_{Mittelwert}} - G_P * \dfrac{P}{P_{Mittelwert}} \right) * F_Z$
Einfache Interpolationsmethode	Nein	$Z = G_{Leistung} \times W_{Leistung} + G_{Preis}$ $\times \left(\dfrac{P_{max} - P}{P_{max} - P_{min}} \right) \times W_{max}$
Zweifache Preisminimum-Interpolationsmethode	Ja	$Z = G_{Leistung} \times W_{Leistung} + G_{Preis}$ $\times \left(\dfrac{2P_{min} - P}{P_{min}} \right) \times W_{max}$
variable Interpolationsmethode	Nein	$Z = G_{Leistung} \times W_{Leistung} + G_{Preis}$ $\times \left(\dfrac{XP_{min} - P}{P_{min}} \right) \times W_{max}$
Median-Interpolationsmethode	Ja	$Z = G_{Leistung} \times W_{Leistung} + G_{Preis}$ $\times \dfrac{P_{Median} \times (1 + GB) - P_{Angebot}}{2 \times P_{Median} \times GB}$ $\times W_{max}$
Mittelwert-Interpolationsmethode	Ja	$Z = G_{Leistung} \times W_{Leistung} + G_{Preis}$ $\times \dfrac{P_{Mittelwert} \times (1 + GB) - P_{Angebot}}{2 \times P_{Mittelwert} \times GB}$ $\times W_{max}$
UfAB-II-Formelmethode	bedingt	$Z = G_L * \dfrac{L}{L_{max\ Angebot}} - G_P * \dfrac{P_{min}}{P}$

IV.

1.5 Entscheidungshilfe zur Methodenauswahl

Die Übersicht stellt die Methodenvielfalt dar. Obwohl es sich hier nur um eine Auswahl handelt, kann die Frage gestellt werden, welche Methode ist die richtige. Um dies zu beantworten, kann ein Methodenvergleich sinnvoll sein. Dazu wird eine fiktive Angebotsauswahl definiert und anhand der einzelnen Methoden die Rangfolge ermittelt. Wichtig ist hierbei, dass sich die Angebotsparameter während des Vergleiches nicht ändern. Nur die Auswahl der Wertungsmethode ändert sich.

Anhand eines Beispiels wird angenommen, dass sechs Angebote zur Auswertung gebracht werden sollen. Im Rahmen der Auswertung ergibt sich folgende Übersicht:

Tabelle 88:

	Angebot 1	Angebot 2	Angebot 3	Angebot 4	Angebot 5	Angebot 6
Preis	317.560 €	349.316 €	311.209 €	327.089 €	333.438 €	381.072 €
Leistungs-punkte	22.547	23.499	26.993	28.263	29.216	30.168

Um die ausgewählten Methoden vergleichen zu können, bedarf es bei einigen Methoden an Zusatzinformationen, die jedoch ebenfalls als fiktiv und für den Vergleich als konstant anzusehen sind:

- Für die Referenzwertmethode die Referenzwerte für die Leistung mit 26.040 Punkten und für den Preis mit 327.087 €
- Maximale zu erreichende Leistungspunkte von 32.000 Punkten für alle Interpolationsmethoden
- Ein Grenzbereich von 20 % für die Median- und Mittelwert-Interpolationsmethoden

Es wird weiter angenommen, dass das Gewichtungsverhältnis von Preis und Leistung wie folgt definiert wird:

- Gewichtung Preis: 50 %
- Gewichtung Leistung: 50 %

Die Durchführung des Vergleiches ergibt für alle Methode folgende Rangfolge der Angebote:

Tabelle 89:

Methode	Angebot 1	Angebot 2	Angebot 3	Angebot 4	Angebot 5	Angebot 6
Preismethode	2	5	1	3	4	6
einfache Richtwert-methode	5	6	2	3	1	4
Einfache gewichtete Richtwertmethode	5	6	2	3	1	4
erweiterte Richtwert-methode (Entschei-dungskriterium: Preis)	X	X	1	2	3	X
erweiterte Richtwert-methode (Entschei-dungskriterium: Leis-tung)	X	X	3	2	1	X
Gewichtete Referenz-Richtwertmethode (Referenzwertmetho-de)	5	6	3	2	1	4
Gewichtete Median-Richtwertmethode (Medianmethode)	5	6	2	3	1	4
Gewichtete Mittel-Richtwertmethode (Mittelwertmethode)	5	6	3	2	1	4
Einfache Interpolati-onsmethode	3	5	1	2	4	6
Zweifache Preismini-mum-Interpolations-methode	4	6	1	2	3	5
Median-Interpolati-onsmethode	4	5	1	2	3	6
UfAB-II-Formelme-thode	6	5	4	3	2	1

IV.

Die farbliche Unterlegung der ersten drei Ränge macht deutlich, wie unterschiedlich die Rangfolge bei den einzelnen Wertungsmethoden ist. Je nach Wertungsmethode würde in diesem Beispiel das Angebot 3, 5 oder 6 gewinnen. Dabei stellt sich für Rang 1 folgendes Mehrheitsverhältnis ein:

- Angebot 5: Sechs Wertungsmethoden ermittelten für dieses Angebot den Rang 1
- Angebot 3: Fünf Wertungsmethoden ermittelten für dieses Angebot den Rang 1
- Angebot 6: Eine Wertungsmethode ermittelten für dieses Angebot den Rang 1

Wird bei der oben angenommen fiktiven Angebotsauswahl lediglich das Verhältnis des Preis-Leistungsgewichts verändert und bleiben alle anderen Parameter weiterhin konstant, so ergibt sich bei einem Gewichtungsverhältnis von Preis und Leistung, dass wie folgt definiert wird:

- Gewichtung Preis: 30 %
- Gewichtung Leistung: 70 %
- diese Rangfolge:

Tabelle 90:

Methode	Angebot 1	Angebot 2	Angebot 3	Angebot 4	Angebot 5	Angebot 6
Preismethode	2	5	1	3	4	6
einfache Richtwert-methode	5	6	2	3	1	4
Einfache gewichtete Richtwertmethode	5	6	2	3	1	4
erweiterte Richtwert-methode (Entschei-dungskriterium: Preis)	X	X	1	2	3	X
erweiterte Richtwert-methode (Entschei-dungskriterium: Leistung)	X	X	3	2	1	X

Tabelle 90: *– Fortsetzung*

Methode	Angebot 1	Angebot 2	Angebot 3	Angebot 4	Angebot 5	Angebot 6
Gewichtete Referenz-Richtwertmethode (Referenzwertmethode)	5	6	4	3	1	2
Gewichtete Median-Richtwertmethode (Medianmethode)	5	6	4	2	1	3
Gewichtete Mittel-Richtwertmethode (Mittelwertmethode)	5	6	4	3	1	2
Einfache Interpolationsmethode	4	6	1	2	3	5
Zweifache Preisminimum-Interpolationsmethode	5	6	2	3	1	4
Median-Interpolationsmethode	5	6	1	3	2	4
UfAB-II-Formelmethode	6	5	4	3	2	1

Die farbliche Unterlegung der ersten drei Ränge macht auch hier wieder deutlich, wie unterschiedlich die Rangfolge bei den einzelnen Wertungsmethoden ist. Je nach Wertungsmethode würde in diesem Beispiel zwar auch das Angebot 3, 5 oder 6 gewinnen, jedoch in einem anderen Mehrheitsverhältnis:

- Angebot 5: Sieben Wertungsmethoden ermittelten für dieses Angebot den Rang 1
- Angebot 3: Vier Wertungsmethoden ermittelten für dieses Angebot den Rang 1
- Angebot 6: Eine Wertungsmethode ermittelten für dieses Angebot den Rang 1

Der Unterschied der Rangverteilung je nach Anwendung der Wertungsmethode wird insbesondere bei folgendem Gewichtungsverhältnis deutlich:

IV.

- Gewichtung Preis: 20 %
- Gewichtung Leistung: 80 %

Tabelle 91

Methode	Angebot 1	Angebot 2	Angebot 3	Angebot 4	Angebot 5	Angebot 6
Preismethode	2	5	1	3	4	6
einfache Richtwert-methode	5	6	2	3	1	4
Einfache gewichtete Richtwertmethode	5	6	2	3	1	4
erweiterte Richtwert-methode (Entschei-dungskriterium: Preis)	X	X	1	2	3	X
erweiterte Richtwert-methode (Entschei-dungskriterium: Leis-tung)	X	X	3	2	1	X
Gewichtete Referenz-Richtwertmethode (Referenzwertmetho-de)	6	5	4	3	2	1
Gewichtete Median-Richtwertmethode (Medianmethode)	6	5	4	3	1	2
Gewichtete Mittel-Richtwertmethode (Mittelwertmethode)	6	5	4	3	2	1
Einfache Interpolati-onsmethode	5	6	1	3	2	4
Zweifache Preismini-mum-Interpolations-methode	5	6	3	2	1	4

Tabelle 91 *– Fortsetzung*

Methode	Angebot 1	Angebot 2	Angebot 3	Angebot 4	Angebot 5	Angebot 6
Median-Interpolationsmethode	5	6	3	2	1	4
UfAB-II-Formelmethode	6	5	4	3	2	1

An diesem Beispiel wird die unterschiedlichste Verteilung der Rangfolgen am deutlichsten. Je nach Wertungsmethode würde in diesem Beispiel wieder das Angebot 3, 5 oder 6 gewinnen. Das Mehrheitsverhältnis hat sich nochmals deutlich verändert:

- Angebot 5: Sechs Wertungsmethoden ermittelten für dieses Angebot den Rang 1
- Angebot 6: Drei Wertungsmethoden ermittelten für dieses Angebot den Rang 1
- Angebot 3: Drei Wertungsmethoden ermittelten für dieses Angebot den Rang 1

Die Ursachen für diese unterschiedlichen, methodenabhängigen Rangfolgen liegen in der Konstellation der Methoden selbst. Hier kommen diverse mathematische Abhängigkeiten zum Tragen, im Regelfall sind dies lineare Beziehungen basierend auf unterschiedlichen Skalensystem. Eine tiefgründigere Erörterung dieser Abhängigkeiten würde an dieser Stelle nicht zielgerecht sein und daher wird darauf verzichtet.

Die unterschiedlichen Mehrheitsverhältnisse sind kein Indikator für die Auswahl der besten Methode. Sie zeigen lediglich wie unterschiedlich die Abhängigkeiten von Gewichtungsfaktoren im Zusammenspiel mit der Formel der Wertungsmethode sein können. Die Darstellungen lassen nicht zu, eine »beste« Methode aus den zur Anwendung gelangten Methoden auszuwählen. Die Darstellung verdeutlicht jedoch, dass eine Auswahl einer Methode in Bezug auf die Auswertung des besten Angebotes durchaus eine bedeutende Entscheidung darstellt.

Insbesondere die Auswahl von Gewichtungsfaktoren und die Definition ihres Verhältnisses sollte wohl überlegt sein. Die Auswirkungen auf die Wertungsmethode kann anhand solcher fiktiven Auswertungssimulationen getestet werden. Dadurch bekommt der Auswerter ein Gefühl für die Auswirkungen.

IV.

Merke

Eine allgemeingültig beste Auswertungsmethode zur Ermittlung des wirtschaftlichsten Angebotes gibt es nicht. Die Auswahl der Methode ist in Abhängigkeit der Wertungskriterien und des Gewichtes immer im Einzelfall zu prüfen und dann zu wählen!

1.6   Ein Methodenausblick

Die oben dargestellten Bewertungsmethoden sind die häufigsten zur Anwendung gebrachten Methoden im Vergaberechtsbereich. Sie werden in Fachnetzwerken in unterschiedlichsten Ausprägungen und Varianten regelmäßig diskutiert und weiterentwickelt. Alle Methoden weisen im Einzelnen Vor- und Nachteile auf und manche sind gar in ihrer Anwendung gefährlich, weil sie falsche Entscheidungen hervorrufen können. Über diese Methoden hinaus gibt es jedoch noch zahlreiche andere Entscheidungstheorien, die im Vergaberecht zur Anwendung kommen könnten. Sie finden sich häufig in der Wirtschaftsingenieurwissenschaft oder der Betriebswirtschaftswissenschaft wieder und sind probates Mittel bei der Entscheidungsfindung in Unternehmen, wenn es z. B. um Prozessabläufe und Unternehmensentscheidungen geht. Hier seien insbesondere und beispielhaft Paarvergleichsmethoden erwähnt, z. B. Outranking und Prävalenzverfahren, bei denen der Entscheider nicht in der Lage ist seine Bewertungsschwerpunkte für die Wertungskriterien im Vorfeld festzulegen. Hierzu zählen z. B. die ELECTRE-Methode (Elimination Et Choice Translation Realité), die Promethee-Methode (Preference Ranking Organisation Method for Enrichment and Evaluations) oder die TOPSIS-Methode (Technique for Order Preference by Similarity to Ideal Solution). Die Methoden an sich sind sehr berechnungsintensiv und ohne eine Kalkulationssoftware nicht sinnvoll für Vergabezwecke zu nutzen. Allerdings sind die heutigen Tabellenkalkulationsprogramme bereits so leistungsstark, dass eine Anwendung solcher Methoden durchaus realisierbar ist.

1.7   Der Analytische-Hierarchie-Prozess (AHP)

Darüber hinaus sind weitere Methoden der multikriteriellen Entscheidungsfindung durchaus beachtenswert. Neben der allgemeinen Nutzwertanalyse, die in unterschiedlichen Varianten und der daraus abgeleiteten Entscheidungsansätze und Wertungsformeln existiert, gibt es noch eine weitere Methode, deren Verwendung im

Vergaberechtsprozessen durchaus möglich sein kann. Diese besagte Methode ist der Analytische-Hierarchie-Prozess (AHP). Der AHP ist eine Variante der Nutzwertanalyse und wurde durch die Verfasser bereits in ausgewählten Verfahren getestet und dessen Ergebnisse untersucht. Die Methode ist im Vergaberechtsbereich zwar ungewöhnlich von ihrer Anwendung her, aber formal anwendbar. Allerdings wird zur Anwendung zwingend ein Tabellenkalkulationsprogramm benötigt. Der AHP ist eine von dem Mathematiker Thomas Lorie Saaty in den 70er Jahren entwickelte Entscheidungstheorie. Sie besteht aus einer strukturierten, gewichteten Kriterienhierarchie die sich stark der Struktur von Leistungsverzeichnissen ähnelt und durch einen paarweisen Vergleich zu einem Ergebnis führt.

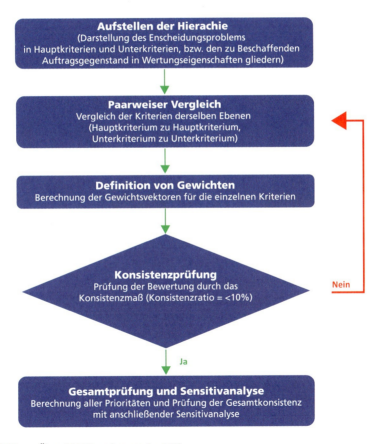

Bild 50:   *Übersicht Vorgehensweise AHP*

Aufstellen der Hierarchie:

Das Entscheidungsproblem, hier die Auswahl des wirtschaftlichsten Angebotes, wird in Form einer Hierarchie dargestellt. Es werden dabei Hauptkriterien, Unterkriterien und Einzelkriterien in eine hierarchische Ordnung gebracht. Anders als bei üblichen Wertungsmethoden, werden hier jedoch noch keine Gewichte durch prozentuale Zuordnung von Wertungsgewichten vergeben. Hauptkriterien können sein: Preis, Leistung, Umweltverträglichkeit, Service- und Lieferzeiten etc. Unterkriterien können dann unterhalb der Hauptkriterien weitere Differenzierungen darstellen, wie z. B. bei der Leistung das Fahrgestell und der Aufbau. Die Unterteilung der Kriterien ist beliebig darstellbar, sollte aufgrund der Kalkulationsintensität jedoch sinnvoll gewählt werden.

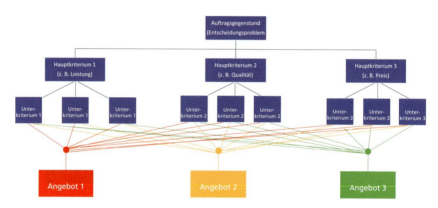

Bild 51:   *Darstellungen von Abhängigkeiten im Entscheidungsprozess*

Der paarweise Vergleich:

Nach der Aufstellung der hierarchischen Ordnung werden die Kriterien einer Kategorie untereinander verglichen, in dem mit der festgelegten Bewertungsskala jedes Kriterium einer Kategorie mit jedem derselben Kategorie verglichen wird und einen Punktwert erhält, z. B. der Preis hat für den Entscheider eine erheblich größere Bedeutung als die Leistung. Die Leistung wiederum einen sehr viel größere Bedeutung als die Lieferzeit. Somit bekommt das Kriterium Preis fünf Punkte und die Leistung im Vergleich zur Lieferzeit sieben Punkte. Dieses Verfahren wird wiederholt und jedem Kriterium somit ein Wert zugewiesen.

Insbesondere bei umfänglichen Leistungsverzeichnissen mit vielen Wertungskategorien stellt diese Vorgehensweise einen bedeutenden Vorteil dar, da sich der

Tabelle 92:

Bewertungsskala	
9	absolut dominierend
8	Kompromissstufe
7	sehr viel größerer Bedeutung
6	Kompromissstufe
5	erheblich größerer Bedeutung
4	Kompromissstufe
3	etwas größere Bedeutung
2	Kompromissstufe
1	gleiche Bedeutung (Richtwert)
1/2	Kompromissstufe
1/3	etwas kleinere Bedeutung
1/4	Kompromissstufe
1/5	erheblich kleinere Bedeutung
1/6	Kompromissstufe
1/7	sehr viel kleinere Bedeutung
1/8	Kompromissstufe
1/9	absolut unterlegen

Entscheider nur auf den Vergleich von Paaren konzentrieren muss und somit nicht mehr die gesamte Wertungsstruktur berücksichtigen muss. Diese Struktur erstellt die Methode für den Entscheider.

Die Gewichtsfaktoren

Aus diesen Vergleichen ergeben sich im Rahmen des Verfahrens Matrizen die miteinander in rechnerische Abhängigkeiten gebracht werden. Diese Berechnungen ergeben dann die tatsächlichen Gewichtsfaktoren für die einzelnen Kriterien.

IV.

Die Konsistenzprüfung der Paarvergleiche

Die Methode durchläuft, anders als bei den trivialen Wertungsmethoden, eine Konsistenzprüfung. Dabei prüft sie, ob die alle Paarvergleiche des Entscheiders auch einen Gesamtsinn ergeben, oder ob ggf. widersprüchliche Paarvergleiche aufgestellt wurden. So kann z. B. folgende Konstellation der Paarvergleiche im AHP nicht bestehen: Preis ist bedeutender als die Leistung und Leistung ist bedeutender als die Lieferzeit. Dann kann der Vergleich der Lieferzeit mit dem Preis nicht ergeben, dass die Lieferzeit bedeutender ist als der Preis. Das stellt einen Widerspruch dar und die AHP-Methode würde hier eine Inkonsistenz feststellen und den Entscheider darauf aufmerksam machen dies zu korrigieren. Sie beinhaltet darüber hinaus auch einen Toleranzbereich, der insbesondere bei der Verwendung einer Vielzahl von Kriterien einen gewissen Inkonsistenzbereich zulässt. Über die Auswirkung dieser Inkonsistenzen auf das Endergebnis gibt es ausführliche wissenschaftliche Abhandlungen (Saaty, 1980). Sie zeigen, dass diese bis zu einem gewissen Grad keine bedeutenden Auswirkungen haben.

Die Sensitivanalyse

Die Sensitivanalyse prüft dann übergeordnet alle Gewichte in Bezug auf die gesamte Wertungsmatrix, also eine Gesamtkonsistenz. Hier können auch Schwachstellen der eigenen Bewertung deutlich werden und ob die Gefahr einer Rangfolgeumkehr entstehen kann. Sollte dies der Fall sein ist ein erneuter Durchlauf des Gewichtungsprozesses empfehlenswert.

Das Gesamtergebnis und die Auswertung

Das oben beschriebenen Verfahren erstellt für den Entscheider zunächst nur die Gewichte der einzelnen Kriterien und ermöglicht ihm die Prozentwerte der einzelnen Kriterien in die Ausschreibungsunterlagen aufzunehmen.

Im Rahmen der Auswertung werden dann die eingehenden Angebote in der gleichen Verfahrensweise miteinander verglichen und zwar jedes Kriterium eines jeden Bieters untereinander oder mit einem vorher festgelegten Orientierungswert. Aus diesen Vergleichen entsteht dann ein Gesamtbild, welcher Anbieter über alle Leistungspositionen hinweg der wirtschaftlichste Anbieter ist.

Resümee zum AHP im Vergleich zu bisherigen Wertungsmethoden

Der AHP ist ein rechenintensiver und nur mit Tabellenkalkulationsprogrammen oder Software anzuwendende Methode. Sie ist im Vergleich zu bisherigen Methoden anspruchsvoll nachzuvollziehen und schreckt daher vermutlich ab.

Als Vorteil zu werten ist, dass die Methode alle Kriterien hierarchisch gliedert und somit die Transparenzen erhöht. Sie ermöglicht den Vergleich sowohl qualitativer als auch quantitativer Kriterien. Sie führt eine Konsistenzprüfung durch und überprüft die Plausibilität der Entscheidungen. Im Vergleich zu den trivialen Wertungsformeln lässt sich der AHP nicht manipulieren, da die Gewichtungen nur indirekt vom Entscheider festgelegt werden, während bei herkömmlichen Methoden der Entscheider direkt seine Gewichtung vergibt und somit die Möglichkeit besteht zu manipulieren.

Bezogen auf diesen Vorteil ist nach Ansicht der Verfasser die Anwendung dieser Methode bei Entscheidungen zur Auswahl des wirtschaftlichsten Angebotes in Vergabeverfahren diskussionsfähig. Erste Durchführungen von Vergabeentscheidung mit dieser Methode haben positive Ergebnisse erzielt, können aber noch keine belastbaren Aussagen generieren. Eine nachhaltige Anwendung dieser Methode bleibt zu prüfen.

1.8   Fazit zu den Methoden

Unter Berücksichtigung der Methodenvielfalt und der Erkenntnisse aus den Methodendiskussionen und Rechtsprechungen der letzten Jahre zu Bewertungsmethoden können nach aktuellem Stand nur folgende Methoden zur Anwendung kommen:

- Preismethode unter Berücksichtigung ausführlicher und detaillierter Leistungsbeschreibungen,
- Einfache Richtwertmethode,
- Erweiterte Richtwertmethode mit Festlegung eines Schwankungsbereiches und Definition des Entscheidungskriteriums (z. B. Preis oder Leistung aber auch andere).

Dabei gilt hier ebenfalls die Abwägung, welche Methode bezogen auf das Vergabeziel als die Geeignetste erscheint.

Da der Gesetzgeber ausdrücklich keine Methode vorschreibt oder definiert, kann der versierte Methodenforscher auch eigenen Methoden zur Anwendung bringen. Es ist jedoch unbedingt auf die Einhaltung der Vergabegrundsätze zu achten.

IV.

1.9   Schnellcheck

Zusammenfassung Prüfung und Wertung der Angebote

Die Wertungsmethode hat entscheiden Einfluss auf die Auswahl des geeigneten Bieters. Es gibt einige geeignete und viele ungeeignete Wertungsmethoden. Es gibt aber nicht DIE Bewertungsmethode. Dabei ist insbesondere die Transparenz und auch die Verfahrenssicherheit der Methode zu berücksichtigen. Siehe hierzu auch die Methodenübersicht.

Derzeit sind folgende Wertungsmethoden zur Anwendung möglich:

- Preismethode unter Berücksichtigung ausführlicher und detaillierter Leistungsbeschreibungen,
- Einfache Richtwertmethode,
- Erweiterte Richtwertmethode mit Festlegung eines Schwankungsbereiches und Definition des Entscheidungskriteriums (z. B. Preis oder Leistung aber auch andere).

Die Forschung nach Wertungsmethoden ist nicht abgeschlossen. Somit sind durchaus auch andere Methoden zur Anwendung denkbar, wie z. B. die AHP-Methode oder weiterer Methoden aus der multikriteriellen Entscheidungsfindung.

2   Spektrum der Messskalen

Eine sachlich begründete Vergabeentscheidung bedarf der Auswertung sämtlicher Kaufkriterien eines Angebots. Damit das erfolgen kann, müssen die Zuschlagskriterien zunächst in ein Wertesystem gebracht werden. Innerhalb dieses Wertesystems können dann alle Kriterien in einen relativen Bezug zueinander gebracht werden und ermöglichen es abschießend, dem Gesamtangebot einen Gesamtwert zu geben. Dieser angebotsspezifische Gesamtwert kann wiederum in Relation zu den Gesamtwerten anderer Angebote gesetzt werden. Somit ist der Auftraggeber abschließend in der Lage eine sachlich begründete Vergabeentscheidung zu treffen. Grundsätzlich können Zuschlagskriterien qualitative und quantitative Eigenschaften aufweisen. Während die quantitativen Eigenschaften einfach im Rahmen eines Wertesystems erfassbar sind, stellt sich die Erfassung von qualitativen Kriterien deutlich komplexer dar.

Die Erfassung von Daten mit qualitativen und quantitativen Eigenschaften ist in der Wissenschaft mittlerweile eine Standardprozedur. Dazu bedient sie sich diverser Messskalensysteme, die in zwei Hauptkategorien unterschieden werden: Die metrischen und nicht metrischen Messskalen.

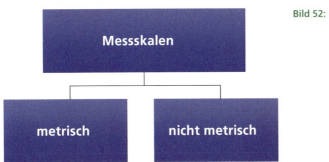

Bild 52:   *Messskalen*

Abhängig von der Kriterienart und der Merkmalsausprägung können grundsätzlich insgesamt fünf Skalen zur Bewertung herangezogen werden (Zimmermann/Gutsche, 1991):

1. Norminal-Skala
2. Ordnial-Skala
3. Intervall-Skala
4. Ratio-Skala
5. Absolut-Skala

Die nicht metrischen Skalen unterscheiden sich in Norminal- und Ordinal-Skalen.

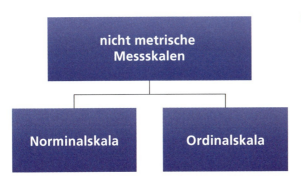

Bild 53:   *nicht metrische Messskalen*

IV.

2.1   Norminalskala

Norminalskalen können Unterschiede von Kriterien darstellen. Die Unterschiede können in Zahlenform oder auch als Lingualform dargestellt werden. Da dies auch ihr

Hauptmerkmal darstellt, ist der Informationsgehalt bei der Anwendung dieser Art von Skalen gering. Eine Aussage über eine Wertung oder einen Vergleich zu treffen ist bei dieser Skalenart nicht möglich.

Tabelle 93: *Beispiel 1: Norminalskala mit allgemeine Kriterien*

Kriterien die erfüllt werden: Zutreffendes ankreuzen!				
Kraftstoffart	Diesel	☐	Benzin	☐
Löschmittel	Pulver	☐	Schaum	☐
Pumpenart	Normaldruck	☐	Hochdruck	☐

2.2   Ordinalskala

Die Ordinalskala ist in der Messskalenaufzählung die erste Skala, die eine Wertung zulässt. Mit ihr ist die Erstellung einer Ordnung und Rangfolge möglich. Leider lässt sich mit ihr jedoch keine Aussage über die Abstände der einzelnen Ränge treffen. Sie erlaubt es ausschließlich eine Aussage über eine Ausprägungsstärke eines Kriteriums zu treffen. Eines der wohl bekanntesten Ordinalskalensystem ist das Schulnotensystem.

Tabelle 94: *Beispiel 2: Ordinalskala*

Kriterium	Ausprägungsstärke
Restaurantbewertung	5- Sterne, 4- Sterne, 3-Sterne, 2-Sterne, 1 Stern, 0 Sterne
Schulnoten	sehr gut, gut, befriedigend, ausreichend, mangelhaft, ungenügend

Tabelle 94: *Beispiel 2: Ordinalskala – Fortsetzung*

Kriterium	Ausprägungsstärke
Dienstrang	Brandmeister, Oberbrandmeister, Hauptbrandmeister

Die metrischen Skalen unterscheiden sich in Intervall-, Ratio- und Absolut-Skalen.

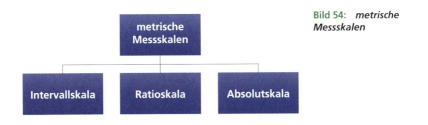

Bild 54: *metrische Messskalen*

2.3   Intervalskala

Die Intervallskala lässt eine sehr genaue Bestimmung von Merkmalsausprägungen zu, damit die Abstände zwischen den einzelnen Merkmalen bewertet werden können. Die Intervallskala verfügt über einen frei zu definierenden Nullpunkt. Somit können die Werte innerhalb einer Skala zu einem relativen Bezug gesehen werden.

Tabelle 95: *Beispiel 3: Intervallskala*

Kriterium	Ausprägungsstärke
Temperatur	14°C 15°C 16°C
Prüfungstermine	12.12. 13.12. 14.12.
Quartalsberichte	1. Quartal 2. Quartal 3. Quartal 4. Quartal

IV.

Tabelle 95: *Beispiel 3: Intervallskala – Fortsetzung*

Kriterium	Ausprägungsstärke
Abschreibungsjahre	2019
	2020
	2021

2.4   Ratioskala

Ratioskalen sind ähnlich wie die Intervallskalen sehr genau und verfügen im Unterschied zu ihnen über einen natürlichen Nullpunkt. Mit ihnen lassen sich somit absolute Aussagen treffen.

Tabelle 96: *Beispiel 4: Ratioskala*

Kriterium	Ausprägungsstärke
Errichtung von Pegelstellen	Höhen über Normal Null
Exakte Temperaurbestimmungen	Angaben in Kelvin
Max. Lautstärken in Fahrerhäusern	Angaben in dB(A)
Absolute Baukosten eines Projektes	Geldwert mit Währung
Geschwindigkeit	Km/h

2.5   Absolutskala

Die Absolutskalen sind Skalen, mit denen die absoluten Werte eines Merkmals erfasst werden können. Voraussetzung für die Anwendung ist, dass das Merkmal über eine natürliche Einheit und einen natürlichen Nullpunkt verfügt. Sie finden im Regelfall Anwendungen bei Stückzahlen.

2.6   Schnellcheck

Zusammenfassung – Spektrum der Messskalen:

Die Erfassung von Daten mit qualitativen und quantitativen Eigenschaften erfolgt mit metrischen und nicht metrischen Messskalen. Dabei wird in folgende Skalenarten unterschieden:

- Norminal-Skala
- Ordnial-Skala
- Intervall-Skala
- Ratio-Skala
- Absolut-Skala

Die Wahl der geeigneten Skala hängt von der Wertungsmethode ab und ist auf diese abgestimmt auszuwählen.

3   Kriterienhierarchien und -gewichtung

Die Definition von Kriterienhierarchien und -gewichtungen ist eine immanente Eigenschaft der Bewertung der wirtschaftlichsten Angebote. Es steht außer Frage, dass eine Gewichtung von Kriterien zu gleichen oder ungleichen Teilen im Leistungsbestimmungsrecht des Auftraggebers liegt. Dieser Bereich und somit die Freiheit die Gewichtung in gewissen Grenzen frei festzulegen, liefert dem Auftragnehmer einen großen Spielraum zur Vorgabe der Bewertung der Leistung. Er kann somit auch festlegen, ob die Kriterien untereinander den gleichen Bezug und die gleiche Gewichtung haben oder bestimmte Kriterien dominieren und ggf. eine Kriterienrangfolge anzusetzen ist.

3.1   Kriterienhierarchie

IV.

Bevor eine Gewichtung einzelner Kriterien durchgeführt wird, sollte je nach Auftragsumfang eine Kriterienhierarchie festgelegt werden. Sie dient der besseren Übersicht der Wertungskriterien und somit auch der Transparenz der Wertung. Hierbei ist es wichtig eine thematische Klassifizierung durchzuführen und Hierarchieebenen klar zu trennen. In der ersten Ebenen können dies z. B. die Hauptgruppen der Zuschlagskriterien sein, wie z. B. Preis, Leistung, Qualität, Funktionalität, technischer Wert, Lieferzeit oder Umweltfreundlichkeit. Diese können wiederum in Ober- und Untergruppen unterteilt werden. Die Differenzierung und Aufteilung bleibt dem

Auftraggeber überlassen, jedoch steht die Anzahl der Hauptgruppen und ihre Unterteilung in einem proportionalen Verhältnis zur steigenden Komplexität und der steigenden Gefahr der Inkonsistenz. Je mehr Gruppen und Unterteilungen erstellt werden, desto größer ist somit die Gefahr, dass dem Bewertenden ein Fehler unterläuft und die Gewichtung widersprüchlich und unbeständig (inkonsistent) wird.

Merke

Im Regelfall ist eine Hierarchiestruktur von drei Ebenen empfehlenswert, da sie überschaubar und für die meisten Anwendungen ausreichend ist.

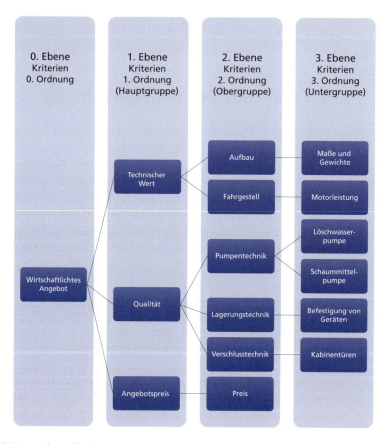

Bild 55:   *Hierarchieebenen*

3.2   Kriteriengewichtung:

Nach der Strukturierung der Kriterien in ein Hierarchieverhältnis kann eine Gewichtung der Kriterien erfolgen. Sie ist im Rahmen des Transparenzgebotes in jedem Fall mit den Vergabeunterlagen zu veröffentlichen, da der Anbieter erkennen muss, welche Präferenzen der Auftraggeber auf die entsprechenden Kriterien legt. In der Vergabepraxis haben sich zwei Gewichtungsmethoden ergeben, die eine häufige Verwendung finden. Es handelt sich um die prozentuale Gewichtung und die punktuelle Gewichtung von Kriterien.

prozentualen Gewichtung (Gewichtspunkten)

Bei der prozentualen Gewichtung werden aufbauend auf das hierarchische System die einzelnen Kriteriengruppen und Kriterien mit prozentualen Werten belegt. Durch diese prozentualen Werte kann im Vorfeld definiert werden mit welchem Anteil und somit mit welchem Gewicht ein Kriterium im Rahmen der Angebotsprüfung und Auswertung in das Gesamtergebnis einbezogen wird.

Eine Einfache Einteilung kann wie folgt erfolgen:

Tabelle 97:

Kriterium	Gewicht
Qualität	30 %
Technischer Wert	25 %
Lieferzeit	5 %
Preis	40 %
Prüfsumme	*100 %*

Das Beispiel zeigt eine einfache prozentuale Gewichtsverteilung auf die Kriterien 1. Ordnung. Damit die Konsistenz der Gewichtung gewährleistet bleibt, ist es von enormer Bedeutung zu prüfen, ob die Prüfsumme, also die Summe aller Teilgewichte, dem Wert von 100 % entspricht. Sollte das nicht der Fall sein, so ist der Fehler in jedem Fall zu suchen und vor der Veröffentlichung (Beginn des Vergabeverfahren) zu korrigieren, da es sonst einen schwerwiegenden Verfahrensfehler darstellt!

IV.

Merke

Die Summe aller prozentualen Teilgewichte muss immer 100 % ergeben!

Je nach Anzahl der Kriterienebenen der hierarchischen Ordnung können die prozentualen Gewichte bis in die letzte Kriterienebenen kaskadiert werden. Dabei ist die Verwendung von relativen Gewichten sinnvoll. Auch hier gilt es sehr genau die Prüfsummen zu kontrollieren. Die Prüfsumme jeder Kriteriengruppe muss immer 100 % ergeben.

Tabelle 98:

1. Ebene Kriterien 1. Ordnung (Hauptgruppe)	2. Ebene Kriterien 2. Ordnung (Obergruppe)	3. Ebene Kriterien 3. Ordnung (Untergruppe)	Absolutes Gewicht	Relatives Gewicht	Relatives Gewicht	Absolutes Teilgewicht
Technischer Wert			30 %			
	Fahrgestell			40 %		12 %
	Aufbau			60 %		
		Maße			30 %	5,4 %
		Gewichte			70 %	12,6 %
Qualität			25 %			
	Pumpentechnik			40 %		10 %
	Lagerungstechnik			30 %		7,5 %
	Verschlusstechnik			30 %		7,5 %
Lieferzeit			5 %			5 %
Preis			40 %			40 %
		Prüfsumme	100 %			100 %

> **Beispiel:**
> Das Kriterium der Hauptgruppe »Technischer Wert« hat ein Gewicht im Gesamtangebot von 30 %. Es wird jedoch unterteilt in zwei Obergruppen »Fahrgestell« und »Aufbau«. Diese haben wiederum einen Gewichtsanteil von 40 % (Fahrgestell) und 60 % (Aufbau). Das Kriterium »Aufbau« unterteilt sich wiederum in zwei Untergruppen. Den Kriterien »Maße« mit 30 % und »Gewichte« mit 70 %. Die Prüfsumme einer Ordnungsgruppe bezogen auf das nächst höhere Kriterium muss immer 100 % ergeben. Für die Betrachtung des gesamten Gewichtes im Rahmen der Angebotswertung ist es erforderlich das Teilgewicht der einzelnen Kriterien bezogen auf das absolute Gewicht von 100 % zu berechnen.

Konkret bedeutet dies im obigen Beispiel:
Teilgewicht für das Kriterium Maße als Kriterium von Aufbau als Kriterium von Technischer Wert:

$$(\textit{Teilgewicht})_{Maße} = (\textit{Gewicht})_{(Technischer\ Wert)} \times (\textit{Gewicht})_{Aufbau}$$
$$\times (\textit{Gewicht})_{Maße}$$
$$(\textit{Teilgewicht})_{Maße} = 30\% \times 60\% \times 30\% = 5,4\%$$

Ausschlusskriterien werden nicht mit einem Gewicht versehen und werden auch nicht mit Punkten bewertet. Ein Ausschlusskriterium ist erfüllt oder nicht erfüllt. Ein nicht erfülltes Ausschlusskriterium führt zum zwingenden Ausschluss des Angebots. Das fiktive Gewicht von Ausschlusskriterien ist folglich immer 100 %.

Kriteriengewichtung am Beispiel des Schulnotensystems

Das Schulnotensystem basiert auf einer Ordinalskala. Es ist eines der einfachsten und auch bekanntesten Wertungssysteme. Als Gewichtungswerkzeug ist es in direkter Verwendung nicht zu empfehlen, da es keine Aussage über die Abstände zwischen den Noten trifft. Es erlaubt ausschließlich eine Aussage über eine Ausprägungsstärke eines Kriteriums zu treffen und somit eine Rangfolge darzustellen. Dieser Nachteil kann durch eine Punktübersetzung behoben werden. Der Anwender ordnet in diesem Fall Punktwertungsbereiche den einzelnen Noten zu.

Mit dieser Zuordnung ist es möglich Angeboten eine Note zuzuordnen. Die Noten selbst stellen zwar dann wieder nur eine Rangfolge dar, anhand der zugeordneten Punktwerte ist jedoch eine qualitative Aussage möglich. Diese Art der Verwendung von Schulnotensystemen mit Punktwertbereichen entspricht einer transparenten und wettbewerbskonformen Auftragsvergabe (BGH, X ZB 3/17). Die Gewichtungsfunktion ist hier im Bereich der Wertezuordnung zur Note definiert und hat Auswirkung auf das Gesamtergebnis.

IV.

Tabelle 99:

Note	Punktwertebereich
sehr gut	901 - 1000
gut	701 - 900
befriedigend	601 - 700
ausreichend	500 - 600
mangelhaft	251 - 499
ungenügend	0 - 250

Beispiel:

Ein Angebot erhält 900 Punkte im Wertungskriterium »Leistung«, das entspricht der Note »gut – (2). Das selbe Angebot erhält im Wertungskriterium »Qualität« 37 Punkte, was der Note »befriedigend – (3)« entspricht. Das arithmetische Mittel dieser beiden Noten würde 2,5 und somit gerundet die Note »befriedigend« ergeben.

Tabelle 100:

Hauptkriterium 1 (Leistung)		Hauptkriterium 2 (Qualität)	
Note	Punktwertebereich	Note	Punktwertebereich
sehr gut	901 - 1000	sehr gut	46 - 50
gut	701 - 900	gut	38 - 45
befriedigend	601 - 700	befriedigend	31 - 37
ausreichend	500 - 600	ausreichend	25 - 30
mangelhaft	251 - 499	mangelhaft	11 - 24
ungenügend	0 - 250	ungenügend	0 - 10

$$(Note)_{Gesamt} = \frac{((Note)_{Leistung} + (Note)_{Qualität})}{2} = \frac{(2+3)}{2} = \frac{5}{2}$$

$$= 2{,}5 \approx 3 \approx befriedigend$$

Minimale Änderungen im Bereich der Wertgrenzen können bereits einen Notenwechsel zur Folge haben. Durch die unterschiedlichen Größen der Punktwertbereiche innerhalb eines Kriteriums und der möglichen Größenunterschiede zwischen den Kriterien entsteht somit indirekt ein mathematischer Hebel. Dieser hat eine Gewichtsfunktion, die dem Bieter nicht unmittelbar ersichtlich ist und somit Intransparenz erzeugt.

Bei Verwendung des Schulnotensystems im Rahmen einer Auswertung ist daher zu beachten, dass die Höchstpunktzahlen, auf die die Noten angewandt werden immer gleich sind.

Tabelle 101:

Hauptkriterium 1 (Leistung)		Hauptkriterium 2 (Qualität)	
Note	**Punktwertebereich**	**Note**	**Punktwertebereich**
sehr gut	901 - 1000	sehr gut	951 - 1000
gut	701 - 900	gut	801 - 950
befriedigend	601 - 700	befriedigend	651 - 800
ausreichend	500 - 600	ausreichend	500 - 650
mangelhaft	251 - 499	mangelhaft	251 - 499
ungenügend	0 - 250	ungenügend	0 - 250

Damit ist es zwar nach wie vor möglich eine Gewichtung innerhalb eines Kriteriums durchzuführen, also festzulegen ab wann ein Kriterium welche Note erreicht, aber die maximal zu erreichende Punktzahl ist gleich.

Ist dies aus besonderen Gründen nicht möglich, so müssen die Punktwertebereiche vorher normiert werden (VK Münster, VK 22 / 01). Dies geschieht, indem eine Division durch den Punkthöchstpunktwert erfolgt. Nur so ist es möglich unterschiedliche Zuschlagskriterien mit unterschiedlichen Punktwertbereichen zu vergleichen.

Das Schulnotensystem wird aufgrund seiner Bekanntheit gerne in die Betrachtung von Auswertungswerkzeugen einbezogen. Es ist allerdings auch Gegenstand von Rechtsprechungen, da es nicht willkürlich und grundsätzlich bedenkenlos zur Anwendung gebracht werden kann. Das Schulnotensystem kann bei weitgehend standardisierte Dienstleistungen oder Produkten, die für sich und in ihrer Abfolge in den Vergabeunterlagen konkret und erschöpfend beschrieben wurden zur Anwendung gebracht werden (BGH, X ZB 3/17).[107] Bei funktionalen Ausschreibungen oder

IV.

---

107 BGH mit Beschluss vom 04.04.2017 - X ZB 3/17.

Tabelle 102:

Hauptkriterium 1 (Leistung)		Hauptkriterium 2 (Qualität)	
Note	Punktwertebereich	Note	Punktwertebereich
sehr gut	901 - 1000	sehr gut	46 - 50
gut	701 - 900	gut	38 - 45
befriedigend	601 - 700	befriedigend	31 - 37
ausreichend	500 - 600	ausreichend	25 - 30
mangelhaft	251 - 499	mangelhaft	11 - 24
ungenügend	0 - 250	ungenügend	0 - 10

Ausschreibungen für freiberuflichen Leistungen, z. B. der Projektsteuerung trifft das nicht bedenkenlos zu. Dies beschreibt eine Aussage aus einem Beschluss des OLG Düsseldorf:

»Insbesondere bei funktionalen Ausschreibungen kann der öffentliche Auftraggeber die auf die Formulierung der Leistungsbeschreibung und der Zuschlagskriterien einschließlich ggf. notwendiger Unterkriterien und ihrer Gewichtung zu verwendende Aufmerksamkeit nicht durch die Verwendung eines reinen Schulnotensystems ersetzen.« (OLG Düsseldorf, VII-Verg 39/16)

Gewichtung mit Gewichtungspunkten

Eine Alternative zur prozentualen Gewichtung stellt die Gewichtung mit Gewichtungspunkten dar. Hier werden in der gleichen Kriterienstruktur statt den Prozentwerten Punktwerte auf die einzelnen Ebenen bis hinunter auf die einzelnen Kriterien verteilt. Dazu wählt der Bewerter einen Punktebereich aus und verteilt die ihm zur Verfügung stehenden Punkte auf die Kriterien und ihre Kategorien. Dies kann er gleichmäßig machen oder individuell bezogen auf seine Präferenzen. Die dadurch entstehenden unterschiedlichen Punkteverhältnisse bilden somit das Punktegewicht. Das Gewicht sollte ein realistisches Wirtschaftsverhältnis abbilden und nicht in unrealistische Bereiche abdriften, wie die Überbewertung eines eher untergeordneten Hauptkriteriums (z. B. Lieferzeit oder Dokumentation). Prinzipiell ist die punktuelle Gewichtung der prozentualen Gewichtung sehr ähnlich. Sie unterschiedet sich nur in der Wahl eines anderen Skalierungsfaktors.

Tabelle 103:

1. Ebene Kriterien 1. Ordnung (Haupt-gruppe)	2. Ebene Kriterien 2. Ordnung (Ober-gruppe)	3. Ebene Kriterien 3. Ordnung (Unter-gruppe)	Absolutes Gewicht	Relatives Gewicht	Relatives Gewicht	Absolu-tes Teil-gewicht
Techni-scher Wert			300			
	Fahrgestell			400		120
	Aufbau			600		
		Maße			300	54
		Gewichte			700	126
Qualität			250			
	Pumpen-technik			400		100
	Lagerungs-technik			300		75
	Verschluss-technik			300		75
Lieferzeit			50			50
Preis			400			400
		Prüf-summe	**1000**	**Je 1000**	**1000**	**1000**

Die zu erreichende Gesamtpunktzahl wird dann in Bewertungsmaßstab über-führt. Dies kann das Schulnotensystem sein oder auch eine frei definierte Bewer-tung.

Bei der Festlegung der Bewertungsbereiche sind immer die aktuellen Rechtspre-chungen zu berücksichtigen. Hier werden regelmäßig regulativ einzelne in Verga-beverfahren angewandte Bewertungssysteme juristisch geprüft. Je nach Entschei-dung kann dies Auswirkungen auf das persönlich gewählte Bewertungssystem haben. Es ist somit ständig zu prüfen, ob eine aktuelle Rechtsprechung vorliegt, die möglicherweise das persönlich bevorzugte Bewertungssystem betrifft und dessen Anwendung in Gänze oder in Teilbereichen als vergaberechtlich unzulässig erklärt.

IV.

Tabelle 104: *Beispiele für Bewertungsmaßstäbe bei einer Gewichtung mit Gewichtungspunkten*

Gesamtbewertung		Gesamtbewertung	
Note	Punktwertebereich	Note	Punktwertebereich
sehr gut	901 - 1000	Bestens geeignet	751 - 1000
gut	701 - 900	Bedingt geeignet	500 - 750
befriedigend	601 - 700	ungeeignet	0 - 499
ausreichend	500 - 600		
mangelhaft	251 - 499		
ungenügend	0 - 250		

Grundsätzlich ist die Festlegung von Mindestgrenzen bezogen auf die Punktbewertung jedoch zu empfehlen und auch vergaberechtlich bis dato zulässig. Das bedeutet, dass ein Angebot eine Mindestpunktzahl erreichen muss, damit es an der weiteren Wertung teilnehmen kann und nicht als »ungeeignet« ausgeschlossen wird.

»Alibi«-Kriterien

Bei der Wahl der Gewichtung der Kriterien hat der Auftraggeber einen großen Freiheitsgrad. Es obliegt ihm und seinem Leistungsbestimmungsrecht die Gewichte für die Kriterien entsprechend frei festzulegen. Der Grad seiner Freiheit wird begrenzt, indem er die Gewichtung der Kriterien nicht vergaberechtswidrig durchführen darf. Das ist dann der Fall, wenn ein Kriterium eine bloße Alibi-Wirkung hat und das Kriterium zwar mit Gewichten belegt ist, aber keine maßgebliche Wirkung auf das Vergabeergebnis erzielen wird. Dieser Sachverhalt kann dann entstehen, wenn der Gewichtungswert von wenigen Prozentpunkten gewählt wird, insbesondere, wenn zu erwarten ist, dass alle Bieter dieses Kriterium erfüllen werden. Dabei spielt der Auftragswert und Art des Beschaffungsgegenstandes eine Rolle. Es ist somit nicht pauschal an geringen Prozentwerten abzuleiten, ob es sich um ein Alibi-Kriterium handelt oder nicht, auch wenn es Urteile für Einzelfälle gibt, die Prozentwerte definieren (OLG Düsseldorf, VII-Verg 49/15). Kriterien die eine Auswirkung auf die Auswahl des wirtschaftlichsten Angebotes und somit die Wertung haben, können somit niemals Alibi-Kriterien darstellen (VK Bund, VK 2-118/13).

Merke

Kriterien, die die Wahl des wirtschaftlichsten Angebots nicht beeinflussen können, stellen Alibi-Kriterien dar!

Gewichtung des Preiskriteriums

Der Preis spielt für öffentliche Auftraggeber im Regelfall eine bedeutende Rolle. Daher wird dieser in der Regel ein Hauptkriterium darstellen und bei Verwendung von mehreren Zuschlagskriterien das verhältnismäßig größte Gewicht darstellen. Dies muss aber nicht zwingend so sein. Es kann somit auch Situationen geben, in denen die Art des Auftragsgegenstandes Einfluss auf die Gewichtung des Preises nehmen kann. So können z. B. Leistungserbringungen, bei denen der Erbringer aufgrund der Leistung an Preisbindungen oder Satzungen gebunden sind, wie z. B. bei Lieferleistungen von Büchern, nicht mit einem übermäßigen Gewicht versehen werden. Dies liegt darin begründet, dass dem Bewerter im Vorhinein klar ist, das hier keine großen Abweichungen der Anbieter zu erkennen sein wird. Somit liegt der Schwerpunkt der Bewertung auf der zu erbringenden Qualität und Quantität der Leistung und weniger auf dem Preis.

3.3   Schnellcheck

Zusammenfassung Kriterienhierarchie und Gewichtung

- Kriterienhierarchien und -gewichtungen sind eine immanente Eigenschaft der Bewertung der wirtschaftlichsten Angebote. Sie obliegen dem Leistungsbestimmungsrecht des Auftraggebers und gehört zu seinen Freiheitsgraden.
- Die Kriteriengewichtung erfolgt im Regelfall prozentual.
- Die Summe aller Gewichtungen muss immer 100 % ergeben.
- Bei der Gewichtung ist die Gefahr der Entstehung von Alibi-Kriterien zu berücksichtigen. Sie entstehen bei Kriterien, die mit Gewichtungen belegt sind, aber keinen Einfluss auf die Wertung zum wirtschaftlichsten Angebot haben. Alibi-Kriterien sind in jedem Fall zu vermeiden, da sie vergaberechtswidrig sind.

IV.

4 Bewertungsmatrix

Die Bewertungsmatrix ist ein zentrales Werkzeug in Vergabeverfahren, bei der die Wirtschaftlichkeit über mehr als nur dem Kriterium des Preises ermittelt werden soll. Sie dient der Erfassung und der Übersichtsdarstellung aller Kriterien. In einer Bewertungsmatrix werden alle Kriterien dargestellt und mindestens die Bewertungskriterien mit einem Wertungs- bzw. Punktesystem versehen.

Grundlegende Bestandteile einer Bewertungsmatrix sind:

- Angaben zur Wertungsmethode,
- Zusammenstellung aller Ausschlusskriterien inkl. deutlicher Kennzeichnung,
- Zusammenstellung aller Zuschlags- und Wertungskriterien,
- Angaben zu Punktwerten der Kriterien,
- Kennzeichnung der Kriterien durch ihre zugewiesenen Gewichte,
- Definition von Orientierungs- und Richtwerten einzelner Kriterien, sofern erforderlich,
- Definition von Mindest-, oder Maximalwerten einzelner Kriterien, sofern erforderlich (Leistungsmindestanforderungen),
- Angaben zu Mindestleistungspunktzahlen,
- Angaben für die Auswertung (Gesamtpunktzahl, Rangfolge usw.).

Die Bewertungsmatrix ist Teil der Vergabeunterlagen und ist somit dem Bieter mit den Vergabeunterlagen zu übermitteln (OLG Düsseldorf, VII-Verg 8/13). Er muss in der Lage sein anhand der Bewertungsmatrix und ggf. ergänzenden textlichen Informationen zu der Bewertungsmethode zu erkennen, welche Kriterien oder Kategorien dem Auftraggeber wichtig sind und welche Kriterien somit eine zentrale Rolle zur Ermittlung des wirtschaftlichsten Angebotes spielen. In Folge dessen gilt für die Bewertungsmatrix ebenso wie für alle anderen Vergabeunterlagen das Transparenzgebot. Eine Änderung nach Beginn des Vergabeverfahrens ist unzulässig.

4.1   Struktur der Bewertungsmatrix

Bewertungsmatrizen sind von ihrer Struktur her nicht vorgeschrieben. Sie sollten übersichtlich und transparent für den Bieter sein. Aufgrund ihrer wichtigen und zentralen Rolle im Vergabeverfahren ist bei ihrer Struktur und Erstellung ein präzises und bedachtes, teilweise chronologisches Vorgehen empfehlenswert. Der Auftraggeber sollte dabei unbedingt berücksichtigen, dass die Bewertungsmatrix gerichtlich überprüfbar ist. Es empfiehlt sich daher das Leistungsverzeichnis und die Bewertungsmatrix in einem Dokument zu führen. Bei der Strukturierung der Bewertungsmatrix werden die oben beschriebenen Bestandteile optisch und verständlich in ein Dokument transformiert. Dabei können textliche und tabellarische Aspekte einander ergänzen. Die Struktur bildet quasi die Formatierung der Leistungsbeschreibung und der Bewertungsmatrix ab.

Angaben zur Wertungsmethode

Die Auswahl der Bewertungsmethode und ggf. ihre verwendeten Bewertungsskalen und -maßstäbe sind zentraler Bestandteil der Vergabeunterlagen und müssen dem Bieter bekanntgegeben werden. Aus Transparenzgründen empfiehlt es sich, die Festlegung der Wertungsmethode bereits zusammen mit der Ausschreibung bekannt zu geben oder diese als Bestandteil der Bewertungsmatrix aufzunehmen.

Es folgt ein Beispiel für eine textliche Bekanntmachung für die AHP-Methode. Der Methodentyp ist exemplarisch gewählt. Es sind somit auch die Anwendung anderer Bewertungsmethoden, wie z. B. die einfache oder erweiterte Richtwertmethode denkbar. Beispieltext für die Verwendung der AHP-Methode:

Der Zuschlag erfolgt auf das wirtschaftlichste Angebot. Die Gewichtung der Hauptkriterien kann der angeführten Tabelle entnommen werden. Die Gewichtung der Unterkriterien kann dem LV direkt entnommen werden. Als Bewertungsmethode wird der Analytic-Hierarchy-Process angewandt. Die Konsistenzratio wird nach der Saaty-Methode berechnet. LV-Positionen in denen Orientierungswerte stehen, werden nach gewichteten Punktwerten bewertet. Der angegebene Orientierungswert wird bei Erfüllung mit dem Punktwert 1 (Richtwert) bewertet. Der Bieter hat seine Werte in den entsprechenden Positionen einzutragen. Angaben, die besser/größer sind als der Richtwert, erreichen mehr Punkte in der Bewertung. Angaben die schlechter/kleiner sind als der Richtwert, erlangen weniger Punkte in der Bewertung. LV-Positionen bei denen die Wertungsrichtung reziprok ist, werden besonders gekennzeichnet. Die Gewichtungspunkte der LV-Position werden in der Spalte Wertungskriterium als Prozentwert ausgewiesen. Der Begriff »Grenzwert« ist als obere und und/oder untere Schranke zu verstehen. Es bedeutet, dass dieser je nach Angabe in der LV-Position nicht über- oder unterschritten werden darf. Ist ein Grenzwert nur in einer Richtung beschränkt, so darf der Wert des Bieters beliebig in die andere Richtung verlaufen. Diese ist auch gleichzeitig die positive Wertungslinie für die Punktewertung. Die Punktwerte sind der beigefügten Anlage zu entnehmen!

IV.

Zusammenstellung aller Ausschlusskriterien

Die Prüfung von Ausschlusskriterien erfolgt in der ersten Wertungsstufe. In der Dokumentation im Rahmen der Bewertungsmatrix sind sie jedoch ebenfalls zu erfassen, um im Rahmen der Übersicht transparent erkennen zu können, warum ein Bieter vorzeitig ausgeschieden ist und er in der vierten Wertungsstufe bei der Prüfung der Zuschlags- und Wertungskriterien nicht weiter berücksichtigt wird. Die Kriterien sind ebenfalls deutlich in der Matrix als Ausschlusskriterien zu kennzeichnen.

Angaben zu Zuschlags- und Wertungskriterien

Die Zuschlagskriterien und die daraus abgeleiteten Einzelkriterien sind anhand der gewählten Bewertungsmethode entsprechend zu kennzeichnen und mit dem Wertungssystem zu verknüpfen. In der Bewertungsmatrix werden dann diese Kriterien aufgeführt und ihre Eigenschaften und Wertungsparameter erfasst und übersichtlich, idealerweise hierarchisch, dargestellt, z. B. Beschreibung der Leistung, Anzahl der Leistung, Preis der Leistung.

Angaben zu Punktwerten der Kriterien

Neben der Gewichtung werden den Wertungskriterien die Punktwertsysteme zugewiesen. Die Kriterien können je nach Erfüllungsgrad unterschiedliche Punktwerte erhalten. Die Punktwertskala ist über alle Leistungspositionen hinweg einheitlich zu halten und Skalierungseffekte und Gewichtsverzerrungen sind zu vermeiden. Es empfiehlt sich die Punktwertskala im Zuge der Bekanntgabe der Wertungsmethode dem Bieter mitzuteilen. Sollten Kriterien die Erreichung einer Mindestpunktzahl erfordern oder sollten sich Kriterien in einem festgelegten Punktwertfenster befinden, so ist dies in den Ausschreibungsunterlagen deutlich zu machen. Die erreichte Punktzahl wird nach der Submission mit anschließender Angebotsauswertung den einzelnen Leistungspositionen zugewiesen.

Angaben zur Gewichtung der Kriterien

Neben den Kriterien selbst, ist eine Festlegung und die Angabe der Gewichte der einzelnen Kriterien durchzuführen. Sie zeigen dem Bieter, welche Kriterien dem Auftraggeber besonders wichtig sind und welche Kriterien er für den Zuschlag des wirtschaftlichsten Angebots besonders berücksichtigen sollte. Die Angabe der Gewichtung erfolgt im Regelfall als Prozentwert und wird direkt dem Wertungskriterium zugeordnet.

Definition von Orientierungs- und Richtwerten

Sollen für die Erbringung der Leistung bestimmte Vorgaben des Auftraggebers als Orientierungswerte dienen, dann sind diese entsprechend dem Bieter im Rahmen des

Leistungsverzeichnisses mitzuteilen. Dies ist insbesondere dann erforderlich, wenn diese Orientierungs- oder Richtwerte später als Bewertungsgrundlage für eine Punktbewertung dienen. Dabei muss für den Bieter immer ersichtlich sein, bei welchem Wert er die maximale Punktzahl erreichen kann.

Definition von Mindest- oder Maximalwerten

Dürfen bei einzelnen Werten bestimmte Mindest- oder Maximalwerte von Eigenschaften der ausgeschriebenen Leistungsparameter nicht über- oder unterschritten werden, so ist dies ebenfalls besonders zu kennzeichnen. Hier muss eine besondere Abgrenzung zu Ausschlusskriterien gezogen werden. Ein Unterschreiten der Mindestanforderungen in diesen besagten Leistungspositionen hat dann den Ausschluss zur Folge.

Angaben zu Mindestleistungspunktzahl?

Grundsätzlich ist es möglich eine bestimmte Gesamtpunktzahl als Mindestpunktzahl zu definieren. Das bedeutet, dass Angebote, die diese Mindestsumme an Leistungspunkten im Gesamten nicht erreichen, von der Wertung ausgeschlossen werden. Diese Mindestpunktzahl ist ebenfalls deutlich zu kennzeichnen.

Angaben für die Auswertung

Um die Angebote und Leistungen der Bieter schlussendlich auswerten und vergleichen zu können, bedarf es ein paar Werkzeuge in der Bewertungsmatrix. Hierzu zählen einfache Teilsummen oder zumindest die Gesamtsummenpunktzahl aller erhaltenen Wertungspunkte. Sofern erforderlich, sind noch Wertungsfaktoren und Wertungskennzahlen aufzunehmen. Idealerweise enthält eine Bewertungsmatrix noch Angaben zur Rangfolge, die Aufschluss über das wirtschaftlichste Angebot gibt.

4.2   Die Auswertung

Die Auswertung ist entsprechend in der Bewertungsmatrix zu dokumentieren. Sie muss den Transparenzgrundsätzen entsprechen und prüffähig sein. Es muss somit anhand der Bewertungsmatrix nachvollziehbar sein, wie es zur Entscheidung über das wirtschaftlichste Angebot gekommen ist. Ggf. sind die wesentlichen Aspekte der Entscheidungsfindung zusätzlich zu dokumentieren. Eine fehlerhafte oder unzureichende Dokumentation kann einen Vergabeverstoß darstellen.

Wertungsmatrix - Los 01 Fahrgestell - WLF 26

Kat.	Kriterium	Gewichtung	mögliche Punkte			erreichte Punkte Bieter 1	erreichte Punkte Bieter 2	Erläuterungen
I	Fahrzeugpreis	45%						
I.a	Angebotspreis				Angebot	123.456,00	#########	mit den **Fahrzeugkosten** wird beurteilt:
I.b	Folgekosten auf 15 Jahre ND				Angebot	24.000,00	25.000,00	a) Angebotspreis (Investitionskosten) für das Fahrzeug b) Folgekosten durch den Betrieb des Fahrzeuges
					Gesamtkosten	**147.456,00**	#########	
II	Leistung	55%						
II	Qualität, technischer Wert und konzeptionelle Umsetzung der Leistungsbeschreibung	30%						
					max. 300	erreichte Punkte	285	291	erreichte Punktzahl aus dem Leistungsverzeichnis
						gewichtete Punkte in Kategorie II	**85,50**	**87,30**	
III	Service	10%						
						erreichte Punkte in Kategorie III.a	0,00	0,00	Mit dem Service wird beurteilt:
						erreichte Punkte in Kategorie III.b	0,00	0,00	a) die Entfernung zur nächsten qualifizierten Werkstatt
						erreichte Punkte in Kategorie III.c	0,00	0,00	b) die Werkstattzeiten der o. g. Werkstatt
						gewichtete Punkte in Kategorie III	**0,00**	**0,00**	c) die Verfügbarkeit/ mögliche Reaktionszeit eines erfahrenen und sachkundigen Service-Mitarbeiters im Außendienst mit eigenem Werkstattwagen nach telefonischer
III.a	die Entfernung zur nächsten qualifizierten Fachwerkstatt		Entfernung zum Standort					
			≤ 15 km	100				X	Innerhalb der Garantiezeiten sowie ein Jahr darüber hinaus (auf Grund von Kulanzen) werden die Fahrzeuge des Fuhrparks der Feuerwehr Lünen beim Hersteller instandgesetzt und gewartet/ geprüft. Um die Ausfallzeiten der Fahrzeuge dementsprechend gering zu halten, ist eine kurze Distanz zur Werkstatt vorteilhaft.
			≤ 30 km	50	Angebot	X		
			≥ 30 km	0				
						erreichte Punkte	Entfernung auswählen	Entfernung auswählen	
III.b	Werkstattzeiten der angegebenen Werkstatt		Werkstattstunden/ Woche (Montag bis Sonntag)					
			≥80	100				Insbesondere im Bezug auf das Fahrgestell sind die Werkstattzeiten von großer Bedeutung.
			70-79	80				Die angegebene Werkstatt muss in mehreren Punkten leistungsfähig sein. Dazu zählt die Verfügbarkeit dieser Werkstatt, da auch am späten Nachmittag oder auch am Wochenende ein Defekt behoben werden muss, falls der Servicemitarbeiter keine Vor-Ort-Reparatur durchführen kann.
			60-69	60				
			50-59	40	Angebot	X	X	
			40-49	20				
			≤ 40	0				
						erreichte Punkte	Stunden auswählen	Stunden auswählen	
III.c	Verfügbarkeit eines Servicemitarbeiters mit eigenem Servicewagen		Reaktionszeit zwischen telefonischer Anforderung und					
			≤ 2 Stunden	100			X	X	
			< 4 Stunden	75				
			< 6 Stunden	50	Angebot			
			< 12 Stunden	25				
			≥ 12 Stunden	0				
						erreichte Punkte	Stunden auswählen	Stunden auswählen	
IV	Garantieleistungen	10%						
						erreichte Punkte in Kategorie IV.a	0,00	0,00	
						erreichte Punkte in Kategorie IV.b	0,00	0,00	
						gewichtete Punkte in Kategorie IV	**0,00**	**0,00**	
IV.a	Garantiezeiten		Garantieerweiterungen (kostenlos)					
			≥ 4 Jahre	150				X	
			≥ 2 Jahre	75	Angebot	X		
			= 2 Jahre	0				
						erreichte Punkte	Jahre auswählen	Jahre auswählen	
IV.b	Vorhaltung von Ersatzteilen		Ersatzteilvorhaltung in Jahren					
			≥ 20 Jahre	150			X	X	Die Nutzungsdauer der Fahrzeuge dieses Typs der Feuerwehr Lünen beträgt mindestens 8 Jahre; wünschenswert wären allerdings eher 18 Jahre oder mehr.
			≥ 16 Jahre	100					Hierfür ist eine entsprechende Ersatzteilvorhaltung erforderlich, weshalb hier besonders Wert in der Bewertung gelegt wird.
			≥ 12 Jahre	50	Angebot			
			< 12 Jahre	0				
						erreichte Punkte	Jahre auswählen	Jahre auswählen	
V	Lieferzeiten zum Aufbauhersteller	5%	Lieferzeit in Wochen					
			≤ 18	300			X	X	
			≤ 20	225				
			≤ 22	150	Angebot			
			≤ 24	75				
			≥ 24	0				
						erreichte Punkte	Wochen auswählen	Wochen auswählen	
						gewichtete Punkte in Kategorie V	**0,00**	**0,00**	
						Gesamt-Leistungspunkte	**85,50**	**87,30**	
						Wertungs-Kennzahl	**0,109000**	**0,089000**	
						Rang	**1**	**2**	

Bild 56: *Beispiel für eine übersichtliche Bewertungsmatrix (Quelle: Rehnert, Christopher, (2019), Feuerwehr Lünen)*

4.3 Schnellcheck

Zusammenfassung Bewertungsmatrix

Die Bewertungsmatrix dient der Erfassung, übersichtlichen Darstellung und Auswertung der Kriterien.

Sie umfasst im Wesentlichen:

- Angaben zur Wertungsmethode,
- Zusammenstellung aller Ausschlusskriterien inkl. deutlicher Kennzeichnung,
- Zusammenstellung aller Zuschlags- und Wertungskriterien,
- Angaben zu Punktwerten der Kriterien,
- Kennzeichnung der Kriterien durch ihre zugewiesenen Gewichte,
- Definition von Orientierungs- und Richtwerten einzelner Kriterien, sofern erforderlich,
- Definition von Mindest-, oder Maximalwerten einzelner Kriterien, sofern erforderlich (Leistungsmindestanforderungen),
- Angaben zu Mindestleistungspunktzahlen,
- Angaben für die Auswertung (Gesamtpunktzahl, Rangfolge, usw.).

Die Bewertungsmatrix ist Teil der Vergabeunterlagen und ist somit dem Bieter mit den Vergabeunterlagen zu übermitteln. Eine Änderung nach Beginn des Vergabeverfahrens ist unzulässig.

IV.

V. Die Beendigung des Vergabeverfahrens: Zuschlag oder Aufhebung

1 Der Zuschlag

Die Beendigung eines Vergabeverfahrens kann auf unterschiedliche Art und Weise erfolgen. Der öffentliche Auftraggeber kann den Zuschlag erteilen oder er kann das Vergabeverfahren aufheben. Eine weitere Möglichkeit der Verfahrensbeendigung sieht § 177 GWB vor: Für die Dauer eines Nachprüfungsverfahrens ist der Zuschlag untersagt. Das Zuschlagsverbot gilt für die Dauer des Nachprüfungsverfahrens und den Ablauf der Beschwerdefrist des § 172 Abs. 1 GWB. Der Auftraggeber oder der Bestbieter kann aber, wenn die Verzögerung der Zuschlagserteilung erhebliche Nachteile mit sich bringt, eine Vorabentscheidung über dem Zuschlag beantragen, § 176 GWB. Unterliegt der Auftraggeber mit seinem Antrag und ergreift er keine Maßnahmen zur Herstellung der Rechtmäßigkeit des Vergabeverfahrens, gilt das Vergabeverfahren nach Ablauf von zehn Tagen seit Zustellung der Entscheidung als beendet (vgl. § 177 GWB).

In der Regel wird ein Vergabeverfahren durch den Zuschlag beendet.

1.1 Die Zuschlagserteilung bei Vergabeverfahren unterhalb des EU-Schwellenwertes

Nachdem der Auftraggeber die Angebote ausgewertet hat, steht fest, welches der eingegangenen Angebote das wirtschaftlichste ist. Auf dieses Angebot wird der Zuschlag erteilt, § 43 Abs. 1 UVgO. Bevor der Zuschlag aber tatsächlich erteilt wird, ist der Auftraggeber gehalten, einen Auszug aus dem Gewerbezentralregister anzufordern.

Merke

Vor Zuschlagserteilung ist bei Aufträgen ab 30.000 € ein Gewerbezentralregisterauszug beim Bundesamt für Justiz anzufordern, § 19 MiLoG.

Gemäß § 19 MiLoG müssen öffentliche Auftraggeber im Rahmen ihrer Tätigkeit bei Aufträgen ab einer Höhe von 30.000 Euro für den Bieter, der den Zuschlag erhalten soll, vor der Zuschlagserteilung beim Gewerbezentralregister Auskünfte über rechtskräftige Bußgeldentscheidungen wegen einer Ordnungswidrigkeit nach § 21 Abs. 1 oder Abs. 2 MiLoG anfordern. Die Anforderung kann elektronisch über das Internet-Formularcenter des Bundesamts für Justiz (InFormJu) erfolgen.

Bieter, die wegen einer Ordnungswidrigkeit nach § 21 MiLoG mit einer Geldbuße von wenigstens 2.500 EUR belegt worden sind, sollen nach § 19 MiLoG für eine angemessene Zeit bis zur nachgewiesenen Wiederherstellung ihrer Zuverlässigkeit von der Teilnahme an Wettbewerb um Liefer-, Bau- oder Dienstleistungsaufträge ausgeschlossen werden. Vor der Entscheidung über den Ausschluss ist der Bieter zu hören, § 19 Abs. 5 MiLoG. § 19 MiLoG wird in § 124 GWB unter den fakultativen Ausschlussgründen genannt: Ein Ausschluss muss damit nicht zwingend erfolgen, sondern steht im Ermessen des Auftraggebers (s. § 124 Abs. 1 GWB).

Durch die Erteilung des Zuschlags wird das Angebot angenommen; in diesem Moment kommt ein zivilrechtlicher Vertrag mit den Inhalten der Vergabeunterlagen und des Angebotes zustande.

Merke

An der Entscheidung über den Zuschlag sollen mindestens zwei Vertreter des Auftraggebers mitwirken.

1.1.1 Form

Eine ausdrückliche Regelung, in welcher Form der Zuschlag erteilt werden muss, findet sich in der UVgO nicht. Aus § 7 UVgO ergibt sich aber, dass die Zuschlagserteilung nicht mündlich erfolgen kann, vgl. § 7 Abs. 2 UVgO. In Betracht kommt deshalb die Zuschlagserteilung in Text- oder in Schriftform.

Weitere Formvorschriften, die für die Erteilung des Zuschlags zu beachten sind, können sich aus den Gemeindeordnungen der Länder ergeben. Überwiegend gilt für Erklärungen, durch die die Gemeinde verpflichtet wird, die Schriftform, es sei denn, es handelt sich um Geschäfte der laufenden Verwaltung.[108] Bei Letzteren wäre die Erteilung des Zuschlags in Textform, bspw. per E-Mail, zulässig. Sieht das Kommunal-

---

108 Geschäfte der laufenden Verwaltung sind solche, die in Bezug auf Größe, Umfang der Verwaltungstätigkeit und Finanzkraft der Gemeinde eher von geringerer Bedeutung und regelmäßig wiederkehrend sind.

V.

recht (und ggf. interne städtische Regelungen) ausschließlich die Schriftform vor, ist der Zuschlag schriftlich zu erteilen.

Tabelle 105:

Sitz des Auftraggebers	Formvorschrift aus der Gemeindeordnung o. vgl.
Baden-Württemberg	**§ 54 GemO - Verpflichtungserklärungen** (1) Erklärungen, durch welche die Gemeinde verpflichtet werden soll, bedürfen der **Schriftform oder müssen in elektronischer Form mit einer dauerhaft überprüfbaren Signatur** versehen sein. Sie sind vom Bürgermeister zu unterzeichnen. (2) Im Fall der Vertretung des Bürgermeisters müssen Erklärungen durch dessen Stellvertreter, den vertretungsberechtigten Beigeordneten oder durch zwei vertretungsberechtigte Gemeindebedienstete unterzeichnet werden. (3) Den Unterschriften soll die Amtsbezeichnung und im Fall des Absatzes 2 ein das Vertretungsverhältnis kennzeichnender Zusatz beigefügt werden. (4) **Die Formvorschriften der Absätze 1 bis 3 gelten nicht für Erklärungen in Geschäften der laufenden Verwaltung** oder auf Grund einer in der Form der Absätze 1 bis 3 ausgestellten Vollmacht.
Bayern	**Art. 38 GO - Verpflichtungsgeschäfte; Vertretung der Gemeinde nach außen** (1) Der erste Bürgermeister vertritt die Gemeinde nach außen. Der Umfang der Vertretungsmacht ist auf seine Befugnisse beschränkt. (2) Erklärungen, durch welche die Gemeinde verpflichtet werden soll, bedürfen **der Schriftform; das gilt nicht für ständig wiederkehrende Geschäfte des täglichen Lebens,** die finanziell von unerheblicher Bedeutung sind. Die Erklärungen sind durch den ersten Bürgermeister oder seinen Stellvertreter unter Angabe der Amtsbezeichnung zu unterzeichnen. Sie können auf Grund einer den vorstehenden Erfordernissen entsprechenden Vollmacht auch von Gemeindebediensteten unterzeichnet werden.
Berlin	**§ 23 Allgemeines Zuständigkeitsgesetz - AZG** Abgabe von Verpflichtungserklärungen Verpflichtungserklärungen bedürfen der **Schriftform**. Sie müssen die Behörde oder die Anstalt bezeichnen, in deren Geschäftsbereich sie abgegeben werden, mit dem Dienstsiegel und der Amts- oder Dienstbezeichnung des Unterzeichners versehen sein und die Unterschrift der nach § 21 oder § 22 bestimmten Person tragen.

Tabelle 105: *– Fortsetzung*

Sitz des Auftraggebers	Formvorschrift aus der Gemeindeordnung o. vgl.
Brandenburg	**§ 57 BbgKVerf Abgabe von Erklärungen** (1) .... (2) Erklärungen, durch die die Gemeinde verpflichtet werden soll, bedürfen der **Schriftform**. Sie sind vom Hauptverwaltungsbeamten und einem seiner Stellvertreter nach § 56 abzugeben. (3) **Absatz 2 gilt nicht für Geschäfte der laufenden Verwaltung.** (4) .... (5) Erklärungen, die nicht den Absätzen 2 und 4 entsprechen, sind schwebend unwirksam.
Bremen	**§ 54 Landesverfassung Erklärungen** (1) Erklärungen der Stadt werden von der Oberbürgermeisterin oder dem Oberbürgermeister, innerhalb der einzelnen Geschäftsbereiche durch das zuständige Magistratsmitglied, abgegeben. Der Magistrat kann auch andere städtische Bedienstete mit der Abgabe von Erklärungen beauftragen. (2) Erklärungen, durch die die Stadt verpflichtet werden soll, bedürfen der **Schriftform**. Sie sind nur rechtsverbindlich, wenn sie von der Oberbürgermeisterin oder dem Oberbürgermeister oder im Rahmen seines Geschäftsbereiches von einem anderen Mitglied des Magistrats handschriftlich unter der Bezeichnung des Magistrats vollzogen sind. **Dies gilt nicht für die Geschäfte der laufenden Verwaltung, die für die Stadt nicht von erheblicher Bedeutung sind**, sowie für Erklärungen, die eine für das Geschäft oder für den Kreis von Geschäften ausdrücklich bevollmächtigte Person abgibt, wenn die Vollmacht in der Form nach Satz 1 und 2 erteilt ist.
Hamburg	Nach Aufhebung des Gesetzes über die Formbedürftigkeit von Verpflichtungserklärungen (HmbGVBl. Nr. 13, 18. APRIL 2001, S. 61) keine allgemeine Vorgabe.
Hessen	**§ 71 HGO – Vertretung der Gemeinde** (1) Der Gemeindevorstand vertritt die Gemeinde. Erklärungen der Gemeinde werden in seinem Namen durch den Bürgermeister oder dessen allgemeinen Vertreter, innerhalb der einzelnen Arbeitsgebiete durch die dafür eingesetzten Beigeordneten abgegeben. Der Gemeindevorstand kann auch andere Gemeindebedienstete mit der Abgabe von Erklärungen beauftragen. (2) Erklärungen, durch die die Gemeinde verpflichtet werden soll, bedürfen der **Schriftform oder müssen in elektronischer Form mit**

V.

Tabelle 105: *– Fortsetzung*

Sitz des Auftraggebers	Formvorschrift aus der Gemeindeordnung o. vgl.
	einer dauerhaft überprüfbaren qualifizierten elektronischen Signatur versehen sein. Sie sind nur rechtsverbindlich, wenn sie vom Bürgermeister oder seinem allgemeinen Vertreter sowie von einem weiteren Mitglied des Gemeindevorstands unterzeichnet sind. **Dies gilt nicht für Geschäfte der laufenden Verwaltung**, die für die Gemeinde von nicht erheblicher Bedeutung sind, sowie für Erklärungen, die ein für das Geschäft oder für den Kreis von Geschäften ausdrücklich Beauftragter abgibt, wenn die Vollmacht in der Form nach Satz 1 und 2 erteilt ist. (3) Bei der Vollziehung von Erklärungen sollen Mitglieder des Gemeindevorstands ihre Amtsbezeichnung, die übrigen mit der Abgabe von Erklärungen beauftragten Gemeindebediensteten einen das Auftragsverhältnis kennzeichnenden Zusatz beifügen.
Mecklenburg-Vorpommern	**§ 38 KV M-V Hauptamtlicher Bürgermeister** (...) (6) Erklärungen, durch die die Gemeinde verpflichtet werden soll oder mit denen eine Vollmacht erteilt wird, bedürfen der **Schriftform**. Sie sind vom Bürgermeister sowie einem seiner Stellvertreter handschriftlich zu unterzeichnen und mit dem Dienstsiegel zu versehen. **Die Hauptsatzung kann Wertgrenzen bestimmen, bis zu denen es dieser Formvorschriften ganz oder teilweise nicht bedarf.** Satz 2 gilt auch für die Ausfertigung von Urkunden nach beamtenrechtlichen Vorschriften und für den Abschluss von Arbeitsverträgen. Erklärungen, die diesen Formvorschriften nicht genügen, bedürfen zu ihrer Wirksamkeit der Genehmigung durch die Gemeindevertretung. Verträge der Gemeinde mit Mitgliedern der Gemeindevertretung und der Ausschüsse sowie mit dem Bürgermeister und leitenden Bediensteten der Gemeinde bedürfen zu ihrer Wirksamkeit der Genehmigung durch die Gemeindevertretung. Gleiches gilt für Verträge der Gemeinde mit natürlichen oder juristischen Personen oder Vereinigungen, die durch die in Satz 6 genannten Personen vertreten werden. (...)
Niedersachsen	**§ 86 NKomVG** **Repräsentative Vertretung, Rechts- und Verwaltungsgeschäfte** (...) (2) Soweit Erklärungen, durch die die Kommune verpflichtet werden soll, nicht gerichtlich oder notariell beurkundet werden, sind sie nur dann rechtsverbindlich, wenn sie von der Hauptverwaltungsbeamtin

Tabelle 105: *– Fortsetzung*

Sitz des Auftraggebers	Formvorschrift aus der Gemeindeordnung o. vgl.
	oder dem Hauptverwaltungsbeamten **handschriftlich unterzeichnet** wurden oder von ihr oder ihm **in elektronischer Form mit der dauerhaft überprüfbaren qualifizierten elektronischen Signatur** versehen sind. (3) Wird für ein Geschäft oder eine bestimmte Art von Geschäften eine Bevollmächtigte oder ein Bevollmächtigter bestellt, so gelten für die Bevollmächtigung die Vorschriften für Verpflichtungserklärungen entsprechend. Soweit die im Rahmen dieser Vollmachten abgegebenen Erklärungen nicht gerichtlich oder notariell zu beurkunden sind, müssen sie die Schriftform aufweisen oder in elektronischer Form mit einer dauerhaft überprüfbaren qualifizierten elektronischen Signatur versehen sein. (4) Die Absätze 2 und 3 gelten **nicht für Geschäfte der laufenden Verwaltung**. (…)
Nordrhein-Westfalen	**§ 64 GO Abgabe von Erklärungen** (1) Erklärungen, durch welche die Gemeinde verpflichtet werden soll, bedürfen der **Schriftform**. Sie sind vom Bürgermeister oder dem allgemeinen Vertreter zu unterzeichnen, soweit nicht dieses Gesetz etwas anderes bestimmt. (2) Absatz 1 **gilt nicht für Geschäfte der laufenden Verwaltung**. (3) Geschäfte, die ein für ein bestimmtes Geschäft oder einen Kreis von Geschäften ausdrücklich Bevollmächtigter abschließt, bedürfen nicht der Form des Absatzes 1, wenn die Vollmacht in der Form dieses Absatzes erteilt ist. (4) Erklärungen, die nicht den Formvorschriften dieses Gesetzes entsprechen, binden die Gemeinde nicht.
Rheinland-Pfalz	**§ 49 GemO Verpflichtungserklärungen** (1) Erklärungen, durch die die Gemeinde verpflichtet werden soll, bedürfen der **Schriftform**. Sie sind nur rechtsverbindlich, wenn sie vom Bürgermeister oder dem zur allgemeinen Vertretung berufenen Beigeordneten oder einem ständigen Vertreter unter Beifügung der Amtsbezeichnung handschriftlich unterzeichnet sind. Wird eine Verpflichtungserklärung gerichtlich oder notariell beurkundet, so braucht die Amtsbezeichnung nicht beigefügt zu werden. (2) Verpflichtungserklärungen eines Bevollmächtigten sind nur rechtsverbindlich, wenn sie schriftlich abgegeben werden

V.

Tabelle 105: *– Fortsetzung*

Sitz des Auftraggebers	Formvorschrift aus der Gemeindeordnung o. vgl.
	und die Vollmacht in der Form des Absatzes 1 Satz 2 erteilt worden ist. (3) Die Absätze 1 und 2 gelten **nicht für Erklärungen in Geschäften der laufenden Verwaltung, die für die Gemeinde finanziell unerheblich sind.**
Saarland	**§ 62 KSVG Verpflichtungserklärungen** (1) Erklärungen, durch die die Gemeinde verpflichtet werden soll, sowie Erklärungen, durch die die Gemeinde auf Rechte verzichtet, bedürfen der **Schriftform**. Sie sind nur rechtsverbindlich, wenn sie von der Bürgermeisterin oder vom Bürgermeister oder von ihrer allgemeinen Vertreterin oder ihrem allgemeinen Vertreter oder von seiner allgemeinen Vertreterin oder seinem allgemeinen Vertreter unter Beifügung der Amtsbezeichnung und des Dienstsiegels handschriftlich unterzeichnet sind. (2) Wird für ein Geschäft oder einen Kreis von Geschäften eine Bevollmächtigte oder ein Bevollmächtigter bestellt, so bedarf die Vollmacht der Form des Absatzes 1. Die im Rahmen dieser Vollmacht abgegebenen Erklärungen bedürfen der Schriftform. (3) Die Absätze 1 und 2 gelten **nicht für Erklärungen in den Geschäften der laufenden Verwaltung.**
Sachsen	**§ 60 GemO Verpflichtungserklärungen** (1) Erklärungen, durch welche die Gemeinde verpflichtet werden soll, bedürfen der **Schriftform**. Sie sind vom Bürgermeister handschriftlich zu unterzeichnen. (2) Im Falle der Vertretung des Bürgermeisters müssen Erklärungen durch dessen Stellvertreter, den vertretungsberechtigten Beigeordneten oder durch zwei vertretungsberechtigte Bedienstete handschriftlich unterzeichnet werden. (3) Den Unterschriften soll die Amtsbezeichnung und im Falle des Absatzes 2 ein das Vertretungsverhältnis kennzeichnender Zusatz beigefügt werden. (4) Die Formvorschriften der Absätze 1 bis 3 **gelten nicht für Erklärungen in Geschäften der laufenden Verwaltung** oder aufgrund einer in der Form der Absätze 1 bis 3 ausgestellten Vollmacht.
Sachsen-Anhalt	**§ 73 Verpflichtungsgeschäfte** (1) Erklärungen, durch welche die Kommune verpflichtet werden soll, bedürfen der **Schriftform**. Sie sind, sofern sie nicht gerichtlich oder

Tabelle 105: *– Fortsetzung*

Sitz des Auftraggebers	Formvorschrift aus der Gemeindeordnung o. vgl.
	notariell beurkundet werden, nur rechtsverbindlich, wenn sie vom Hauptverwaltungsbeamten handschriftlich unterzeichnet wurden oder von ihm in elektronischer Form mit der dauerhaften qualifizierten elektronischen Signatur versehen sind. (2) Im Fall der Vertretung des Hauptverwaltungsbeamten müssen Erklärungen durch dessen Stellvertreter, den vertretungsberechtigten Beigeordneten oder durch zwei vertretungsberechtigte Beschäftigte handschriftlich unterzeichnet werden oder von ihnen in elektronischer Form mit der dauerhaften qualifizierten elektronischen Signatur versehen sein. (…) (4) Die Formvorschriften der Absätze 1 bis 3 gelten **nicht für Erklärungen in Geschäften der laufenden Verwaltung** oder aufgrund einer in der Form der Absätze 1 bis 3 ausgestellten Vollmacht.
Schleswig-Holstein	**§ 51 GO Gesetzliche Vertretung** (1) Die Bürgermeisterin oder der Bürgermeister ist gesetzliche Vertreterin oder gesetzlicher Vertreter der Gemeinde. (2) Erklärungen, durch die die Gemeinde verpflichtet werden soll, bedürfen der **Schriftform**. Sie sind von der Bürgermeisterin oder vom Bürgermeister, für deren oder dessen Vertretung § 52 a Abs. 1 gilt, handschriftlich zu unterzeichnen. (3) Wird für ein Geschäft oder für einen Kreis von Geschäften eine Bevollmächtigte oder ein Bevollmächtigter bestellt, so bedarf die Vollmacht der Form des Absatzes 2. Die im Rahmen dieser Vollmacht abgegebenen Erklärungen bedürfen der Schriftform. (4) Die Absätze 2 und 3 **gelten nicht, wenn der Wert der Leistung der Gemeinde einen in der Hauptsatzung bestimmten Betrag nicht übersteigt.**
Thüringen	**§ 31 ThürKO Vertretung der Gemeinde** (1) Der Bürgermeister vertritt die Gemeinde nach außen. (2) Erklärungen, durch welche die Gemeinde verpflichtet werden soll, binden sie nur, wenn sie **in schriftlicher Form** abgegeben werden. Die Erklärungen sind durch den Bürgermeister oder seinen Stellvertreter unter Angabe der Amtsbezeichnung handschriftlich zu unterzeichnen. Sie können aufgrund einer den vorstehenden Erfordernissen entsprechenden Vollmacht auch von Beigeordneten oder Bediensteten der Gemeinde unterzeichnet werden.

V.

1.1.2 Informationspflichten (§ 46 UVgO)

Sobald der Zuschlag erteilt worden ist, unterrichtet der Auftraggeber jeden Bewerber und Bieter unverzüglich über die erfolgte Zuschlagserteilung.

Eine Verpflichtung, unterlegene Bewerber oder Bieter vor Erteilung des Zuschlags zu informieren, sieht die UVgO nicht vor. Das OLG Düsseldorf sah sich dadurch aber in einer bemerkenswerten Entscheidung nicht gehindert, eine Informations- und Wartepflicht durch den öffentlichen Auftraggeber auch im Unterschwellenbereich vorzusehen. Jedenfalls für den Fall einer Konzessionsvergabe unterhalb der EU-Schwellenwerte äußerte das OLG in einem obiter dictum die Ansicht, dass ein unter Verstoß gegen die Informations- und Wartepflicht geschlossener Vertrag auch unterhalb der Schwellenwerte gemäß § 134 BGB unwirksam sein könne (OLG Düsseldorf, 27 U 25/17). Inwieweit diese Entscheidung für die Vergabepraxis relevant ist, ist umstritten.

Man wird aber mit dem Städtetag NRW[109] von einer Einzelfallentscheidung ausgehen können, die nicht zur Folge haben sollte, dass Städte und Gemeinden nun auch im Unterschwellenbereich vor Zuschlagserteilung die Bewerber und Bieter informieren und mit dem Zuschlag warten müssen.

Merke

Eine Pflicht zur Unterrichtung der Bieter vor Zuschlagserteilung sieht die UVgO nicht vor. Sie kann sich aber aus den Vergabegesetzen einzelner Bundesländer ergeben.

In folgenden Bundesländern sind Informations- und Wartepflichten für den öffentlichen Auftraggeber vorgesehen.

Tabelle 106: *Bundesländer mit Informations- und Wartepflichten:*

Mecklen-burg-Vor-pommern	§ 12 Vergabegesetz Mecklenburg-Vorpommern - VgG M-V) Informationspflicht
	(1) Der Auftraggeber informiert die Bieter, deren Angebote nicht berücksichtigt werden sollen, über den Namen des Bieters, dessen Angebot angenommen werden soll, und über den Grund der vorgesehenen Nichtberücksichtigung ihres Angebotes. Er gibt die Information

---

109 Schreiben des Städtetags NRW vom 31.01.2018.

Tabelle 106: *Bundesländer mit Informations- und Wartepflichten: – Fortsetzung*

	in Textform spätestens sieben Kalendertage vor dem Vertragsabschluss. (2) Absatz 1 findet keine Anwendung, wenn der Auftragswert einen Mindestbetrag nicht übersteigt. Die Landesregierung wird ermächtigt, durch Rechtsverordnung die Höhe des Mindestbetrages festzulegen; sie kann dabei nach unterschiedlichen Leistungsarten differenzieren.
Sachsen	**§ 8 Sächsisches Vergabegesetz** **Informationspflicht und Nachprüfungsverfahren** (1) Der Auftraggeber informiert die Bieter, deren Angebote nicht berücksichtigt werden sollen, über den Namen des Bieters, dessen Angebot angenommen werden soll, und über den Grund der vorgesehenen Nichtberücksichtigung ihres Angebotes. Er gibt die Information in Textform spätestens zehn Kalendertage vor dem Vertragsabschluss ab. (2) Beanstandet ein Bieter vor Ablauf der Frist schriftlich beim Auftraggeber die Nichteinhaltung der Vergabevorschriften, hat der Auftraggeber die Nachprüfungsbehörde zu unterrichten, es sei denn, der Beanstandung wurde durch die Vergabestelle abgeholfen. Der Zuschlag darf in dem Fall nur erteilt werden, wenn die Nachprüfungsbehörde nicht innerhalb von zehn Kalendertagen nach Unterrichtung das Vergabeverfahren unter Angabe von Gründen beanstandet; andernfalls hat der Auftraggeber die Auffassung der Nachprüfungsbehörde zu beachten. Ein Anspruch des Bieters auf Tätigwerden der Nachprüfungsbehörde besteht nicht. Nachprüfungsbehörde ist die Aufsichtsbehörde, bei kreisangehörigen Gemeinden und Zweckverbänden die Landesdirektion Sachsen. Bei Zuwendungsempfängern, die nicht öffentliche Auftraggeber sind, tritt an die Stelle der Aufsichtsbehörde die Bewilligungsbehörde. (3) Die Absätze 1 und 2 finden keine Anwendung, wenn der Auftragswert bei Bauleistungen 75 000 EUR (ohne Umsatzsteuer) und bei Lieferungen und Leistungen 50 000 EUR (ohne Umsatzsteuer) nicht übersteigt. ….
Sachsen-Anhalt	**§ 19 Landesvergabegesetz - LVG LSA** **Information der Bieter, Nachprüfung des Vergabeverfahrens unterhalb der Schwellenwerte** (1) Unterhalb der Schwellenwerte nach § 100 des Gesetzes gegen Wettbewerbsbeschränkungen informiert der öffentliche Auftraggeber die Bieter, deren Angebote nicht berücksichtigt werden sollen, über den Namen des Bieters, dessen Angebot angenommen werden

V.

Tabelle 106: *Bundesländer mit Informations- und Wartepflichten: – Fortsetzung*

	soll, und über die Gründe der vorgesehenen Nichtberücksichtigung ihres Angebotes. Er gibt die Information schriftlich, spätestens sieben Kalendertage vor dem Vertragsabschluss, ab. (2) Beanstandet ein Bieter vor Ablauf der Frist schriftlich beim öffentlichen Auftraggeber die Nichteinhaltung der Vergabevorschriften und hilft der öffentliche Auftraggeber der Beanstandung nicht ab, ist die Nachprüfungsbehörde durch Übersendung der vollständigen Vergabeakten zu unterrichten. Der Zuschlag darf in dem Fall nur erteilt werden, wenn die Nachprüfungsbehörde nicht innerhalb von vier Wochen nach Unterrichtung das Vergabeverfahren mit Gründen beanstandet. Der Vorsitzende der Vergabekammer kann diese Frist im Einzelfall um zwei Wochen verlängern. Wird das Vergabeverfahren beanstandet, hat der öffentliche Auftraggeber die Entscheidung der Nachprüfungsbehörde umzusetzen. Die Frist beginnt am Tag nach dem Eingang der Unterrichtung. (3) Nachprüfungsbehörde ist die beim Landesverwaltungsamt nach § 2 Abs. 1 der Richtlinie über die Einrichtung von Vergabekammern in Sachsen-Anhalt vom 4. März 1999 (MBl. LSA S. 441), zuletzt geändert durch die Verwaltungsvorschrift vom 8. Dezember 2003 (MBl. LSA S. 942), in der jeweils geltenden Fassung eingerichtete Vergabekammer. (4) Die Absätze 1 und 2 finden keine Anwendung, wenn der voraussichtliche Gesamtauftragswert bei Bauleistungen ohne Umsatzsteuer einen Betrag von 150 000 Euro, bei Leistungen und Lieferungen ohne Umsatzsteuer einen Betrag von 50 000 Euro nicht übersteigt. …..
Thüringen	**§ 19 Thüringer Vergabegesetz - ThürVgG -** **Information der Bieter, Nachprüfung des Vergabeverfahrens unterhalb der Schwellenwerte** (1) Unterhalb der Schwellenwerte nach § 100 GWB informiert der Auftraggeber die Bieter, deren Angebote nicht berücksichtigt werden sollen, über den Namen des Bieters, dessen Angebot angenommen werden soll, und über die Gründe der vorgesehenen Nichtberücksichtigung ihres Angebotes. Er gibt die Information schriftlich spätestens sieben Kalendertage vor dem Vertragsabschluss ab. (2) Beanstandet ein Bieter vor Ablauf der Frist schriftlich beim Auftraggeber die Nichteinhaltung der Vergabevorschriften und hilft der Auftraggeber der Beanstandung nicht ab, ist die Nachprüfungsbehörde durch Übersendung der vollständigen Vergabeakten zu unterrichten. Der Zuschlag darf in dem Fall nur erteilt werden, wenn die

Tabelle 106: *Bundesländer mit Informations- und Wartepflichten: – Fortsetzung*

> Nachprüfungsbehörde nicht innerhalb von 14 Kalendertagen nach Unterrichtung das Vergabeverfahren mit Gründen beanstandet; andernfalls hat der Auftraggeber die Auffassung der Nachprüfungsbehörde zu beachten. Die Frist beginnt am Tag nach dem Eingang der Unterrichtung. Ein Anspruch des Bieters auf Tätigwerden der Nachprüfungsbehörde besteht nicht.
> (3) Nachprüfungsbehörde ist die beim Landesverwaltungsamt nach § 2 Abs. 1 der Thüringer Vergabekammerverordnung (ThürVkVO) vom 10. Juni 1999 (GVBl. S. 417), in der jeweils geltenden Fassung, eingerichtete Vergabekammer. § 2 Abs. 2 und Abs. 3 ThürVkVO gelten nicht.
> (4) Die Absätze 1 und 2 finden keine Anwendung, wenn der voraussichtliche Gesamtauftragswert bei Bauleistungen 150.000 Euro (ohne Umsatzsteuer), bei Leistungen und Lieferungen 50.000 Euro (ohne Umsatzsteuer) nicht übersteigt.

Nähere Informationen über die Gründe für die Nichtberücksichtigung des jeweiligen Teilnahmeantrags oder des jeweiligen Angebotes sowie den Namen des erfolgreichen Bieters muss die Mitteilung nach § 46 Satz 1 UVgO nicht enthalten. Es genügt die Mitteilung, dass der Zuschlag erteilt wurde.

Merke

Erst auf entsprechendes Verlangen eines unterlegenen Bewerbers oder Bieters hat der Auftraggeber weitere Auskünfte zu erteilen, § 46 Abs. 1 Satz 3 UVgO.

Auf Antrag des Bieters muss der öffentliche Auftraggeber innerhalb von 15 Tagen nach Eingang des Antrags folgendes mitteilen:

- die wesentlichen Gründe für die Ablehnung des Angebotes,
- die Merkmale und Vorteile des erfolgreichen Angebotes,
- Name des erfolgreichen Bieters.

Nicht berücksichtigte Bewerber (bei Teilnahmewettbewerben) sind über die wesentlichen Gründe ihrer Nichtberücksichtigung zu informieren. Einzelne Angaben, deren Bekanntgabe öffentliche oder berechtigte unternehmerische Interessen beeinträchtigen würden, müssen vom Auftraggeber nicht veröffentlicht werden, § 46 Abs. 1 i. V. m. § 30 Abs. 2 UVgO.

V.

1.2 Zuschlagserteilung bei Verfahren oberhalb des EU-Schwellenwertes

Auch bei Verfahren, die nach dem GWB-Vergaberecht durchgeführt werden, beendet der Zuschlag das Vergabeverfahren und stellt mit der Annahme des wirtschaftlichsten Angebotes, vgl. § 58 Abs. 1 VgV, den Vertragsschluss dar.

1.2.1 Form des Zuschlags

Die VgV schreibt, wie auch die UVgO, keine besondere Form für die Zuschlagserteilung vor. Aus § 9 Abs. 2 VgV ergibt sich, dass ein Zuschlag nicht mündlich erteilt werden kann. Im Übrigen gilt im Hinblick auf die Schrift- oder Textform das zu den Verfahren unter dem EU-Schwellenwerte Gesagte. Insofern kann auf die dortigen Ausführungen verwiesen werden.

1.2.2 Zuschlagserteilung nach Ablauf der Bindefrist

> **Beispiel:**
> Die Feuerwehr der Stadt Thalburg an der Ohm benötigt neue Atemschutzgeräte. Nach der Durchführung eines offenen Verfahrens steht fest, dass das Angebot der Firma A das wirtschaftlichste ist. Weil die Auswertung der Angebote mehr Zeit in Anspruch genommen hat als geplant, ist an dem Tag, an dem der Zuschlag erteilt werden soll, die Bindefrist des Angebotes abgelaufen. Kann der Zuschlag trotzdem erteilt werden? Was bewirkt er?

Ist die Bindefrist eines Angebotes abgelaufen, ist der Bieter nicht mehr an sein Angebot gebunden, vgl. § 148 BGB. Nach § 146 BGB erlischt das Angebot. Das Erlöschen des Angebotes in zivilrechtlicher Hinsicht führt aber nicht dazu, dass es auch vergaberechtlich hinfällig ist (OLG Düsseldorf, VII Verg 70/08, m.w.N). Nach gefestigter Rechtsprechung ist der Auftraggeber nicht daran gehindert, den Zuschlag auf ein Angebot zu erteilen, dessen Bindefrist zu diesem Zeitpunkt abgelaufen ist. Ein Zuschlag kann also auch nach Ablauf der Bindefrist noch erteilt werden.

Ein Zuschlag, der nach Ablauf der Bindefrist erteilt wird, führt allerdings nicht zu einem Vertragsschluss. Nach § 150 BGB gilt die verspätete Annahme eines Angebotes als neues Angebot. Das heißt, dass die Erklärung des Auftraggebers über die Zuschlagserteilung als Angebot an den Bieter zu werten ist. Der Bieter kann dieses Angebot annehmen, dann kommt der Vertrag zustande, oder er lehnt die Annahme ab, so dass ein Vertrag nicht zustande kommt.

> **Merke**
>
> Bei Zuschlagserteilung nach Ablauf der Bindefrist, gilt der Zuschlag als neues Angebot des Auftraggebers, das der Auftragnehmer annehmen muss.

In diesem Fall kommt der Vertrag also nicht mit der Zuschlagserteilung zustande, sondern erst mit der Annahmeerklärung des »Zuschlags« durch den Auftragnehmer.

> **Merke**
>
> Wenn der Auftraggeber absehen kann, dass die ursprüngliche Bindefrist nicht ausreicht, sollte er die Bieter um Verlängerung der Bindefrist bitten.

1.2.3 Informations- und Wartepflichten, § 134 GWB, § 62 VgV

Informations- und Wartepflicht nach § 134 GWB

Anders als im Unterschwellenbereich ist der Auftraggeber bei Verfahren oberhalb des EU-Schwellenwertes verpflichtet, die Bieter, deren Angebote nicht angenommen werden sollen, vor Zuschlagserteilung zu informieren (§ 134 GWB). Gleiches gilt für Bewerber, also Teilnehmer an einem Teilnahmewettbewerb, die nicht über die Ablehnung ihrer Bewerbung informiert wurden.

Die Information, die in Textform (also bspw. E-Mail) erfolgen kann, muss enthalten (§ 134 Abs. 1 GWB):

- den Namen des Unternehmens, dessen Angebot angenommen werden soll;
- die Gründe für die Nichtberücksichtigung des jeweiligen Angebotes;
- den frühesten Zeitpunkt des Vertragsschlusses.

Während der Name des Unternehmens und der frühestmögliche Zeitpunkt des Vertragsschlusses Informationen sind, die unkompliziert gegeben werden können, besteht bei der Angabe der Gründe für die Nichtberücksichtigung oft Unsicherheit auf Seiten der Auftraggeber, in welcher Tiefe der Auftraggeber seine Entscheidungsgründe mitzuteilen hat. Bereits aus dem Wort »Gründe« folgt, dass nicht ein Grund

V.

genannt werden kann, sondern alle Gründe, die für die Entscheidung maßgeblich waren. Liegt nur ein Grund vor, ist das Angebot bspw. nicht form- oder fristgerecht eingegangen, reicht selbstverständlich die Angabe dieses einen Grundes aus.

Die Angabe der Gründe muss so detailliert sein, dass es den erfolglosen Bietern möglich ist, die Wertungsentscheidung der Vergabestelle zumindest ansatzweise nachzuvollziehen (VK Berlin, VK - B 2 - 40/16). Dies muss nachvollziehbar und einzelfallbezogen geschehen. Einem Bieter, der erst auf der letzten Wertungsstufe gescheitert ist, ist deutlich zu machen, inwieweit sein Angebot in Bezug auf die zuvor bekannt gemachte Bewertungsmatrix nicht konkurrenzfähig war. Die Darstellung der Ablehnungsgründe kann kurz ausfallen und sich insoweit am Vergabevermerk orientieren; sie muss jedoch inhaltlich umfassend und hinreichend aussagekräftig sein, um als Entscheidungsgrundlage bezüglich der Inanspruchnahme von Rechtsschutz zu dienen (VK Berlin, VK - B 2 - 40/16).

Tabelle 107:

Falsch	Richtig
Sehr geehrte Damen und Herren, gemäß § 134 GWB informiere ich Sie hiermit, dass Ihr Angebot nicht berücksichtigt werden soll. Ich beabsichtige den Zuschlag am 04.09.2019 auf das Angebot der Firma Schlauch GmbH zu erteilen. Ihr Angebot konnte nicht berücksichtigt werden, weil es nicht das wirtschaftlichste ist.	Sehr geehrte Damen und Herren, gemäß § 134 GWB informiere ich Sie hiermit, dass Ihr Angebot nicht berücksichtigt werden soll. Ich beabsichtige den Zuschlag am 04.09.2019 auf das Angebot der Firma Schlauch GmbH zu erteilen. Ihr Angebot war aus folgenden Gründen nicht das wirtschaftlichste: In den Kriterien zu 1.1 und 1.2 ist Ihr Angebot nicht das Beste gewesen. Durch die kürzeste Lieferzeit hat Ihr Angebot aber im Kriterium 1.3 die volle Punktzahl erhalten. Bei den Kriterien zu 2.1 und 2.2 lag es mit den Wettbewerbern gleichauf gelegen. In den Kriterien 2.3 und 2.4 hat es die schlechteste Bewertung gegenüber den anderen Wettbewerbern erhalten habe. Ihr Angebot lag daher lediglich auf Rang 4.

Merke

Eine Informationspflicht besteht nicht, wenn wegen besonderer Dringlichkeit ein Verhandlungsverfahren ohne Teilnahmewettbewerb durchgeführt wurde.

Adressat der Information

> **Beispiel:**
> Bei einem offenen Verfahren haben sich zehn Unternehmen registrieren lassen, die Namen und E-Mail-Adressen sind dem Auftraggeber bekannt. Alle haben auch die Vergabeunterlagen heruntergeladen. Nur ein Unternehmen hat jedoch ein Angebot abgegeben. Sind die verbliebenen neun Unternehmen zu informieren?

§ 134 GWB verlangt vom öffentlichen Auftraggeber, die Bewerber und Bieter zu informieren. Ein Unternehmen, das keinen Teilnahmeantrag und kein Angebot abgibt, ist nicht Bewerber bzw. nicht Bieter und damit nicht zu informieren.

Nach dem Absenden des Informationsschreibens muss der Auftraggeber 15 Tage, wird die Information auf elektronischem Weg (per E-Mail) oder per Fax versendet zehn Tage, warten, bis er den Zuschlag erteilen kann, § 134 Abs. 2 GWB. Die Frist beginnt am Tag nach der Absendung der Information durch den Auftraggeber; auf den Tag des Zugangs beim betroffenen Bieter und Bewerber kommt es nicht an.

> **Beispiel nach VK Südbayern, Beschl. v. 29.03.2019 – Z3-3-3194-1-07-03/19.:**
> Die Feuerwehr Thalburg an der Ohm hatte die Beschaffung einer Drehleiter (DLAK) europaweit über eine e-Vergabe-Plattform ausgeschrieben. Nach Auswertung der Angebote erhielten die Bieter über die Vergabeplattform eine E-Mail:
>
> *»Sehr geehrter Bieter, zu nachfolgender Vergabe hat der Ausschreiber eine Mitteilung bereitgestellt. Die Informationen stehen Ihnen im System zur Einsichtnahme und Bearbeitung zur Verfügung. Sie können den Empfang der Mitteilung bestätigen und darauf antworten.«*
>
> Bieter A lädt die Mitteilung, die die Informationen nach § 134 GWB enthält, von der Plattform. Darin wird er informiert, wer den Zuschlag erhalten soll und aus welchen Gründen sein Angebot nicht berücksichtigt wurde. Bieter A meint, eine wirksame Information nach § 134 GWB sei nicht erfolgt. Hat er Recht?

§ 134 GWB setzt das Absenden der Information voraus. Das bloße Freischalten der Information auf der Vergabeplattform ist nicht mit einer Versendung der Information an eine E-Mail-Adresse eines Bieters gleichzusetzen. Die Mitteilung nach § 134 GWB kann deshalb nicht dadurch erfolgen, dass die Informationen nach § 134 Abs. 1 Satz 1 GWB lediglich in einem internen Bieterbereich auf einer Vergabeplattform eingestellt werden.

V.

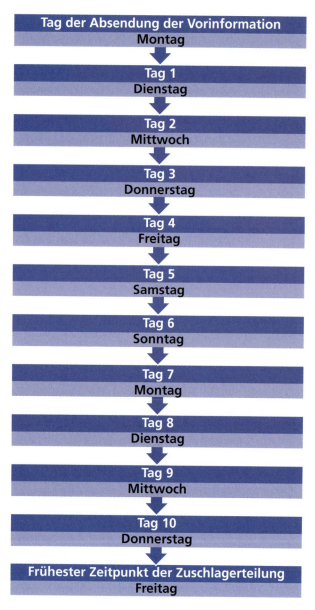

Bild 57:   *Beispiel Fristen für die Zuschlagserteilung*

Dies gilt auch dann, wenn der Bieter eine Hinweismail, die keine der notwenigen Informationen nach § 134 Abs. 1 Satz 1 GWB enthält, zugeschickt bekommt (VK Südbayern, Z3-3-3194-1-07-03/19).

> **Merke**
>
> Ein Auftrag ist von Anfang an unwirksam, wenn der Auftraggeber gegen § 134 GWB verstoßen hat, § 135 GWB.

> **Merke**
>
> Das Informationsschreiben nach § 134 GWB sollte per E-Mail versandt und gleichzeitig der Empfänger um Bestätigung des Erhalts gebeten werden. Bei Übermittlung per Fax sollte das Sendeprotokoll zum Vorgang genommen werden.

1.2.4 Unterrichtung der Bewerber und Bieter nach § 62 VgV

Neben den Vorgaben des § 134 GWB sieht auch die VgV in § 62 vor, dass die Bieter über die Zuschlagserteilung zu unterrichten sind.

§ 62 Abs. 1 VgV

Die Information nach § 62 Abs. 1 VgV hat »unbeschadet«, also neben der Information nach § 134 GWB zu erfolgen. Ohne dass eine Anfrage durch den Bieter erforderlich ist, teilt der Auftraggeber nach § 62 Abs. 1 VgV jedem Bewerber und jedem Bieter seine Entscheidung über die Zuschlagserteilung mit. Weitere Angaben muss er nicht machen, es reicht die Angabe, dass der jeweilige Bewerber oder Bieter den Zuschlag erhält oder nicht erhält. Im Gegensatz zu § 134 GWB, der eine Information in Textform vorsieht, gibt § 62 Abs. 1 VgV keine besondere Form vor, in der die Unterrichtung zu erfolgen hat. Zu beachten ist lediglich § 9 Abs. 2 VgV, der eine mündliche Mitteilung nicht ausschließt, solange sie ausreichend und in geeigneter Weise dokumentiert wird.

Die Unterrichtung muss »unverzüglich« erfolgen. Unverzüglich erfordert keine sofortige Unterrichtung, sondern fordert ein Handeln in einer nach den Umständen des Einzelfalls zu bemessenden Prüfungs- und Überlegungsfrist (§ 121 BGB Rdnr. 3). Als Obergrenze können 2 Wochen gelten (§ 121 BGB -Kommentar (Palandt)).

V.

§ 62 Abs. 2 VgV

Verlangt ein Bewerber oder Bieter weitere Auskünfte nach § 62 Abs. 2 VgV hat der Auftraggeber die nicht erfolgreichen Bewerber über die Gründe für die Ablehnung ihrer Teilnahmeanträge, die nicht erfolgreichen Bieter über die Gründe für die Ablehnung ihrer Angebote und die Merkmale und Vorteile des erfolgreichen Angebotes sowie den Namen des erfolgreichen Bieters zu informieren. Insbesondere mit der Information über die Merkmale und Vorteile des erfolgreichen Angebotes geht § 62 Abs. 2 VgV über den nach § 134 GWB erforderlichen Informationsinhalt hinaus: § 134 GWB fordert die Gründe für die Nichtberücksichtigung des Angebotes, aber keine Darlegung der Vorteile des erfolgreichen Angebotes.

Für die Unterrichtung des Bieters sieht § 62 Abs. 2 VgV keine besondere Form vor; wie auch im Fall des § 62 Abs. 1 VgV ist eine mündliche, aber gleichwohl dokumentierte Unterrichtung ausreichend.

Das Verlangen des Bieters um Unterrichtung hat allerdings in Textform zu erfolgen. Auch, wenn der Verordnungstext an dieser Stelle nicht eindeutig zu sein scheint, ob sich das Textformerfordernis auf den Antrag des Bewerbers/Bieters oder die Information des Auftraggebers bezieht, ergibt sich aus der Zeichensetzung, dass der Antrag auf weitere Informationen in Textform zu erfolgen hat.[110] Die Bieter sind, falls einschlägig, auch über den Verlauf und die Fortschritte von Verhandlungen und wettbewerblicher Dialoge zu unterrichten.

Einzelne Angaben, deren Bekanntgabe öffentlichen oder berechtigten unternehmerischen Interessen beeinträchtigen würden, müssen vom Auftraggeber nicht veröffentlicht werden, § 62 Abs. 3 i. V. m. § 39 Abs. 6 VgV.

1.2.5   Formulierungsbeispiel Zuschlagserteilung

Ein Beispiel für eine Dokumentation der Vergabeentscheidung zur Aktenführung kann wie folgt aussehen:

---

110 Vgl. § 62 Abs. 2 VgV: « Der öffentliche Auftraggeber unterrichtet auf Verlangen (…) unverzüglich, spätestens innerhalb von 15 Tagen nach Eingang des Antrags in Textform nach § 126 BGB (…)«. Würde sich das Textformerfordernis auf die Unterrichtung beziehen, müsste es lauten: »Der öffentliche Auftraggeber unterrichtet (…) nach Eingang des Antrags, in Textform nach § 126 BGB (…)«

Amt für Brandschutz und Rettungsdienst

Gebäude:	Hauptfeuerwache
Eingang:	Thalburgstr. 112
Auskunft:	Herr Meier
Zimmer:	A 112

Stadtverwaltung – Postfach 12 34 56 – 12345 Thalburg an der Ohm

Fa.
Fahrzeugwerke Thalburg AG
Thalburgstr. 224
12345 Thalburg an der Ohm

Online:
info@feuerwehr.thalburg.de
www.thalburg.de

Öffentliche Verkehrsmittel:
Bahn: 102 Thalburgbahn

Ihr(e) Zeichen: / Ihr Schreiben vom:

Datum:	**10.01.2019**
Aktenzeichen	**Tha-20.10**

Vergabevermerk: Ersatzbeschaffung Kleineinsatzfahrzeug für Logistik - hier: Fahrgestell

1.)
Mit Vfg. Vom 13.12.2018 – Az.: Tha-51.09 ist das Vergabeverfahren zur Verhandlungsvergabe ohne Teilnahmewettbewerb für ein Kleineinsatzfahrzeug für Logistik- und Nachschubaufgaben (KEF-LOG) der Feuerwehr Thalburg an der Ohm eröffnet worden. Im ersten Los wurde das Fahrgestell ausgeschrieben.
Nachfolgend wird zum lfd. Vorgang folgender Vergabevermerk verfasst. Die Vergabeakte kann jederzeit bei der Abteilung »Technik« oder »Abteilung Verwaltung« angefordert bzw. eingesehen werden.

I. Auswertungsschritt:
Bis zur terminierten Angebotsfrist am 15.02.2019 bis 13:00 Uhr wurden zwei Angebote der Firma Fahrzeugwerke Thalburg AG und Autoland Ohm fristgerecht eingereicht.
Die vorgenannten Angebote wurden am 15.02.2019 unter Ausschluss der Öffentlichkeit durch Herrn Meier und Herrn von der Ohm geöffnet und gekennzeichnet. Vor Öffnung wurde festgestellt, dass die Angebote verschlossen hier eintrafen und äußerlich als Ausschreibungsangebot gekennzeichnet waren.
Die Angebote wurden im Anschluss formell geprüft, ob Ausschlussgründe nach der Vorschrift gemäß § 42 der Unterschwellenvergabeordnung (UVgO) vorliegen. Diese Prüfung ergab, dass keine formellen Ausschlussgründe vorliegen.

II. Auswertungsschritt:
Die Eignungsprüfung der angefragten Firmen ist bereits vor Aufforderung zur Angebotsabgabe erfolgt.

III. Auswertungsschritt
Es ergaben sich keine Anhaltspunkte dafür, dass die Angebotspreise nicht auskömmlich kalkuliert sind.

IV. Auswertungsschritt
Die vorliegenden Angebote wurden ab dem 15.02.2019 fachlich nach der im LV angegebenen Bewertungsmethode ausgewertet.
Der Zuschlag erfolgt auf das wirtschaftlichste Angebot. Die Gewichtung der Hauptkriterien kann der unten angeführten Tabelle entnommen werden. Die Gewichtung der Unterkriterien konnten dem LV direkt entnommen werden. Als Bewertungsmethode wurde der Analytic Hierarchy Process angewandt:

V.

	Globale Priorität	Rang
Richtwert	0,38	2
Bieter 1 (Fahrzeugwerke Thalburg AG)	0,41	1
Bieter 2 (Autoland Ohm)	0,21	3
Summe	1	

Den Zuschlag erhält die Firma Fahrzeugwerke Thalburg AG aufgrund des Auswertungsergebnisses. Zuschlagsbetrag lt. Auswertung: 39.295,00 € (Inkl. Mehrwertsteuer)

2.

Abteilung »Allgemeine Verwaltung« mit der Bitte um Mittelreservierung und Ausstellung eines Bestellscheins zur Auftragsabwicklung:

Kostenart: Investive Kosten

Maßnahme: Beschaffung KEF Log (Ersatz f. MH-2300)

Finanzpositionen: 783 100

Finanzstelle: PN0220099888

Betreff: Fahrgestell

Betrag: 39.295 €

Empfänger: Fahrzeugwerke Thalburg AG

Thalburgstr. 224

12345 Thalburg an der Ohm

3.

Gemäß § 8 Abs. 1 Korruptionsbekämpfungsgesetz des Landes NRW (KorruptionsbG NRW) ist vor Auftragsvergabe und ggf. Absendung der Information an die unterlegenen Bieter (nur bei öffentlicher Ausschreibung, nicht bei freihändiger Vergabe) eine Anfrage an die Informationsstelle des Landes, die beim Finanzministerium NRW angesiedelt ist, zu richten. Nach Mitteilung der Informationsstelle liegen keine Eintragungen vor.

4.

Nach § 19 Abs. 4 MiLoG ist bei Aufträgen ab einer Höhe von 30.000 Euro für den Bieter, der den Zuschlag erhalten soll, vor der Zuschlagserteilung eine Auskunft aus dem Gewerbezentralregister nach § 150a der Gewerbeordnung anzufordern. Es liegen keine Eintragungen vor.

5.

Zur Kenntnis:

- Abteilungsleiterin »Allgemeine Verwaltung« – Frau Ohm
- Abteilungsleiter »Technik« – Herr Thalberg

6.

W. V. nach Auftragsvergabe zur Bekanntgabe der Vergabeentscheidung im Internet der Stadt Thalburg an der Ohm.

7.

Zum Vorgang:

I. A.

(Gesamtverantwortlicher)   (Zuständiger Sachbearbeiter)

Ein Beispiel für ein Anschreiben an den Bieter mit der Mitteilung über den Zuschlag kann wie folgt aussehen:

Amt für Brandschutz und
Rettungsdienst

Gebäude:	Hauptfeuerwache
Eingang:	Thalburgstr. 112
Auskunft:	Herr Meier
Zimmer:	A 112

Stadtverwaltung – Postfach 12 34 56 – 12345 Thalburg an der Ohm

Fa.
Fahrzeugwerke Thalburg AG
Thalburgstr. 224
12345 Thalburg an der Ohm

Online:
info@feuerwehr.thalburg.de
www.thalburg.de
Öffentliche Verkehrsmittel:
Bahn: 102 Thalburgbahn

Ihr(e) Zeichen: / Ihr Schreiben vom:

Datum:	**10.01.2019**
Aktenzeichen	**Tha-20.10**

Verhandlungsvergabe ohne Teilnahmewettbewerb über die Ersatzbeschaffung eines Kleineinsatzfahrzeuges für Logistik- und Nachschubaufgaben (KEF-LOG)
Hier: Kauf von Fahrgestell/ Ihr Angebot vom 02.01.2019

Sehr geehrte Damen und Herren,

vielen Dank für Ihre Teilnahme an dem o. g. Vergabeverfahren. Ihr Angebot erhält nach Auswertung der Unterlagen hiermit den Zuschlag.

Beigefügt erhalten Sie die Unterlagen und einen Bestellschein zur Kaufabwicklung.

Ich freue mich auf eine gute Zusammenarbeit und verbleibe

Mit freundlichen Grüßen

(Sachbearbeiter)

1.3   Schnellcheck

Zusammenfassung:

- Die Zuschlagserteilung beendet das Vergabeverfahren.
- Mit dem Zuschlag kommt ein zivilrechtlicher Vertrag über die Erbringung der Leistung zustande.
- In welcher Form der Zuschlag erteilt werden muss, kann sich aus den kommunalrechtlichen Regelungen ergeben.
- Eine Vorabinformation über den Zuschlag sieht die UVgO nicht vor.
- Im Oberschwellenvergaberecht darf ein Zuschlag erst nach Information der Bieter und Abwarten einer Wartefrist erteilt werden.

2   Die Aufhebung

Ein Auftraggeber, der ein Vergabeverfahren eingeleitet hat, ist nicht gezwungen, das Verfahren durch Zuschlagserteilung zu beenden. Er kann das Vergabeverfahren auch durch Aufhebung beenden. Im Gegensatz zum Zuschlag, der erst am Schluss des Vergabeverfahrens erteilt wird, kann die Aufhebung jederzeit von Beginn des Vergabeverfahrens an, erfolgen. Das Vergaberecht nennt in § 48 UVgO für den Unterschwellenbereich und in § 63 VgV für den Oberschwellenbereich jeweils Gründe, die vorliegen müssen, damit eine Berechtigung des Auftraggebers zu einer Aufhebung besteht.

Aber auch, wenn keiner der genannten Gründe einschlägig ist, kann der Auftraggeber das Vergabeverfahren ohne Zuschlagserteilung beenden, s. § 48 Abs. 2 UVgO und § 63 Abs. 1 Satz 2 VgV. Die Bieter haben keinen Anspruch darauf, dass ein Auftrag erteilt und ein Vergabeverfahren mit Zuschlag beendet wird (BGH, X ZB 18/13.).

Merke

Ein Auftraggeber ist grundsätzlich nicht verpflichtet, einen Zuschlag zu erteilen.

Ist die Aufhebung eines Vergabeverfahrens von den in § 48 UVgO bzw. § 63 VgV genannten Gründen gedeckt, müssen die Bieter die Aufhebung hinnehmen. Etwas anderes gilt, wenn eine Aufhebung erfolgt, ohne dass einer der genannten Gründe vorliegt. Das Vergabeverfahren wird zwar wirksam beendet, die Bieter können aber

wegen Verstoßes gegen § 48 Abs. 1 UVgO bzw. § 63 Abs. 1 Satz 1 VgV Schadensersatzansprüche geltend machen.

Merke

Eine Aufhebung, die ohne einen normierten Grund erfolgt, ist wirksam. Sie kann
aber Schadensersatzansprüche der Bieter nach sich ziehen.

Der öffentliche Auftraggeber kann mögliche Schadensersatzansprüche der Bieter im
Übrigen nicht dadurch umgehen, dass er den Ablauf der Bindefristen abwartet und
das Vergabeverfahren alsdann nicht fortführt (kein »stilles Auslaufen«).[111] Das
Vergabeverfahren kann der Auftraggeber nur durch Zuschlag oder Aufhebung
beenden.

Entsprechend obliegt es dem Auftraggeber nach § 46 Satz 2 UVgO jeden Bewerber oder Bieter über die Aufhebung eines Vergabeverfahrens unter Angabe der
Gründe zu informieren.

Beispiel nach BGH, Urteil des X. Zivilsenats vom 9.6.2011 - X ZR 143/10:
Die Stadt Thalburg an der Ohm hatte in einem offenen Verfahren die Planungs-
leistung für den Bau eines Gerätehauses ausgeschrieben. Bei der Festlegung der
Zuschlagskriterien werden Eignungs- und Wertungskriterien unzulässig vermischt.
Dies fällt erst auf, als die eingegangenen Angebote ausgewertet werden sollen. Die
Stadt Thalburg an der Ohm hebt deshalb die Ausschreibung auf und entscheidet, auf
die Beschaffung zu verzichten. Der Bieter A, der das wirtschaftlichste Angebot ab-
gegeben hatte, verlangt Schadensersatz. Welche Ansprüche hat A?

Hebt ein Auftraggeber ein Vergabeverfahren auf, ohne dass ein in § 48 Abs. 1 UVgO
oder § 63 Abs. 1 VgV genannter Grund vorliegt, ist das Verfahren zwar wirksam
beendet, aber in rechtswidriger Weise (VK Nordbayern, RMF-SG21-3194-03-25.).

Rechtsfolge einer rechtswidrigen Aufhebung kann aber ein Schadenersatzan-
spruch des betroffenen Bieters sein. Für die Höhe des Schadensersatzanspruches
kommt entweder das negative Interesse oder das positive Interesse in Betracht:

---

111 *Ley/Wankmüller, Die Unterschwellenvergabeordnung (UVgO 2017), Kommentierung zu § 48
UVgO (Seite 235)*

V.

Tabelle 108:

Negatives Interesse	Positives Interesse
Vertrauensschaden: Der Geschädigte ist so zu stellen, wie er stehen würde, wenn von dem betreffenden Rechtsgeschäft nie die Rede gewesen wäre.	Erfüllungsschaden: Der Geschädigte ist so zu stellen, wie er stehen würde, wenn das betreffende Rechtsgeschäft ordnungsgemäß erfüllt worden wäre.

In der Regel ist Rechtsfolge einer rechtswidrigen Aufhebung ein nur das negative Interesse umfassender Schadensersatzanspruch des betroffenen Bieters. In diesem Sinne regelt auch § 181 GWB einen Anspruch des Bieters (BGHZ 190, 89 Rn. 16) auf Ersatz des Vertrauensschadens.

Merke

Wird ein Vergabeverfahren rechtswidrig aufgehoben, können Bieter einen Anspruch auf Ersatz des negativen Interesses, den sog. Vertrauensschaden, haben.

Stellt man den betroffenen Bieter so, wie er ohne Vergabeverfahren stehen würde, wäre ihm kein Aufwand für die Erstellung des Angebotes, keine Kosten für die Versendung des Angebotes u. a. entstanden. Diese Kosten muss der Auftraggeber ihm erstatten. Fallen Kosten durch die vergeblich aufgewendete Arbeitszeit von Mitarbeitern an, sind diese aber in der Regel nicht erstattungsfähig. Es handelt sich um Kosten, die dem Bieter auch sowieso entstanden wären (OLG Schleswig-Holstein, 3 U 15 / 17). Denn unabhängig von der Durchführung eines Vergabeverfahrens ist ein Unternehmen verpflichtet, seine Angestellten zu vergüten. Eine Ausnahme gilt nur dann, wenn der Bieter nachweisen kann, dass er seine Mitarbeiter alternativ für einen anderen Zweck hätte – gewinnbringend – einsetzen können, so dass ihr infolge des schädigenden Ereignisses Gewinne entgangen wären.

Merke

Kosten für die vergebliche Arbeitszeit der mit der Angebotserstellung befassten Mitarbeiter sind vom negativen Interesse (Vertrauensschaden) grds. nicht umfasst.

Im Ausnahmefall kann der Schadensersatzanspruch auf das positive Interesse gerichtet sein. Bei der Bemessung des Anspruchs ist der Bieter, der den Zuschlag bei ordnungsgemäßer Durchführung des Vergabeverfahrens erhalten hätte, so zu stellen, wie er nach einem Vertragsschluss stünde. Das positive Interesse umfasst damit den entgangenen Gewinn.

Beispiel:
Die Feuerwehr der Stadt Thalburg an der Ohm hat die Beschaffung von zwei Trag-kraftspritzenfahrzeugen öffentlich ausgeschrieben. Nach Eingang und Auswertung der Angebote fällt auf, dass im Leistungsverzeichnis kleinere Fehler enthalten sind. Auch will die Feuerwehr den Auftrag nicht an den Bieter B vergeben, der das wirt-schaftlichste Angebot abgegeben hat. Wegen der Fehler im Leistungsverzeichnis hebt die Stadt Thalburg an der Ohm die Ausschreibung auf und vergibt in einer folgenden Verhandlungsvergabe den Auftrag an ein anderes Unternehmen. B ver-langt Schadensersatz in Höhe des entgangenen Gewinns. Zu Recht?

Ein Aufhebungsgrund liegt nicht vor, wenn das Leistungsverzeichnis geringfügige Fehler enthält. Erfolgt gleichwohl eine Aufhebung, ist diese rechtswidrig. Ein Anspruch auf Ersatz des positiven Interesses steht dem Bieter zu, der den Zuschlag hätte erhalten müssen, wenn der Auftraggeber den ausgeschriebenen oder ein diesem wirtschaftlich gleichzusetzenden Auftrag an ein anderes Unternehmen vergibt (OLG Schleswig-Holstein, 3 U 15 / 17). Ein Anspruch auf Ersatz des positiven Interessen kommt ebenfalls in Betracht, wenn der Auftraggeber manipulativ handelt; er bspw. eine Aufhebung in rechtlich zu missbilligender Weise dazu einsetzt, um die formalen Voraussetzungen dafür zu schaffen, den Auftrag außerhalb des eingeleiteten Vergabeverfahrens an einen bestimmten Bieter oder unter anderen Voraussetzungen bzw. in einem anderen Bie-terkreis vergeben zu können (OLG Schleswig-Holstein, 3 U 15 / 17).

Merke

In Ausnahmefällen kommt ein Anspruch auf Ersatz des entgangenen Gewinns bei rechtswidriger Aufhebung in Betracht.

Tabelle 109: *Übersicht Voraussetzungen negatives – positives Interesse*

Anspruch auf negatives Interesse	Anspruch auf positives Interesse
Die Aufhebung erfolgt ohne Aufhe-bungsgrund. Der Bieter hätte bei ordnungsgemäßer Durchführung des Vergabeverfahrens den Zuschlag erhalten.	Die Aufhebung erfolgt ohne Aufhe-bungsgrund. Der Bieter hätte bei ordnungsgemäßer Durchführung des Vergabeverfahrens den Zuschlag erhalten.

V.

Tabelle 109: *Übersicht Voraussetzungen negatives – positives Interesse – Fortsetzung*

Anspruch auf negatives Interesse	Anspruch auf positives Interesse
Der Auftrag wird nicht oder mit wesentlich verändertem Inhalt in einem neuen Vergabeverfahren vergeben.	Der ausgeschriebene oder ein diesem wirtschaftlich gleichzusetzender Auftrag ist an ein anderes Unternehmen in einem neuen Vergabeverfahren vergeben worden.

2.1 Aufhebung eines Verfahrens unterhalb des EU-Schwellenwertes

Nach § 48 Abs. 1 UVgO ist der Auftraggeber berechtigt, ein Vergabeverfahren ganz oder teilweise aufzuheben, wenn

- kein Teilnahmeantrag oder Angebot eingegangen ist, das den Bedingungen entspricht,
- sich die Grundlage des Vergabeverfahrens wesentlich geändert hat,
- kein wirtschaftliches Ergebnis erzielt wurde oder
- andere schwerwiegende Gründe bestehen.

Kein Teilnahmeantrag oder Angebot, das den Bedingungen entspricht

Die Aufhebung eines Vergabeverfahrens ist begründet, wenn bei Verfahren mit Teilnahmewettbewerb kein Teilnahmeantrag eingegangen ist oder wenn in allen Verfahrensarten keine Angebote eingehen, die den Bedingungen entsprechen.

Erfasst sind die Fälle, in denen alle eingereichten Teilnahmeanträge und Angebote nicht den inhaltlichen und formalen Anforderungen des Auftraggebers entsprechen, obwohl sie von an sich geeigneten und nicht ausgeschlossenen Bewerbern oder Bietern stammen. Erfasst sind aber auch solche Fälle, in denen die eingereichten Teilnahmeanträge und Angebote zwar den inhaltlichen und formalen Anforderungen des Auftraggebers genügen, aber ausschließlich von Unternehmen eingereicht wurden, die ungeeignet oder ausgeschlossen worden sind (Erläuterungen zu § 48 UVgO).

Merke

Der Aufhebungsgrund »Kein Angebot, das den Bedingungen entspricht, ist eingegangen« liegt vor, wenn die eingegangenen Angebote auf der ersten oder zweiten Wertungsstufe ausgeschlossen wurden.

Gehen also ausschließlich Teilnahmeanträge oder Angebote ein, die nach § 42 UVgO auszuschließen sind, liegt der Aufhebungsgrund des § 48 Abs. 1 Nr. 1 UVgO vor.

> **Beispiel:**
> Die Feuerwehr der Stadt Thalburg an der Ohm hat die Beschaffung eines Kommandowagens öffentlich ausgeschrieben. Es gehen insgesamt zwölf Angebote ein. Elf Angebote müssen wegen formaler Fehler ausgeschlossen werden, es bleibt lediglich ein wertbares Angebot übrig. B möchte die Ausschreibung nach § 48 Abs. 1 Nr. 1 UVgO aufheben. Zu Recht?

Ein Aufhebungsgrund nach § 48 Abs. 1 Nr. 1 UVgO liegt nur dann vor, wenn kein Angebot eingegangen ist, das den Bedingungen entspricht. Liegt ein wertbares Angebot vor, ist der Aufhebungsgrund nicht gegeben (OLG Koblenz, 1 Verg 8/03).

Wesentliche Änderung der Grundlagen des Vergabeverfahrens

Ein weiterer Aufhebungsgrund liegt vor, wenn sich die Grundlagen des Vergabeverfahrens wesentlich geändert haben.

> **Beispiel:**
> Feuerwehr Thalburg an der Ohm hat eine bestimmte Technik ausgeschrieben, technische Voraussetzungen ändern sich aber so, dass die Geräte nicht mehr brauchbar sind. Die Ausschreibung soll wegen wesentlicher Änderungen der Grundlagen des Vergabeverfahrens aufgehoben werden. Ist das rechtmäßig?

Eine wesentliche Änderung liegt dann vor, wenn wegen rechtlicher, technischer, zeitlicher oder wirtschaftlicher Schwierigkeiten, die während der laufenden Ausschreibung aufgetreten sind, die Durchführung des Auftrags nicht mehr möglich oder zumindest für den Auftraggeber objektiv sinnlos oder unzumutbar ist OLG Düsseldorf, VII-Verg- 72/04; VK Baden-Württemberg, Az. 1VK 30/13). Die Umstände müssen also so erheblich sein, dass eine Anpassung der Leistungsbeschreibung allein nicht in Betracht kommt.[112] Hinzu kommt, dass die Gründe, die eine Aufhebung rechtfertigen sollen, nicht der Vergabestelle zurechenbar sein dürfen (OLG München, Verg 4/13; Verg 29/12; Verg 11/12). Sie dürfen nicht der Risikosphäre des Auftraggebers zuzu-

---

112 *2. Vergabekammer des Bundes 23.01.2017 VK 2–143/16.*

V.

ordnen sein (VK München, Z3-3/3194). Zudem dürfen diese Änderungen erst nach Einleitung der Ausschreibung eingetreten oder bekannt geworden sein (OLG Düsseldorf, VII-Verg 72/04).

Merke

Der Aufhebungsgrund »Grundlage des Vergabeverfahrens hat sich wesentlich geändert« wird nicht durch Angebote verursacht, sondern durch äußere Umstände.

Werden neue Technologien bekannt, die über gewöhnliche technische Verbesserungen hinausgehen und war dies für den öffentlichen Auftraggeber nicht vorhersehbar, kann dies zu einer Aufhebung führen.[113]

Beispiel:

Die Feuerwehr Thalburg an der Ohm stellt während eines laufenden Vergabeverfahrens fest, dass in der Leistungsbeschreibung in wesentlichen Positionen technisch unklare Angaben gemacht wurden und einige Leistungen falsch beschrieben sind. Die Leistungsbeschreibung soll deshalb grundlegend überarbeitet werden. Das Vergabeverfahren wird aufgehoben. Ist die Aufhebung rechtmäßig?

Auf den Aufhebungsgrund nach § 48 Abs. 1 Nr. 2 UVgO kann sich ein öffentlicher Auftraggeber nicht berufen, wenn er den Beschaffungsbedarf anders definieren oder ausschreiben will. Unklare Angaben in der Leistungsbeschreibung fallen in die Risikosphäre des Auftraggebers. Es ist Aufgabe des Auftraggebers, den Beschaffungsbedarf eines Vergabeverfahrens vor Verfahrensbeginn sorgfältig zu bestimmen, und zwar auch im Hinblick darauf, wie er zu beschreiben ist, um bestmögliche wirtschaftliche Beschaffungsergebnisse zu erreichen. Die zutreffende Beschreibung der ausgeschriebenen Leistung und damit auch das Bestimmungsrecht über den Beschaffungsinhalt obliegt grundsätzlich dem Auftraggeber (vgl. § 23 UVgO), so dass auch Änderungen der Leistungsbeschreibung, jedenfalls wenn sie nicht auf unvorhersehbaren nachträglich eintretenden Ereignissen beruhen, in die Risikosphäre bzw. in den grundsätzlich vorhersehbaren Bereich des Auftraggebers fallen (VK Bund, VK 1 - 105/11). Erfolgt gleichwohl eine Aufhebung, ist diese zwar wirksam

---

113 Müller/Wrede/Lischka, Kommentar zu VgV/UVgO, § 63 Rdnr. 46.

und beendet das Vergabeverfahren, aber auch rechtswidrig und führt zu Schadensersatzansprüchen der Bieter.

Kein wirtschaftliches Ergebnis

Eine weitere Berechtigung für den Auftraggeber ein Vergabeverfahren aufzuheben, besteht nach § 48 Abs. 1 Nr. 3 UVgO. Nach dieser Vorschrift ist der öffentliche Auftraggeber berechtigt, ein Vergabeverfahren ganz oder teilweise aufzuheben, wenn kein wirtschaftliches Ergebnis erzielt wurde.

Überschreitung der Kostenschätzung

Ein unwirtschaftliches Ergebnis liegt dann vor, wenn die vor der Ausschreibung vorgenommene Kostenschätzung der Vergabestelle aufgrund der bei ihrer Aufstellung vorliegenden und erkennbaren Daten als vertretbar erscheint und die im Vergabeverfahren abgegebenen Gebote deutlich darüber liegen.

Merke

Bei einer Aufhebung wegen unwirtschaftlicher Angebote kommt der Kostenschätzung des Auftraggebers zentrale Bedeutung zu.

Für die Schätzung muss der Auftraggeber Methoden wählen, die ein wirklichkeitsnahes Schätzungsergebnis ernsthaft erwarten lassen (BGH, X ZR 108/10, Rdnr. 18 f.). Die anzuwendenden Methoden für die Schätzung ergeben sich aus § 3 VgV.[114] Weitere Voraussetzung für eine Aufhebung ist, dass die Angebote soweit über der Schätzung liegen, dass sie als unwirtschaftlich eingestuft werden können. Die Angebote müssen also zunächst ausgewertet werden, um eine mögliche Unwirtschaftlichkeit feststellen zu können.

Merke

Der Aufhebungsgrund »kein wirtschaftliches Ergebnis liegt vor, wenn die eingegangenen Angebote auf der dritten Wertungsstufe ausgeschlossen oder auf der vierten Wertungsstufe als unwirtschaftlich bewertet wurden.

---

114 S. Teil II Kapitel 5.

Wann ein vertretbar geschätzter Auftragswert von den Angeboten so »deutlich« überschritten ist, dass eine sanktionslose Aufhebung gerechtfertigt ist, lässt sich nicht durch allgemeinverbindliche Werte nach Höhe oder Prozentsätzen festlegen. Vielmehr ist nach der Rechtsprechung des Bundesgerichtshofs eine alle Umstände des Einzelfalls einbeziehende Interessenabwägung vorzunehmen. Dabei ist davon auszugehen, dass einerseits den öffentlichen Auftraggebern nicht das Risiko einer deutlich überhöhten Preisbildung weit jenseits einer vertretbaren Schätzung der Auftragswerte zugewiesen werden darf, sondern sie in solchen Fällen zur sanktionsfreien Aufhebung des Vergabeverfahrens berechtigt sein müssen, dass andererseits das Institut der Aufhebung des Vergabeverfahrens nicht zu einem für die Vergabestellen latent verfügbaren Instrument zur Korrektur der in öffentlichen Ausschreibungen bzw. offenen Verfahren erzielten Submissionsergebnisse geraten darf. Das Ausschreibungsergebnis muss deshalb in der Regel ganz beträchtlich über dem Schätzungsergebnis liegen, um die Aufhebung zu rechtfertigen (BGH, X ZR 108/10).

Entsprechend gibt es eine Vielzahl an Einzelfallentscheidungen, die aber eine deutliche Tendenz aufzeigen. Danach rechtfertigt zumindest im Regelfall, in dem keine weiteren Umstände eine abweichende Beurteilung erfordern, eine Abweichung des günstigsten Angebotes von vertretbaren Kostenschätzungen in Höhe von rund 20 % einen Rückschluss auf ein unangemessenes Preis-Leistungs-Verhältnis (OLG Celle, 13 Verg 5/15 m.w.N).

Merke

Erst ab einer Abweichung von 20 % des wirtschaftlichsten Angebotes von der ordnungsgemäßen Kostenschätzung des Auftraggebers kann im Regelfall von einem unwirtschaftlichen Ergebnis ausgegangen werden.

Im Einzelfall kann aber auch bei geringeren Abweichungen ein unwirtschaftliches Angebot vorliegen.[115]

Überschreitung der bereit gestellten Haushaltsmittel

Eine Aufhebung wegen Unwirtschaftlichkeit kommt ebenfalls in Betracht, wenn die zur Verfügung stehenden Haushaltmittel für die Finanzierung des wirtschaftlichsten An-

---

115 (OLG Karlsruhe, 15 Verg 3/09), bei 16 % Abweichung.

gebotes nicht ausreichen. Voraussetzung ist dabei zum einen, dass der Auftraggeber den Kostenbedarf mit der gebotenen Sorgfalt ermittelt hat. Weiter muss die Finanzierung des ausgeschriebenen Vorhabens bei Bezuschlagung auch des günstigsten wertungsfähigen Angebotes scheitern oder jedenfalls wesentlich erschwert sein. Dies erfordert in einem ersten Schritt, dass der Auftraggeber die Kosten für die zu vergebenden Leistungen sorgfältig ermittelt. In einem zweiten Schritt hat er zu berücksichtigen, dass es sich bei der Kostenermittlung nur um eine Schätzung handelt, von der die nachfolgenden Ausschreibungsergebnisse erfahrungsgemäß mitunter nicht unerheblich abweichen. Er hat deshalb für eine realistische Ermittlung des Kostenbedarfs einen ganz beträchtlichen Aufschlag auf den sich nach der Kostenschätzung ergebenden Betrag vorzunehmen. Regelmäßig wird insoweit von der Rechtsprechung ein Aufschlag in Höhe von rund 10 % verlangt (OLG Celle, 13 Verg 5/15).

Zusammengefasst müssen für eine Aufhebung wegen unwirtschaftlicher Ergebnisse damit folgende Voraussetzungen vorliegen:

- Die Kostenschätzung muss nach den Vorgaben des § 3 VgV durchgeführt worden sein.
- Die Angebote sind geprüft und gewertet worden.
- Die Angebotspreise überschreiten die Kostenschätzung erheblich.
- Die Finanzierung auch des günstigsten wertungsfähigen Angebotes würde scheitern oder jedenfalls wesentlich erschwert sein.

Aufhebung wegen Unwirtschaftlichkeit bei losweiser Vergabe

Beispiel:
Die Feuerwehr Thalburg an der Ohm benötigt 5.000 Einsatzjacken. Es werden fünf Teillose à 1.000 Stück gebildet. Der Gesamtwert aller Lose wird auf 100.000 Euro geschätzt, also jeweils 20.000 Euro pro Los. Nach einer öffentlichen Ausschreibung liegen für vier Lose Angebote vor, die die geschätzten Kosten unterschreiten; nur bei Los 5 liegen die Angebotspreise deutlich über den geschätzten Kosten. Die Kostenschätzung von 100.000 Euro wird insgesamt nur um 1,29 % überschritten. Die Feuerwehr hat das Verfahren bzgl. Los 5 aufgehoben. war das rechtmäßig?

Das OLG Koblenz hat dazu in einem vergleichbaren Fall entschieden, dass sich der Auftraggeber nicht auf den Aufhebungsgrund des unwirtschaftlichen Ausschreibungsergebnisses berufen kann, wenn das allein maßgebliche Gesamtergebnis nur geringfügig von der Kostenschätzung abweicht (OLG Koblenz, Verg 1/17). Die Aufhebung wäre damit nicht rechtmäßig erfolgt.

V.

Begründet wird diese Auffassung damit, dass auch wenn ein Vergabeverfahren teilweise aufgehoben werden kann, damit lediglich zum Ausdruck gebracht wird, dass grundsätzlich auch eine auf ein Los beschränkte Aufhebung rechtlich möglich ist. Anhaltspunkte für die Auslegung der einzelnen Aufhebungsgründe liegen darin aber nicht. Maßgebend soll vielmehr das Gesamtergebnis sein. Denn die Aufteilung in Teillose ändere nichts daran, dass es sich vergaberechtlich um einen einzigen Auftrag handelt Dementsprechend spricht auch § 3 Abs. 7 VgV von einem Auftrag, der in mehreren Losen vergeben wird (OLG Koblenz, Verg 1/17).

Etwas anderes soll nach Auffassung des OLG Dresden allerdings gelten, wenn sich die Lose inhaltlich unterscheiden.

Beispiel:
Die Feuerwehr Thalburg an der Ohm schreibt die Beschaffung eines Drehleiter-fahrzeugs in den Losen »Fahrgestell« und »Aufbau« aus. Die Angebotspreise liegen im Los »Fahrgestell« deutlich über den geschätzten Kosten. Beim Los »Aufbau« liegen die Angebotspreise deutlich unter den geschätzten Kosten. Insgesamt liegen die Preise der beiden Lose im bereit gestellten Budget. Kann die Feuerwehr das Verga-beverfahren bezüglich des Loses »Fahrgestell« aufheben?

Die Aufhebung eines Loses aus wirtschaftlichen Gründen soll nach Ansicht des OLG Dresden möglich sein, wenn bei Losen, die nicht identisch sind lediglich das einzelne Los ein unwirtschaftliches Ergebnis ausweist. Bei der Frage, ob ein unwirtschaftliches Ergebnis vorliegt, komme es nicht auf das Gesamtergebnis des Verfahrens, alle Lose betreffend, an. Entscheidend sei vielmehr der Vergleich im konkreten Los. Die Auf-teilung des Verfahrens in Lose führt dazu, dass die Vergabe der einzelnen Lose jeweils für sich zu betrachten sei.[116]

Merke

Wird bei einer losweisen Vergabe bei lediglich einem einzelnen Los ein unwirt-schaftliches Ergebnis erzielt, kann eine Aufhebung dieses Loses dann erfolgen, wenn sich die Lose unterscheiden.

---

116 OLG Dresden, 28.12.2018 - Verg 4/18.

Andere schwerwiegende Gründe

Ein weiterer Aufhebungstatbestand liegt bei »anderen schwerwiegenden Gründen« vor. Bei der Prüfung eines zur Aufhebung berechtigenden schwerwiegenden Grundes sind strenge Maßstäbe anzulegen. Ein zur Aufhebung der Ausschreibung Anlass gebendes Fehlverhalten der Vergabestelle kann danach schon deshalb nicht ohne weiteres genügen, weil diese es andernfalls in der Hand hätte, nach freier Entscheidung durch Verstöße gegen das Vergaberecht den bei der Vergabe öffentlicher Aufträge bestehenden Bindungen zu entgehen. Das wäre mit Sinn und Zweck des Vergabeverfahrens nicht zu vereinbaren. Als »schwerwiegend« berücksichtigungsfähig sind grundsätzlich nur Mängel, die die Durchführung des Verfahrens und die Vergabe des Auftrags selbst ausschließen. Im Einzelnen bedarf es für die Feststellung eines schwerwiegenden Grundes einer Interessenabwägung, für die die Verhältnisse des jeweiligen Einzelfalls maßgeblich sind.[117] Ein Aufhebungsgrund ist zu bejahen, wenn einerseits der Fehler von so großem Gewicht ist, dass ein Festhalten des öffentlichen Auftraggebers an dem fehlerhaften Verfahren mit Gesetz und Recht schlechterdings nicht zu vereinbaren wäre und andererseits von den an dem öffentlichen Ausschreibungsverfahren teilnehmenden Unternehmen, insbesondere auch mit Blick auf die Schwere des Fehlers, erwartet werden kann, dass sie auf die Bindung des Ausschreibenden an Recht und Gesetz Rücksicht nehmen (OLG Dresden, Verg 4/18).

Als mögliche schwerwiegende Gründe kommen in Betracht[118]:

- Änderung der politischen Verhältnisse,
- Änderung der persönlichen Verhältnisse des Auftraggebers.

2.2 Aufhebung eines Verfahrens oberhalb des EU-Schwellenwertes

Die in § 63 VgV genannten Aufhebungsgründe entsprechen denen, die für den Anwendungsbereich der UVgO gelten. Die Vorschriften unterscheiden sich lediglich dadurch, dass § 48 Abs. 1 Nr. 1 UVgO einen Aufhebungsgrund auch normiert, wenn keine Teilnahmeanträge eingegangen sind; § 63 Abs1 Nr. 1 VgV spricht nur von Angeboten.

---

117 BGH, 20.03.2014 - X ZB 18/13
118 S. Müller-Wrede/Lischka, § 63 VgV Rdnr. 72.

Gehen bei einem EU-weiten Vergabeverfahren keine Teilnahmeanträge bei einem Verfahren mit Teilnahmewettbewerb ein, besteht allerdings ein schwerwiegender Grund im Sinne des § 63 Abs. 1 Nr. 4 VgV, der ebenfalls zur Aufhebung berechtigt.

Die Verpflichtung des Auftraggebers die Bewerber und Bieter über die erfolgte Aufhebung und ihre Gründe zu informieren, ergibt sich aus § 63 Abs. 2 VgV. Dabei teilt der Auftraggeber entweder mit, dass er auf die Auftragsvergabe verzichtet oder dass er das Verfahren erneut einleitet.

2.3   Alternativen zur Aufhebung

Insbesondere in Fällen, in denen die Vergabeunterlagen schwerwiegende Fehler enthalten, kann statt der Aufhebung eine Zurücksetzung des Vergabeverfahrens in Betracht kommen.

Regeln über die Zurückversetzung des Verfahrens durch den Auftraggeber finden sich zwar weder im GWB noch in sonstigen einschlägigen Vergabeverordnungen, es ist aber unstreitig – wenn auch gesetzlich nicht ausdrücklich geregelt –, dass bei einer Vergabe im Anwendungsbereich des Kartellvergaberechts die Vergabekammer oder der Vergabesenat im Falle der Feststellung eines Vergabefehlers das in den Zeitpunkt vor der Vergaberechtsverletzung zurückversetzen kann. Im Unterschwellenbereich besteht über den Rechtsschutz im einstweiligen Verfügungsverfahren die gleiche Befugnis.

Die Zurückversetzung eines Vergabeverfahrens stellt sich unter dem im Vergaberecht allgemein zu beachtenden Gesichtspunkt der Verhältnismäßigkeit – normiert nunmehr in § 97 Abs. 1 GWB, § 2 Abs. 1 UVgO – als geringeren Eingriff in die Bieterrechte dar als eine Aufhebung. Demnach beinhaltet die dem Auftraggeber zukommende Befugnis zur Aufhebung eines Vergabeverfahrens auch die Befugnis, von dem milderen Mittel der Zurückversetzung eines Vergabeverfahrens Gebrauch zu machen. Die Zurückversetzung eines Verfahrens ist damit ihrem Wesen nach einer Teilaufhebung des Verfahrens vergleichbar (OLG Düsseldorf, VII-Verg 29/14).

Da die Zurückversetzung des Vergabeverfahrens einer Teilaufhebung vergleichbar ist, sind die Grundsätze über die Aufhebung entsprechend anzuwenden (OLG Frankfurt, 11 U 10/17). Daraus folgt, dass der Auftraggeber, wenn eine Aufhebung in Betracht kommt, das Vergabeverfahren stattdessen zurückversetzen kann.

> **Beispiel:**
> Die Feuerwehr Thalburg an der Ohm stellt bei der Angebotswertung fest, dass das Leistungsverzeichnis schwerwiegende Mängel enthält. Statt aufzuheben kann das Verfahren zurückversetzt werden und zwar in den Stand vor Angebotsabgabe und Wertung der Angebote. Der Auftraggeber teilt also den Bietern nach Korrektur des Leistungsverzeichnisses mit, dass er das Verfahren zurückversetzt und fordert die Bieter mit Übersendung des korrigierten Leistungsverzeichnisses und Neufestsetzung der Angebotsfrist auf, überarbeitete Angebot zu übersenden, wobei sich die Überarbeitung lediglich auf die korrigierten Positionen beziehen darf (OLG Düsseldorf, VII-Verg 29/14).

Wie auch bei der Aufhebung gilt: Liegt ein in § 48 UVgO oder § 63 VgV genannter Aufhebungsgrund vor, ist sowohl die Aufhebung als auch eine Zurückversetzung wirksam und rechtmäßig. Liegt kein Aufhebungsgrund vor, ist sowohl die Aufhebung als auch eine Zurückversetzung zwar wirksam, aber rechtswidrig (OLG Frankfurt, 11 U 10/17).

> **Merke**
> Bei Fehlern im Vergabeverfahren kann der Auftraggeber statt aufzuheben den Fehler beheben.

Die Dokumentation zu einer Aufhebung kann wie folgt aussehen:

Amt für Brandschutz und Rettungsdienst

Gebäude:	Hauptfeuerwache
Eingang:	Thalburgstr. 112
Auskunft:	Herr Meier
Zimmer:	A 112

Stadtverwaltung – Postfach 12 34 56 – 12345 Thalburg an der Ohm

Fa.
Fahrzeugwerke Thalburg AG
Thalburgstr. 224
12345 Thalburg an der Ohm

Online:
info@feuerwehr.thalburg.de
www.thalburg.de

Öffentliche Verkehrsmittel:
Bahn: 102 Thalburgbahn

Ihr(e) Zeichen: / Ihr Schreiben vom:

Datum:	**10.01.2019**
Aktenzeichen	**Tha-20.10**

V.

Aufhebung des Vergabeverfahrens: Ersatzbeschaffung von einem Kleineinsatzfahrzeug für Logistik- und Nachschubaufgaben (KEF-LOG)

1.
Am 13.12.2018 wurde das Vergabeverfahren für die Ersatzbeschaffung von einem Kleineinsatzfahrzeug für Logistik- und Nachschubaufgaben (KEF-LOG) eingeleitet.

Die Beschaffung des KEF-LOG wurde gemäß § 8 Absatz 4 Ziffer 17 der UVgO im Wege der Verhandlungsvergabe ohne Teilnahmewettbewerb ausgeschrieben. Die Firmen hatten bis zum 22.02.19 die Möglichkeit ein Angebot für die jeweiligen Lose abzugeben. Die Gesamtleistung wurde in folgende Lose aufgeteilt:
Los 1: Fahrgestell; Los 2: Fahrzeugausbau; Los 3: Beklebung.
Bei der Angebotsöffnung wurde festgestellt, dass zu den Losen 2 (Fahrzeugausbau) und 3 (Beklebung) keine Angebote abgegeben wurden.
Das Vergabeverfahren wird hiermit gem. § 48 (1) Nr. 4 UVgO für die Lose 2 und 3 aufgehoben, da keine Angebote zum Ablauf der Angebotsfrist eingegangen sind. Das Ergebnis des Vergabeverfahrens und somit die Aufhebung entbindet nicht von der Notwendigkeit der Durchführung der Maßnahme. Aus diesem Grund wird ein neues Vergabeverfahren eingeleitet.
2.
Zur Mitzeichnung:

- Abteilungsleiterin »Allgemeine Verwaltung« – Frau Ohm
- Abteilungsleiter »Technik« – Herr Thalberg

3.
Wiedervorlage.: sofort
I.A.

(Gesamtverantwortlicher)   (Zuständiger Sachbearbeiter)

2.4   Schnellcheck

Zusammenfassung Aufhebung

- Es besteht keine Verpflichtung des Auftraggebers zur Erteilung des Zuschlags.
- Erfolgt eine Aufhebung mit einem in § 48 UVgO oder § 63 VgV genannten Grund, ist die Aufhebung wirksam und rechtmäßig.
- Erfolgt eine Aufhebung ohne normierten Grund, ist die Aufhebung wirksam, aber rechtswidrig.
- Eine rechtswidrige Aufhebung kann Schadensersatzansprüche auslösen.
- In der Regel umfasst der Schadensersatz das negative Interesse.
- Im Ausnahmefall kann der Schadensersatz das positive Interesse umfassen.
- Statt einer Aufhebung kommt auch eine Zurückversetzung des Vergabeverfahrens in Betracht.

4   Abschließende Dokumentation

Nicht mehr Bestandteil der Vergabeakte, aber dennoch ein wichtiger Bestandteil für eine allumfassende Dokumentation sind Protokolle, Abnahmen, Rechnungen.

Dokumentation von Protokollen

Während Protokolle zu Baubesprechungen zwar eher der Projektierung einer Lieferleistung anzurechnen sind, so können sie auch Informationen zu möglichen Abweichungen oder Änderungen der ausgeschriebenen Leistung dokumentieren. Sofern diesen Änderungen ein sachlicher Grund vorausgeht, sollte dieser ebenfalls anhand der Protokolle dokumentiert werden. Es ist ratsam die Protokolle oder zumindest die wichtigsten Dokumente der Aktenführung für den Vergabeprozess beizufügen und entsprechend aufzubewahren.

Dokumentation von Technische Abnahmen

Nach Fertigstellung der Leistung erfolgt die Endabnahme. Auch diese ist entsprechend strukturiert zu absolvieren und sollte intensiv dokumentiert werden. Zur Durchführung von Endabnahmen können Checklisten eine sinnvolle Arbeitshilfe darstellen. Je nach Art des Auftragsgegenstandes sind für die Endabnahme entsprechend spezifische Varianten von Checklisten vorzubereiten. Die Checklisten können einen formalen Charakter haben und somit ebenfalls Bestandteil der abschließenden Dokumentation darstellen (vgl. Bild 58).

Dokumentation von Abschlussrechnungen

Schlussendlich ist die Rechnung und die sachliche Richtigzeichnung dieser der abschließende Schritt der Dokumentation. Im Rahmen der Rechnungsprüfung ist zu prüfen, ob der Rechnungsbetrag mit den Preisdaten der Ausschreibung übereinstimmt.

V.

	Stadt Thalburg an der Ohm Amt für Brandschutz und Rettungsdienst Checkliste zur Endabnahme		
Fahrzeug:	RTW „THA RD 2012"	**Datum:**	**21.01.2019**
Fahrgestell:	**MB 519 CDI**	**Auftragnehmer:**	**Fa. Autowerke Ohm**
Fahrgestellnummer:	**THA47114711**	**Aufbau:**	**1245**

Datenfunk - Flottenmanagement

Anforderung	Erledigt	Bemerkungen
Allgemeiner Funktionstest		
Ausführung gem. LV (IuK-Richtlinie)	☐	
Zugentlastung Kabel	☐	
Halterung	☐	
Intuitive Einsicht auf das Display	☐	
Display Navi einsehbar (Wartungsklappe o.ä)	☐	
(...)		
Parameterprüfung zur Unfalldatenspeicherung		
Kennleuchten	☐	
FMS Telegramm (Status s. oben)	☐	
Tonfolge E.-Horn	☐	
Tonfolge Pressluthörner	☐	
Tonfolge „Bulhorn"	☐	
Bremse	☐	
Bewegung	☐	
Temperatur TFT	☐	
Rückwärtsgang	☐	
(...)	☐	
Funktion gem. Leistungsbeschreibung erfüllt!		—————————— (Unterschrift)

Bild 58: *Auszug Checkliste Endabnahme*

Danksagung

»Keine Schuld ist dringender als die, Danke zu sagen.«

Marcus Tullius Cicero (106-43 v. Chr.)

Die Erstellung eines Buches bedarf immer der Unterstützung anderer Personen. So war es auch in diesem Fall.

Wir danken …

- Herrn Jörg Balkenhol von der Berufsfeuerwehr Mülheim an der Ruhr für die Bereitstellung von Auszügen aus aktuellen und detailreichen Leistungsbeschreibungen, den fachlichen Austausch in vielen Fragen zu Ausschreibungskriterien und die intensive Unterstützung bei der Einführung neuer Wertungsmethoden.
- Herrn Björn Rohpeter, Frau Inge Chiera und Frau Katrin Ziegler von der Berufsfeuerwehr Mülheim an der Ruhr für die Unterstützung bei der Umsetzung neuer Wertungsmethoden im Vergabeverfahren und die verwaltungstechnische Betreuung und Umsetzung im Gesamtprozess.
- Herrn Christopher Rehnert von der Feuerwehr Lüdenscheid für die Bereitstellung von Auszügen aus aktuellen und detailreichen Bewertungsmatrizen.
- Herrn Prof. Dr. Harald Karutz für die Erlaubnis zur Illustration der Beispiele und Fälle die fiktive Feuerwehr »Thalburg an der Ohm« unter www.thalburg.de nutzen zu dürfen.
- Herrn Marc Stier für die Bereitstellung des Titelbildes und weiterer beeindruckender Bildaufnahmen für dieses Buch.
- Herrn Thomas Hoffmann von der Berufsfeuerwehr Mülheim an der Ruhr für die organisatorische und kreative Unterstützung bei der Erstellung diverser Illustrationen für dieses Buch.
- Der Berufsfeuerwehr Mülheim an der Ruhr für die Erlaubnis Bildmaterialien der Fahrzeuge und Technik nutzen zu dürfen.

Besonderer Dank gilt Frau Elisabeth Hanuschkin für das Lektorat und die Betreuung des Werkes im Kohlhammer Verlag.

Abschließend danken wir allen Personen, die uns in diesem Projekt durch intensive fachliche Gespräche und Diskussionen stetig unterstützt haben.

Abkürzungsverzeichnis[119]

Abkürzung	Bedeutung
ABl	Amtsblatt
Abs.	Absatz (im juristischen Kontext)
AGB	Allgemeine Geschäftsbedingungen
AK	Ausschlusskriterium
Art.	Artikel (im juristischen Kontext)
AZ	Aktenzeichen
BAnz	Bundesanzeiger
BayObLG	Bayerisches Oberstes Landesgericht
BayRDG	Bayerisches Rettungsdienstgesetz
BGB	Bürgerliches Gesetzbuch
BGH	Bundesgerichtshof
BHKG	Gesetz über den Brandschutz, die Hilfeleistung und den Katastrophenschutz
BMWi	Bundesministerium für Wirtschaft und Energie
BOS	Behörden und Organisationen mit Sicherheitsaufgaben
BR-Drs.	Bundesrat-Drucksache
BT-Drs	Bundestags-Drucksache
BVB	Besondere Vertragsbedingungen
BVerfG	Bundesverfassungsgericht
CPV	Common Procurement Vocabulary, Gemeinsames Vokabular für öffentliche Aufträge
DIN	Deutsche Institut für Normung e.V.
DGUV	Deutsche Gesetzliche Unfallversicherung
EEX	European Energy Exchange
EMVG	Gesetz über die elektromagnetische Verträglichkeit von Betriebsmitteln (Elektromagnetische-Verträglichkeit-Gesetz)
EP	Einzelpreis
EStG	Einkommensteuergesetz

---

119 Da Begriffe aus dem Feuerwehwesen meist als Beispiel angefügt wurden, liegt der Fokus des Verzeichnisses auf den juristischen Begriffen.

ETA	European Technical Assessment
EuGH	Europäische Gerichtshof
e-Vergabe	elektronische Vergabe
Fa.	Firma
GemHVO	Gemeindehaushaltsverordnung
GO	Gemeindeordnung
GP	Gesamtpreis
GPA	Government Procurement Agreement
GVBl	Gesetz- und Verordnungsblatt
GWB	Gesetz gegen Wettbewerbsbeschränkungen
HGrG	Haushaltsgrundsätzegesetz
HOAI	Honorarordnung für Architekten und Ingenieure
IFSG	Infektionsschutzgesetz
ILO	International Labour Organization, Internationale Arbeitsorgansisation
ISO	International Standardization Organization
KG	Kammergericht
KomHKV	Kommunale Haushalts- und Kassenverordnung
KonzVgV	Konzessionsvergabeverordnung
KorruptionsbG	Korruptionsbekämpfungsgesetz
LHO	Landeshaushaltsordnung
lit.	litera (Buchstabe)
LV	Leistungsverzeichnis
MiLoG	Mindestlohngesetz
m.w.N.	mit weiteren Nachweisen
Nr.	Nummer (im juristischen Kontext)
NUTS	Nomenclature des unités territoriales statistiques, Nomenklatur der Gebietseinheiten für die Statistik
OLG	Oberlandesgericht
PartGG	Partnerschaftsgesellschaftsgesetz
RdErl.	Runderlass
Rdnr.	Randnummer
red.	redaktionell
RettG NRW	Rettungsgesetz Nordrhein-Westfalen
Rs.	Rechtssache
SektVO	Sektorenverordnung
SGV NRW	Sammlungen der geltenden Gesetze und Verordnungen Nordrhein-Westfalen

StVZO	Straßenverkehrszulassungsverordnung
SZR	Sonderziehungsrechte
TED	Tenders Electronic Daily (ein Online-Dienst der Europäischen Union)
TK	Technisches Kompetenzzentrum
TVgG	NRW Gesetz über die Sicherung von Tariftreue und Mindestlohn bei der Vergabe öffentlicher Aufträge Nordrhein-Westfalen
UfAB	Unterlage für Ausschreibung und Bewertung von IT -Leistungen
UVgO	Unterschwellenvergabeordnung
UVV	Unfallverhütungsvorschrift
VA	Verwaltungsakt
Verg	Vergaberecht z. B. OLG Münschen Verg 17/30
VergabeVwV	Verwaltungsvorschrift des Innenministeriums über die Vergabe von Aufträgen im kommunalen Bereich
VergStatVO	Vergabestatistikverordnung
VgV	Vergabeverordnung
VK	Vergabekammer
VOL/A	Vergabe und Vertragsordnung für Leistungen (VOL) - Teil A: Allgemeine Bestimmungen für die Vergabe von Leistungen (VOL/A)
VO PR	Verordnung über die Preise bei öffentlichen Aufträgen
VSVgV	Vergabeverordnung Verteidigung und Sicherheit
VV	Verwaltungsvorschrift
WK	Wertungskriterium
WTO	World Trade Organisation, Welthandelsorganisation
WuW	Wirtschaft und Wettbewerb (Fachzeitschrift)

Literaturverzeichnis

»arithmetisches Mittel« in: Gabler Wirtschaftslexikon. Das Wissen der Experten, abrufbar unter: https://wirtschaftslexikon.gabler.de/definition/arithmetisches-mittel-28711/version-252336, letzter Zugriff: 29.08.2019.

Bayerische Staatsministerium des Innern und für Integration (StMI BY) (2018): Handreichung zu aktuellen Fragestellungen des Vergaberechts, abrufbar unter: https://www.lfv-bayern.de/informationen/feuerwehrforderung/, letzter Zugriff: 29.08.2019.

Bartsch, W. M. (2012): Schwächen von Zuschlagsformeln im Vergleich, abrufbar unter: https://www.iabg.de/fileadmin/media/Geschaeftsfelder/InfoKom/Vergabemanagement/Zuschlagsformel/Flyer/Flyer___Vergabemangemt_Zuschlagsformeln_Schwaechen.pdf, letzter Zugriff: 02.09.2019.

Bartsch, W. M.; Metzner, N. (2012): Über Zuschlagsformeln mit Gewichtung. In: Schweighofer, E.; Kummer, F; Hötzendorfer, W. (Hrsg.): Transformation juristischer Sprachen Ausgabe zum Tagungsband des 15. Internationalen Rechtsinformatik Symposions IRIS 2012, S. 285-292.

Bartsch, W. M. (2013): Die neuen Bewertungsmethoden der UfAB (Workshop), abrufbar unter: http://www.hamburger-vergabetag.de/wp-content/uploads/2013/03/Bartsch.pdf, letzter Zugriff: 02.09.2019.

Burgi, M. (2016): Vergaberecht. Systematische Darstellung für Praxis und Ausbildung, C.H.Beck, 2016.

Bundesamt für Justiz: Internet-Formularcenter des Bundesamts für Justiz (InFormJu), abrufbar unter: https://www.informju.de/, letzter Zugriff: 02.09.2019.

Bundesministerium des Innern, für Bau und Heimat (BMI) (2012): UfAB V. Unterlagen für Ausschreibung, abrufbar unter: http://www.vergabebrief.de/wp-content/uploads/2012/09/ufab_broschuere_sonderheft_2012.pdf, letzter Zugriff: 02.09.2019.

Bundesministerium des Innern, für Bau und Heimat (BMI) (2018): Unterlagen für Ausschreibung und Bewertung von IT-Leistungen (UfAB) 2018. Praxis der IT-Vergabe, online abrufbar unter: https://www.cio.bund.de/SharedDocs/Publikationen/DE/IT-Beschaffung/ufab_2018_download.pdf?__blob=publicationFile, letzter Zugriff: 29.08.2019.

Bundesministerium für Wirtschaft und Energie (BMWi) (2014): Leitfaden mittelstandsgerechte Teillosbildung, abrufbar unter: https://www.bmwi.de/Redaktion/DE/Downloads/J-L/leitfaden-mittelstandsgerechte-teillosbildung.html, letzter Zugriff: 29.08.2019.

Bundesministerium für Wirtschaft und Energie (BMWi) (2015): Rundschreiben zur Anwendung von § 3 EG Abs. 4 Buchstabe d VOL/A, § 3 Abs. 4, online abrufbar unter: https://www.absthessen.de/pdf/150109-Rundschreiben_zum_Verhandlungsverfahren_ohne_Teilnahmewettbewerb_bei_Dringlichkeit.pdf, letzter Zugriff: 29.08.2019.

Bundesministerium für Wirtschaft und Energie (BMWi) (2017): Bekanntmachung der Erläuterungen zur Verfahrensordnung für die Vergabe öffentlicher Liefer- und Dienstleistungsaufträge unterhalb der EU-Schwellenwerte (Unterschwellenvergabeordnung – UVgO), abrufbar unter: https://www.bmwi.de/Redaktion/DE/Downloads/U/unterschwellenvergabeordnung-uvgo-erlaeuterungen.html, letzter Zugriff: 29.08.2019.

Bundesrat-Drucksache 87/16, Erläuterungen zu § 3 Abs. 8 VgV.

Bundestag Drucksache 13/9340.

Bundestag Drucksache 18/6281.

Bundesrat Drucksache 87/16 vom 29.02.16.

Durchführungsverordnung (EU) 2015/1986 der Kommission, abrufbar unter: https://eur-lex.europa.eu/legal-content/DE/TXT/PDF/?uri=CELEX:02015R1986-20151112&from=SL, letzter Zugriff: 30.08.2019.

EU (2014): Richtlinie 2014/24/EU vom 26.02.2014 über die öffentliche Auftragsvergabe und zur Aufhebung der Richtlinie 2004/18/EG, abrufbar unter: https://eur-lex.europa.eu/legal-content/DE/ALL/?uri=CELEX:32014L0024, letzter Zugriff: 28.08.2019.

EU (2011): Verordnung 1251/2011/EU der Kommission vom 30.11.2011 zur Änderung der Richtlinien 2004/17/EG, 2004/18/EG und 2009/81/EG des Europäischen Parlaments und des Rates im Hinblick auf die Schwellenwerte für Auftragsvergabeverfahren, abrufbar unter: https://eur-lex.europa.eu/eli/reg/2011/1251/oj?locale=de, letzter Zugriff: 28.08.2019.

EU (2013): Verordnung 1336/2013/EU der Kommission vom 13.12.2013 zur Änderung der Richtlinien 2004/17/EG, 2004/18/EG und 2009/81/EG des Europäischen Parlaments und des Rates im Hinblick auf die Schwellenwerte für Auftragsvergabeverfahren, abrufbar unter: https://eur-lex.europa.eu/LexUriServ/LexUriServ.do?uri=OJ%3AL%3A2013%3A335%3A0017%3A0018%3ADE%3APDF, letzter Zugriff: 02.09.2019.

EU (2015): Delegierte Verordnung 2015/2170/EU der Kommission vom 24. November 2015 zur Änderung der Richtlinie 2014/24/EU des Europäischen Parlaments und des Rates im Hinblick auf die Schwellenwerte für Auftragsvergabeverfahren, abrufbar unter: https://eur-lex.europa.eu/legal-content/DE/TXT/?uri=CELEX%3A32015R2170, letzter Zugriff: 02.09.2019.

EU (2014): Richtlinie 2014/25/EU vom 26.02.2014 über die Vergabe von Aufträgen durch Auftraggeber im Bereich der Wasser-, Energie- und Verkehrsversorgung sowie der Postdienste und zur Aufhebung der Richtlinie 2004/17/EG, abrufbar unter: https://eur-lex.europa.eu/legal-content/de/TXT/?uri=CELEX:32014L0025, letzter Zugriff: 02.09.2019.

EU (2017): Delegierte Verordnung 2017/2365/EU der Kommission vom 18.12.2017 zur Änderung der Richtlinie 2014/24/EU des Europäischen Parlaments und des Rates im Hinblick auf die Schwellenwerte für Auftragsvergabeverfahren, abrufbar unter: https://eur-lex.europa.eu/legal-content/DE/TXT/?uri=uriserv:OJ.L_.2017.337.01.0019.01.DEU&toc=OJ:L:2017:337:TOC, letzter Zugriff: 02.09.2019.

Ferber, T. et al (Hrsg.) (2015): Bewertungskriterien und -matrizen im Vergabeverfahren, Bundesanzeiger Verlag, (2015).

Friton, P. (2019): Bereichsausnahme für Rettungsdienstleistungen – einige klare Antworten und viele offene Fragen (EuGH, Urt. v. 21.03.2019 – C-465/17), abrufbar unter: https://www.vergabeblog.de/2019-05-06/bereichsausnahme-fuer-rettungsdienstleistungen-einige-klare-antworten-und-viele-offene-fragen-eugh-urt-v-21-03-2019-c-465-17/, letzter Zugriff: 29.08.2019.

Genreith, H. (2003): Zur Frage der Bewertung der Wirtschaftlichkeit von Angeboten bei definierter prozentualer Berücksichtigung von leistungs- und Kostenanteilen, abrufbar unter: http://www.genreith.de/ufab-zw1.pdf, letzter Zugriff: 02.09.2019.

Heiermann/Summa/Zeiss (Hrsg.) (2016): Vergaberecht (juris PraxisKommentar), 5. Auflage, juris, 2016.

Hunkeler/Lichtenwort/Rebitzer (Hrsg.) (2008): Environmental Life Cycle Costing, CRC Press, 2008.

»Interpolation« in: Gabler Wirtschaftslexikon. Das Wissen der Experten, abrufbar unter: https://wirtschaftslexikon.gabler.de/definition/interpolation-41549/version-264912, letzter Zugriff: 29.08.2019.

Lang, O. (2008): EMV Screening der neuen Drehleitergeneration. In: Feuermelder. Zeitschrift der Feuerwehr Düsseldorf 6/2008, S. 16-21, abrufbar unter: https://www.duesseldorf.de/fileadmin/Amt37/feuerwehr/dokudb/alle/feuermelder/feuermelder_49.pdf, letzter Zugriff: 30.08.2019.

Kaden U. (2013): Vorteil Aufschlag-Methode. Neue Wege zur Gewichtung von Preis. In: Vergabe-Navigator Heft 6/2013, S. 18-22.

Kieselmann, R. (2019): Bereichsausnahme Rettungsdienst – auch VK Niedersachsen bestätigt Wirksamkeit (VK Niedersachen, Beschl. v. 22.01.2019 – VgK-01/2019), abrufbar unter: https://www.vergabeblog.de/2019-02-18/bereichsausnahme-rettungsdienst-auch-vk-niedersachsen-bestaetigt-wirksamkeit-vk-niedersachen-beschl-v-22-01-2019-vgk-01-2019/, letzter Zugriff: 02.09.2019.

Koenig, C./Schreiber, K.: Zur EG-vergaberechtlichen Schwellenwertberechnung im Rahmen der öffentlichen Beschaffung von Waren und Dienstleistungen über Internetplattformen. In: Wirtschaft und Wettbewerb (WuW) 11/2009, S. 1118-1127.

Kompetenzzentrums innovative Beschaffung (KOINNO) (20161): Erfassung des aktuellen Standes der innovativen öffentlichen Beschaffung in Deutschland – Darstellung der wichtigsten Ergebnisse, abrufbar unter: https://www.koinno-bmwi.de/fileadmin/user_upload/publikationen/Erfassung_des_aktuellen_Standes_der_innovativen_oeffentlichen_Beschaffung....pdf, letzter Zugriff: 30.08.2019.

Literaturverzeichnis

Kompetenzzentrums innovative Beschaffung (KOINNO) (20162): Lebenszyklus-Tool-Picker, abrufbar unter: https://www.koinno-bmwi.de/informationen/toolbox/detail/lebenszyklus-tool-picker-1/, letzter Zugriff: 30.08.2019.

»Markterkundung« in: Gabler Wirtschaftslexikon. Das Wissen der Experten, abrufbar unter: https://wirtschaftslexikon.gabler.de/definition/markterkundung-37482/version-260916, letzter Zugriff: 29.08.2019.

»Median« in: Gabler Wirtschaftslexikon. Das Wissen der Experten, abrufbar unter: https://wirtschaftslexikon.gabler.de/definition/median-37049/version-260492, letzter Zugriff: 29.08.2019.

Müller-Wrede, M (Hrsg.): VgV/UVgO. Kommentar, 5., völlig neu bearbeitete Auflage, Reguvis Fachmedien GmbH, 2017.

Roth, F. (2011): Methodik und Bekanntgabe von Wertungsverfahren zur Ermittlung des wirtschaftlichsten Angebots. In: NZBau 2/11, S. 75-80.

Saaty, T. (1980): The Analytic Hierarchy Process: Planning Setting Priorities, Resource Allocation, Mc Graw Hill Higher education, 1980.

Schneider, K.: Die Rechtswidrigkeit der UfAB II-Formel im Vergabeverfahren. In: NZBau 10/2002, S. 555-557.

Stolz, B. (2016): Die Vergabe von Architekten- und Ingenieurleistungen nach der Vergaberechtsreform 2016. In: Vergaberecht. Zeitschrift für das gesamte Vergaberecht 3/2016, S. 351-365.

Tenders electronic daily (Ted): Startseite, abrufbar unter: https://ted.europa.eu/TED/main/HomePage.do, letzter Zugriff: 30.08.2019.

Umwelt Bundesamt (2017): Berechnung der Lebenszykluskosten, abrufbar unter: https://www.umweltbundesamt.de/themen/wirtschaft-konsum/umweltfreundliche-beschaffung/berechnung-der-lebenszykluskosten, letzter Zugriff: 30.08.2019.

Umwelt Bundesamt (2018): Übersicht über den Stand der Prozesse zur Verabschiedung von Durchführungsmaßnahmen, Stand März 2018., abrufbar unter: https://www.umweltbundesamt.de/sites/default/files/medien/376/dokumente/erp-rl_uebersicht_ueber_den_stand_der_verabschiedung_von_durchfuehrungsmassnahmen.pdf, letzter Zugriff: 13.01.2020.

Walther, A. (2004): Investitionsrechnung: mit Übungsaufgaben und Lösungen. WRW-Verlag, 2004.

Wimmer, J. P. (2012): Zuverlässigkeit im Vergaberecht: Verfahrensausschluss, Registereintrag und Selbstreinigung, Nomos, 2012.

»Wirksamkeit« in: VK Niedersachen, Beschl. v. 22.01.2019 – VgK-01/2019, abrufbar unter: https://www.vergabeblog.de/2019-02-18/bereichsausnahme-rettungsdienst-auch-vk-niedersachsen-bestaetigt-wirksamkeit-vk-niedersachen-beschl-v-22-01-2019-vgk-01-2019/, letzter Zugriff: 29.08.2019.

Zimmermann, H.-J.; Gutsche, L. (1991): Multi-Criteria Analyse. Einführung in die Theorie der Entscheidungen bei Mehrfachzielsetzungen, Springer Verlag, 1991.

Stichwortverzeichnis

Anhang

Ablaufschema eines Vergabeverfahrens unterhalb des EU-Schwellenwertes

Start	
Was soll beschafft werden?	• Bedarfsermittlung • Markterkundung • Klassifizieren der Leistung als Liefer- oder Dienstleistung • Lose bilden, wenn wirtschaftliche oder technische Gründe nicht entgegen stehen
Beschreiben der Leistung, die beschafft werden soll Eindeutige und erschöpfende Beschreibung der Leistung	• Grds. keine Nennung von Markennamen, Fabrikaten usw. (Ausnahme: durch den Auftragsgegenstand gerechtfertigt).
Schätzung des Auftragswertes	• Voraussichtlicher Gesamtwert der Leistung netto, § 3 VgV • Bei Verträgen mit unbestimmter Laufzeit oder länger als 4 Jahre gilt der 48-fache Monatswert, § 3 Abs. 11 VgV
Prüfung, ob genügend Haushaltsmittel zur Verfügung stehen	
Festlegen der Vergabeart	
Öffentliche Ausschreibung Eine unbeschränkte Zahl von Unternehmen wird zur Angebotsabgabe aufgefordert. Jedes Unternehmen darf ein Angebot abgeben	Eine unbeschränkte Zahl von Unternehmen wird zur Angebotsabgabe aufgefordert. Jedes Unternehmen darf ein Angebot abgeben Eine beschränkte Zahl von **geeigneten** Unternehmen (mindestens 3) wird aufgefordert, ein Angebot abzugeben; ggf. nach öffentlicher Aufforderung, einen Teilnahmeantrag zu stellen (=Teilnahmewettbewerb)
Verhandlungsvergabe mit/ohne Teilnahmewettbewerb	Leistungen werden ohne förmliches Verfahren an **geeignete** Unternehmen vergeben, ggf. nach öffentlicher Aufforderung, einen Teilnahmeantrag zu stellen (=Teilnahmewettbewerb)
Direktauftrag	Durchführung eines Vergabeverfahrens nicht notwendig!
Erstellen der Vergabeunterlagen	• Anschreiben • Vertragsunterlagen • Vertragsbedingungen • Leistungsbeschreibung
Auftragsbekanntmachung bzw. Versendung der Vergabeunterlagen:	**Öffentliche Ausschreibung, Beschränkte Ausschreibung; Verhandlungsvergabe mit Teilnahmewettbewerb:** Die Bekanntmachung erfolgt im Internet, in Tageszeitungen, Fachzeitschriften o.ä. **Beschränkte Ausschreibung/Verhandlungsvergabe ohne Teilnahmewettbewerb:** Nach Eignungsprüfung werden die Vergabeunterlagen an die ausgewählten Unternehmen versandt.
Öffnung der Angebote	Die Angebote werden nach Ablauf der Angebotsfrist von mindestens 2 Vertretern des Auftraggebers gemeinsam geöffnet.
Prüfung der Angebote – 1. Stufe	Ausschluss von Angeboten: • die zu spät eingegangen sind; • die nicht ordnungsgemäß verschlossen sind; • die nicht unterschrieben sind; • die Veränderungen der Leistungsbeschreibung beinhalten; • die auf bietereigene AGB hinweisen • u.a.
Prüfung der Angebote – 2. Stufe	• Bei öffentlichen Ausschreibungen: Sind die Bieter geeignet?
Prüfung der Angebote – 3. Stufe	• Bei allen Verfahren: Sind die Preise auskömmlich?
Wertung der Angebote – 4. Stufe	Welches Angebot ist nach den festgelegten Zuschlagskriterien das wirtschaftlichste?
Zuschlagserteilung oder Aufhebung Der Bieter, der das wirtschaftlichste Angebot abgegeben hat, erhält den Zuschlag. Liegt ein Aufhebungsgrund vor, wird die Ausschreibung aufgehoben.	
Benachrichtigung der nicht berücksichtigten Bieter von dem Ergebnis der Ausschreibung/der Vergabe	
Ziel	

Seitlicher Pfeil links: 1. von der Bedarfsermittlung zur Festlegung der Vergabeart

Seitlicher Pfeil links: 2. von der Erstellung der Vergabeunterlagen bis zur Vergabe

Ablaufschema eines Vergabeverfahrens oberhalb des EU-Schwellenwertes

Start	
Was soll beschafft werden?	• Bedarfsermittlung • Markterkundung • Klassifizieren der Leistung als Liefer- oder Dienstleistung • Lose bilden, wenn wirtschaftliche oder technische Gründe nicht entgegen stehen
Beschreiben der Leistung, die beschafft werden soll Eindeutige und erschöpfende Beschreibung der Leistung	• Grds. keine Nennung von Markennamen, Fabrikaten usw. (Ausnahme: durch den Auftragsgegenstand gerechtfertigt),
Schätzung des Auftragswertes	• Voraussichtlicher Gesamtwert der Leistung netto, § 3 VgV • Bei Verträgen mit unbestimmter Laufzeit oder länger als 4 Jahre gilt der 48-fache Monatswert, § 3 Abs. 11 VgV
Prüfung, ob genügend Haushaltsmittel zur Verfügung stehen	
Festlegen der Vergabeart:	
Öffentliche Ausschreibung	Eine unbeschränkte Zahl von Unternehmen wird zur Angebotsabgabe aufgefordert. Jedes Unternehmen darf ein Angebot abgeben
Nichtoffenes Verfahren mit Teilnahmewettbewerb	Eine beschränkte Zahl von geeigneten Unternehmen wird nach Durchführung eines Teilnahmewettbewerbs aufgefordert, ein Angebot abzugeben.
Verhandlungsverfahren mit/ohne Teilnahmewettbewerb	Leistungen werden an geeignete Unternehmen vergeben, ggf. nach öffentlicher Aufforderung, einen Teilnahmeantrag zu stellen (=Teilnahmewettbewerb)
Erstellen der Vergabeunterlagen	• Anschreiben • Vertragsunterlagen • Vertragsbedingungen • Leistungsbeschreibung
Auftragsbekanntmachung bzw. Versendung der Vergabeunterlagen:	**Offenes Verfahren, Nichtoffenes Verfahren, Verhandlungsvergabe mit Teilnahmewettbewerb:** Die Bekanntmachung erfolgt im Amtsblatt der EU nach einheitlichen Formularen **Verhandlungsverfahren ohne Teilnahmewettbewerb:** Die Vergabeunterlagen an die ausgewählten Unternehmen versandt.
Öffnung der Angebote	Die Angebote werden nach Ablauf der Angebotsfrist <u>von mindestens 2 Vertretern</u> des Auftraggebers gemeinsam geöffnet.
Prüfung der Angebote – 1. Stufe	Ausschluss von Angeboten: • die zu spät eingegangen sind; • die nicht ordnungsgemäß verschlossen sind; • die nicht unterschrieben sind; • die Veränderungen der Leistungsbeschreibung beinhalten; • die auf bietereigene AGB hinweisen • u.a.
Prüfung der Angebote – 2. Stufe	• Bei öffentlichen Ausschreibungen: Sind die Bieter geeignet?
Prüfung der Angebote – 3. Stufe	• Bei allen Verfahren: Sind die Preise auskömmlich?
Wertung der Angebote – 4. Stufe	Welches Angebot ist nach den festgelegten Zuschlagskriterien das wirtschaftlichste?
Informationsschreiben an die unterlegenen Bieter	Mitteilung der Gründe für die Nichtberücksichtigung, des Namens des obsiegenden Bieters und den Tag der beabsichtigten Zuschlagserteilung.
Wartepflicht für den Auftraggeber	Zuschlagserteilung erst nach Ablauf von 10 bzw. 15 Tagen nach Absendung des Informationsschreibens.
Zuschlagserteilung oder Aufhebung	Der Bieter, der das wirtschaftlichste Angebot abgegeben hat, erhält den Zuschlag. Liegt ein Aufhebungsgrund vor, wird die Ausschreibung aufgehoben.
Ziel	

Seitliche Beschriftung links:
1. von der Bedarfsermittlung zur Festlegung der Vergabeart

2. von der Erstellung der Vergabeunterlagen bis zur Zuschlagserteilung/Aufhebung

Auflistung von CPV-Codes (Auszug)

Sonstige Dienstleistungen der Verwaltung und für die öffentliche Verwaltung

75100000-7 Dienstleistungen der Verwaltung

75110000-0 Dienstleistungen der allgemeinen öffentlichen Verwaltung

75111000-7 Dienstleistungen der Exekutive und Legislative

75111100-8 Dienstleistungen der Exekutive

75111200-9 Dienstleistungen der Legislative

75112000-4 Verwaltungsdienstleistungen für Unternehmenstätigkeit

75112100-5 Mit Entwicklungsprojekten verbundene Verwaltungsdienstleistungen

75120000-3 Dienstleistungen von öffentlichen Behörden

75123000-4 Administrative Dienste im Wohnungswesen

75125000-8 Administrative Dienste im Bereich Fremdenverkehr

75130000-6 Unterstützende Dienste für die öffentliche Verwaltung

75131000-3 Dienstleistungen für die öffentliche Verwaltung

Kommunale Dienstleistungen

75200000-8 Kommunale Dienstleistungen

75210000-1 Dienstleistungen im Bereich auswärtige Angelegenheiten und sonstige Dienstleistungen

75211000-8 Dienstleistungen im Bereich auswärtige Angelegenheiten

75211100-9 Dienstleistungen im diplomatischen Bereich

75211110-2 Konsulatsdienste

75211200-0 Wirtschaftshilfe an das Ausland

75211300-1 Militärhilfe an das Ausland

75220000-4 Verteidigung

75221000-1 Militärische Verteidigung

75222000-8 Zivilverteidigung

75230000-7 Dienstleistungen im Justizwesen

75231000-4 Juristische Dienste

Dienstleistungen für Haftanstalten, Dienstleistungen im Bereich öffentliche Sicherheit und Rettungsdienste, sofern sie nicht nach Artikel 10 Buchstabe h ausgeschlossen sind

75231210-9 Strafvollzugsdienste

75231220-2 Begleitung bei Gefangenentransporten

75231230-5 Dienstleistungen für Haftanstalten

75240000-0 Mit öffentlicher Sicherheit und Ordnung verbundene Dienstleistungen

75241000-7 Dienstleistungen im Bereich öffentliche Sicherheit

75241100-8 Dienstleistungen der Polizei

75242000-4 Dienstleistungen im Bereich öffentliches Recht und öffentliche Ordnung

75242100-5 Dienstleistungen im Bereich öffentliche Ordnung

75242110-8 Gerichtsvollzieherdienste

75250000-3 Dienstleistungen der Feuerwehr und von Rettungsdiensten
  75251000-0 Dienstleistungen der Feuerwehr
  75251100-1 Brandbekämpfung
  75251110-4 Brandverhütung
  75251120-7 Waldbrandbekämpfung
  75252000-7 Rettungsdienste

794300000-7

98113100-9 Dienstleistungen im Bereich der nuklearen Sicherheit

Dennis Richmann

Geschäftsprozess-management bei der Feuerwehr

2020. 92 Seiten. Kart. € 25,–
ISBN 978-3-17-035907-9
Feuerwehrbedarfsplanung und Personal

Prozesse werden nur dann erfolgreich gestaltet, wenn sie von allen Beteiligten verstanden und in die eigenen Strukturen erfolgreich integriert werden. Der Autor zeigt konkret auf, was Geschäftsprozessmanagement ist und wie es erfolgreich und zielführend in der Feuerwehr genutzt werden kann. Hierzu werden die zentralen Aspekte erklärt und eine praxistaugliche Vorgehens-weise zur Durchführung der Prozessidentifikation und der Integration anhand des Fallbeispiels der Feuerwehr Musterstadt beschrieben, mit dem Ziel, alte Prozesse kritisch zu hinterfragen und zeitgemäß zu optimieren. Ergänzungen zum Einsatz von IT-Unterstützung runden den Titel ab.

Dennis Richmann ist Brandrat der Berufsfeuerwehr Köln und stellvertretender Abteilungsleiter der Informationssysteme. Neben dem aktiven Einsatz-führungsdienst betreut er mehrere Projekte aus Sicht der „IT-Abteilung" in der Branddirektion.

Digital-Ausgabe erhältlich in der
BRANDSchutz-App und als E-Book.
Leseproben und weitere Informationen:
www.kohlhammer-feuerwehr.de

Bücher für Wissenschaft und Praxis

Stefan Voßschmidt
Andreas Karsten (Hrsg.)

Resilienz und Kritische Infrastrukturen

Aufrechterhaltung
von Versorgungsstrukturen
im Krisenfall

Kohlhammer

Stefan Voßschmidt/
Andreas Karsten (Hrsg.)

Resilienz und Kritische Infrastrukturen

Aufrechterhaltung von
Versorgungstrukturen im Krisenfall

*2020. 372 Seiten. Kart. € 39,–
ISBN 978-3-17-035433-3*

Die gegenseitigen Abhängigkeiten zwischen Versorgungsinfrastrukturen – beispielsweise bei einem Stromausfall – können im Krisenfall nicht nur die reguläre Versorgung einschränken, sondern auch die Notversorgungsmechanismen erschweren. Das Buch verdeutlicht die gegenseitigen Abhängigkeiten verschiedener Infrastrukturen, beschreibt mögliche kritische Strukturen und die Folgen eines Ausfalls einzelner Elemente für das öffentliche Leben. Anhand ausgewählter Beispielszenarien werden die Herausforderungen von Krisenereignissen und ihre Bewältigung diskutiert. Anschauliche Anregungen zur Steigerung der Resilienz runden den Titel ab.

Andreas Karsten, Diplom-Physiker und Branddirektor a. D. ist Berater bei der Controllit AG in Hamburg. Zuvor arbeitete für fünf Jahre in den Vereinigten Arabischen Emiraten als Strategic Advisor for Crisis Management & Resilience. Stefan Voßschmidt, Jurist, ist im Bundesamt für Bevölkerungsschutz und Katastrophenhilfe (BBK) als Dozent tätig. Beide Herausgeber sind Mitglieder der Deutschen Gesellschaft zur Förderung von Social Media und Technologien im Bevölkerungsschutz (DGSMTech) und haben mehrfach im Bereich Bevölkerungsschutz veröffentlicht.

Digital-Ausgabe erhältlich in der
BRANDSchutz-App und als E-Book.
Leseproben und weitere Informationen:
www.kohlhammer-feuerwehr.de

Kohlhammer
Bücher für Wissenschaft und Praxis